高等职业教育教学用书

U0773989

高等应用数学

GAODENG YINGYONG SHUXUE

主　编　侯阔林　叶小华　田　敏
副主编　陈方芳　吴瑞溢　陈　云
参　编　李蕙萱　谢秀桔　吕　霁　黄晓娥　刘集平
主　审　黄焕宗

新形态
教材

中国教育出版传媒集团

高等教育出版社·北京

内容提要

本书是为适应国家教育教学改革要求,在充分调研我国高职院校教学现状及发展趋势的基础上,结合编写团队多年的教学实践经验编写而成的.

本书包括数与函数、微积分、差分方程与微分方程、线性代数、优化与博弈、向量与空间解析几何、概率统计与数据处理初步、综合评价方法、初识逻辑与图论,共 9 章内容.书后附有数学建模相关规范、初等数学常用公式与有关知识选编、积分表、概率与统计附表等,供读者参考.

本书可作为本科层次职业院校、高职院校、成人教育以及继续教育的高等数学公共基础课程教材,也可作为工程技术人员和教师的参考书.

图书在版编目(CIP)数据

高等应用数学 / 侯阔林,叶小华,田敏主编.

北京 ：高等教育出版社,2024. 11. -- ISBN 978-7-04

-063390-0

Ⅰ. 029

中国国家版本馆 CIP 数据核字第 2024840NM7 号

| 策划编辑 | 万宝春 | 责任编辑 | 程福平 | 万宝春 | 封面设计 | 张文豪 | 责任印制 | 高忠富 |

出版发行	高等教育出版社	网　　址	http://www.hep.edu.cn
社　　址	北京市西城区德外大街 4 号		http://www.hep.com.cn
邮政编码	100120	网上订购	http://www.hepmall.com.cn
印　　刷	上海叶大印务发展有限公司		http://www.hepmall.com
开　　本	787 mm×1092 mm　1/16		http://www.hepmall.cn
印　　张	24		
字　　数	554 千字	版　　次	2024 年 11 月第 1 版
购书热线	010 - 58581118	印　　次	2024 年 11 月第 1 次印刷
咨询电话	400 - 810 - 0598	定　　价	53.00 元

本书如有缺页、倒页、脱页等质量问题,请到所购图书销售部门联系调换

版权所有　侵权必究

物 料 号　63390-00

配套学习资源及教学服务指南

 ## 二维码链接资源

    本书配套拓展阅读、动画、微课、习题参考答案等学习资源，在书中以二维码链接形式呈现。手机扫描书中的二维码进行查看，随时随地获取学习内容，享受学习新体验。

打开书中附有二维码的页面   **扫描二维码**   **查看相应资源**

 ## 教师教学资源下载

    本书配有课程相关的教学资源，例如，教学课件、教案、习题及参考答案等。选用教材的教师，可扫描下方二维码，关注微信公众号"高职智能制造教学研究"，点击"教学服务"中的"资源下载"，或电脑端访问网址（101.35.126.6），注册认证后下载相关资源。

  ★ 如您有任何问题，可加入职业教育数学教师交流QQ群：820859236。

本书二维码资源列表

页码	资源类型	资源名称	页码	资源类型	资源名称
3	拓展阅读	《周易》中的二进制思想	112	知识拓展	探索应用3
4	动画	区间	112	助学助教	第3章习题参考答案
14	微课	分段函数	114	拓展阅读	《九章算术》中的方程思想
16	动画	奇函数	141	数学家小传	克拉默
16	动画	偶函数	156	知识拓展	探索应用4
16	动画	有界性	156	助学助教	第4章习题参考答案
18	微课	基本初等函数	159	数学家小传	华罗庚
23	动画	反正弦函数、反余弦函数	194	知识拓展	探索应用5
24	动画	反正切函数、反余切函数	194	助学助教	第5章习题参考答案
33	知识拓展	探索应用1	195	动画	空间直角坐标系
33	助学助教	第1章习题参考答案	205	动画	空间直线的一般方程
35	微课	极限的概念	209	动画	空间曲面
37	释疑解难	左、右极限	213	知识拓展	探索应用6
48	动画	导数的几何意义	213	助学助教	第6章习题参考答案
50	动画	曲线的切线	217	拓展阅读	百枚铜钱鼓士气
56	释疑解难	求高阶导数	229	拓展阅读	《红楼梦》作者考证
68	微课	不定积分的概念与基本公式	268	知识拓展	探索应用7
70	微课	换元积分法	268	助学助教	第7章习题参考答案
79	微课	微积分基本公式	270	拓展阅读	层次分析法
81	动画	无穷限的反常积分的定义	288	拓展阅读	主成分分析法
81	动画	无界函数的反常积分	299	知识拓展	探索应用8
81	微课	平面图形的面积	299	助学助教	第8章习题参考答案
82	微课	旋转体的体积	310	拓展阅读	《庄子》中的三段论逻辑
97	知识拓展	探索应用2	320	拓展阅读	图模型之生态学里栖息地重叠图
97	助学助教	第2章习题参考答案	329	知识拓展	探索应用9
107	释疑解难	微分方程的通解	329	助学助教	第9章习题参考答案
108	微课	可分离变量的微分方程	341	拓展阅读	专科组优秀论文范例
110	微课	一阶线性微分方程	347	微课	证明两角和正弦公式

前　言

《国家职业教育改革实施方案》发布以来,职业院校不断深化"三教"改革,对数学教材提出了富有时代特色的新要求.本书全面贯彻落实党的二十大精神,坚持以立德树人为根本,以全面提高人才自主培养质量为核心,统筹学生知识素养、技能素养和职业素养培养,重视课程思政、专业应用和数学实验,服务于培养契合产业需求的技术技能人才.

本书的编写着重体现以下特点:

1. 突出课程思政建设. 本书遴选了大量的中国古代数学典故和中国式现代化产业发展案例,所选案例具有区域特色,涉及海洋食品、石油化工、纺织鞋服等区域支柱产业;贯彻落实了"推进职普融通、产教融合、科教融汇,优化职业教育类型定位"的二十大精神;通过将课程思政元素融入正文和数字资源,培养学生的爱国之情、强国之心、科学精神和文化自信.

2. 契合职业教育需求. 面对高等职业院校生源结构的复杂性,研判了不同专业群对数学的需求和学生的职业发展方向,设计了数学通识模块、专业选项模块和素质拓展模块.数学通识模块主要由第1—2章构成,侧重培养学生的函数思想和微积分通识;专业选项模块主要包括第3—7章,第3章介绍生活中常用的微分方程,第4章介绍工程领域的代数学,第5章介绍管理领域的优化模型,第6章介绍向量与空间解析几何,第7章介绍概率统计的科学方法和数据分析,这些章节相对独立,可供各专业根据需求进行选用;素质拓展模块包括第8—9章以及附录1,第8章介绍职业岗位上可能遇到的评价和决策问题,第9章旨在培养学生的逻辑思维能力和提高数学素质,附录1介绍了数学建模竞赛规范等知识."通识十选项十拓展"的模块化设计满足了数学素质培养和专业需求的双重人才培养目标,在提高教材与专业结合度的同时又保持教材的通用性.

3. 培植学生必备素养. 本书内容的选取以学生"听得懂、学得会、用得上"为标准,大幅减少理论推导和复杂计算,部分带有 * 的内容难度较大,可供教师根据教学实际情况选用.本书设计了"数学实验"栏目,指导学生使用数学软件实践章节内知识.本书设计了数学在工程技术和经济管理等领域应用的典型案例,贴近生活、融入专业,能够培养学生的数据分析能力、解决实际问题能力、数学建模技能和科学思维素养.

4. 服务第二课堂需要. 当前,职业教育改革不断向纵深发展,各专业开设的高等数学课时数差异较大.为了满足学生对数学的个性化需求,方便他们在课堂之外参与数学建模竞赛、数学建模社团等第二课堂活动,本书配套了二维码数字资源,这些丰富的数字资源拓展了教材的信息容量,能够服务于学生参加的第二课堂活动和德智体美劳全面发展.

本书配套了教学课件和电子教案,教学课件以教材章节为纲,电子教案可供选用本教材的教师进行教学设计参考.

本书的工作分工如下:第1章由侯阔林和谢秀桔编写,第2章由叶小华和侯阔林编写,第3章由吴瑞溢编写,第4章由田敏和侯阔林编写,第5章和第6章由侯阔林编写,第7章由吴瑞溢、李蕙萱和陈方芳编写,第8章由陈云编写,第9章由陈方芳编写.附录1主要由陈云和侯阔林编写,附录2主要由黄晓娥和侯阔林编写,附录3主要由侯阔林和刘集平编写;附录4主要由侯阔林和吕霁编写.侯阔林负责全书统稿、定稿工作,叶小华主持了本书适用专业的调研工作,田敏主持了电子资源的制作工作,黄焕宗教授审读了全稿并对全书的结构和内容提出了修改意见.

本书的编写得到了黎明职业大学、泉州华光职业学院等院校领导和教师们的关心和支持,在此表示衷心的感谢.特别感谢黎明职业大学教务处蔡经汉处长、黎明职业大学通识教育学院范果院长、武汉东湖学院刘伟博士、泉州职业技术大学刘秀梅老师、山西机电职业技术学院赵燕老师和泉州经贸职业技术学院杨朝晖老师对本书初稿提出了宝贵意见和建议.

由于编者的水平有限,书中难免存在错误和不妥之处,恳请广大读者朋友批评指正.

编　者

CONTENTS

目　录

第1章　数与函数	1
1.1　数与进制	1
1.2　变量间的关系	6
1.3　初等函数	18
第2章　微积分	34
2.1　极限与连续性	34
2.2　导数与微分	46
2.3　导数和微分的应用	59
2.4　不定积分	66
2.5　定积分	75
*2.6　多元函数微积分	86
第3章　差分方程与微分方程	98
3.1　差分方程	98
3.2　微分方程	106
第4章　线性代数	114
4.1　矩阵与行列式	114
4.2　初等变换	129
4.3　线性方程组	138
4.4　特征值与特征向量	149

第5章	优化与博弈	157
	5.1 最优化模型	157
	5.2 线性规划问题的解法	167
	*5.3 博弈论初步	179

第6章	向量与空间解析几何	195
	6.1 空间直角坐标系与向量的运算	195
	6.2 平面与直线	203
	6.3 简单二次曲面	209

第7章	概率统计与数据处理初步	214
	7.1 概率论初步	214
	7.2 描述统计	229
	7.3 推断统计	242
	*7.4 插值问题	254
	7.5 数据拟合	263

第8章	综合评价方法	269
	8.1 层次分析法	269
	8.2 模糊综合评价分析法	280
	8.3 主成分分析法	287

第9章	初识逻辑与图论	300
	9.1 命题	300
	9.2 推理逻辑	310
	9.3 图论简介	319

| 附录1 | 数学建模相关规范 | 330 |

| 附录2 | 初等数学常用公式与有关知识选编 | 342 |

| 附录3 | 积分表 | 354 |

| 附录4 | 概率与统计附表 | 362 |

| 参考文献 | | 375 |

CHAPTER 1　　第 1 章

数与函数

　　粗略地讲,数学由代数学、几何学和分析学三大分支组成,而函数是这些数学分支的共同基础.本章依循"数→变量→函数"的知识脉络,演绎由自变量变化引起的函数变化规律与特性,介绍数的产生与发展、集合与区间、变量间的关系、函数及其特性、初等函数以及 MATLAB 软件的入门操作等内容.

1.1　数与进制

1.1.1　自然数

1. 结绳记事

　　"数"先于语言、文字而产生,是人类文明的重要标志.中国古代先民通过"结绳记事"的方法来计数,即在绳子上打一个结来表示数,如图 1-1 所示.古书上记载:"事大大其绳,事小小其绳,结之多少,随物众寡."可见该方法在当时对人们的生产和生活所起的作用是非常大的.

图 1-1

1

随着文明的进步,远古时期用于计数的结绳逐渐被抽象的计数符号代替,古巴比伦、中国、罗马和古印度都发明了一些数字符号,如图 1-2 所示.

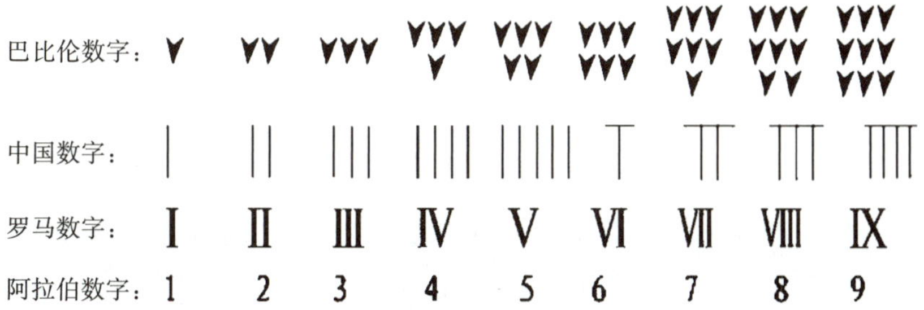

巴比伦数字:

中国数字:

罗马数字: I   II   III   IV   V   VI   VII   VIII   IX

阿拉伯数字: 1   2   3   4   5   6   7   8   9

图 1-2

计数符号的形式逐步演化,从多样走向统一.当今国际上通用的阿拉伯数字,由 0,1,2,3,4,5,6,7,8,9 共 10 个计数符号组成.

2. 自然数的产生与定义

自然数起源于原始的计数.随着捕获和采集到的物资数量增加,人类发现仅用双手的 10 根手指无法满足计数需要,进而使用一个接一个、无穷尽的抽象符号的集体来满足计数需要,这就产生了自然数的概念.**自然数**是用以计量事物的数量或表示事物次序的数,由 0 和正整数构成,即 $0,1,2,\cdots,n,\cdots$.

3. 自然数与十进制

人类发明了进制来表示无穷尽的自然数,使用最为普遍的是十进制.**十进制**将计数符号赋予位置,高位在左,低位在右,每相邻的两个计数单位之间的进率都为十.例如,阿拉伯数字 3 502 表示"3 个千""5 个百""0 个十"和"2 个一"之和,即

$$3\,502=3\times10^3+5\times10^2+0\times10^1+2\times10^0.$$

通常,称计数符号 0,1,2,3,4,5,6,7,8,9 的个数为**基数**,称从右到左的计数单位"个、十、百、千、万……"为十进制的**位权**.

1.1.2 数的进制

1. 二进制

选用不同的基数,就会产生不同的进制.从理论上看,在进制中最小的基数是 2.二进制选用 0 和 1 两个计数符号,遵循"满 2 进 1,借 1 当 2"的原则.例如二进制数 110 表示"0 个 1""1 个 2"和"1 个 4"之和,即

$$(110)_2=1\times2^2+1\times2^1+0\times2^0.$$

从上式可以看出,二进制的位权从右到左依次为:1 位、2 位、4 位、8 位……我国在先秦时期就有了二进制思想的萌芽,直到 17 世纪,数学家莱布尼茨才首次提出二进制并完善其运算规则.如今,二进制思想被广泛应用于计算机科学.与十进制相比,二进制更适应于计算机保存数据和编写程序.一是因为二进制的运算规则简单,其加法表和乘法表只有

$1+0=1$ 和 $1\times1=1$,有利于简化计算机的运算结构;二是因为计算机的逻辑电路有接通和断开两种状态,正好可以与 1 和 0 对应;三是因为二进制便于进行逻辑运算和不同进制间的转换.

2. 基数转换

拓展阅读

《周易》中的二进制思想

在十进制中,基数为 10,位权是以 10^n 的形式表现的.而在二进制中,基数为 2,位权是以 2^n 的形式表现的.对于二进制,按照其计数规则即可转换为十进制,如:

$$(1100)_2=1\times2^3+1\times2^2+0\times2^1+0\times2^0=12.$$

十进制的数也可以转换为二进制.例如将十进制的 12 转换为二进制,需要将 12 反复地除以 2(12 除以 2,商为 6;6 再除以 2,商为 3;3 再除以 2,商为 1,余 1;1 再除以 2,商为 0,余 1),并观察余数为 1 还是 0.被除数为 0 则表示"除完了".随后再将每步所得的余数按(1 和 0 的列)逆向排列,由此可得到其二进制的表示.

上述转换的竖式图如图 1-3 所示.

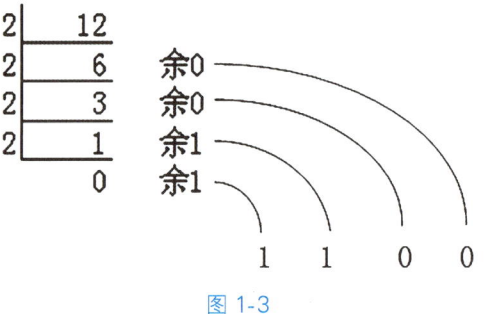

图 1-3

从十进制记数法转换为二进制记数法,称作十进制至二进制的**基数转换**.其实,除了常用的十进制数和计算机常用的二进制数之外,生活中还有很多其他的进制.例如,中国有个成语"半斤八两",用以形容水平相当、不分高低,这是因为中国古代曾使用**十六进制**的重量单位,即 16 两为 1 斤.国外也仍在使用十六进制的重量单位,如 1 磅等于 16 盎司.生活中采用的进制还有**十二进制**、**八进制**,等等,这些进制之间可以借助二进制或十进制实现**基数转换**.

例 1 请将八进制数 227 转换为十进制和二进制.

解 八进制转换为十进制可以依据计数规则计算:

$$(227)_8=2\times8^2+2\times8^1+7\times8^0=151.$$

借助十进制转换为二进制,只需将 151 反复地除以 2 来进行计算:

$$(227)_8=151=(10010111)_2.$$

事实上,二进制的 3 位数码对应着八进制的 1 位数码.反过来观察 $(10010111)_2$,可以发现:最右侧 3 位数 111 刚好是八进制的 7;再向左数 3 位数是 010,刚好是八进制的 2;最左侧的 10 不足 3 位数,将之补为 010,也是八进制的 2.从左到右组合起来,刚好是

$$(10010111)_2=(227)_8.$$

基于以上分析，八进制也可以直接转换成二进制，从左到右每位数码反复除以 2，列出如下算式：

$$
\begin{array}{r|l}
2 & 2 \\ \hline
2 & 1 \quad\quad 余0 \\ \hline
 & 0 \quad\quad 余1 \\ \hline
\end{array}
\qquad
\begin{array}{r|l}
2 & 2 \\ \hline
2 & 1 \quad\quad 余0 \\ \hline
 & 0 \quad\quad 余1 \\ \hline
\end{array}
\qquad
\begin{array}{r|l}
2 & 7 \\ \hline
2 & 3 \quad\quad 余1 \\ \hline
2 & 1 \quad\quad 余1 \\ \hline
 & 0 \quad\quad 余1 \\ \hline
\end{array}
$$

所得余数从下到上排列起来分别是 10、10、111，因为八进制 1 位数码对应二进制 3 位数码，将所得补足 3 位依次排列得：010、010、111. 首位的 0 可以省去，可以直接计算出 $(227)_8=(10010111)_2$.

1.1.3　数集

自然数、整数、有理数和实数是各种运算的最终参与者，下文以集合的形式来研究它们. 集合是一个基础概念，粗略地讲，**集合**是具有某种属性的对象的全体，这些对象被称为**元素**. 集合中的元素具有**确定性**、**互异性**和**无序性**.

上述表达并非集合的定义. 集合论创立于 19 世纪下半叶，当时认为从自然数和集合论出发可以建立起逻辑完美的"数学大厦". 1903 年提出的罗素悖论动摇了这一基石，让人们意识到数学这门逻辑科学在不合逻辑地发展，触发了第三次数学危机. 后来，数学家们创造了公理化的集合论体系，解决了第三次数学危机并推动数学发展到更新、更高的领域. 本书不涉及公理化的集合论，仅介绍常见的数集符号、区间和邻域.

1. 常见的数集

自然数集表示所有自然数组成的集合，记作 **N**，$N=\{0，1，2，3，\cdots，n，\cdots\}$.

整数集表示所有整数组成的集合，记作 **Z**，$Z=\{\cdots，-n，\cdots，-2，-1，0，1，2，\cdots，n，\cdots\}$.

有理数集记作 **Q**，有理数是可以表示为 $\dfrac{p}{q}$ 形式的数（其中 p 和 q 是整数，且 $q\neq0$），包括整数和分数. 而**无理数**是无法表示成为 $\dfrac{p}{q}$ 形式的数，无理数也称为**无限不循环小数**.

实数集记作 **R**，所有的有理数和无理数统称为**实数**.

以上数集之间有如下的包含关系：

$$N\subset Z\subset Q\subset R.$$

2. 区间

任意一个实数，都能在数轴上找到唯一确定的点与之对应. **数轴**是一条水平的直线，如图 1-4 所示. 称数轴上的定点 O 为**原点**，向右是正方向，实数 1 到原点的距离为**单位长度**. 数轴上的点和实数是一一对应的.

动画

区间

图 1-4

(1) 有限区间

设 a，b 为实数且 $a < b$，称 a，b 之间的数集 $\{x \in \mathbf{R} \mid a < x < b\}$ 为**开区间**，记为 $(a，b)$，如图 1-5 所示.

图 1-5

类似地，可以定义**闭区间** $[a，b] = \{x \in \mathbf{R} \mid a \leqslant x \leqslant b\}$，如图 1-6 所示.

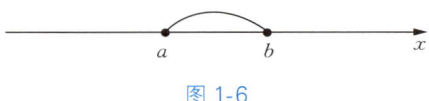

图 1-6

称 $(a，b] = \{x \in \mathbf{R} \mid a < x \leqslant b\}$ 和 $[a，b) = \{x \in \mathbf{R} \mid a \leqslant x < b\}$ 为**半开半闭区间**.

以上区间叫作**有限区间**，其长度为 $b - a$.

(2) 无限区间

$(-\infty，b] = \{x \in \mathbf{R} \mid x \leqslant b\}$ 表示小于等于 b 的全体实数，其区间长度是无限的，叫作**无限区间**．∞ 是一个记号，读作无穷大，不表示具体的数．$-\infty$ 表示小于任何确定的实数，$+\infty$ 表示大于任何确定的实数.

引入记号 ∞ 后，实数集 $\mathbf{R}$ 还可以表示为 $(-\infty，+\infty)$，正实数集表示为 $\mathbf{R}^+ = (0，+\infty)$ $= \{x \in \mathbf{R} \mid x > 0\}$，负实数集表示为 $\mathbf{R}^- = (-\infty，0) = \{x \in \mathbf{R} \mid x < 0\}$．无限区间也可以在数轴上表示，例如负实数集 $\mathbf{R}^- = (-\infty，0)$ 在数轴上的表示如图 1-7 所示.

图 1-7

3. 邻域

称关于实数 a 的对称区间 $(a - \delta，a + \delta)$ 为 a 的 δ **邻域**$(\delta > 0)$，记作 $U(a，\delta)$．点 a 叫作**邻域的中心**，δ 叫作该**邻域的半径**．邻域表示的数集如图 1-8 所示.

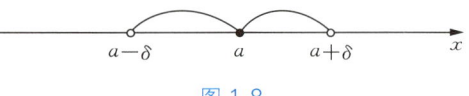

图 1-8

如果把邻域 $U(a，\delta)$ 的中心 a 去掉，所得到的邻域 $(a - \delta，a) \bigcup (a，a + \delta)$ 叫作 a 的**空心 δ 邻域**，记为 $\mathring{U}(a，\delta)$.

为叙述的方便起见,可以将区间简记为 I,将邻域简记为 $U(a)$.掌握这些数集符号、相对应集合及其在数轴上的表示,是之后学习微积分的基础.

例2 写出 $\mathring{U}(a,\delta)$ 相对应的集合,并在数轴上表示它.

解 空心邻域 $\mathring{U}(a,\delta)=(a-\delta,a)\bigcup(a,a+\delta)$ 表示与 a 的距离小于 δ 且大于 0 的全体实数,借用绝对值符号表示为 $\mathring{U}(a,\delta)=\{x\in\mathbf{R}|0<|x-a|<\delta\}$,如图 1-9 所示.

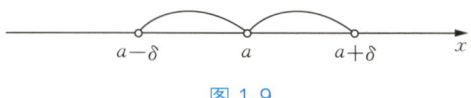

图 1-9

习题 1.1

1. 自然数集通常用(　　)表示.
   A. $U(a)$ 　　　　　B. I 　　　　　C. $\mathbf{N}$ 　　　　　D. $\mathbf{R}^+$

2. 数字 142 857 被称为"走马灯数",请分别乘以数字 1~7,研究其规律.

3. 在小数点后逐步写出所有的正整数得到下列无穷尽的小数

$$0.123\ 456\ 789\ 101\ 112\ 131\ 4\cdots.$$

该小数是有理数吗?

4. 将十进制数 120 转换为二进制数.

5. 将二进制数 1111 转换为八进制数.

6. 求不等式 $x^2-4\leqslant0$ 的解集,将之表示为区间,并在数轴上表示它.

1.2　变量间的关系

1.2.1　变量

1. 常量与变量

万事万物皆处在运动当中.运动中有些量是保持恒定的,有些量则是变化的.比如,在李白的诗句"朝辞白帝彩云间,千里江陵一日还"中,白帝城和江陵城的距离是恒定的,而船在水流中的速度是变化的.

数学上,将考察过程中保持恒定值的量称为**常量**,而将取值变化的量称为**变量**.习惯上用字母 a,b,c 等符号表示常量;用字母 x,y,z,n,i 等符号表示变量.描述变量还需要指出其取值范围,这个范围通常可以描述为数集,用大写字母 A,B,C 等符号表示.

第 1 章
数与函数

生活中,变量是许多现象的构成要素.例如在排队时,所关心的队列前方人数和等候时间都是变量.不过,这两个变量类型不同.

2. 变量的分类

基于变量的数值表现是否连续来看,变量可以分为离散型变量和连续型变量.

离散型变量的取值是有限个或者可列无限个.例如,队列前方人数、考试成绩、抛骰子出现的点数、商品的标价等,都是离散型变量.

连续型变量的取值则不能一个一个列出来,其取值可以充满整个区间.例如,排队等候时间、一天的气温、工厂的能耗等,都是连续型变量.

从不同的角度,还可以把变量分为其他不同的类型.例如:自变量和因变量、解释变量和被解释变量、确定性变量和随机变量,等等.

1.2.2 相关关系

1. 相关关系的定义

变化过程中,变量之间有着或多或少的联系.常见的变量间关系有两类,一类是确定性关系,即中学学过的**函数关系**,如圆的面积和半径的关系 $S = \pi r^2$ 就是确定性的函数关系;另一类是**相关关系**,变量之间虽然相互依存,但不具备函数关系的确定性.例如,一批树苗的高度和培育时间具有相关关系,见表 1-1.

表 1-1

树苗编号	培育时间/月	树苗高度/cm
01	2	20
02	3	35
03	3	40
04	3	46
05	4	41
06	4	50
07	5	48
08	5	58

在表 1-1 中,树苗高度受培育时间影响,但不是确定性的函数关系,它们具有相关关系.为了研究的方便,称培育时间为解释变量,称树苗高度为被解释变量.

解释变量是影响研究对象的变量,它解释了研究对象的变动;**被解释变量**是作为研究对象的变量,它的变动可由解释变量作出解释.

定义 1.1 **相关关系**是指客观现象中存在的一种非确定性、相互依存关系,即对于解释变量的每一个取值,由于受随机因素影响,被解释变量与之所对应的数值是非确定性的.

7

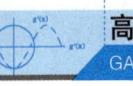

高等应用数学
GAODENG YINGYONG SHUXUE

按照相关的程度划分变量间的相关关系,可以分为完全相关、不完全相关和不相关 3 种.当被解释变量的数量变化完全由解释变量的数量变化决定时,称两变量**完全相关**;当两个变量互不影响时,称两变量**不相关**;当两个变量的关系介于完全相关和不相关之间时,称两变量**不完全相关**.

2. 相关关系的描述

一般使用相关表或相关图描述相关关系.

相关表是一种显示变量之间相关关系的统计表.通常将两个变量的对应值平行排列,且其中某一变量按其取值大小顺序排列,便可得到相关表.对于上文的一批树苗的高度和培育时间具有相关关系,按照培育时间从小到大排序,其相关表见表 1-2.

表 1-2

培育时间/月	2	3	3	3	4	4	5	5
树苗高度/cm	20	35	40	46	41	50	48	58

相关图是相关表的散点图,基于表 1-2 中的数据使用 Excel 绘制可以得到相关图,如图 1-10 所示.

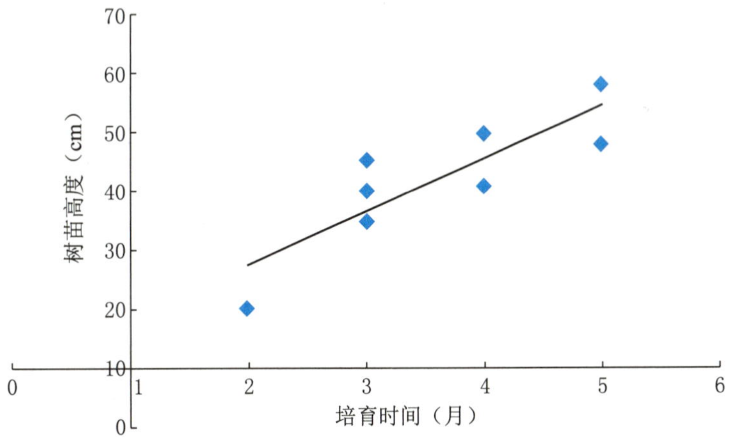

图 1-10

从图 1-10 中可以看出,树苗高度和培育时间大概呈线性相关关系,线性相关关系可以划分为正相关和负相关.当培育时间由短变长时,树苗高度也相应由矮变高,这种相关关系是正相关.下面再看一个负相关的例子.

例 1 生物学家研究发现,哺乳动物的平均寿命和平均心率的关系见表 1-3.

表 1-3

哺乳动物	小鼠	兔子	狗	长颈鹿	老虎	马	大象
平均心率/(次/min)	500	230	120	80	75	35	25
平均寿命/年	3	8	15	35	20	55	70

8

请绘图描述并判别平均寿命与平均心率的相关关系.

解 使用 Excel 绘图,如图 1-11 所示.

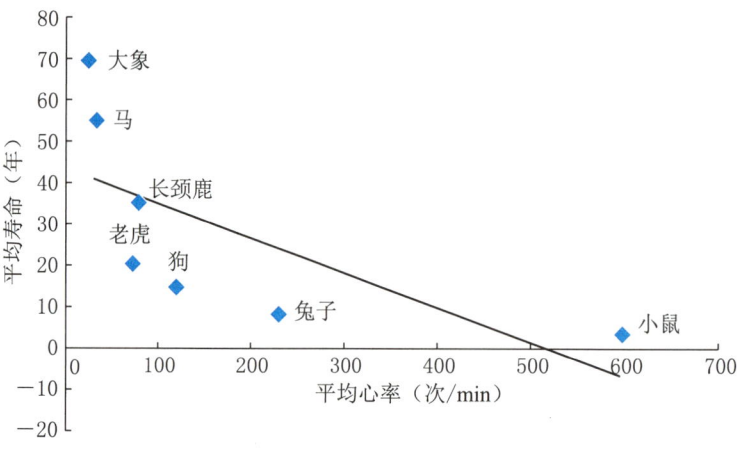

图 1-11

从图 1-11 中可以看出,当哺乳动物的平均心率由大变小时,其平均寿命反而由小变大,称这种相关关系为**负相关**.

图 1-10 中的点在趋势线附近较为聚集,而图 1-11 中的点在趋势线附近则较为分散,这是因为两种相关关系的相关程度不同.在相关分析中,通常用统计量 R 来量化变量之间的相关程度,R 叫作**相关系数**,其取值在区间$[-1,1]$上,并且不受变量值计量单位的影响.在线性相关关系下,当 $R>0$ 时变量之间正相关;当 $R<0$ 时变量之间负相关;当 $R=0$ 时变量之间不存在线性相关.通常,称 $0.8\leqslant|R|<1$ 时为**高度相关**,称 $0.5\leqslant|R|<0.8$ 时为**显著相关**,称 $0.3\leqslant|R|<0.5$ 时为**低度相关**,而称 $|R|<0.3$ 时为**微弱相关**.但是,这个划分没有绝对的标准,要根据具体的应用领域而定.

3. 相关关系的应用

(1) 相关系数的计算

例2 根据某年我国部分省、自治区、直辖市 GDP 总量(亿元)、固定资产投资(亿元)和居民人均消费(元)的数据(表 1-4),分析各省份固定资产投资、居民人均消费与 GDP 之间的相关性.

表 1-4

省、自治区、直辖市	GDP 总量/亿元	固定资产投资/亿元	居民人均消费/元	省、自治区、直辖市	GDP 总量/亿元	固定资产投资/亿元	居民人均消费/元
广东	89 879.23	37 403.90	24 819.63	湖北	36 522.95	31 872.60	16 937.59
江苏	85 900.94	53 000.20	23 468.63	河北	35 964.00	33 012.20	15 436.99
山东	72 678.18	54 236.00	17 280.69	湖南	34 590.56	31 328.10	17 160.40
浙江	51 768.00	31 126.00	27 079.06	福建	32 298.28	26 110.30	21 249.35
河南	44 988.16	43 890.40	13 729.61	上海	30 133.86	7 240.90	39 791.85
四川	36 980.20	31 235.90	16 179.94	北京	28 000.40	8 307.33	37 425.34

续 表

省、自治区、直辖市	GDP总量/亿元	固定资产投资/亿元	居民人均消费/元	省、自治区、直辖市	GDP总量/亿元	固定资产投资/亿元	居民人均消费/元
安徽	27 518.70	28 816.40	15 751.74	吉林	15 288.90	13 130.90	15 631.86
辽宁	23 942.00	6 444.70	20 453.36	山西	14 973.50	5 722.20	13 664.44
陕西	21 898.81	23 468.20	14 899.67	贵州	13 540.83	15 288.90	12 969.62
江西	20 818.50	21 770.40	14 459.02	新疆	10 920.00	11 795.60	15 087.30
广西	20 396.25	19 908.30	13 423.66	甘肃	7 677.00	5 696.30	13 120.11
重庆	19 500.27	17 440.60	17 898.05	海南	4 462.50	4 125.40	15 402.73
天津	18 595.38	11 274.70	27 841.38	宁夏	3 453.93	3 640.10	15 350.29
云南	16 531.34	18 474.90	12 658.12	青海	2 642.80	3 819.90	15 503.13
黑龙江	16 199.90	11 079.70	15 577.48	西藏	1 310.60	1 975.60	10 320.42
内蒙古	16 103.20	13 827.90	18 945.54	——	——	——	——

解 使用 Excel 进行数据分析,首先在"Excel 选项"中找到"加载项",并加载"分析工具库"到 Excel,如图 1-12 所示.

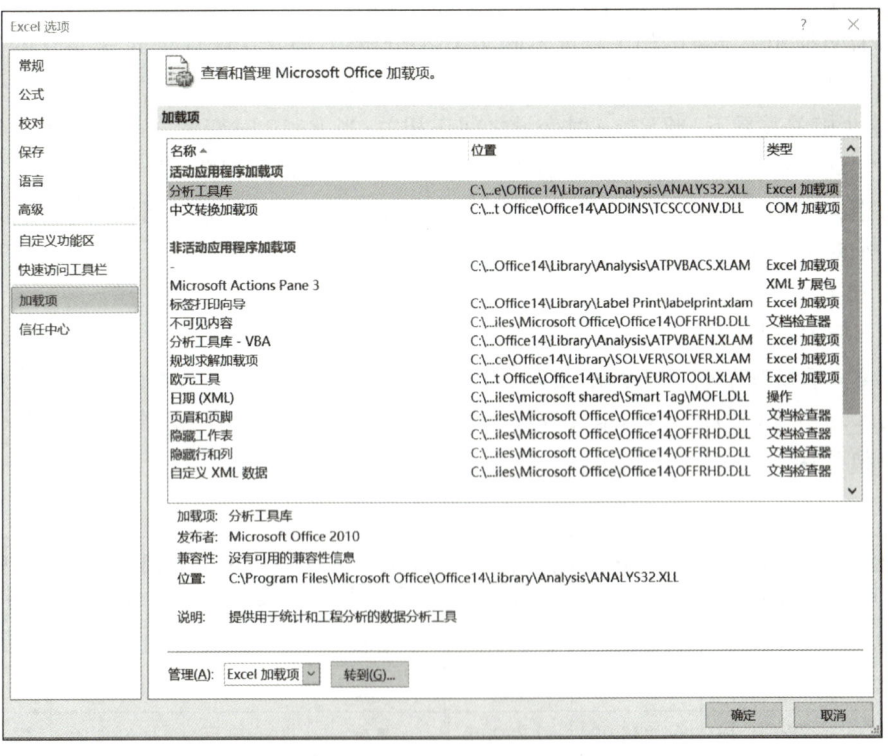

图 1-12 加载"分析工具库"到 Excel

加载完成后,将表 1-4 复制到新建的 Excel 中,选择工具菜单中的"数据分析"命令(不同的 Excel 版本位置可能不同),弹出"数据分析"对话框,如图 1-13 所示.

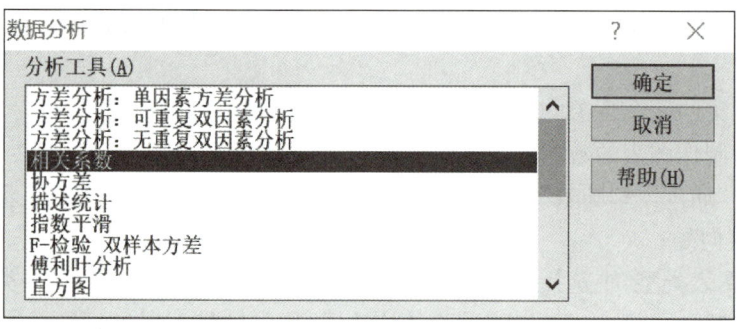

图 1-13

选择"相关系数",单击"确定"按钮,出现"相关系数"对话框,选定分析数据的输入区域,分组方式勾选"逐列",勾选"标志位于第一行"和"输出新工作表组",如图 1-14 所示.

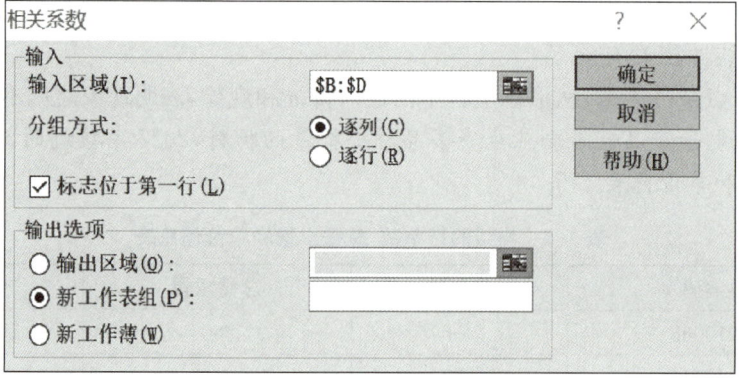

图 1-14

单击"确定"按钮,即可得到相关系数表,如图 1-15 所示.

	GDP 总量/亿元	固定资产投资/亿元	居民人均消费/元
GDP 总量/亿元	1		
固定资产投资/亿元	0.862 885 333	1	
居民人均消费/元	0.357 229 384	0.012 648 042	1

图 1-15

从图 1-15 中可以看出,GDP 总量和固定资产投资的相关系数为 0.862 885 333,其线性相关关系较强;而固定资产投资和居民人均消费的相关系数为 0.012 648 042,表明其线性相关关系较弱.

（2）相关图的制作

相关图又称散点图,它是将相关表中的数值在平面直角坐标系中用坐标点描绘出来,以表明相关数据点的分布状况.通过相关图可观察两个现象之间关系的总体模式,初步判断它们之间是否具有相关关系、相关关系的强弱程度和相关的方向.

相关图的制作步骤（使用 Microsoft Office 2010 版本，其他 Office 版本的操作与之类似）如下：

（1）将搜集的两个现象的数据分两列录入 Excel 表；

（2）选中制作图表的数据区域；

（3）单击"插入"→"图表"，出现"图表向导"的复选框；或直接在 Excel 表上方的工具栏中点击图表向导；

（4）在"图表类型"中选择"XY 散点图"，并选择"子图表类型"中的第一类；

（5）单击"下一步"→"下一步"，填写图表标题及 X 轴和 Y 轴的标题；

（6）单击"下一步"→单击"完成".

相关图描述了两个现象之间的大致关系，比较典型的形态有以下几种：

（1）数据点大致落在左下右上的一条直线周围，表明数据间存在正线性相关关系；

（2）数据点大致落在左上右下的一条直线周围，表明数据间存在负线性相关关系；

（3）数据点大致呈现某种曲线形态，如抛物线等，表明现象之间不存在线性相关关系，但存在非线性相关关系.

（4）数据点杂乱无章，从形态上看不出任何特征和规律，表明现象之间不相关.

例 3 某电子产品制造企业生产多品种小批量的物料，2022 年接到的各种物料订单数、总需求量和单价见表 1-5.

表 1-5　物料的订单数、总需求量和单价信息表

物料编码	订单数	总需求量	单　价
6004010068	6	604	892.99
6004010116	32	153	703.75
6004010121	3	4	757.69
6004010134	3	4	1 832.35
6004010203	69	142	1 016.39
6004010205	44	93	1 082.22
6004010207	153	2 064	962.12
6004010215	40	208	664.93
6004010217	48	189	942.95
6004010229	223	725	1 221.65
6004010231	22	74	1 236.55
6004010237	2	2	1 270.67
6004010239	2	3	1 238.05
6004010248	12	197	993.42

请使用 Excel 画出订单数和总需求量、订单数和单价、总需求量和单价之间的相关图.

解　将表格复制到 Excel 中，选中订单数和总需求量两列数据，插入散点图并添加趋势线，得图 1-16：

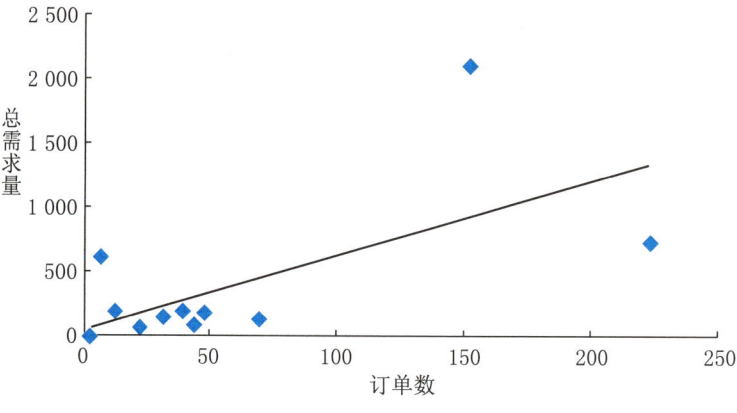

图 1- 16

选中订单数和单价两列数据,插入散点图并添加趋势线,得图 1-17:

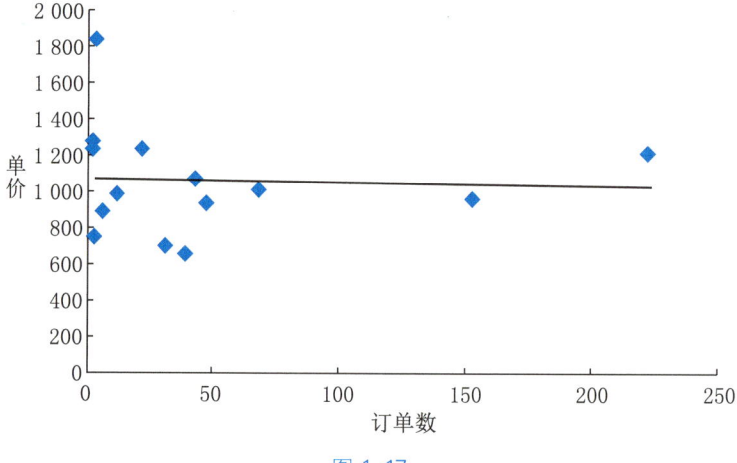

图 1- 17

选中总需求量和单价两列数据,插入散点图并添加趋势线,得图 1-18:

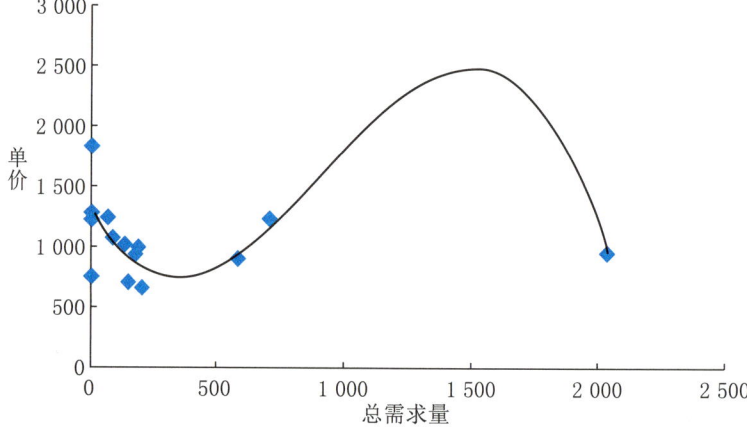

图 1- 18

从图 1-16 可以看出,订单数和总需求量存在线性正相关;从图 1-17 可以看出,订单数和单价的线性相关性较弱;从图 1-18 可以看出,总需求量和单价线性相关性较弱,但存在非线性相关关系.

以上的相关图,数据点均分布在趋势线周围.生活中也存在两组变量的所有数据点均落在趋势线上的情况,此时认为两者具有函数关系.

1.2.3　函数关系

1. 函数的概念

定义 1.2　设某一变化过程中有两个变量 x 和 y,D 是一个给定的数集,如果对任意一个 $x \in D$,按照一定的对应法则 f,都有唯一确定的 y 与它相对应,则称 y 是 x 的**函数**,记作 $y = f(x)$,称 x 为**自变量**,称 y 为**因变量**.

如果自变量 x 取某一数值 x_0 时,函数 y 有确定的值和它对应,就说函数在点 x_0 有定义.使函数有定义的数集 D 称为函数的定义域,可记作 D_f 或 $D(y)$.自变量取定义域内某一值时,因变量所对应的值叫作函数值.函数值的集合叫作函数的值域,可记作 M_f 或 $M(y)$,它是由定义域和对应法则决定的.因此,**定义域和对应法则是决定函数的两个重要因素.两个函数只有在它们的定义域和对应法则都相同时,才被认为是相同的.**

函数描述了客观世界的规律,可以表现为"公式".例如正方形的面积 S 与边长 a 是函数关系,有 $S = a^2$;自由落体运动中,物体的速度 v 和时间 t 是函数关系,有 $v = gt$(重力加速度 $g \approx 9.8 \text{ m/s}^2$).

函数还可以表示为"表格",例如鞋子尺码(欧码)与其内部长度具有函数关系,见表 1-6.

表 1-6

鞋子尺码(欧码)	35	36	37	38	39	40	41	42	43	44
内部长度/cm	22.5	23	23.5	24	24.5	25	25.5	26	26.5	27

虽然表 1-6 没有用到"公式",但是它完全符合函数的定义,定义域是

$$D_f = \{22.5, 23, 23.5, 24, 24.5, 25, 25.5, 26, 26.5, 27\}.$$

函数还可以表示为"图像",例如,**绝对值函数** $f(x) = |x| = \begin{cases} x, & x \geqslant 0 \\ -x, & x < 0 \end{cases}$ 的图像如图 1-19 所示.

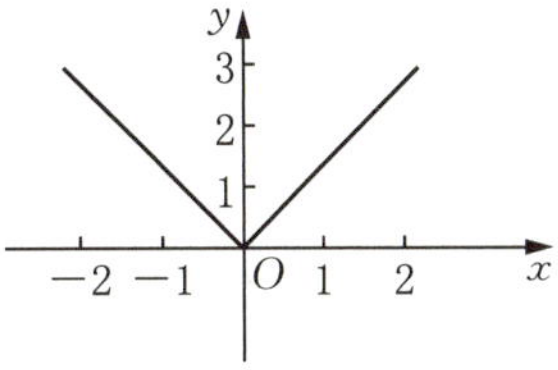

2. 分段函数

表示函数的方法通常有**公式法**(解析法)、**列表法**和**图像法** 3 种.用公式法表示函数时,一般用一个式子表示一个函数,但有时候需要用几个式子分段表示一个函数,即对自变量不同的取值范围,函数采用不同的表达式,这种函数就是**分段函数**.下面举例说明.

例 4　作图并讨论符号函数

图 1-19　绝对值函数的图像

$$f(x)=\begin{cases}1, & x>0,\\0, & x=0,\\-1, & x<0\end{cases}\qquad\qquad(1\text{-}1)$$

的定义域.

解 符号函数通常记为 sgn x,其图像如图 1-20 所示.

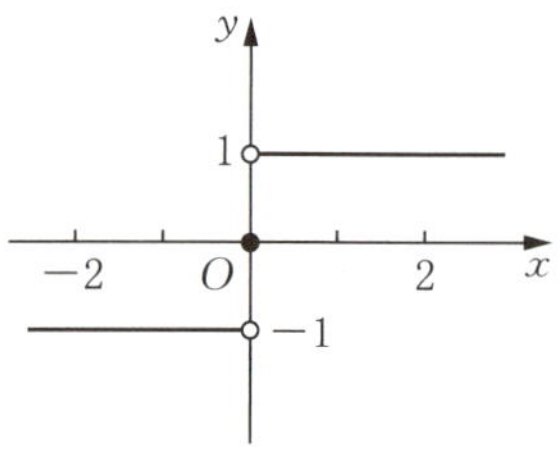

从图 1-19 中可以看出,自变量 x 的取值范围是整个数轴,即定义域 $D_f=R=(-\infty,+\infty)$.

由例 4 可知,**分段函数的定义域是各段自变量取值集合的并集.**

图 1-20 符号函数的图像

例 5 设 $f(x)=\begin{cases}-x, & -2<x\leqslant0,\\x^2-1, & 0<x\leqslant2,\end{cases}$ 求:

(1) $f(-1)$,$f(0)$,$f(1)$;

(2) $f(x)$ 的定义域.

解 (1) $f(-1)=-(-1)=1$,$f(0)=-0=0$,$f(1)=1^2-1=0$;

(2) 定义域 $D_f=(-2,0]\cup(0,2]=(-2,2]$.

生活中,会遇到取整的问题.设 x 为任意实数,不超过 x 的最大整数简称为 **x 的整数部分**,记作 $[x]$.例如 $[\pi]=3$,$[0.2]=0$,$[-1.7]=-2$.

一般地,取整函数的解析式为

$$y=[x]=n,\ n\leqslant x<n+1,\qquad\qquad(1\text{-}2)$$

其图像如图 1-21 所示.

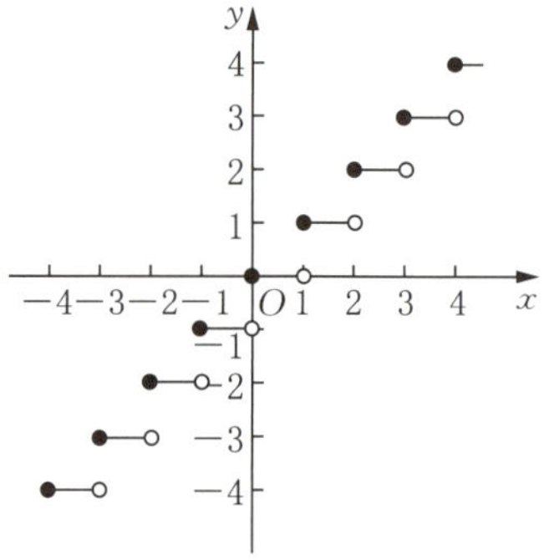

从数轴上看,$[x]$ 可以看作从 x 出发向左移动遇到的第一个整数,是向左取整.值得注意的是,在物流运输、服装设计等领域,还会用到向右取整函数

$$y=[x]=n,\ n-1<x\leqslant n.$$

分段函数在生活中应用广泛,对于个人所得税纳税额、水电计费、出租车的营运计费等问题,都可以建立分段函数对其加以分析研究.

图 1-21 向左取整函数的图像

3. 函数的性态

(1) 单调性

设函数 $y=f(x)$ 在区间 (a,b) 内有定义,如果对于区间 (a,b) 内的任意两点 $x_1<x_2$,都有

$$f(x_1)\leqslant f(x_2)[\text{或}\ f(x_1)\geqslant f(x_2)]$$

成立,则称函数 $y=f(x)$ 在区间 (a,b) 内是**单调增加(减少)**的,如果可以将等号去掉,则称为**严格单调增加(减少)**,这时称区间 (a,b) 为**单调增加(减少)区间**.

例如,幂函数 $y=\dfrac{1}{x}$ 的单调减少区间为 $(-\infty,0)$ 和 $(0,+\infty)$;指数函数 $f(x)=2^x$ 的单调增加区间为 $(-\infty,+\infty)$.

（2）奇偶性

设函数 $y=f(x)$ 的定义域 D 关于原点对称，如果对于任意的 $x\in D$，都有

$$f(-x)=-f(x)$$

成立，则称 $y=f(x)$ 在区间 D 内是**奇函数**；如果对于任意的 $x\in D$，都有

$$f(-x)=f(x)$$

成立，则称 $y=f(x)$ 在区间 D 内是**偶函数**.

奇函数的图像关于原点中心对称，偶函数的图像关于 y 轴对称.

例如，幂函数 $y=x^2$ 在区间 $(-\infty，+\infty)$ 内是偶函数，其图像关于 y 轴对称；正弦函数 $f(x)=\sin x$ 在区间 $(-\infty，+\infty)$ 内是奇函数，其图像关于原点中心对称.

（3）周期性

对于函数 $y=f(x)$，如果存在一个非零实数 $T(T\neq 0)$，对于其定义域内所有的 x，都有

$$f(x+T)=f(x)$$

成立，则称 $y=f(x)$ 在其定义域内是**周期函数**，称 T 为该函数的**周期**.周期不是唯一的，如果周期函数 $f(x)$ 的周期中存在一个最小的正数，则称之为函数 $f(x)$ 的**最小正周期**，简称为**(基本)周期**.通常所说的周期函数的周期即指它的最小正周期.

例如，余弦函数 $y=\cos x$ 是以 2π 为周期的函数；正切函数 $f(x)=\tan x$ 是以 π 为周期的函数；常函数 $f(x)=1$ 以任何正数为周期；函数 $f(x)=\begin{cases}0，2k<x\leqslant 2k+1，\\ 1，2k+1<x\leqslant 2k+2，\end{cases}$ $k\in \mathbf{Z}$ 以 2 为周期.

（4）有界性

对于定义在区间 $(a，b)$ 内的函数 $y=f(x)$，如果存在一个正数 M，使得对于区间 $(a，b)$ 内的所有 x，都有

$$|f(x)|\leqslant M，$$

则称函数 $y=f(x)$ 在区间 $(a，b)$ 内**有界**；如果不存在这样的 M，则称函数 $y=f(x)$ 在区间 $(a，b)$ 内**无界**.

例如，对于任意 $x\in(-\infty，+\infty)$ 都有 $|\sin x|\leqslant 1$，故 $y=\sin x$ 在区间 $(-\infty，+\infty)$ 内有界；函数 $y=\dfrac{1}{x}$ 在区间 $(0，1)$ 内无界，而在区间 $(1，2)$ 内有界，可以作图自行观察这一现象.

习题 1.2

1.选择题：

（1）下列说法错误的是（　　）.

    A. 在数学上，将考察过程中保持恒定值的量称为常量，而将取值变化的量称为变量

B. 在相关关系中,解释变量决定现象的因,被解释变量决定现象的果

C. 相关关系是指客观现象存在的一种非确定性相互依存关系

D. 相关系数 $R<0.3$ 时,变量间微弱相关

(2) 下列说法正确的是(　　).

A. 若圆的面积记为 S,半径记为 r,则 S 与 r 之间是函数关系

B. 若学习成绩为 D,学习时长为 t,则 D 与 t 之间是函数关系

C. 某校小学生的身高为 h,小学生的年龄为 t,h 与 t 之间是函数关系

D. 以上说法全错误

(3) 下列表示相同函数的是(　　).

A. $f(x)=\dfrac{x^2-4}{x-2}$ 与 $g(x)=x+2$

B. $f(x)=|x|$ 与 $g(x)=(\sqrt{x})^2$

C. $y=\sin^2 x$ 与 $s=1-\cos^2 t$

D. $y=\sqrt{x^2}$ 与 $y=(\sqrt{x})^2$

2. 某超市为调查市场需求,收集了每天冰红茶的销售量(单位:瓶)与当天最高气温(单位:℃)的历史数据,请根据表 1-7 画出相关图,并计算出最高气温和销售量的相关系数.

表 1-7

日期	最高气温	销售量	日期	最高气温	销售量
7.1	29	77	7.8	31	75
7.2	28	62	7.9	24	58
7.3	34	93	7.10	33	91
7.4	31	84	7.11	25	51
7.5	25	59	7.12	31	73
7.6	29	64	7.13	26	65
7.7	32	80	7.14	30	84

3. 设 $f(x)=\begin{cases} x^2, & -1\leqslant x<0, \\ x+1, & 0\leqslant x<2, \end{cases}$ 求:

(1) $f\left(-\dfrac{2}{3}\right)$,$f(0)$,$f(1)$;

(2) $f(x)$ 的定义域.

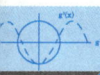

高等应用数学
GAODENG YINGYONG SHUXUE

1.3 初等函数

微课

基本初等函数

1.3.1 基本初等函数

将常函数、幂函数、指数函数、对数函数、三角函数和反三角函数六类函数统称为**基本初等函数**.

1. 常函数

常函数即常数函数,其函数值在定义域内不发生改变,解析式为 $y=C$(C 是常数).常函数的定义域为 $(-\infty, +\infty)$,值域为 $\{y \in \mathbf{R} \mid y=C\}$,即对应法则是对于任何 $x \in (-\infty, +\infty)$,x 所对应的函数值 y 恒等于常数 C.常函数的图像是垂直于 y 轴的直线,如图 1-22 所示.

从图 2-22 可以看出常函数的特性:它是有界函数,是在定义域内不增不减的偶函数.

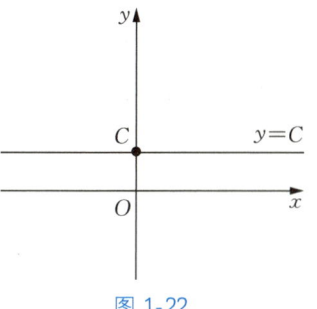

图 1-22

2. 幂函数

中学阶段学习到的 $y=x$,$y=x^2$,$y=\dfrac{1}{x}$ 等函数都是幂函数,幂函数用解析式 $y=x^{\mu}$(μ 是任意实数)来表示,其定义域、值域和图像与次数 μ 有关.当 $\mu>0$ 时,它的图像都经过点 $(0,0)$ 和 $(1,1)$,并在第一象限内向右上方无限伸展,且当 $x>1$ 时,函数值随着 μ 值的增加而快速增加;当 $0<x<1$ 时,x 的较低次幂的函数值反而比高次幂的函数值大,例如,当 $0<x<1$ 时,$x^2<x<\sqrt{x}$.当 $\mu<0$ 时,它的图像都经过点 $(1,1)$,在第一象限内单调减少,并且以 x 轴为渐近线.几个常见幂函数的图像如图 1-23 所示.

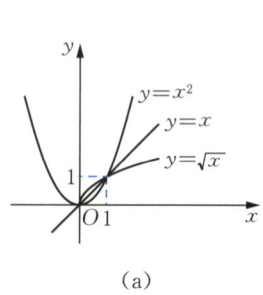

(a)

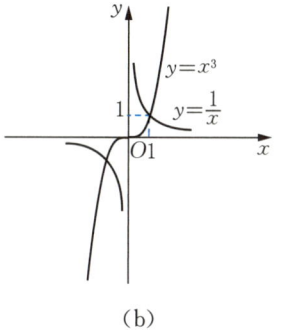

(b)

图 1-23

18

3. 指数函数

指数函数 $y = a^x$（a 为常数，且 $a > 0$，$a \neq 1$）的定义域为 $(-\infty, +\infty)$，值域为 $(0, +\infty)$，图像都经过点 $(0, 1)$. 当 $a > 1$ 时，指数函数 $y = a^x$ 单调增加；当 $0 < a < 1$ 时，指数函数 $y = a^x$ 单调减少. 指数函数的图像均在 x 轴上方，如图 1-24 所示.

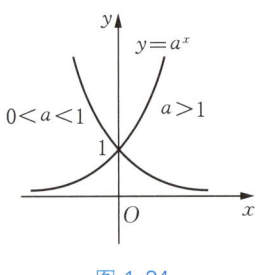

图 1-24

有关幂函数和指数函数的计算，通常涉及以下相关定义和运算法则.

（1）相关定义

正整数指数幂：$a^n = \overbrace{a \cdot a \cdot \cdots \cdot a}^{n\text{个}}(n \in \mathbf{N}_+)$.

零指数幂：$a^0 = 1(a \neq 0)$.

负整数指数幂：$a^{-n} = \dfrac{1}{a^n}(a > 0, n \in \mathbf{N}_+)$.

有理数指数幂：$a^{\frac{n}{m}} = \sqrt[m]{a^n}(a > 0, m, n \in \mathbf{N}_+, m > 1)$.

（2）幂的运算法则

① $a^m \cdot a^n = a^{m+n}(a > 0, m, n \in \mathbf{R})$.

② $(a^m)^n = a^{mn}(a > 0, m, n \in \mathbf{R})$.

③ $(ab)^m = a^m \cdot b^m(a > 0, b > 0, m \in \mathbf{R})$.

在生产和生活中，常遇到以无理数 e 为底的指数函数 $y = e^x$，称之为**自然指数函数**，其中 $e \approx 2.718\,28\cdots$.

4. 对数函数

如果 $a^b = N(a > 0$ 且 $a \neq 1)$，称 b 是以 a 为底 N 的**对数**，记为 $\log_a N = b$，其中 a 为**底数**，N 为**真数**. 有关对数函数的计算，常常要用到以下性质和运算法则.

（1）性质

① 零与负数没有对数，即真数 $N > 0$.

② 1 的对数等于零，即 $\log_a 1 = 0$.

③ 底的对数等于 1，即 $\log_a a = 1$.

④ $a^{\log_a N} = N$.

（2）运算法则

① $\log_a(M \cdot N) = \log_a M + \log_a N(M > 0, N > 0)$.

② $\log_a \dfrac{M}{N} = \log_a M - \log_a N(M > 0, N > 0)$.

③ $\log_a M^n = n\log_a M$.

对数函数 $y = \log_a x(a > 0,\ a \neq 1)$ 是同底的指数函数 $y = a^x$ 的反函数.对数函数的定义域为 $(0,\ +\infty)$,值域为 $(-\infty,\ +\infty)$,图像都经过点 $(0,\ 1)$.当 $a > 1$ 时,$y = \log_a x$ 单调增加;当 $0 < a < 1$ 时,$y = \log_a x$ 单调减少.对数函数的图像在 y 轴的右方,如图 1-25 所示.

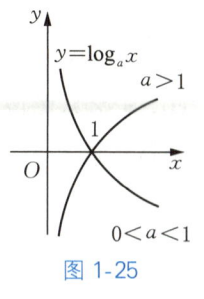

图 1-25

特别地,称以 10 为底的对数 $y = \log_{10} x$ 为**常用对数**,记作 $y = \lg x$.称以 e 为底的对数 $y = \log_e x$ 为**自然对数**,记作 $y = \ln x$.

5. 三角函数

在初中阶段,我们学习了三角函数.在直角三角形(图 1-26)中有如下定义:

$$x\ \text{的正弦} = \frac{\text{对边}}{\text{斜边}},\quad x\ \text{的余弦} = \frac{\text{邻边}}{\text{斜边}},\quad x\ \text{的正切} = \frac{\text{对边}}{\text{邻边}}.$$

基于三边的六种比值关系,可以定义以下六种三角函数:

正弦函数 $y = \sin x$,余弦函数 $y = \cos x$;

正切函数 $y = \tan x$,余切函数 $y = \cot x = \dfrac{1}{\tan x}$;

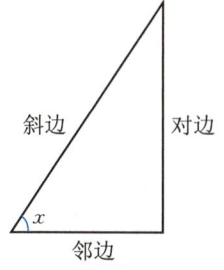

图 1-26

正割函数 $y = \sec x = \dfrac{1}{\cos x}$,余割函数 $y = \csc x = \dfrac{1}{\sin x}$.

(1)正弦函数和余弦函数

正弦函数 $y = \sin x$(图 1-27)和余弦函数 $y = \cos x$(图 1-28)的定义域为 $(-\infty,\ +\infty)$,值域为 $[-1,\ 1]$,都以 2π 为周期.$\sin x$ 是奇函数,$\cos x$ 是偶函数.

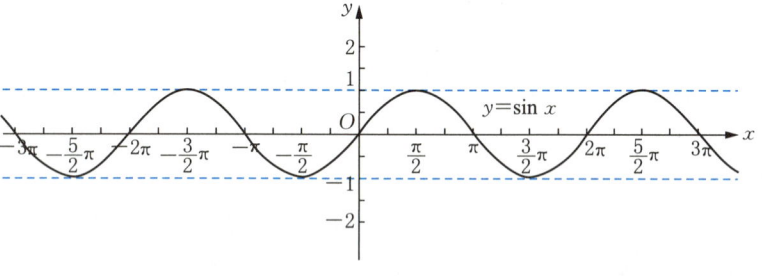

图 1-27

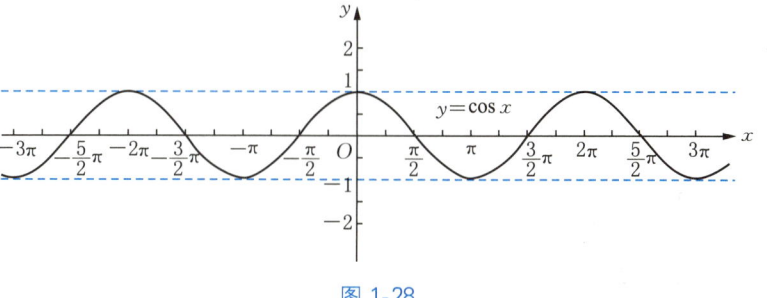

图 1-28

第 1 章

数与函数

（2）正切函数和余切函数

正切函数 $y=\tan x$（图 1-29）的定义域是 $\left\{x \,\middle|\, x\neq k\pi+\dfrac{\pi}{2},\,k\in\mathbf{Z}\right\}$，余切函数 $y=\cot x$（图 1-30）的定义域是 $\{x\,|\,x\neq k\pi,\,k\in\mathbf{Z}\}$，它们都以 π 为周期，且都是奇函数.

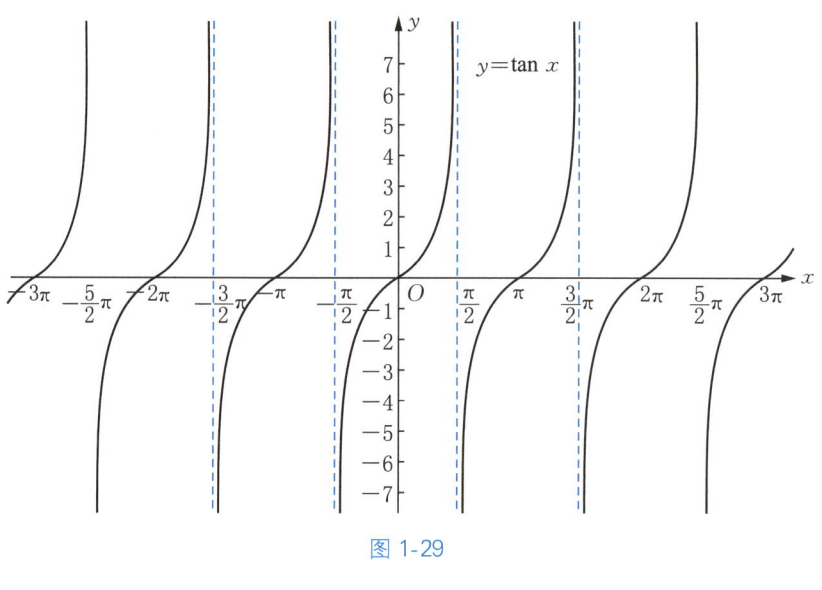

图 1-29

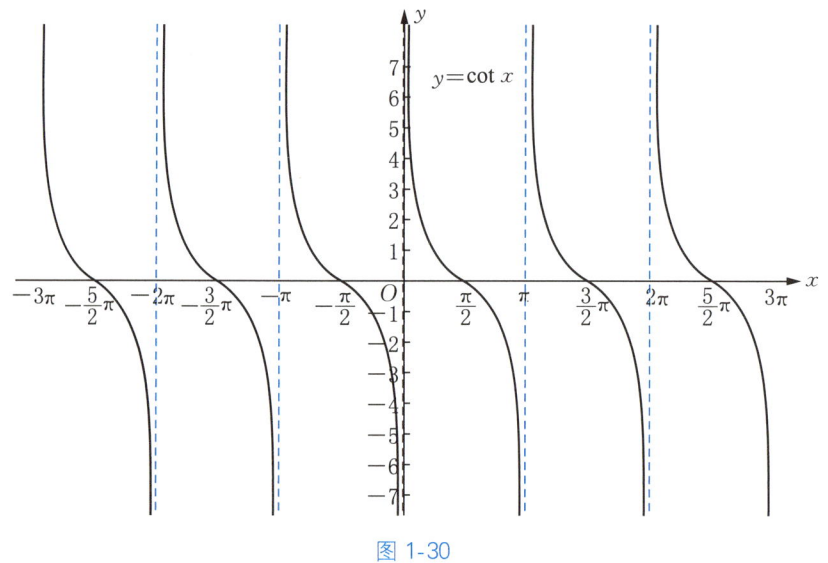

图 1-30

（3）正割函数和余割函数

正割函数 $y=\sec x$ 的定义域是 $\left\{x\,\middle|\,x\neq k\pi+\dfrac{\pi}{2},\,k\in\mathbf{Z}\right\}$，值域是 $(-\infty,\,-1]\cup[1,\,+\infty)$.如图 1-31 所示，正割函数是以 2π 为周期的偶函数.

21

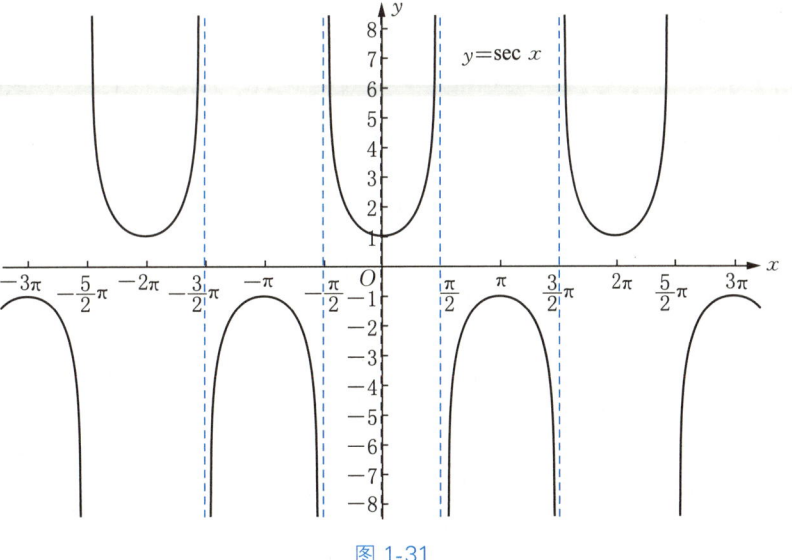

图 1-31

余割函数 $y = \csc x$ 的定义域是 $\{x \mid x \neq k\pi, k \in \mathbf{Z}\}$，值域是 $(-\infty, -1] \cup [1, +\infty)$.
如图 1-32 所示，余割函数是以 2π 为周期的奇函数.

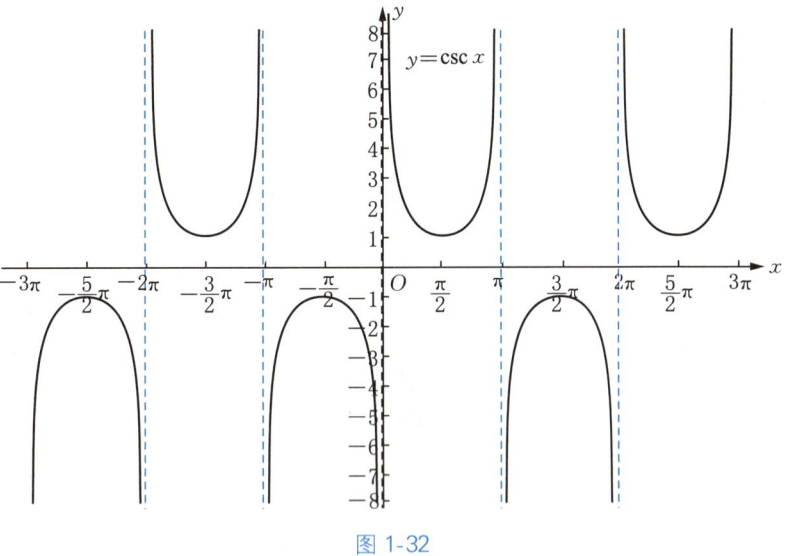

图 1-32

在三角函数的运算中，经常用到以下运算关系.

① 平方关系：

$$\sin^2\alpha + \cos^2\alpha = 1; \quad 1 + \tan^2\alpha = \sec^2\alpha; \quad 1 + \cot^2\alpha = \csc^2\alpha.$$

② 商的关系：

$$\tan\alpha = \frac{\sin\alpha}{\cos\alpha}; \quad \cot\alpha = \frac{\cos\alpha}{\sin\alpha}.$$

③ 倒数关系：

$$\cot\alpha=\frac{1}{\tan\alpha};\ \sec\alpha=\frac{1}{\cos\alpha};\ \csc\alpha=\frac{1}{\sin\alpha}.$$

例1 计算下列三角函数的值：

(1) $y=\sec\dfrac{\pi}{4}$； (2) $y=\cot\left(-\dfrac{\pi}{3}\right)$； (3) $y=\csc\left(-\dfrac{\pi}{2}\right)$； (4) $y=\tan\dfrac{\pi}{6}$.

解 (1) $y=\sec\dfrac{\pi}{4}=\dfrac{1}{\cos\dfrac{\pi}{4}}=\sqrt{2}$；

(2) $y=\cot\left(-\dfrac{\pi}{3}\right)=-\cot\dfrac{\pi}{3}=-\dfrac{\sqrt{3}}{3}$；

(3) $y=\csc\left(-\dfrac{\pi}{2}\right)=\dfrac{1}{\sin\left(-\dfrac{\pi}{2}\right)}=-1$；

(4) $y=\tan\dfrac{\pi}{6}=\sqrt{3}$.

6. 反三角函数

三角函数是周期函数,对于值域内每一个 y,都有无穷多个 x 与之相对应.只能在特定的区间上建立其反函数,并且要求这个区间是单调的、完整的、简单的.单调性能规避周期性产生的"一对多"的问题,完整性是指能够完整映射三角函数的值域区间,简单则是定义一个函数最基本的要求.基于此,结合实际需要,建立四种反三角函数:反正弦函数、反余弦函数、反正切函数和反余切函数.

(1) 反正弦函数

反正弦函数是正弦函数 $y=\sin x$ 在区间 $\left[-\dfrac{\pi}{2},\ \dfrac{\pi}{2}\right]$ 上的反函数,记作 $y=\arcsin x$.

其定义域为 $[-1,\ 1]$,值域为 $\left[-\dfrac{\pi}{2},\ \dfrac{\pi}{2}\right]$,如图 1-33 所示.

(2) 反余弦函数

反余弦函数是余弦函数 $y=\cos x$ 在区间 $[0,\ \pi]$ 上的反函数,记作 $y=\arccos x$,其定义域为 $[-1,\ 1]$,值域为 $[0,\ \pi]$,如图 1-34 所示.

动画

反正弦函数、
反余弦函数

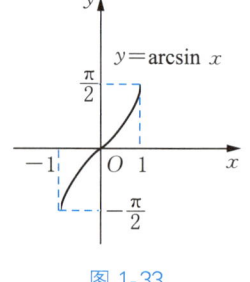

图 1-33

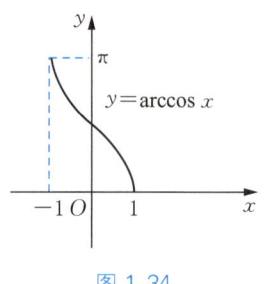

图 1-34

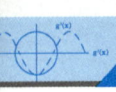

动画

反正切函数、
反余切函数

（3）反正切函数

反正切函数是正切函数 $y=\tan x$ 在开区间 $\left(-\dfrac{\pi}{2},\dfrac{\pi}{2}\right)$ 内的反函数，记作 $y=\arctan x$.

其定义域为 $(-\infty,+\infty)$，值域为 $\left(-\dfrac{\pi}{2},\dfrac{\pi}{2}\right)$，如图 1-35 所示.

（4）反余切函数

反余切函数是余切函数 $y=\cot x$ 在开区间 $(0,\pi)$ 内的反函数，记作 $y=\operatorname{arccot} x$.其定义域为 $(-\infty,+\infty)$，值域为 $(0,\pi)$，如图 1-36 所示.

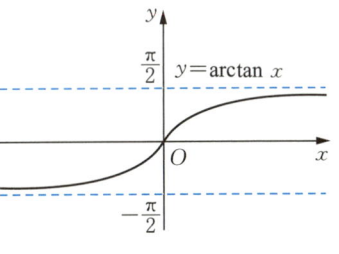

图 1-35

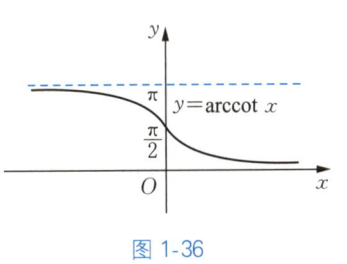

图 1-36

从图 1-33 至图 1-36 可以看出反三角函数的性质，见表 1-8.

表 1-8

函　　数	$y=\arcsin x$	$y=\arccos x$	$y=\arctan x$	$y=\operatorname{arccot} x$
定义域	$x\in[-1,1]$	$x\in[-1,1]$	$x\in(-\infty,+\infty)$	$x\in(-\infty,+\infty)$
值　域 （主值区间）	$y\in\left[-\dfrac{\pi}{2},\dfrac{\pi}{2}\right]$	$y\in[0,\pi]$	$y\in\left(-\dfrac{\pi}{2},\dfrac{\pi}{2}\right)$	$y\in(0,\pi)$
有界性	有界	有界	有界	有界
单调性	单调增加	单调减少	单调增加	单调减少
奇偶性	奇函数	非奇非偶函数	奇函数	非奇非偶函数

另外，有：

$$\arcsin(-x)=-\arcsin x,\quad \arccos(-x)=\pi-\arccos x,$$

$$\arctan(-x)=-\arctan x,\quad \operatorname{arccot}(-x)=\pi-\operatorname{arccot} x.$$

例 2 计算下列反三角函数的值：

（1）$y=\arcsin\dfrac{1}{2}$；　　　　　　（2）$y=\arctan(-1)$；

（3）$y=\operatorname{arccot} 1$；　　　　　　（4）$y=\arccos\left(-\dfrac{\sqrt{3}}{2}\right)$.

解　（1）因为 $\sin\dfrac{\pi}{6}=\dfrac{1}{2}$，且 $\dfrac{\pi}{6}\in\left[-\dfrac{\pi}{2},\dfrac{\pi}{2}\right]$，所以 $\arcsin\dfrac{1}{2}=\dfrac{\pi}{6}$；

24

(2) 因为 $\tan \dfrac{\pi}{4}=1$，所以 $\arctan(-1)=-\arctan 1=-\dfrac{\pi}{4}$；

(3) 因为 $\cot \dfrac{\pi}{4}=1$，所以 $\operatorname{arccot} 1=\dfrac{\pi}{4}$；

(4) 因为 $\cos \dfrac{\pi}{6}=\dfrac{\sqrt{3}}{2}$，所以 $\arccos\left(-\dfrac{\sqrt{3}}{2}\right)=\pi-\arccos\dfrac{\sqrt{3}}{2}=\pi-\dfrac{\pi}{6}=\dfrac{5}{6}\pi$.

例 3 设 $f(x)=3\arcsin\dfrac{x-1}{2}+\arctan(x+1)$，求：

(1) $f(0)$，$f(-1)$；　　(2) $f(x)$ 的定义域.

解 (1) $f(0)=3\arcsin\dfrac{0-1}{2}+\arctan 1=3\left(-\dfrac{\pi}{6}\right)+\dfrac{\pi}{4}=-\dfrac{\pi}{4}$,

$$f(-1)=3\arcsin(-1)+\arctan 0=3\left(-\dfrac{\pi}{2}\right)+0=-\dfrac{3}{2}\pi;$$

(2) 由 $\begin{cases} -1\leqslant\dfrac{x-1}{2}\leqslant 1, \\ -\infty<x+1<+\infty \end{cases}$ 得 $\begin{cases} -1\leqslant x\leqslant 3, \\ -\infty<x<+\infty. \end{cases}$

故 $f(x)$ 的定义域是 $[-1,3]$.

1.3.2　函数的复合与分解

1. 函数的复合

定义 1.3 设 y 是 u 的函数 $y=f(u)$，u 是 x 的函数 $u=\varphi(x)$．$u=\varphi(x)$ 的值域与 $y=f(u)$ 的定义域的交集不是空集，则 y 通过 u 构成 x 的函数 $y=f[\varphi(x)]$，称 y 为 x 的**复合函数**，称 u 为**中间变量**. 例如，$y=u^2$，$u=\sin x$，它们复合而成的函数为 $y=(\sin x)^2=\sin^2 x$.

注意：若 $u=\varphi(x)$ 的值域与 $y=f(u)$ 的定义域的交集是空集，则这两个函数不能复合. 例如 $y=\arcsin u$ 和 $u=2+x^2$ 就不能复合，这是因为 $y=\arcsin u$ 的定义域 $[-1,1]$ 与 $u=2+x^2$ 的值域 $[2,+\infty)$ 的交集为空集.

例 4 求由 $y=\arctan u$，$u=\ln v$，$v=1+x^2$ 复合而成的函数.

解 这三个函数满足了函数复合的前提，将中间变量逐层代入，消去中间变量，有

$$y=\arctan[\ln(1+x^2)].$$

2. 函数的分解

根据复合函数的概念，可以将一个较复杂的函数分解为若干个简单函数. 简单函数一般是基本初等函数或由基本初等函数经过有限次四则运算而形成的函数. 通常，复合函数由外层到内层逐层分解，分解到简单函数为止.

例 5 指出下列函数由哪些函数复合而成.

(1) $y=\tan(2x)$；　　　　　　　　　(2) $y=\cos^2(2x-1)$；

(3) $y=\arcsin\sqrt{x^2-1}$；　　　　　(4) $y=\mathrm{e}^{\sin(x^2+1)}$.

解 (1) $y=\tan(2x)$是由$y=\tan u$，$u=2x$复合而成的；

(2) $y=\cos^2(2x-1)$是由$y=u^2$，$u=\cos v$，$v=2x-1$复合而成的；

(3) $y=\arcsin\sqrt{x^2-1}$是由$y=\arcsin v$，$v=\sqrt{w}$，$w=x^2-1$复合而成的；

(4) $y=\mathrm{e}^{\sin(x^2+1)}$是由$y=\mathrm{e}^{u_1}$，$u_1=\sin u_2$，$u_2=x^2+1$复合而成的.

3. 初等函数

定义 1.4 由基本初等函数经过有限次四则运算以及有限次复合所构成的，并可以用一个式子表示的函数称为**初等函数**.

例如，函数$y=\mathrm{e}^{\ln\sin x}$、$y=\cos(3x-2)+\sqrt{1-x^2}$、$y=\sqrt{\dfrac{1-x}{1+x}}$、$y=\ln(x+\sqrt{x^2+1})$和$y=\mathrm{e}^{\sin x}+5x^2\cos x$等都是初等函数.无限次四则运算或无限次复合的函数不是初等函数，分段函数不是初等函数.

1.3.3 函数的应用

1. 函数在经济领域的应用

人们在经济活动中，需要进行经济核算，经常涉及成本、收入、利润等经济量，它们通常与产品的产量(或销量)q有关，可以把它们看作q的函数，分别用$C(q)$、$R(q)$和$L(q)$表示q个产品的**成本函数、收入函数和利润函数**.

成本由固定成本和可变成本构成.与产量q无关的成本称为**固定成本**，如厂房、设备等.与产量q有关的成本称为**可变成本**，如原材料、能耗、工时等.因此，有如下经济函数关系.

成本函数：$C(q)=C_0+C_1(q)$，其中C_0为固定成本，$C_1(q)$为可变成本.

收入函数：$R(q)=pq$，其中p为销售单价，q为销量.

利润函数：$L(q)=R(q)-C(q)$，其中$L(q)$是销售q单位产品获得的利润.

事实上，销售量q受到销售单价p的影响.如果不考虑市场需求的其他因素，需求量q可以看作销售单价p的函数，称为该商品的**需求函数**，记作$q(p)$.

例 6 某产品的需求函数为$q=800-10p$，成本函数为$C(q)=5\,000+20q$，求该商品的利润函数.

解 销量为q，由$q=800-10p$解得$p=80-0.1q$.

故收入函数为

$$R(q)=pq=80q-0.1q^2.$$

利润函数为

$$L(q)=R(q)-C(q)=80q-0.1q^2-(5\,000+20q).$$

于是，该商品的利润函数为

$$L(q)=0.1q^2+60q-5\,000.$$

函数在经济领域还有着其他的应用，如税收测算、投资模型、价值评估等.

第1章

数与函数

例7 工厂的某种机器的价值每3年下降$\frac{2}{3}$,请预测:今年价值8 100元的机器,8年后的价值大约是多少?

解 设机器价值平均每年约下降$p\%$,由题意可得

$$\frac{1}{3}=(1-p\%)^3,$$

$$p\%=1-\left(\frac{1}{3}\right)^{\frac{1}{3}}.$$

8年后的价值约为

$$y=8\ 100\left[1+\left(\frac{1}{3}\right)^{\frac{1}{3}}-1\right]^8=8\ 100\times\left(\frac{1}{3}\right)^{\frac{8}{3}}\approx432.67\ 元.$$

2. 函数在工程中的应用

例8 在固定电压差(电压差为常数)下,当电流通过圆柱体电线时,其强度I与电线半径r的3次方成正比.

(1) 写出函数解析式;

(2) 若电流通过半径为4 mm的电线时,电流强度为320 A,求电流通过半径为r mm的电线时,其电流强度的表达式;

(3) 已知(2)中的电流通过的电线半径为5 mm,计算电流强度.

解 (1) 设k为常数,因为电流强度I与电线半径r的3次方成正比,知$I=kr^3$.

(2) 由于$320=k\times4^3$,解得$k=5$,所以其电流强度的表达式为$I=5r^3$.

(3) 将$r=5$代入函数$I=5r^3$,得

$$I=5\times5^3=625\ A.$$

例9 具有放射性的原子核在放射出粒子及能量后可变得较为稳定,这个过程称为衰变.实验表明,某些原子以辐射的方式发射其部分质量,该原子用其剩余物重新组成新元素的原子.例如,放射性碳-14衰变成氮;镭最终衰变成铅.设y_0是时刻$x=0$时放射性物质的数量,在以后任何时刻x的数量为$y=y_0\mathrm{e}^{-rx}(r>0)$,称为放射性物质的**衰减率**).对碳-14而言,当x用年份来度量时,其衰减率$r=1.2\times10^{-4}$.

试预测一批碳-14原子核在经历886年衰变后,其中碳-14所占的百分比.

解 设碳-14原子核数量从y_0开始,则886年后的剩余量是

$$y=y_0\mathrm{e}^{(1.2\times10^{-4})\times886}\approx0.889y_0.$$

故所占百分比为

$$\frac{y}{y_0}\approx0.889=88.9\%,$$

即886年后的碳-14中约有88.9%的留存,约有11.1%的碳-14衰减掉了.

27

3. 函数在日常生活中的应用

例 10 某城市制订的每户应交水费(含用水费和污水处理费)标准见表 1-9.

表 1-9

用水量	不超出 10 m³ 的部分	超出 10 m³ 的部分
用水费/(元/m³)	1.3	2
污水处理费/(元/m³)	0.3	0.8

问每户应交水费 y(单位:元)和用水量 x(单位:m³)之间的函数关系是怎样的?

解 根据题意可知二者之间的关系,可用分段函数表示如下:

$$y=\begin{cases}(1.3+0.3)x, & x\leqslant10,\\(1.3+0.3)\times10+(2+0.8)\times(x-10), & x>10.\end{cases}$$

即用户应交水费和用水量之间满足如下函数关系:

$$y=\begin{cases}1.6x, & x\leqslant10,\\2.8x-12, & x>10.\end{cases}$$

【数学实验】

实验 1-1 MATLAB 的常用语句

本书使用 MATLAB R2021a 版本,其工作界面由菜单工具栏、当前文件夹、命令行窗口和工作区组成,如图 1-37 所示.

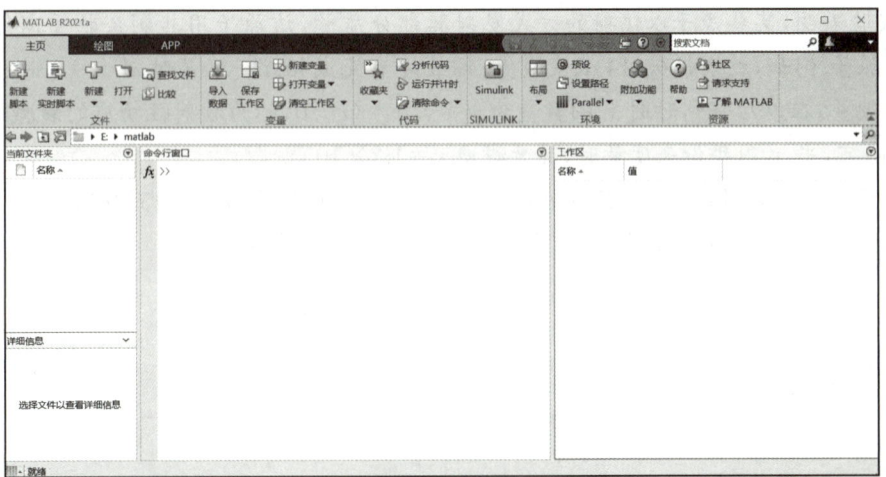

图 1-37

菜单工具栏包括 3 个标签:主页、绘图、APP,其中主页板块提供了大部分功能.MATLAB 程序语言属于一种交互式语言,当命令行窗口出现提示符≫时,在命令行窗口中输入命令后回车,即可给出运行结果.

1. 变量的命名规则

MATLAB 中变量命名总是以字母开头,由字母、数字或下划线组成,变量命名需要注意以下三个方面:

(1) 变量无需定义即可使用;

(2) 变量名的大小写是有区别的;

(3) 变量名的第一个字符必须为英文字母,长度不超过 31 个字符.

例如,在命令行窗口输入:

```
a = 3
b = 2 * a;
A1 = a + b
A2 = a * b;
```

运行结果如图 1-38 所示:

图 1-38

注意:上面的命令语句结束处加分号表示不显示运行结果,不加分号则命令行窗口会显示运行结果.

2. 程序控制语句

(1) 选择语句:if 语句.

基本调用格式如下:

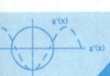
高等应用数学
GAODENG YINGYONG SHUXUE

```
if    达式1
      语句体1
elseif    表达式2
      语句体2
…………
else
      语句体n
end
```

例如,在 MATLAB 编辑器窗口创建一个 m 文件(m 文件将在实验 1-2 中介绍),命名为 test1.m,文件内容如图 1-39 所示.

```
编辑器 - E:\matlab\test1.m
test1.m ✕
  +
  1    %if语句的实验
  2    a = 20 ;
  3    b = 60 ;
  4    x = 40 ;
  5    if x < a
  6        disp( ' x小于a ')
  7    elseif x > b
  8        disp( ' x大于b ')
  9    else
  10       disp( ' x介于a和b之间 ')
  11   end
```

图 1-39

(2) 循环语句:for 语句.

基本调用格式如下:

```
for i = m:s:n
    语句体
end
```

其中 s 为步长,可以为正数、负数或小数.

例如,利用 for 语句来计算 1,2,3,…,n 的和,在 MATLAB 编辑器窗口创建一个 m 文件,命名为 test2.m,文件内容如图 1-40 所示.

30

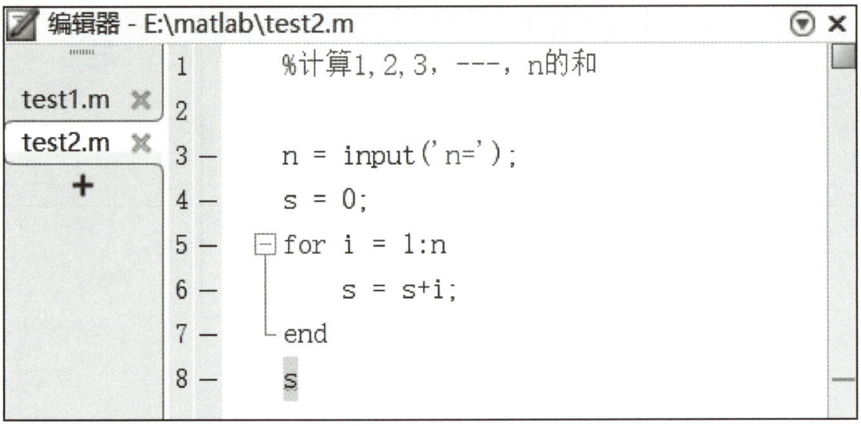

```
编辑器 - E:\matlab\test2.m

test1.m ✕       1    %计算1,2,3,---,n的和
test2.m ✕       2
    ✚           3─    n = input('n=');
                4─    s = 0;
                5─    for i = 1:n
                6─        s = s+i;
                7─    end
                8─    s
```

图 1-40

实验 1-2　m 文件及函数的创建

m 文件是由 MATLAB 语句构成的文件,且文件名必须以.m 为扩展名,如 example. m.M 文件可以根据调用方式的不同分为两类:命令文件(Script File)和函数文件 (Function File).下面主要介绍利用函数文件来创建函数.

函数文件由 function 语句引导,其基本结构为

function 输出形参表 = 函数名(输入形参表)

函数调用的一般格式为

[输出实参表] = 函数名(输入实参表)

例 11　分别建立命令文件和函数文件,计算半径为 r 的圆的面积 s.

解　**程序 1:** 首先在 MATLAB 编辑器窗口建立命令文件 r2s.m 并存盘,文件内容如图 1-41 所示.

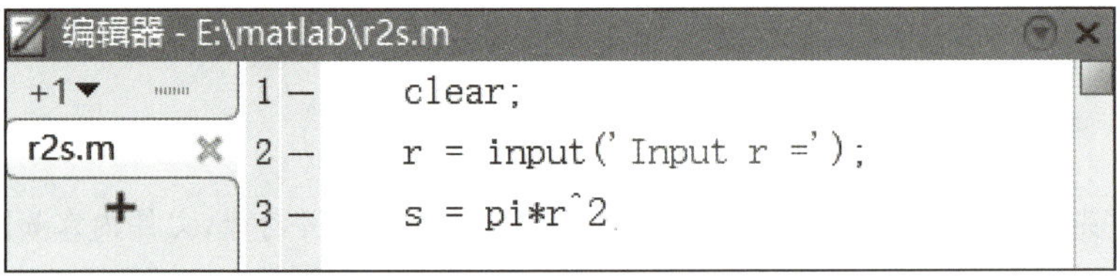

```
编辑器 - E:\matlab\r2s.m

+1▼             1─    clear;
r2s.m ✕         2─    r = input('Input r =');
    ✚           3─    s = pi*r^2
```

图 1-41

然后在 MATLAB 的命令行窗口输入 r2s,将会调用该命令文件,运行结果如图 1-42 所示.

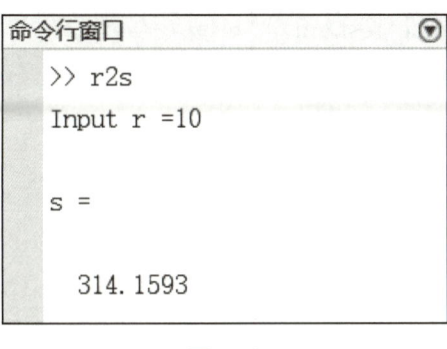

图 1-42

程序 2：首先在 MATLAB 编辑器窗口建立函数文件 r2sfun.m 并存盘，文件内容如图 1-43 所示.

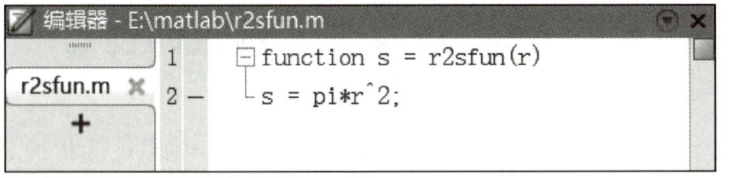

图 1-43

然后在 MATLAB 的命令行窗口调用该函数文件，运行结果如图 1-44 所示.

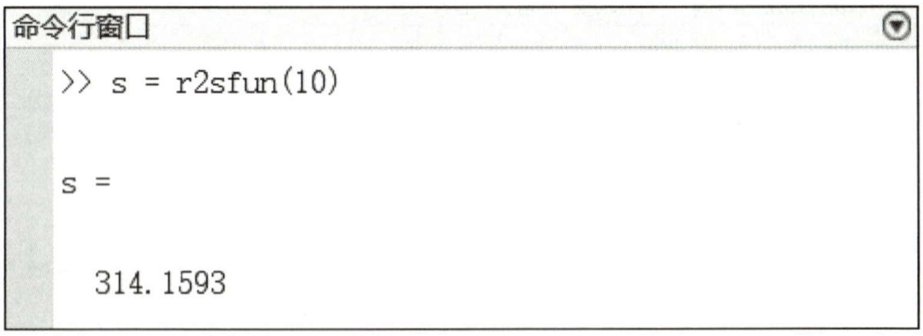

命令行窗口

>> s = r2sfun(10)

s =

   314.1593

图 1-44

例 12 利用函数文件创建函数 $y = \sqrt{2}\,e^x \sin\left(\sqrt{2x} + \dfrac{\pi}{3}\right)$.

解 首先在 MATLAB 编辑器窗口建立函数文件 fun.m 并存盘，文件内容如图 1-45 所示.

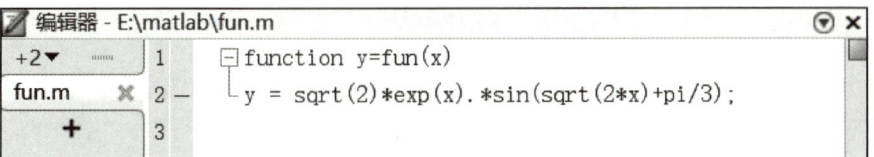

图 1-45

第 1 章
数与函数

然后在 MATLAB 的命令行窗口调用该函数文件,运行结果如图 1-46 所示.

```
命令行窗口                                          ▼
>> x = [1 2 3 4 5];
>> y = fun(x)


y =

    2.4178    0.9849    -9.8759  -51.7229 -183.9000
```

图 1-46

习题 1.3

1. 指出下列复合函数由哪些函数复合而成.

(1) $y=(1+x)^{\frac{2}{3}}$;　　　　(2) $y=\sin 2x$;

(3) $y=\cos^2(2x+3)$;　　　　(4) $y=\mathrm{e}^{\sin^2 x}$;

(5) $y=\ln\cos(\mathrm{e}^x)$;　　　　(6) $y=2\arctan[\ln(1+4x^2)]$.

2. 计算下列反三角函数的值.

(1) $y=\arcsin 1$;　　　　(2) $y=\arccos 1$;　　　　(3) $y=\arccos\left(-\dfrac{\sqrt{3}}{2}\right)$;

(4) $y=\arccos\dfrac{\sqrt{2}}{2}$;　　　　(5) $y=\arctan\dfrac{\sqrt{3}}{3}$;　　　　(6) $y=\arctan(-\sqrt{3})$.

3. 设有函数

$$y=\sin\frac{\pi x}{2}+\sqrt{x^2+x+1},$$

请用 MATLAB 编制函数,并求当 x 的值分别取 $-1,0,1$ 时的函数值.

4. 设有分段函数

$$f(x)=\begin{cases}\sqrt{x}, & x>1,\\ 1, & -1<x\leqslant 1,\\ 2x+1, & x\leqslant -1,\end{cases}$$

请用 MATLAB 编制函数,并画出当 $-2\leqslant x\leqslant 2$ 时的几何图形.

知识拓展

探索应用 1

助学助教

第 1 章习题
参考答案

33

第 2 章

CHAPTER 2

微积分

微积分是数学的重要分支,主要包括极限理论、微分学和积分学,在自然科学、社会科学等诸多领域有越来越广泛的应用.本章介绍了微积分的基础——极限与连续,重点探讨一元函数微分学及其应用、一元函数积分学及其应用等,简单介绍了多元函数微积分的概念和相关运算.在厘清概念的基础上,介绍了建立微积分模型的思路、使用软件计算微积分的方法等.

2.1 极限与连续性

2.1.1 极限

在某一个变化过程中,如果数列或者函数表现出无限接近某个常数值的趋势,则说明该数列或者函数在这个变化过程中有极限.

1. 极限的概念

早在战国时期,我国就有了极限思想的萌芽.《庄子·天下篇》中提到:"**一尺之棰,日取其半,万世不竭.**"这句话的意思是:一尺长的木棒,每天截取原来的一半,这样的过程可以无限地进行下去.借助数学符号,木棒每天取半后的长度可以表示为

$$\frac{1}{2}, \frac{1}{2^2}, \frac{1}{2^3}, \cdots, \frac{1}{2^n}, \cdots,$$

像这样按一定规律排列的一列数 y_1, y_2, $\cdots$, y_n, $\cdots$,称为**数列**,记作 $\{y_n\}$.它可以看成是以正整数 n 为自变量的函数,本节将探索数列的变化趋势.

34

（1）数列的极限

定义 2.1 对于无穷数列 $\{y_n\}$，如果当 n 无限增大时，数列的通项 y_n 无限趋近于一个确定的常数 A，则称当 $n\to\infty$ 时，**数列** $\{y_n\}$ **以 A 为极限**，或称**数列** $\{y_n\}$ **收敛于 A**，记作

$$\lim_{n\to\infty} y_n = A \text{ 或 } y_n \to A(n\to\infty).$$

如果不存在这样的常数，则称**该数列的极限不存在**，或称**该数列是发散的**.

例 1 作图并观察无穷数列 $\dfrac{1}{2}$，$\dfrac{2}{3}$，$\dfrac{3}{4}$，$\dfrac{4}{5}$，$\cdots$，$\dfrac{n}{n+1}$，$\cdots$ 的变化趋势，并写出其极限.

解 数列 $y_n = \dfrac{n}{n+1}$ 可以看成是以正整数 n 为自变量的函数，进而作出其图像，如图 2-1 所示.

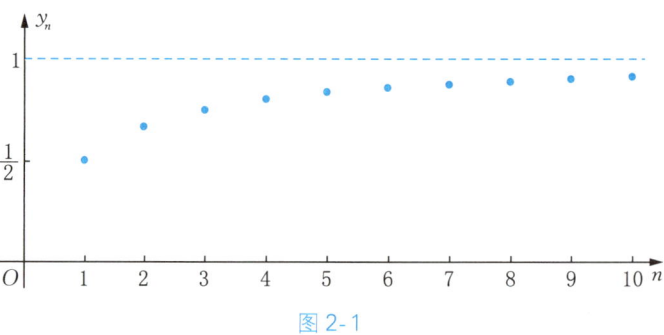

图 2-1

从图 2-1 中可以看出，当 n 无限增大时，y_n 越来越接近于 $y=1$ 这条直线，这时，就说数列 $\left\{\dfrac{n}{n+1}\right\}$ 以 1 为极限，即 $\lim\limits_{n\to\infty}\dfrac{n}{n+1}=1$.

例 2 讨论下列数列当 n 无穷增大时的变化趋势，说明其极限是否存在.

（1）$y_n = 3 + \dfrac{1}{n^2}$；   （2）$y_n = \dfrac{1+(-1)^{n+1}}{2}$.

解（1）当 n 无限增大时，$y_n = 3 + \dfrac{1}{n^2}$ 无限接近于 3，故当 $n\to\infty$ 时，数列 $\{y_n\}$ 以 3 为极限，即 $\lim\limits_{n\to\infty}\left(3+\dfrac{1}{n^2}\right)=3$；

（2）当 n 无限增大时，$y_n = \dfrac{1+(-1)^{n+1}}{2}$ 都总是取相间的值 0 和 1，它不趋近于一个常数，因此，当 $n\to\infty$ 时，数列 $\{y_n\}$ 的极限不存在.

（2）函数的极限

① 当 $x\to\infty$ 时，函数 $f(x)$ 的极限.

定义 2.2 如果当 x 的绝对值无限增大（即 $x\to\infty$）时，函数值 $f(x)$ 无限趋近于一个确定的常数 A，则称**函数 $f(x)$ 是以 A 为极限**，记作

$$\lim_{x \to \infty} f(x) = A \text{ 或 } f(x) \to A(x \to \infty).$$

自变量 x 的绝对值无限增大是指：x 既可以取正实数，也可以取负实数，但其绝对值无限增大．

当 x 取正实数且无限增大时，函数如果存在极限 A，则表示为 $\lim\limits_{x \to +\infty} f(x) = A$；

当 x 取负实数且其绝对值无限增大时，函数如果存在极限 A，则表示为 $\lim\limits_{x \to -\infty} f(x) = A$．

定理 2.1　极限 $\lim\limits_{x \to \infty} f(x) = A$ 的充分必要条件是 $\lim\limits_{x \to -\infty} f(x)$ 和 $\lim\limits_{x \to +\infty} f(x)$ 存在且都等于 A，即 $\lim\limits_{x \to \infty} f(x) = A \Leftrightarrow \lim\limits_{x \to -\infty} f(x) = \lim\limits_{x \to +\infty} f(x) = A$．

例 3　讨论极限 $\lim\limits_{x \to \infty} e^x$．

解　$y = e^x$ 的图像如图 2-2 所示．

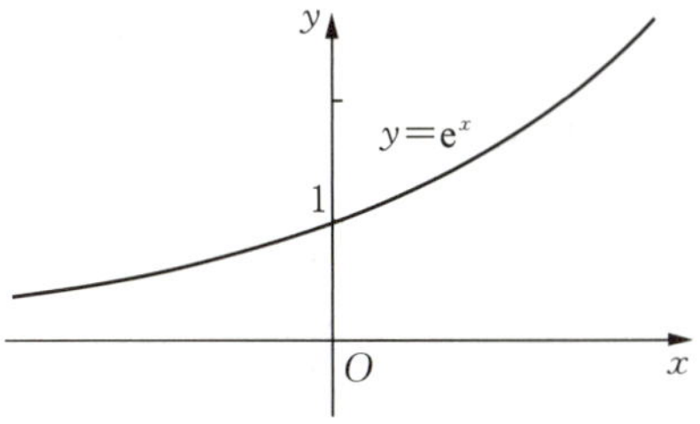

从图 2-2 可知，当 $x \to -\infty$ 时，$\lim\limits_{x \to -\infty} e^x = 0$；而当 $x \to +\infty$ 时，$y = e^x$ 无限增大，没有接近于某个常数，即 $\lim\limits_{x \to +\infty} e^x$ 不存在，所以 $\lim\limits_{x \to -\infty} e^x \neq \lim\limits_{x \to +\infty} e^x$，故 $\lim\limits_{x \to \infty} e^x$ 不存在．

② 当 $x \to x_0$ 时，函数 $f(x)$ 的极限．

定义 2.3　设函数 $y = f(x)$ 在点 x_0 的附近有定义（在 x_0 处可以无定义），如果当 x 无限趋近 x_0 时，函数 $f(x)$ 的值无限趋近于一个确定的常数 A，则称**函数 $f(x)$ 以 A 为极限**，记作

图 2-2

$$\lim_{x \to x_0} f(x) = A \text{ 或 } f(x) \to A(x \to x_0).$$

例 4　考察函数 $f(x) = \dfrac{x^2 - 1}{x - 1}$ 当 $x \to 1$ 时的变化趋势．

解　函数 $f(x) = \dfrac{x^2 - 1}{x - 1}$ 的图像是直线 $y = x + 1$ 上除去点 $(1, 2)$ 以外的部分，当 x 从 $x_0 = 1$ 的左、右两边趋近于 $x = 1$（记作 $x \to 1$）时（此时 $x \neq 1$），$f(x)$ 的值分别越来越接近于 2，则可知 $\lim\limits_{x \to 1} \dfrac{x^2 - 1}{x - 1} = 2$．

从上例可以看出，虽然函数 $f(x) = \dfrac{x^2 - 1}{x - 1}$ 在 $x = 1$ 处无定义，但是 $x \to 1$ 时极限依然存在．因此，当 $x \to x_0$ 时函数是否有极限与 $f(x_0)$ 是否存在无关．

在定义 2.3 中，如果当 x 从 x_0 的左侧无限趋近于 x_0（记作 $x \to x_0^-$）时，函数 $f(x)$ 的值无限趋近于 A，则称 A 是函数 $f(x)$ 当 $x \to x_0$ 时的**左极限**，记作

$$\lim_{x \to x_0^-} f(x) = A \text{ 或 } f(x_0 - 0) = A.$$

如果当 x 从 x_0 的右侧无限趋近于 x_0（记作 $x \to x_0^+$）时，函数 $f(x)$ 的值无限趋近于 A，则称 A 是函数 $f(x)$ 当 $x \to x_0$ 时的**右极限**，记作

$$\lim_{x \to x_0^+} f(x) = A \text{ 或 } f(x_0 + 0) = A.$$

定理 2.2 当 $x \to x_0$ 时,函数 $f(x)$ 以 A 为极限的充分必要条件是 $f(x)$ 在点 x_0 处的左、右极限都存在且都等于 A,即 $\lim\limits_{x \to x_0} f(x) = A \Leftrightarrow \lim\limits_{x \to x_0^-} f(x) = \lim\limits_{x \to x_0^+} f(x) = A$.

从极限存在的充要条件可知:

(1) $\lim C = C$,C 为常数;

(2) $\lim\limits_{x \to x_0} x = x_0$.

例 5 求下列函数 $f(x)$ 当 $x \to 0$ 时的左极限与右极限,并说明当 $x \to 0$ 时,$f(x)$ 的极限是否存在.

(1) $f(x) = \begin{cases} -x, & x < 0, \\ x, & x \geqslant 0; \end{cases}$ (2) $f(x) = \begin{cases} 1, & x < 0, \\ 0, & x = 0, \\ -1, & x > 0. \end{cases}$

解 (1) $f(x)$ 的图像如图 2-3 所示.

由极限概念可知

$$\lim_{x \to 0^-} f(x) = \lim_{x \to 0^-}(-x) = 0,$$

$$\lim_{x \to 0^+} f(x) = \lim_{x \to 0^+} x = 0,$$

因为 $\lim\limits_{x \to 0^-} f(x) = \lim\limits_{x \to 0^+} f(x) = 0$,所以 $\lim\limits_{x \to 0} f(x) = 0$;

(2) $f(x)$ 的图像如图 2-4 所示,

由极限概念可知

$$\lim_{x \to 0^-} f(x) = \lim_{x \to 0^-} 1 = 1,$$

$$\lim_{x \to 0^+} f(x) = \lim_{x \to 0^+}(-1) = -1,$$

因为 $\lim\limits_{x \to 0^-} f(x) \neq \lim\limits_{x \to 0^+} f(x)$,所以 $\lim\limits_{x \to 0} f(x)$ 不存在.

2. 无穷小量与无穷大量

(1) 无穷小量

定义 2.4 极限为 0 的变量称为**无穷小量**,简称**无穷小**.

注意:0 是常数中唯一的无穷小,其余的无穷小依赖于极限过程.例如:因为 $\lim\limits_{x \to 0} x^2 = 0$,所以 x^2 为 $x \to 0$ 时的无穷小;因为 $\lim\limits_{x \to 1}(x-1) = 0$,所以 $x-1$ 为 $x \to 1$ 时的无穷小;因为 $\lim\limits_{n \to \infty} \dfrac{1}{n+1} = 0$,所以数列 $\left\{\dfrac{1}{n+1}\right\}$ 为 $n \to \infty$ 时的无穷小.

无穷小量有以下性质:

性质 2.1 有限个无穷小的代数和仍是无穷小.

性质 2.2 有限个无穷小的乘积仍是无穷小.

性质 2.3 无穷小与有界函数的乘积仍是无穷小.

(2) 无穷大量

定义 2.5 在某个变化过程中,绝对值无限增大的变量 y 称为**无穷大量**,简称**无穷大**.

记作 $\lim y = \infty$.

注意: ∞ 只是一个无限增大的趋势,而不是一个数,可以是负无穷大,也可以是正无穷大.例如,当 $x \to +\infty$ 时,x,$\sqrt{x}$,e^x 都是无穷大;当 $x \to 0^+$ 时,$\dfrac{1}{x}$ 是无穷大;当 $x \to 0^-$ 时,$\dfrac{1}{x}$ 也是无穷大.

无穷大量与无穷小量存在如下关系:**同一个变化过程中,如果 y 是无穷大,则 $\dfrac{1}{y}$ 是无穷小;如果 $y(y \neq 0)$ 是无穷小,则 $\dfrac{1}{y}$ 是无穷大.**

例 6 求 $\lim\limits_{x \to 0} x \sin \dfrac{1}{x}$.

解 因为 x 是无穷小,又 $\left| \sin \dfrac{1}{x} \right| \leqslant 1$,$\sin \dfrac{1}{x}$ 是有界函数.由性质 2.3,$x \sin \dfrac{1}{x}$ 是 $x \to 0$ 时的无穷小量,即 $\lim\limits_{x \to 0} x \sin \dfrac{1}{x} = 0$.

3. 极限的运算

(1) 极限的四则运算法则

设当 $x \to x_0$(或 $x \to \infty$)时,$\lim u(x) = A$,$\lim v(x) = B$,则有以下法则成立:

法则 2.1 $\lim[u(x) \pm v(x)] = \lim u(x) \pm \lim v(x) = A \pm B$.

法则 2.2 $\lim[u(x) \cdot v(x)] = \lim u(x) \cdot \lim v(x) = A \cdot B$.

推论 2.1 $\lim Cu(x) = C \lim u(x) = CA$,其中 C 是常数.

推论 2.2 $\lim[u(x)]^n = [\lim u(x)]^n = A^n$.

法则 2.3 $\lim \dfrac{u(x)}{v(x)} = \dfrac{\lim u(x)}{\lim v(x)} = \dfrac{A}{B} (B \neq 0)$.

上述法则同样适用于数列极限,法则 2.1 和法则 2.2 对有限个变量的情况也是成立的.

(2) 当 $x \to x_0$ 时求极限的基本方法

① 代入法

若 $f(x)$ 是初等函数,则当 $f(x_0)$ 有意义时,有 $\lim\limits_{x \to x_0} f(x) = f(x_0)$.

例 7 求 $\lim\limits_{x \to 2} \dfrac{x^3 - 1}{x^2 + x + 1}$.

解 当 $x = 2$ 时函数 $f(x) = \dfrac{x^3 - 1}{x^2 + x + 1}$ 有意义,则 $\lim\limits_{x \to 2} \dfrac{x^3 - 1}{x^2 + x + 1} = \dfrac{8 - 1}{4 + 2 + 1} = 1$.

② 消去零因子法 $\left(\dfrac{0}{0} \text{型未定式极限} \right)$

对于分式,当分母极限为 0 时,若分子极限不为 0,则可以通过无穷大和无穷小的关系来求极限;若分子极限也为 0,分子、分母中存在极限为 0 的公因子,则可以通过因式分解或者有理化等恒等变形,约分消去零因子,进而求其极限.

例8 求下列极限.

(1) $\lim\limits_{x\to 2}\dfrac{x^2-3x+2}{x^2+x-6}$;　　　　　(2) $\lim\limits_{x\to 9}\dfrac{\sqrt{x}-3}{x-9}$.

解　(1) $\lim\limits_{x\to 2}\dfrac{x^2-3x+2}{x^2+x-6}=\lim\limits_{x\to 2}\dfrac{(x-1)(x-2)}{(x+3)(x-2)}=\lim\limits_{x\to 2}\dfrac{x-1}{x+3}=\dfrac{1}{5}$;

(2) $\lim\limits_{x\to 9}\dfrac{\sqrt{x}-3}{x-9}=\lim\limits_{x\to 9}\dfrac{(\sqrt{x}-3)(\sqrt{x}+3)}{(x-9)(\sqrt{x}+3)}=\lim\limits_{x\to 9}\dfrac{x-9}{(x-9)(\sqrt{x}+3)}=\lim\limits_{x\to 9}\dfrac{1}{\sqrt{x}+3}=\dfrac{1}{6}$.

(3) 当 $x\to\infty$ 时求极限的基本方法

对于分式,当 $x\to\infty$ 时,若分子、分母同时趋于 ∞,则称为 $\dfrac{\infty}{\infty}$ 型未定式极限.这种极限可以通过分子、分母同除以分母的最高次幂,再利用无穷小与无穷大的关系求极限.

例9 求下列极限.

(1) $\lim\limits_{x\to\infty}\dfrac{2x^3+3x^2+1}{5x^3+2x^2-3}$;　　　　　(2) $\lim\limits_{x\to\infty}\dfrac{x^2-3x-1}{2x^3-x^2+5}$.

解　(1) $\lim\limits_{x\to\infty}\dfrac{2x^3+3x^2+1}{5x^3+2x^2-3}=\lim\limits_{x\to\infty}\dfrac{2+\dfrac{3}{x}+\dfrac{1}{x^3}}{5+\dfrac{2}{x}-\dfrac{3}{x^3}}=\dfrac{2+0+0}{5+0-0}=\dfrac{2}{5}$;

(2) $\lim\limits_{x\to\infty}\dfrac{x^2-3x-1}{2x^3-x^2+5}=\lim\limits_{x\to\infty}\dfrac{\dfrac{1}{x}-\dfrac{3}{x^2}-\dfrac{1}{x^3}}{2-\dfrac{1}{x}+\dfrac{5}{x^3}}=\dfrac{0}{2}=0$.

(4) 两个重要极限

数学常常对一些具有典型意义的问题加以总结研究,以期带动一类相关问题的解决方法.在极限理论中,以下两个重要极限具有这样的典型意义.

第一个重要极限:$\lim\limits_{x\to 0}\dfrac{\sin x}{x}=1$.

对于上述结论,证明略,请采用列表法观察趋势对上述结论加以探索,学习了这个重要极限,有助于计算 $\dfrac{0}{0}$ 型未定式极限.

例10 求下列极限.

(1) $\lim\limits_{x\to 0}\dfrac{\tan x}{x}$;　　　　　(2) $\lim\limits_{x\to 0}\dfrac{\sin 3x}{2x}$.

解　(1) $\lim\limits_{x\to 0}\dfrac{\tan x}{x}=\lim\limits_{x\to 0}\dfrac{\sin x}{x}\cdot\dfrac{1}{\cos x}=\lim\limits_{x\to 0}\dfrac{\sin x}{x}\cdot\lim\limits_{x\to 0}\dfrac{1}{\cos x}=1\times 1=1$;

(2) $\lim\limits_{x\to 0}\dfrac{\sin 3x}{2x}=\lim\limits_{x\to 0}\dfrac{\sin 3x}{3x}\cdot\dfrac{3}{2}=\dfrac{3}{2}$.

第一个重要极限是无穷小比较的基础,而第二个重要极限广泛应用于极限运算和生产生活.请探索下文的**复利问题**.

假设有些资金要投资以赚取利息.假定投资的本金为 1,年利率为 100%,那么一年后

的本利和为 $1+1\times100\%=2$.

如果支付利息的方式不是一年 1 次，而是一年多次，且到期的利息不被取出而与本金一起用于赚取利息，这种计算方式就是**复利**.

同样投资 1，年利率还是 100%，如果改为一年 2 次计息（半年支付一次利息），则一年后的本利和为

$$1+1\times50\%+(1+1\times50\%)\times50\%=\left(1+\frac{1}{2}\right)^2=2.25.$$

类似地，如果一年 4 次计息（每季度支付一次利息），则一年后的本利和为

$$\left(1+\frac{1}{4}\right)^4\approx2.441\,41.$$

如果一年 12 次计息（每月支付一次利息），则一年后的本利和为

$$\left(1+\frac{1}{12}\right)^{12}\approx2.613\,04.$$

如果一年 365 次计息（每天支付一次利息），则一年后的本利和为

$$\left(1+\frac{1}{365}\right)^{365}\approx2.714\,57.$$

若继续这一过程，不断增加付息的次数，就成了**连续复利**的模式，本利和将趋近于自然对数的底数 $e\approx2.718\,28$，记为 $\lim\limits_{n\to\infty}\left(1+\dfrac{1}{n}\right)^n=e$.

可以使用数学原理将之归结到函数的情形，得到如下第二个重要极限.

第二个重要极限：$\lim\limits_{x\to\infty}\left(1+\dfrac{1}{x}\right)^x=e$.

为方便起见，令 $\dfrac{1}{x}=t$，当 $x\to\infty$ 时 $t\to0$，上述公式可以改写为如下形式.

$$\lim_{x\to0}(1+t)^{\frac{1}{t}}=e. \tag{2-1}$$

例 11 求下列极限.

(1) $\lim\limits_{x\to\infty}\left(1+\dfrac{3}{x}\right)^x$； (2) $\lim\limits_{x\to\infty}\left(1-\dfrac{1}{x}\right)^{x+2}$； (3) $\lim\limits_{x\to0}(1+2x)^{\frac{1}{x}}$.

解 (1) $\lim\limits_{x\to\infty}\left(1+\dfrac{3}{x}\right)^x=\lim\limits_{x\to\infty}\left[\left(1+\dfrac{3}{x}\right)^{\frac{x}{3}}\right]^3=\left[\lim\limits_{x\to\infty}\left(1+\dfrac{3}{x}\right)^{\frac{x}{3}}\right]^3=e^3$；

(2) $\lim\limits_{x\to\infty}\left(1-\dfrac{1}{x}\right)^{x+2}=\lim\limits_{x\to\infty}\left[\left(1-\dfrac{1}{x}\right)^{-x}\right]^{-1}\times\lim\limits_{x\to\infty}\left(1-\dfrac{1}{x}\right)^2=\left[\lim\limits_{x\to\infty}\left(1-\dfrac{1}{x}\right)^{-x}\right]^{-1}\cdot$

$1=e^{-1}$；

(3) $\lim\limits_{x\to0}(1+2x)^{\frac{1}{x}}=\lim\limits_{x\to0}(1+2x)^{\frac{1}{2x}\cdot2}=e^2$.

（5）无穷小的比较

无穷小虽然都是趋于 0 的变量,但不同的无穷小趋于 0 的速度有时可能差别很大.

例如,当 $x \to 0$ 时,x,$2x$ 和 x^2 都是无穷小,但它们趋于 0 的速度却不一样,见表 2-1.

表 2-1

x	1	0.5	0.1	0.01	0.001	⋯
$2x$	2	1	0.2	0.02	0.002	⋯
x^2	1	0.25	0.01	0.000 1	0.000 001	⋯

为比较无穷小趋于零的快慢,引入以下概念.

定义 2.6 设 α,β 是同一变化过程中的两个无穷小,则有

（1）如果 $\lim \dfrac{\alpha}{\beta} = 0$,则称 α 是比 β **高阶的无穷小**,记作 $\alpha = o(\beta)$;

（2）如果 $\lim \dfrac{\alpha}{\beta} = \infty$,则称 α 是比 β **低阶的无穷小**;

（3）如果 $\lim \dfrac{\alpha}{\beta} = c \neq 0$($c$ 是常数),则称 α 是与 β **同阶无穷小**.

当 $c = 1$ 时,称 α 与 β 是**等价无穷小**,记作 $\alpha \sim \beta$.

例如,因为 $\lim\limits_{x \to 0} \dfrac{x^2}{x} = \lim\limits_{x \to 0} x = 0$,所以当 $x \to 0$ 时,x^2 是比 x 高阶的无穷小,记作 $x^2 = o(x)$;因为 $\lim\limits_{x \to 0} \dfrac{x}{2x} = \dfrac{1}{2}$,所以当 $x \to 0$ 时,x 是与 $2x$ 同阶的无穷小.

当 $x \to 0$ 时,常见的等价无穷小有:

$$\sin x \sim x, \ \tan x \sim x, \ \arcsin x \sim x, \ \arctan x \sim x,$$

$$\ln(1+x) \sim x, \ 1 - \cos x \sim \frac{1}{2}x^2, \ \sqrt{x+1} - 1 \sim \frac{1}{2}x, \ \mathrm{e}^x - 1 \sim x.$$

关于等价无穷小,在极限计算中有如下重要定理:

定理 2.3 设当 $x \to x_0$(或 $x \to \infty$)时,无穷小 $\alpha \sim \alpha_1$,$\beta \sim \beta_1$,且 $\lim \dfrac{\alpha_1}{\beta_1}$ 存在,则 $\lim \dfrac{\alpha}{\beta} = \lim \dfrac{\alpha_1}{\beta_1}$.

例 12 求下列极限.

（1）$\lim\limits_{x \to 0} \dfrac{\sin 3x}{\ln(1+2x)}$;　　　　　　（2）$\lim\limits_{x \to 0} \dfrac{\tan 2x}{\sin 3x}$.

解　（1）$\lim\limits_{x \to 0} \dfrac{\sin 3x}{\ln(1+2x)} = \lim\limits_{x \to 0} \dfrac{3x}{2x} = \dfrac{3}{2}$;

（2）$\lim\limits_{x \to 0} \dfrac{\tan 2x}{\sin 3x} = \lim\limits_{x \to 0} \dfrac{2x}{3x} = \dfrac{2}{3}$.

注意:利用等价无穷小代换求极限时,只能在乘除中使用,不能在加减中使用.

2.1.2　函数的连续性

在现实世界中,有许多现象的变化是连续不断的.例如,气温的变化、河水的流动、身高的增长等,都是连续变化的,这些现象在函数关系上的反映就是函数的连续性.

1. 增量与连续

(1) 增量的概念

定义 2.7　设函数 $y=f(x)$ 在点 x_0 及其附近有定义,在 x_0 的附近取一点 x,则称 $\Delta x=x-x_0$ 为**自变量在点 x_0 的增量**(或**改变量**),函数 y 相应地从 $f(x_0)$ 变到 $f(x_0+\Delta x)$,则称 $\Delta y=f(x_0+\Delta x)-f(x_0)$ 为**因变量 y 的增量**(或**改变量**).

(2) 函数 $y=f(x)$ 在点 x_0 的连续性

定义 2.8　设函数 $y=f(x)$ 在点 x_0 及其附近有定义,如果当自变量的增量 $\Delta x=x-x_0$ 趋于零时,相应的函数的增量 $\Delta y=f(x_0+\Delta x)-f(x_0)$ 也趋于零,即

$$\lim_{\Delta x \to 0}\Delta y=\lim_{\Delta x \to 0}[f(x_0+\Delta x)-f(x_0)]=0,$$

那么就称**函数 $y=f(x)$ 在点 x_0 处连续**,这时,点 x_0 称为函数 $y=f(x)$ 的**连续点**.

设 $x=x_0+\Delta x$,当 $\Delta x \to 0$ 时,$x \to x_0$,则函数 $f(x)$ 在点 x_0 连续也作如下叙述.

定义 2.9　设函数 $y=f(x)$ 在点 x_0 及其附近有定义,如果当 $x \to x_0$ 时,相应的函数值 $f(x) \to f(x_0)$,即 $\lim_{x \to x_0} f(x)=f(x_0)$,则称函数 $y=f(x)$ 在点 x_0 处**连续**,也称点 x_0 为函数 $y=f(x)$ 的**连续点**.

从定义 2.9 可以看出,函数 $y=f(x)$ 在点 x_0 处连续必须同时满足以下三个条件:

(1) $f(x)$ 在点 x_0 及其附近有定义;

(2) $\lim_{x \to x_0} f(x)$ 存在;

(3) $\lim_{x \to x_0} f(x)=f(x_0)$.

例 13　判断函数 $f(x)=\begin{cases} -x, & x<0, \\ x, & x \geqslant 0 \end{cases}$ 在点 $x=0$ 处是否连续.

解　因为 $f(x)$ 在点 $x=0$ 处有定义,且 $f(0)=0$,由于

$$\lim_{x \to 0^-} f(x)=\lim_{x \to 0^-}(-x)=0, \quad \lim_{x \to 0^+} f(x)=\lim_{x \to 0^+} x=0,$$

故有 $\lim_{x \to 0} f(x)=0=f(0)$,所以 $f(x)$ 在点 $x=0$ 处是连续的.

定义 2.10　如果 $\lim_{x \to x_0^-} f(x)=f(x_0)$,则称 $y=f(x)$ 在点 x_0 处**左连续**;如果 $\lim_{x \to x_0^+} f(x)=f(x_0)$,则称 $y=f(x)$ 在点 x_0 处**右连续**.

函数 $y=f(x)$ 在点 x_0 处连续的充分必要条件为:函数 $y=f(x)$ 在点 x_0 处左连续且右连续.

例 14　讨论函数 $f(x)=\begin{cases} x-1, & x<1, \\ 0, & x=1, \\ x+1, & x>1 \end{cases}$ 在点 $x=1$ 处的连续性.

解 函数 $f(x)$ 的图像如图 2-5 所示.显然有 $f(1)=0$,又

$$\lim_{x \to 1^-} f(x)=\lim_{x \to 1^-}(x-1)=\lim_{x \to 1^-}x-\lim_{x \to 1^-}1=0,$$

而

$$\lim_{x \to 1^+} f(x)=\lim_{x \to 1^+}(x+1)=\lim_{x \to 1^+}x+\lim_{x \to 1^+}1=2,$$

因为 $\lim\limits_{x \to 1^-} f(x) \neq \lim\limits_{x \to 1^+} f(x)$,所以 $f(x)$ 在点 $x=0$ 处不连续.

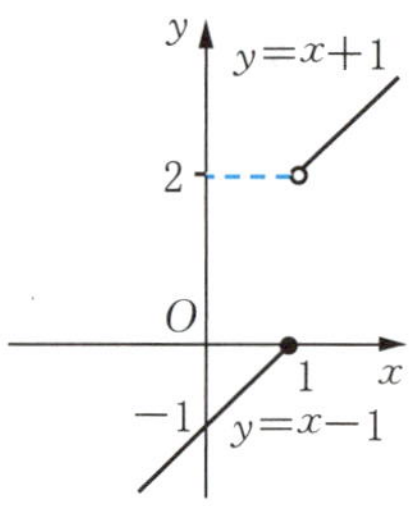

图 2-5

从图 2-5 可以看出,函数 $f(x)$ 的曲线在点 $x=1$ 处是断开的.

（3）函数在区间上的连续性

如果函数 $y=f(x)$ 在开区间 (a,b) 内每一点都连续,则称函数 **$y=f(x)$ 在开区间 (a,b) 内连续**;如果函数 $y=f(x)$ 在开区间 (a,b) 内每一点都连续,且在点 $x=a$ 处右连续,在点 $x=b$ 处左连续,则称**函数 $y=f(x)$ 在闭区间 $[a,b]$ 上连续**.

（4）初等函数的连续性

由极限的运算法则和连续函数的概念,得到函数在一点处连续时有如下性质:

性质 2.4 有限个连续函数的和、差、积、商（分母不为零）仍然是连续函数.

性质 2.5 有限个连续函数的复合函数仍然是连续函数.

由于基本初等函数在它们的定义域内都是连续的,根据连续函数的上述性质,可得结论:**一切初等函数在其定义区间内是连续的**.

2. 函数的间断点

如果函数 $f(x)$ 有下列三种情形之一:

（1）在 x_0 没有定义;

（2）在 x_0 有定义,但 $\lim\limits_{x \to x_0} f(x)$ 不存在;

（3）在 x_0 有定义,且 $\lim\limits_{x \to x_0} f(x)$ 存在,但 $\lim\limits_{x \to x_0} f(x) \neq f(x_0)$.

则称函数 $f(x)$ 在点 x_0 处不连续,这时,称点 x_0 为函数 $y=f(x)$ 的**间断点**.

通常把间断点分成两类:

（1）如果 x_0 是函数 $f(x)$ 的间断点,且左极限及右极限都存在,那么称 x_0 为函数 $f(x)$ 的**第一类间断点**.在第一类间断点中,左、右极限相等者称为**可去间断点**;左、右极限不相等者称为**跳跃间断点**.

例如,函数 $y=\dfrac{x^2-1}{x-1}$ 在点 $x=1$ 处没定义,所以点 $x=1$ 是函数 $y=\dfrac{x^2-1}{x-1}$ 的间断点.因为 $\lim\limits_{x \to 1}\dfrac{x^2-1}{x-1}=\lim\limits_{x \to 1}(x+1)=2$,所以 $x=1$ 为该函数的可去间断点.

再如,函数 $f(x)=\begin{cases} x-1, & x<0, \\ 0, & x=0, \\ x+1, & x>0 \end{cases}$,在点 $x=0$ 处的左极限为 $\lim\limits_{x \to 0^-} f(x)=\lim\limits_{x \to 0^-}(x-1)=-1$;右极限为 $\lim\limits_{x \to 0^+} f(x)=\lim\limits_{x \to 0^+}(x+1)=1$.因为 $\lim\limits_{x \to 0^-} f(x) \neq \lim\limits_{x \to 0^+} f(x)$,所以点 $x=0$ 为该函数的跳跃间断点.

（2）不是第一类间断点的任何间断点,称为**第二类间断点**.常见的第二类间断点有**无穷间断点**和**振荡间断点**.

43

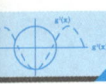

例如，正切函数 $y=\tan x$ 在 $x=\dfrac{\pi}{2}$ 处没有定义，所以点 $x=\dfrac{\pi}{2}$ 是函数 $\tan x$ 的间断点.

因为 $\lim\limits_{x\to\frac{\pi}{2}}\tan x=\infty$，故 $x=\dfrac{\pi}{2}$ 为函数 $\tan x$ 的无穷间断点.

再如，函数 $y=\sin\dfrac{1}{x}$ 在点 $x=0$ 没有定义，所以点 $x=0$ 是函数 $y=\sin\dfrac{1}{x}$ 的间断点. 当 $x\to 0$ 时，函数值在 -1 与 $+1$ 之间变动无限多次，所以点 $x=0$ 为函数 $y=\sin\dfrac{1}{x}$ 的振荡间断点.

【数学实验】

实验 2-1　使用 MATLAB 求极限

1. 求极限命令的基本用法

```
(1) syms x                    %声明符号变量；
(2) limit(fx, x, a)           %求函数 f(x)当 x→a 时的极限；
(3) limit(fx, x, a, 'right')  %求函数 f(x)当 x→a 时的右极限；
(4) limit(fx, x, a, 'left')   %求函数 f(x)当 x→a 时的左极限；
(5) limit(fx, x, 'inf')       %求函数 f(x)当 x→∞ 时的极限.
```

注意：(1) 由于上述命令为符号运算命令，因此在使用前必须定义符号变量；

(2) 符号％之后的内容为程序的注释语句，是对程序语句的解释.

2. 求极限应用举例

完备地学习并掌握以上求极限的命令及用法，是为了训练缜密的数学思维. 事实上，可能会遇到很复杂的求极限问题，此时通过使用数学软件可以轻松地求极限. 例如，常见的数学软件 MATLAB 能够计算数列极限和函数极限，使用它求解数列极限的命令 limit 的语法格式是：limit(F, n, inf)，其中 F 表示数列表达式，n 为变量名，inf 表示无穷大.

例 15　使用 MATLAB 的 limit 命令，求 $\lim\limits_{n\to\infty}\dfrac{3n+1}{2n+1}$.

解　在 MATLAB 命令行窗口输入如下命令：

```
>>syms n
>>limit((3*n+1)/(2*n+1), n, inf)
```

注意：一定要使用英文输入法.

运行结果如下：

```
ans =
    3/2
```

因此求得 $\lim\limits_{n \to \infty} \dfrac{3n+1}{2n+1} = \dfrac{3}{2}$.

例 16 设 $f(x) = \dfrac{1}{1+\mathrm{e}^{-\frac{1}{x}}}$，求当 $x \to 1$，$x \to 0^{+}$，$x \to 0^{-}$，$x \to \infty$ 时 $f(x)$ 的极限.

解 在 MATLAB 命令行窗口输入命令并运行，如图 2-6 所示.

```
命令行窗口
>> syms x
>> fx = 1/(1+exp(-1/x));
>> limit(fx, x, 1), limit(fx, x, 0, 'right'), limit(fx, x, 0, 'left'), limit(fx, x, inf)

ans =

1/(exp(-1) + 1)


ans =

1


ans =

0


ans =

1/2
```

图 2-6

因此求得 $\lim\limits_{x \to 1} f(x) = \dfrac{1}{\mathrm{e}^{-1}+1}$，$\lim\limits_{x \to 0^{+}} f(x) = 1$，$\lim\limits_{x \to 0^{-}} f(x) = 0$，$\lim\limits_{x \to \infty} f(x) = \dfrac{1}{2}$.

例 17 利用 MATLAB 的 limit(F, n, inf) 命令，求 $\lim\limits_{x \to 0} \dfrac{\mathrm{e}^{2x}-1}{x}$.

解 在 MATLAB 命令行窗口输入命令并运行，如图 2-7 所示.

```
命令行窗口
>> syms x
>> limit((exp(2*x)-1)/x, x, 0)

ans =

2
```

图 2-7

因此求得 $\lim\limits_{x \to 0} \dfrac{\mathrm{e}^{2x}-1}{x} = 2$.

高等应用数学
GAODENG YINGYONG SHUXUE

习题 2.1

1. 设函数 $f(x)=\begin{cases}3x, & x>1, \\ 2, & x=1, \\ \dfrac{1}{x}, & x<1,\end{cases}$ 试求 $\lim\limits_{x\to1^-}f(x)$ 与 $\lim\limits_{x\to1^+}f(x)$,以及 $\lim\limits_{x\to1}f(x)$.

2. 设函数 $f(x)=\begin{cases}x+1, & x\geqslant1, \\ ax^2, & x<1,\end{cases}$ 当 $x\to1$ 时的极限存在,求常数 a 的值.

3. 求下列极限.

(1) $\lim\limits_{x\to1}(2x^2-3x+4)$;

(2) $\lim\limits_{x\to1}\dfrac{x^2-3x+2}{x^2-1}$;

(3) $\lim\limits_{x\to3}\dfrac{\sqrt{x}-\sqrt{3}}{x-3}$;

(4) $\lim\limits_{x\to0}\dfrac{\sqrt{1+x}-1}{x}$;

(5) $\lim\limits_{x\to\infty}\dfrac{3x^3+5x+1}{x^2+7x}$;

(6) $\lim\limits_{n\to\infty}\dfrac{n^3-2n-1}{n^3+5n+2}$;

(7) $\lim\limits_{x\to1}\dfrac{\sin(x-1)}{x^2-1}$;

(8) $\lim\limits_{x\to0}\left(\dfrac{2-x}{2}\right)^{\frac{3}{x}-1}$.

4. 已知函数 $f(x)=\begin{cases}1-2x, & x<1, \\ 2, & x=1, \\ x+1, & x>1\end{cases}$ 在点 $x=0$ 处不连续,请说明其原因.

5. 已知 $f(x)=\begin{cases}x^2+1, & x<1, \\ a, & x=1, \\ b-x^3, & x>1\end{cases}$ 在点 $x=1$ 处连续,求 a,b 的值.

6. 求下列函数的间断点,并指出间断点的类型.

(1) $y=\dfrac{1}{(x-2)^2}$;

(2) $y=\dfrac{x-3}{\sqrt{x}-\sqrt{3}}$;

(3) $y=\dfrac{x-3}{x^2-x-2}$;

(4) $y=\begin{cases}\dfrac{x^2-1}{x-1}, & x\neq1, \\ 1, & x=1.\end{cases}$

2.2 导数与微分

2.2.1 导数的概念

导数与微分是微积分的两个基本概念,本节将通过切线问题引入导数与微分的概念,

46

介绍函数的导数与微分的基本公式、运算法则和求导方法,演示使用数学软件求导的方法,并讨论导数和微分在生产和生活中的应用.

请思考生活中的**"切线问题"**:家里准备给一张圆形的餐桌安装一块玻璃,测量好尺寸下单给玻璃店.师傅在制作圆形玻璃时,会先在方形的玻璃上画出近似的圆形,划掉多余的部分后,进行不断地打磨.这个打磨的过程就是数学上作圆周切线的过程.

易知,圆周的切线就是与圆有唯一交点的直线,那么曲线 $y=f(x)$ 的切线又是怎样的呢?

如图 2-8 所示,曲线 $y=f(x)$ 在某点的切线可以定义为:设 $M(x_0,y_0)$ 为曲线上一定点,点 $N(x_0+\Delta x,y_0+\Delta y)$ 为曲线上一动点,作割线 MN.当点 N 沿曲线向点 M 移动时,若割线 MN 的极限位置为 MT,则直线 MT 就是**曲线在点 M 处的切线**.

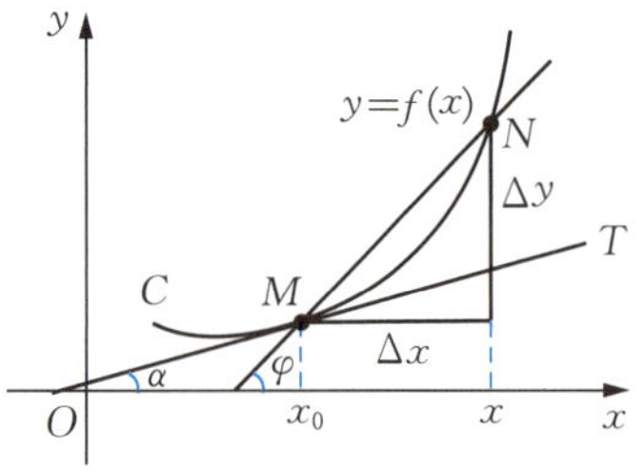

可以计算,割线 MN 的斜率为

图 2-8

$$k_{MN}=\tan\varphi=\frac{\Delta y}{\Delta x}=\frac{f(x_0+\Delta x)-f(x_0)}{\Delta x}.$$

当 $\Delta x\to0$ 时,点 N 沿曲线趋向点 M,因此得到切线的斜率为

$$k_{MT}=\tan\alpha=\lim_{\Delta x\to0}\frac{\Delta y}{\Delta x}=\lim_{\Delta x\to0}\frac{f(x_0+\Delta x)-f(x_0)}{\Delta x}.$$

在经济管理中,也存在与"切线问题"模式类似的**"边际成本问题"**.以成本函数 $C(Q)=20+\frac{1}{100}Q^2$(C 表示成本,Q 表示产量)为例,考查产量在 $Q_0=10$ 处的变化率.为了描述成本函数 $C(Q)$ 在产量 $Q_0=10$ 时的变化情况,设计如下方案:在 $Q_0=10$ 时,稍微增加一点产量 ΔQ,此时产量变为 $10+\Delta Q$,而成本函数变为 $C(10+\Delta Q)$,这样,成本函数 $C(Q)$ 的增加量是 $\Delta C=C(10+\Delta Q)-C(10)$.

此时,成本在 ΔQ 上的平均增加量,即成本增加量与产量增加量之比

$$\frac{\Delta C}{\Delta Q}=\frac{C(10+\Delta Q)-C(10)}{\Delta Q},$$

被称为成本函数 $C(Q)$ 关于产量 Q 的**平均变化率**.如果产量的增加量特别小($\Delta Q\to0$),那么 $\frac{\Delta C}{\Delta Q}$ 就变为成本函数 $C(Q)=20+\frac{1}{100}Q^2$ 在 $Q_0=10$ 处的变化率了.

由此,可以求出成本函数 $C(Q)$ 在 $Q_0=10$ 处的成本 C 关于产量 Q 的变化率,过程分为如下三步.

第一步:求 ΔC.

$$\Delta C=C(10+\Delta Q)-C(10)=20+\frac{(10+\Delta Q)^2}{100}-\left(20+\frac{10^2}{100}\right)=\frac{\Delta Q}{5}+\frac{(\Delta Q)^2}{100}.$$

第二步:求平均变化率 $\frac{\Delta C}{\Delta Q}$.

$$\frac{\Delta C}{\Delta Q}=\frac{C(10+\Delta Q)-C(10)}{\Delta Q}=\frac{\dfrac{\Delta Q}{5}+\dfrac{(\Delta Q)^2}{100}}{\Delta Q}=\frac{1}{5}+\frac{\Delta Q}{100}.$$

第三步:求极限.

$$\lim_{\Delta Q\to 0}\frac{\Delta C}{\Delta Q}=\lim_{\Delta Q\to 0}\left(\frac{1}{5}+\frac{\Delta Q}{100}\right)=\frac{1}{5}.$$

许多实际问题都可以归结为上述模式,即计算函数值增量与自变量增量的比值的极限问题.抽去实际问题的具体背景,抓住其中涉及的变量在数量关系上的共性,即可得到导数的定义.

动画

导数的
几何意义

1. 函数在一点的导数

定义 2.11 设函数 $y=f(x)$ 在点 x_0 及其附近有定义,记 Δx 为自变量的增量,Δy 是函数值的增量,如果

$$\lim_{\Delta x\to 0}\frac{\Delta y}{\Delta x}=\lim_{\Delta x\to 0}\frac{f(x_0+\Delta x)-f(x_0)}{\Delta x} \tag{2-2}$$

存在,则称此极限值为**函数 $y=f(x)$ 在点 x_0 处的导数**,记为

$$f'(x_0),\ y'\big|_{x=x_0},\ \frac{\mathrm{d}y}{\mathrm{d}x}\bigg|_{x=x_0}\ \text{或}\ \frac{\mathrm{d}f(x)}{\mathrm{d}x}\bigg|_{x=x_0},$$

并称函数 $y=f(x)$ 在点 x_0 处**可导**.若极限不存在,则称函数 $y=f(x)$ 在 x_0 处**不可导**.

若令 $x=x_0+\Delta x$,则导数的定义也可以表达为不同的形式,如

$$f'(x_0)=\lim_{x\to x_0}\frac{f(x)-f(x_0)}{x-x_0}. \tag{2-3}$$

导数概念是函数变化率这一概念的精确描述,因变量增量和自变量增量之比 $\dfrac{\Delta y}{\Delta x}$ 是因变量 y 在以 x_0 和 $x_0+\Delta x$ 为端点的区间上的平均变化率,而导数 $f'(x_0)$ 是因变量在点 x_0 处的**变化率**,它反映了因变量随自变量的变化而变化的快慢程度.

例 1 设函数 $y=x^2$,求 $y'\big|_{x=2}$.

解 $$\Delta y=(2+\Delta x)^2-2^2=4\Delta x+(\Delta x)^2,$$

则 $$\frac{\Delta y}{\Delta x}=4+\Delta x,$$

从而 $$y'\big|_{x=2}=\lim_{\Delta x\to 0}\frac{\Delta y}{\Delta x}=\lim_{\Delta x\to 0}(4+\Delta x)=4.$$

函数 $y=f(x)$ 的导数 $f'(x_0)=\lim\limits_{\Delta x\to 0}\dfrac{f(x_0+\Delta x)-f(x_0)}{\Delta x}$ 是一个极限,而极限有左、右极限的定义,因此导数也有左、右之分,**左导数**记作 $f'_-(x_0)$,**右导数**记作 $f'_+(x_0)$.

其中,左导数定义式为

$$f'_-(x_0) = \lim_{\Delta x \to 0^-} \frac{\Delta y}{\Delta x} = \lim_{\Delta x \to 0^-} \frac{f(x_0 + \Delta x) - f(x_0)}{\Delta x} \text{ 或 } f'_-(x_0) = \lim_{x \to x_0^-} \frac{f(x) - f(x_0)}{x - x_0};$$

右导数定义式为

$$f'_+(x_0) = \lim_{\Delta x \to 0^+} \frac{\Delta y}{\Delta x} = \lim_{\Delta x \to 0^+} \frac{f(x_0 + \Delta x) - f(x_0)}{\Delta x} \text{ 或 } f'_+(x_0) = \lim_{x \to x_0^+} \frac{f(x) - f(x_0)}{x - x_0}.$$

基于函数极限存在的充分必要条件是左、右极限存在且相等,可以得知导数存在的充分必要条件是左导数 $f'_-(x_0)$ 和右导数 $f'_+(x_0)$ 存在且相等.

2. 导函数

如果函数在开区间 (a, b) 内每一点都可导,则称函数 $f(x)$ 在区间 (a, b) 内可导.这时,对于任意一点 $x \in (a, b)$,都对应着 $f(x)$ 的一个确定的导数值,这就构成了一个新的函数,称它为函数 $y = f(x)$ 的**导函数**,记作

$$f'(x), \quad y', \quad \frac{\mathrm{d}y}{\mathrm{d}x} \quad \text{或} \quad \frac{\mathrm{d}f(x)}{\mathrm{d}x},$$

即

$$y' = \lim_{\Delta x \to 0} \frac{\Delta y}{\Delta x} = \lim_{\Delta x \to 0} \frac{f(x + \Delta x) - f(x)}{\Delta x}.$$

说明:(1) 上式中 x 虽是取得 (a, b) 内的任意一点,但在极限的计算过程中视 x 为常量;

(2) 函数 $f(x)$ 在 x_0 处的导数 $f'(x_0)$ 就是导函数 $f'(x)$ 在点 $x = x_0$ 处的函数值,即 $f'(x_0) = f'(x)|_{x=0}$;

(3) 在不至于引起混淆的情况下,导函数也简称为**导数**.在求导过程中,若没有特别指出求某点的导数,一般是指求函数的导函数.

利用导数定义求函数的导数的具体方法概括为以下几个步骤.

(1) 求增量:$\Delta y = f(x + \Delta x) - f(x)$;

(2) 算比值:$\dfrac{\Delta y}{\Delta x} = \dfrac{f(x + \Delta x) - f(x)}{\Delta x}$;

(3) 取极限:$y' = f'(x) = \lim\limits_{\Delta x \to 0} \dfrac{\Delta y}{\Delta x} = \lim\limits_{\Delta x \to 0} \dfrac{f(x + \Delta x) - f(x)}{\Delta x}$.

下面通过一些简单的例子说明上述求函数导数的过程.

例 2 求函数 $f(x) = C$(C 为常数)的导数.

解 (1) 求增量 Δy:在 x 处给自变量一个增量 Δx,相应的函数增量为

$$\Delta y = f(x + \Delta x) - f(x) = C - C = 0;$$

(2) 算比值:$\dfrac{\Delta y}{\Delta x} = \dfrac{0}{\Delta x} = 0$;

(3) 取极限:$y' = f'(x) = \lim\limits_{\Delta x \to 0} \dfrac{\Delta y}{\Delta x} = \lim\limits_{\Delta x \to 0} 0 = 0$.

即 $C' = 0$.

例3 已知函数 $y=x^2$，求 y'.

解 （1）求增量 Δy：在 x 处给自变量一个增量 Δx，相应的函数增量为

$$\Delta y = f(x+\Delta x)-f(x)=(x+\Delta x)^2-x^2=2x\Delta x+(\Delta x)^2;$$

（2）算比值：$\dfrac{\Delta y}{\Delta x}=\dfrac{2x\Delta x+(\Delta x)^2}{\Delta x}=2x+\Delta x$；

（3）取极限：$y'=\lim\limits_{\Delta x\to 0}\dfrac{\Delta y}{\Delta x}=\lim\limits_{\Delta x\to 0}(2x+\Delta x)=2x$.

更一般地，对于幂函数，有如下公式（证明从略）：

$$(x^\alpha)'=\alpha x^{\alpha-1}.$$

如：$(x^4)'=4x^3$；$\left(x^{\frac{1}{3}}\right)'=\dfrac{1}{3}x^{-\frac{2}{3}}$；$\left(\dfrac{1}{x^2}\right)'=-2x^{-3}$ 等.

类似地，还可以得到下列导数公式：

$$(\sin x)'=\cos x；\quad(\cos x)'=-\sin x；\quad(\log_a x)'=\dfrac{1}{x\ln a}；\quad(\ln x)'=\dfrac{1}{x}.$$

3. 曲线的切线方程和法线方程

动画

曲线的切线

如图 2-8 所示，曲线 $y=f(x)$ 在点 (x_0,y_0) 的切线为 MT，那么切线 MT 的斜率为

$$k_{MT}=\tan\alpha=\lim\limits_{\Delta x\to 0}\dfrac{\Delta y}{\Delta x}=\lim\limits_{\Delta x\to 0}\dfrac{f(x_0+\Delta x)-f(x_0)}{\Delta x}.$$

由导数的定义可知，函数 $y=f(x)$ 在点 (x_0,y_0) 的导数，其几何意义就是该点处切线的斜率，即 $k_{切}=f'(x_0)$.

基于此，用点斜式表示切线方程为

$$y-y_0=f'(x_0)(x-x_0). \tag{2-4}$$

过切点 (x_0,y_0) 处且垂直于切线的直线称为**曲线 $y=f(x)$ 在点 (x_0,y_0) 处的法线**.

如果 $f'(x_0)\neq 0$，则法线斜率为 $-\dfrac{1}{f'(x_0)}$，法线方程为

$$y-y_0=-\dfrac{1}{f'(x_0)}(x-x_0). \tag{2-5}$$

例4 求曲线 $y=\dfrac{1}{x^2}$ 在点 $(1,1)$ 处的切线的斜率，并写出该点处的切线方程和法线方程.

解 由导数的几何意义知，所求切线之斜率为

$$k=y'\big|_{x=1}=-\dfrac{2}{x^3}\bigg|_{x=1}=-2.$$

所以切线方程为 $y-1=-2(x-1)$，即 $y=-2x+3$；

法线方程为 $y-1=\dfrac{1}{2}(x-1)$，即 $y=\dfrac{1}{2}x+\dfrac{1}{2}$.

2.2.2 微分的概念

在很多实际的应用中,需要计算或估计当自变量有一个微小的增量时,函数的相应增量大约等于多少.

先来分析一个具体问题:设边长为 x_0 的正方形,当边长改变很小的 Δx,其面积近似地改变多少(图 2-9)?

设正方形的面积为 A,面积的改变量为 ΔA,则

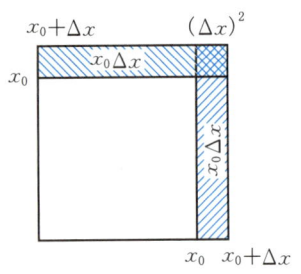

图 2-9

$$\Delta A = (x_0 + \Delta x)^2 - x_0^2 = 2x_0 \Delta x + (\Delta x)^2,$$

这时,ΔA 由以下两部分组成:

(1) $2x_0 \Delta x$ 是 Δx 的线性函数,即图 2-9 中标注 $x_0 \Delta x$ 部分的面积之和;

(2) $(\Delta x)^2$ 是图 2-9 中边长为 Δx 的小正方形的面积.

当 Δx 很小时,$(\Delta x)^2$ 比 $2x_0 \Delta x$ 小得多.因此,$2x_0 \Delta x$ 是 ΔA 的主要部分,$(\Delta x)^2$ 是次要部分.可以认为 ΔA 与主要部分是近似相等的,即 $\Delta A \approx 2x_0 \Delta x$.例如,当 $\Delta x = 0.01$ 时,以 $2x_0 \Delta x$ 作为 ΔA 的近似值,误差小于万分之一.

由于面积 $A = f(x) = x^2$,$f'(x_0) = 2x_0$,因此

$$\Delta A \approx 2x_0 \Delta x = f'(x_0) \Delta x.$$

这个结论具有一般性,即函数的改变量近似等于 $f'(x_0)\Delta x$.下面给出微分的定义.

定义 2.12 设函数 $y = f(x)$ 在点 x_0 及其附近有定义,且在 x_0 处可导,则称 $f'(x_0)\Delta x$ **为函数 $y = f(x)$ 在点 x_0 处的微分**,记作 $\mathrm{d}y|_{x=x_0}$,即

$$\mathrm{d}y|_{x=x_0} = f'(x_0)\Delta x, \tag{2-6}$$

此时,**也称函数 $y = f(x)$ 在点 x_0 处可微**.

如果函数 $y = f(x)$ 在任意点 x 处可导,则称 $f'(x)\Delta x$ **为函数 $y = f(x)$ 在点 x 处的微分**,记作 $\mathrm{d}y$,即

$$\mathrm{d}y = f'(x)\Delta x.$$

由于函数 $y = x$,其微分 $\mathrm{d}y = x'\mathrm{d}x = x'\Delta x = \Delta x$,因此 $\mathrm{d}x = \Delta x$.于是函数 $y = f(x)$ 的微分又可表示为

$$\mathrm{d}y = f'(x)\mathrm{d}x. \tag{2-7}$$

2.2.3 求导法则与求导方法

1. 导数基本公式

为了方便记忆和应用,将基本初等函数的导数公式整理如下.

(1) $(C)' = 0$，C 为常数.

(2) $(x^a)' = \alpha x^{a-1}$，α 为常数且 $\alpha \neq 0$.

(3) $(a^x)' = a^x \ln a$，a 为常数，$a > 0$ 且 $a \neq 1$；特别地，$(e^x)' = e^x$.

(4) $(\log_a x)' = \dfrac{1}{x \ln a}$，$a$ 为常数，$a > 0$ 且 $a \neq 1$；特别地，$(\ln x)' = \dfrac{1}{x}$.

(5) $(\sin x)' = \cos x$; $(\cos x)' = -\sin x$;

　$(\tan x)' = \sec^2 x$; $(\cot x)' = -\csc^2 x$;

　$(\sec x)' = \sec x \tan x$; $(\csc x)' = -\csc x \cot x$.

(6) $(\arcsin x)' = \dfrac{1}{\sqrt{1-x^2}}$; $(\arccos x)' = -\dfrac{1}{\sqrt{1-x^2}}$;

　$(\arctan x)' = \dfrac{1}{1+x^2}$; $(\text{arccot}\, x)' = -\dfrac{1}{1+x^2}$.

2. 导数和微分的四则运算法则

如果函数 $u = u(x)$，$v = v(x)$ 都在点 x 具有导数(微分)，那么它们的和、差、积、商(除分母为零的点外)都在点 x 具有导数(微分)，且有

导数　　　　　　　　　　　　微分

法则 2.4 $(u \pm v)' = u' \pm v'$， $\mathrm{d}(u \pm v) = \mathrm{d}u \pm \mathrm{d}v$;

法则 2.5 $(uv)' = u'v + uv'$， $\mathrm{d}(uv) = v\,\mathrm{d}u + u\,\mathrm{d}v$;

法则 2.6 $\left(\dfrac{u}{v}\right)' = \dfrac{u'v - uv'}{v^2}\,[v(x) \neq 0]$， $\mathrm{d}\left(\dfrac{u}{v}\right) = \dfrac{v\,\mathrm{d}u - u\,\mathrm{d}v}{v^2}\,[v(x) \neq 0]$.

说明：(1) 法则 2.4 和法则 2.5 均可推广到任意有限个可导(可微)函数的情形，例如

$$\mathrm{d}(u - v + w) = \mathrm{d}u - \mathrm{d}v + \mathrm{d}w, \quad (uvw)' = u'vw + uv'w + uvw';$$

(2) 在法则 2.5 中，$v(x) = c$(c 为常数)时，有 $(cu)' = cu'$，$\mathrm{d}(cu) = c\,\mathrm{d}u$;

(3) 函数的微分可以通过先计算导数，再根据 $\mathrm{d}y = y'\,\mathrm{d}x$ 来计算微分.

例 5 设 $y = \sqrt{x} - \log_3 x + 5\cos x - \ln 2$，求 y'.

解 $y' = (\sqrt{x})' - (\log_3 x)' + 5(\cos x)' - (\ln 2)' = \dfrac{1}{2\sqrt{x}} - \dfrac{1}{x \ln 3} - 5\sin x$.

例 6 求 $y = (\sqrt{x} + 1)\left(\dfrac{1}{\sqrt{x}} - 1\right)$ 的导数.

解 $y' = (1 + x^{-\frac{1}{2}} - x^{\frac{1}{2}} - 1)' = (x^{-\frac{1}{2}})' - (x^{\frac{1}{2}})' = -\dfrac{1}{2}x^{-\frac{3}{2}} - \dfrac{1}{2}x^{-\frac{1}{2}}$.

例 7 设 $y = x^3 \ln x$，求 $\mathrm{d}y$.

解 $\mathrm{d}y = \ln x\,\mathrm{d}x^3 + x^3\,\mathrm{d}\ln x = 3x^2 \ln x\,\mathrm{d}x + x^2\,\mathrm{d}x = (3x^2 \ln x + x^2)\mathrm{d}x$.

例 8 设 $y = \dfrac{x^2 - x}{x + 1}$，求 $\mathrm{d}y|_{x=2}$.

第 2 章

微积分

解 $dy = \left(\dfrac{x^2-x}{x+1}\right)' dx = \dfrac{(x^2-x)'(x+1)-(x^2-x)(x+1)'}{(x+1)^2} dx$

$\qquad = \dfrac{(2x-1)(x+1)-(x^2-x)}{(x+1)^2} dx = \dfrac{x^2+2x-1}{(x+1)^2} dx$

$dy\big|_{x=2} = \dfrac{(x^2+2x-1)}{(x+1)^2} dx \bigg|_{x=2} = \dfrac{7}{9} dx.$

3. 复合函数求导法则

法则 2.7 设 $y=f(u)$ 在点 u 处可导，$u=\varphi(x)$ 在 x 处可导，则复合函数 $y=f[\varphi(x)]$ 在点 x 处可导，且其导数为

$$\dfrac{dy}{dx} = f'(u) \cdot \varphi'(x) \text{ 或} \dfrac{dy}{dx} = \dfrac{dy}{du} \cdot \dfrac{du}{dx} \text{ 或} y'_x = y'_u \cdot u'_x.$$

说明： (1) 复合函数的导数等于函数对中间变量的导数乘以中间变量对自变量的导数；

(2) 复合函数求导法则推广到任意有限个基本初等函数或简单函数复合而成的复合函数求导，如三个函数生成的复合函数求导法则，对于复合函数 $y=f\{\varphi[\phi(x)]\}$，若 $y=f(u)$，$u=\varphi(v)$ 和 $v=\phi(x)$ 都可导，则

$$\dfrac{dy}{dx} = \dfrac{dy}{du} \cdot \dfrac{du}{dv} \cdot \dfrac{dv}{dx} = f'(u) \cdot \varphi'(v) \cdot \phi'(x).$$

例 9 设 $y=e^{x^2}$，求 $\dfrac{dy}{dx}$.

解 $y=e^{x^2}$ 是由 $y=e^u$，$u=x^2$ 复合而成的，则有

$$\dfrac{dy}{dx} = (e^u)'(x^2)' = e^u \cdot 2x = 2x e^{x^2}.$$

例 10 设 $y=(3x-1)^5$，求 dy.

解 $y=(3x-1)^5$ 是由 $y=u^5$，$u=3x-1$ 复合而成的，则有

$$\dfrac{dy}{dx} = \dfrac{dy}{du} \cdot \dfrac{du}{dx} = 5u^4 \cdot 3 = 15(3x-1)^4,$$

$$dy = 15(3x-1)^4 dx.$$

例 11 求 $y=\ln \sin e^x$ 的导数.

解 $y=\ln \sin e^x$ 是由 $y=\ln u$，$u=\sin v$，$v=e^x$ 复合而成的，则有

$$y' = \dfrac{dy}{du} \cdot \dfrac{du}{dv} \cdot \dfrac{dv}{dx} = \dfrac{1}{u} \cdot \cos v \cdot e^x = e^x \cot e^x.$$

说明： (1) 应用复合函数求导法则时，要先分析所给函数可看作由哪些函数复合而成. 如果所给函数能分解成比较简单的函数，而这些函数的导数已经易求，那么应用复合函数求导法则就可以求所给函数的导数了.

53

（2）对复合函数的分解比较熟练后，可以不必写出中间变量.方法就是"**由外向内，逐层求导**".

例 12 求 $y=\sqrt{1-x^2}$ 的导数.

解 $y'=\dfrac{1}{2\sqrt{1-x^2}}(1-x^2)'=\dfrac{1}{2\sqrt{1-x^2}}(-2x)=-\dfrac{x}{\sqrt{1-x^2}}$.

2.2.4 求导方法

1. 隐函数求导方法

由方程 $F(x,y)=0$ 所确定的函数称为**隐函数**，如 $y=x^3$，$y=\ln(2x-1)$ 都是显函数；而由方程 $x^2+y^2=25(y>0)$，$xy+\ln y=1$ 确定的函数为隐函数.隐函数很多时候不能转化为显函数，但可以利用复合函数的求导法则求出隐函数的导数.具体方法是：方程 $F(x,y)=0$ 两端同时关于 x 求导，当遇到含有 y 的项时，使用复合函数求导法则先对中间变量求导再对 x 求导，求导后可以得到一个关于 y' 的方程，解出 y' 即可.

例 13 求由方程 $x^2+y^2=25(y>0)$ 所确定的隐函数 $y=f(x)$ 的导数.

解 方程的两边同时关于 x 求导，得

$$2x+2y\cdot y'=0,$$

解得

$$y'=-\frac{x}{y}.$$

例 14 求曲线 $\mathrm{e}^{x+y}-xy=1$ 在 $x=0$ 处的切线方程.

解 方程两边同时关于 x 求导，得

$$\mathrm{e}^{x+y}(1+y')-(y+xy')=0,$$

解得

$$y'=\frac{y-\mathrm{e}^{x+y}}{\mathrm{e}^{x+y}-x}.$$

把 $x=0$ 代入曲线方程得 $y=0$，再把 $x=0$，$y=0$ 代入上式得 $y'(0)=-1$，于是所求曲线的切线方程为 $y=-x$.

2. 取对数求导法

对数具有很好的运算性质，能够简化复杂的幂运算、乘除运算，有利于求导.对于有些实际问题用**取对数求导法**比用通常用的方法要简单，其步骤是：先对 $y=f(x)$ 的两边同时取对数，然后再利用隐函数的求导方法求解 y'.

称底和次数都是变量的函数为**幂指函数**，对其求导不能直接使用幂或指数的求导公式，需要使用取对数求导法.

例 15 设 $y=x^{\sin x}(x>0)$，求 y'.

解 等式两边取对数，得

$$\ln y=\sin x\cdot\ln x,$$

上式两边关于 x 求导,得

$$\frac{1}{y}y'=\cos x \cdot \ln x+\sin x \cdot \frac{1}{x},$$

于是

$$y'=y \cdot \left(\cos x \cdot \ln x+\frac{\sin x}{x}\right)$$

$$=x^{\sin x}\left(\cos x \cdot \ln x+\frac{\sin x}{x}\right).$$

另外,对于出现多次连乘或连除等较为复杂的函数,使用取对数求导法能够简化求导运算.

例 16 求 $y=\sqrt{\dfrac{(x+1)(x-1)}{(x-2)(x+3)}}$ 的导数.

解 等式两边取对数,得

$$\ln y=\frac{1}{2}\big[\ln(x+1)+\ln(x-1)-\ln(x-2)-\ln(x-3)\big],$$

两边关于 x 求导,得

$$\frac{1}{y} \cdot y'=\frac{1}{2}\left(\frac{1}{x+1}+\frac{1}{x-1}-\frac{1}{x-2}-\frac{1}{x-3}\right),$$

所以

$$y'=\frac{y}{2}\left(\frac{1}{x+1}+\frac{1}{x-1}-\frac{1}{x-2}-\frac{1}{x-3}\right)$$

$$=\frac{1}{2}\sqrt{\frac{(x+1)(x-1)}{(x-2)(x+3)}}\left(\frac{1}{x+1}+\frac{1}{x-1}-\frac{1}{x-2}-\frac{1}{x-3}\right).$$

3. 由参数方程所确定的函数的求导方法

在实际问题中,需要计算参数方程 $\begin{cases} x=x(t), \\ y=y(t) \end{cases}$ 确定的函数 $y=f(x)$ 的导数,有时可以通过消去参数 t 得到方程 $y=f(x)$ 再求导,有时候消掉参数 t 比较困难,需要直接由参数方程算出它所确定的函数的导数.当 $x=x(t)$ 单调且连续,且 $x=x(t)$ 和 $y=y(t)$ 可导时,由复合函数及反函数的求导法则知: $\dfrac{\mathrm{d}y}{\mathrm{d}x}=\dfrac{\mathrm{d}y}{\mathrm{d}t} \cdot \dfrac{\mathrm{d}t}{\mathrm{d}x}=\dfrac{\mathrm{d}y}{\mathrm{d}t} \cdot \dfrac{1}{\dfrac{\mathrm{d}x}{\mathrm{d}t}}=\dfrac{y'(t)}{x'(t)}$,于是

$$\frac{\mathrm{d}y}{\mathrm{d}x}=\frac{y'(t)}{x'(t)}, \quad x'(t)\neq 0. \tag{2-8}$$

例 17 求由参数方程 $\begin{cases} x=t^3-1, \\ y=t-t^2 \end{cases}$ 确定的函数 $y=f(x)$ 的导数 $\dfrac{\mathrm{d}y}{\mathrm{d}x}$.

高等应用数学
GAODENG YINGYONG SHUXUE

解 由于 $x'(t)=3t^2$，$y'(t)=1-2t$，所以有

$$\frac{\mathrm{d}y}{\mathrm{d}x}=\frac{\mathrm{d}y}{\mathrm{d}x}=\frac{1-2t}{3t^2}.$$

4. 高阶导数

一般地，函数 $y=f(x)$ 的导数 $f'(x)$ 仍然是 x 的函数，把 $f'(x)$ 的导数叫作函数 $y=f(x)$ 的**二阶导数**，记作 $f''(x)$、y''、$\dfrac{\mathrm{d}^2 y}{\mathrm{d}x^2}$ 或 $\dfrac{\mathrm{d}^2 f(x)}{\mathrm{d}x^2}$.

类似地，二阶导数的导数是**三阶导数**，记为 y'''，三阶导数的导数是**四阶导数**，记为 $y^{(4)}$……一般地，$(n-1)$ 阶导数的导数叫作 **n 阶导数**，记为 $y^{(n)}$ 或 $\dfrac{\mathrm{d}^n f(x)}{\mathrm{d}x^n}$，即

$$y^{(n)}=\left[y^{(n-1)}\right]',\quad \frac{\mathrm{d}^n f(x)}{\mathrm{d}x^n}=\frac{\mathrm{d}}{\mathrm{d}x}\left[\frac{\mathrm{d}^{n-1} f(x)}{\mathrm{d}x^{n-1}}\right].$$

二阶或二阶以上的导数，统称为**高阶导数**.

由高阶导数的定义可知，求函数的高阶导数就是按照求导法则和求导公式多次接连求导数.

释疑解难

例 18 设 $y=x^2\ln x$，求 y''.

解 $y'=(x^2\ln x)'=2x\ln x+x^2 \cdot \dfrac{1}{x}=2x\ln x+x$，

$y''=(2x\ln x+x)'=2\ln x+3.$

求高阶导数

例 19 求指数函数 $y=2^x$ 的 n 阶导数.

解 先求一阶导数：$y'=2^x\ln 2$；

再求二阶导数、三阶导数：$y''=(2^x)'\ln 2=2^x(\ln 2)^2$；$y'''=(2^x)'(\ln 2)^2=2^x(\ln 2)^3$.

观察上述结果，可以发现每多求导一次就会在结果上再乘以一个常数 $\ln 2$，于是推测：

$$y^{(n)}=2^x(\ln 2)^n.$$

【数学实验】

实验 2-2　使用 MATLAB 求导数

1. 求导数命令的基本用法

(1) diff(f, x)	%求函数 f 对 x 的导数；
(2) diff(f, x, n)	%求函数 f 对 x 的 n 阶导数.

2. 求导数应用举例

例 20 设函数 $y = x^2 \mathrm{e}^{3x}$，使用 MATLAB 的 diff 命令，求 y'、$y^{(4)}$.

解 在 MATLAB 命令行窗口输入命令并运行，如图 2-10 所示.

命令行窗口

```
>> syms x y
>> y = x^2*exp(3*x);
>> y1 = diff(y, x),  y4 = diff(y, x, 4)


y1 =


2*x*exp(3*x) + 3*x^2*exp(3*x)



y4 =


108*exp(3*x) + 216*x*exp(3*x) + 81*x^2*exp(3*x)
```

图 2-10

即 $\qquad y' = 2x\mathrm{e}^{3x} + 3x^2\mathrm{e}^{3x}$，$y^{(4)} = 108\mathrm{e}^{3x} + 216x\mathrm{e}^{3x} + 81x^2\mathrm{e}^{3x}$.

例 21 使用 MATLAB 的 diff 命令，求函数 $y = \left[\dfrac{1-(1-x^2)^2}{1+(1-x^2)^2}\right]^3$ 的导数.

解 在 MATLAB 命令行窗口输入命令并运行，如图 2-11 所示.

命令行窗口

```
>> syms x
>> y = ((1-(1-x^2)^2)/(1+(1-x^2)^2))^3;
>> diff(y)

ans =

(12*x*(x^2 - 1)*((x^2 - 1)^2 - 1)^3)/((x^2 - 1)^2 + 1)^4 - (12*x*(x^2 - 1)*((x^2 - 1)^2 - 1)^2)/((x^2 - 1)^2 + 1)^3
```

图 2-11

即 $\qquad y' = \dfrac{12x(x^2-1)\left[(x^2-1)^2-1\right]^3}{\left[(x^2-1)^2+1\right]^4} - \dfrac{12x(x^2-1)\left[(x^2-1)^2-1\right]^2}{\left[(x^2-1)^2+1\right]^3}$.

例 22 求隐函数 $y = \sin(x+y)$ 的导数.

解 在 MATLAB 命令行窗口输入命令并运行，如图 2-12 所示.

```
命令行窗口                                    ▼

>> syms x y
>> f = y-sin(x+y);
>> -diff(f,x)/diff(f,y)


ans =


-cos(x + y)/(cos(x + y) - 1)
```

图 2-12

即
$$y'=-\frac{\cos(x+y)}{\cos(x+y)-1}.$$

习题 2.2

1. 求下列函数的导数或微分.

(1) $y=x^3-\dfrac{1}{x}+\dfrac{3}{x^2}$,求 y';　　　　(2) $f(x)=\dfrac{x}{e^x}$,求 $f'(0)$;

(3) $y=2^x+x\sin x$,求 y';　　　　(4) $y=(x-1)\sqrt[3]{x^2}$,求 $y'|_{x=1}$;

(5) $y=e^{-2x^3+1}$,求 y';　　　　(6) $y=\ln(1+x^2)$,求 y';

(7) $y=\cos(\ln x)$,求 y';　　　　(8) $y=x^2+\tan 2x$,求 dy.

2. 使用 MATLAB 求下列导数或微分.

(1) $y=\ln\sin\dfrac{x}{2}$,求 y';　　　　(2) $y=e^{-x}\cos(1-2x)$,求 dy.

3. 求下列方程所确定的隐函数 $y=f(x)$ 的导数 $\dfrac{dy}{dx}$.

(1) $x^3+y^3+2x=0$;　　　　(2) $e^{x+y}=xy$.

4. 利用对数求导法求函数 $y=(\cos x)^x$ 的导数.

5. 设函数 $y=f(x)$ 由参数方程 $y=\begin{cases}x=3t^2, \\ y=3\sin t\end{cases}$ 确定,求函数的导数 $\dfrac{dy}{dx}$.

6. 求下列函数的高阶导数.

(1) $y=x^2\ln x$,求 $y''|_{x=1}$,y''';　　　　(2) $f(x)=xe^x$,求 $f^{(n)}(x)$.

第 2 章
微积分

2.3 导数和微分的应用

导数的概念源于生活,应用于生活.本节介绍导数在函数性态的判别、极值理论和边际分析当中的应用.

2.3.1 函数单调性的判别

用函数的定义或图像判定单调性有时是不方便的,而基于导数的几何意义能够发现导数符号与函数单调性之间的关系.

从几何直观上看,如果曲线是上升的(图 2-13a),其上每一点处的切线与 x 轴正向的夹角都是锐角,切线的斜率大于零,那么根据导数的几何意义,可知 $f(x)$ 在相应点处的导数大于零;相反地,如果曲线是下降的(图 2-13b),其上每一点处的切线与 x 轴正向的夹角都是钝角,切线的斜率小于零,那么根据导数的几何意义,可知 $f(x)$ 在相应点处的导数小于零.

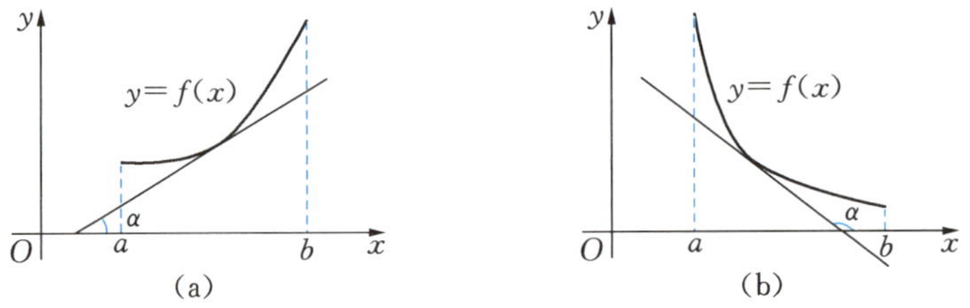

图 2-13

定理 2.4 设函数 $f(x)$ 在 $[a,b]$ 上连续,在 (a,b) 内可导,则有

(1) 如果在 (a,b) 内, $f'(x)>0$,那么函数 $f(x)$ 在 (a,b) 内单调增加;

(2) 如果在 (a,b) 内, $f'(x)<0$,那么函数 $f(x)$ 在 (a,b) 内单调减少.

在利用导数判断函数的单调性时,要关注单调性发生变化的分界点,这些分界点把函数的定义区间分成若干个小区间,在每个小区间内导数的符号保持不变,函数的单调性也不变,称这些小区间为**函数的单调区间**,这样的分界点有如下两类:

(1) $f'(x)=0$ 的点,称其为**驻点**;

(2) $f'(x)$ 不存在的点,即**不可导点**.

分析函数的单调性,关键是寻找这两类分界点,将定义区间划分为小区间后,再利用导数的符号进行判断.

例 1 求 $f(x)=x^3-3x^2-9x+5$ 的单调区间.

59

解 该函数的定义域为$(-\infty, +\infty)$,因为

$$f'(x) = 3x^2 - 6x - 9 = 3(x+1)(x-3),$$

令$f'(x) = 0$,得$x_1 = -1$,$x_2 = 3$.它们将定义域分成三个子区间,列表讨论如下:

x	$(-\infty, -1)$	$(-1, 3)$	$(3, +\infty)$
$f'(x)$	$+$	$-$	$+$
$f(x)$	↗	↘	↗

表中"↗"表示单调增加,"↘"表示单调减少.

所以,$(-\infty, -1)$和$(3, +\infty)$是函数$f(x)$的单调增区间,$(-1, 3)$是函数$f(x)$的单调减区间.

说明:如果$f'(x)$在区间I内的有限个点处为零,在其余各点处均为正(或负),那么,$f(x)$在区间I内仍旧是增(或减)函数.

2.3.2 函数的极值

定义 2.13 设函数$y = f(x)$在点x_0及其附近有定义,如果对于x_0附近除x_0外的任意点x均有$f(x) < f(x_0)$,则称$f(x_0)$是函数$f(x)$的一个**极大值**,点x_0叫作$f(x)$的一个**极大值点**;同样,如果对于点x_0附近除x_0外的任意点x均有$f(x) > f(x_0)$,则称$f(x_0)$是函数$f(x)$的一个**极小值**,点x_0叫作$f(x)$的一个**极小值点**.

函数的极大值和极小值统称为函数的**极值**,极大值点和极小值点统称为**极值点**.

如图 2-14 所示,函数$y = f(x)$分别在点x_1、x_4、x_6处取得极小值,分别在点x_2、x_5处取得极大值.

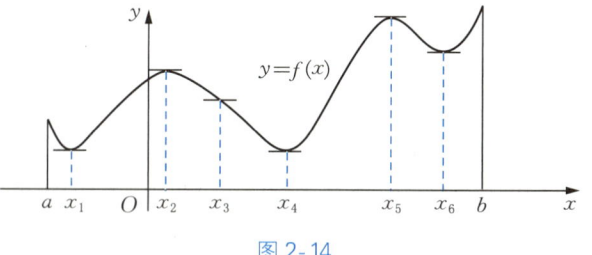

图 2-14

注意:(1) 极值是局部概念,它只意味着在极值点的邻近各点中,极值点的函数值是最大或最小,而不意味它在整个区间内的函数值中是最大或最小;

(2) 函数在一个区间内的极值可能不唯一,有些极大值也有可能比极小值小.

1. 极值存在的必要条件

定理 2.5(极值存在的必要条件) 如果函数$f(x)$在点x_0处可导,且在x_0处取得极值,则$f'(x_0) = 0$.

说明:(1) 定理 2.5 表明$f'(x) = 0$是函数在x_0处取得极值的必要条件,而非充分条

件.即驻点可能是函数的极值点,也可能不是函数的极值点.如 $x=0$ 是函数 $y=x^3$ 的驻点,但不是 $y=x^3$ 的极值点;

(2) 导数不存在的点也可能是函数的极值点.

归纳起来,一方面,函数可能取得极值的点是驻点和不可导点;另一方面,驻点和不可导点却又不一定是极值点.那么,求函数的极值,有哪些判别方法?

2. 极值存在的充分条件

定理 2.6(极值存在的第一充分条件) 设函数 $f(x)$ 在点 x_0 左右邻近的点连续且可导(在 x_0 处可以不可导),则有

(1) 当 $x<x_0$ 时,$f'(x)>0$,当 $x>x_0$ 时,$f'(x)<0$,则函数 $f(x)$ 在 x_0 处取得极大值;

(2) 当 $x<x_0$ 时,$f'(x)<0$,当 $x>x_0$ 时,$f'(x)>0$,则函数 $f(x)$ 在 x_0 处取得极小值;

(3) 当 x 从 $x<x_0$ 变化到 $x>x_0$ 时,$f'(x)$ 的符号没有发生改变,则函数 $f(x)$ 在点 x_0 处没有极值.

根据上述讨论,判断函数单调性和极值的步骤如下:

(1) 确定函数 $f(x)$ 的定义域,求 $f'(x)$,并求出 $f'(x)$ 的驻点及 $f'(x)$ 不存在的点;

(2) 可能的极值点将函数的定义区间划分为若干个子区间,确定 $f'(x)$ 在各个子区间的符号,确定极值点和极值;

(3) 依据问题作答.

例 2 求函数 $f(x)=x-\dfrac{3}{2}x^{\frac{2}{3}}$ 的极值.

解 (1) 函数的定义域为 $(-\infty,+\infty)$;

$$f'(x)=1-x^{-\frac{1}{3}}=\frac{\sqrt[3]{x}-1}{\sqrt[3]{x}},\text{令 } f'(x)=0,\text{得驻点 } x=1;$$

又 $x=0$ 时,$f'(x)$ 不存在.

(2) $x=0$ 和 $x=1$ 将定义域 $(-\infty,+\infty)$ 分成三个子区间,列表讨论如下:

x	$(-\infty,0)$	0	$(0,1)$	1	$(1,+\infty)$
$f'(x)$	$+$	不存在	$-$	0	$+$
$f(x)$	↗	极大值 0	↘	极小值 $-\dfrac{1}{2}$	↗

(3) 从表格中可以看出:函数的极大值为 $f(0)=0$,极小值为 $f(1)=-\dfrac{1}{2}$.

当函数 $f(x)$ 在驻点处的二阶导数存在且不为零时,也可以利用下述定理来判定 $f(x)$ 在驻点处是取得极大值还是极小值.

定理 2.7(极值存在的第二充分条件) 设函数 $f(x)$ 在点 x_0 具有二阶导数,且 $f'(x_0)=0$,$f''(x_0)\neq0$,则有

(1) 当 $f''(x_0)>0$ 时,函数 $f(x)$ 在点 x_0 取得极小值;

(2) 当 $f''(x_0)<0$ 时,函数 $f(x)$ 在点 x_0 取得极大值;

(3) 当 $f''(x_0)=0$ 时,无法使用极值存在的第二充分条件来判别.

例 3 求函数 $f(x)=x^3-3x^2-9x+5$ 的极值.

解 $f(x)$ 的定义域为 $(-\infty,+\infty)$;

$f'(x)=3x^2-6x-9=3(x+1)(x-3)$;

令 $f'(x)=0$,得 $x_1=-1$,$x_2=3$;

$f''(x)=6x-6$;

因为 $f''(-1)=-12<0$,所以函数极大值为 $f(-1)=10$;

因为 $f''(3)=12>0$,所以函数极小值为 $f(3)=-22$.

3. 函数的最大值与最小值

在工农业生产、工程技术及科学技术分析中,往往会遇到这样一类问题:在一定条件下,怎样使"产量最大""用料最省""成本最低""效率最高"? 这类问题一般在数学上就是求函数的最大值或最小值问题,统称为**最值问题**.

下面就函数的不同情况,分别研究函数的最值的求法.

(1) 闭区间 $[a,b]$ 上连续函数的最值

从图 2-15 可以看出,如果 $f(x)$ 在闭区间上连续,那么一定存在最大值和最小值.

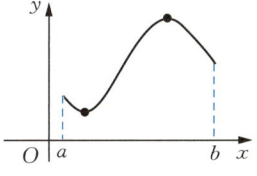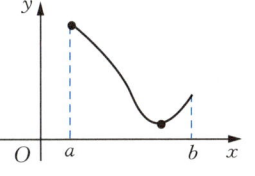

图 2-15

观察图 2-15,发现闭区间上函数的最值可能在端点和极值点处取得.而根据极值存在的必要条件分析,函数的极值只能在驻点和不可导点处取得.因此,只要求出函数 $f(x)$ 的所有驻点、不可导点和端点处的函数值,再比较其大小,即可得到函数在该区间上的最值.

由此,求函数 $f(x)$ 在闭区间上的最大值与最小值的步骤如下:

(1) 求函数 $f(x)$ 的定义域,计算 $f'(x)$,计算出函数的驻点以及不可导点;

(2) 计算 $f(x)$ 在驻点、不可导点、区间端点处的函数值;

(3) 比较大小,即可得函数的最大值与最小值.

例 4 求函数 $f(x)=x^3-3x^2-9x+2$ 在 $[-2,6]$ 上的最大值和最小值.

解 因为

$$f'(x)=3x^2-6x-9=3(x+1)(x-3),$$

令 $f'(x)=0$,解得 $x_1=-1$,$x_2=3$,于是

$$f(-1)=7,\ f(3)=-25,\ f(-2)=0,\ f(6)=56,$$

所以 $f(x)$ 在 $[-2,6]$ 上的最大值为 $f(6)=56$,最小值为 $f(3)=-25$.

说明: 在求连续函数 $f(x)$ 在闭区间 $[a,b]$ 上的最大值与最小值时,如果 $f(x)$ 在区间

$[a,b]$ 上可导,且只有一个驻点,那么,当这个驻点是极大值点时,它一定是最大值点;当这个驻点是极小值点时,它一定是最小值点.

（2）实际问题中的最值

在实际问题中,往往根据问题的实际意义就可以断定函数 $f(x)$ 确有最大值或最小值,而且一定在定义区间内部取得,这时如果函数在定义区间内部只有一个驻点 x_0,那么就可知 $f(x_0)$ 是所求的最大值或最小值.

例 5　某公司有 50 套公寓要出租,当租金定为每月 4 000 元时,公寓会全部租出去.当租金每月增加 200 元时,就有一套公寓租不出去,而租出去的房子每月需花费 400 元的整修维护费.试问房租定为多少可获得最大收入?

解　设每套公寓每月的租金为 x 元,租出去的公寓有 $\left(50-\dfrac{x-4\,000}{200}\right)$ 套,则房屋出租的总收入为

$$R(x)=(x-400)\left(50-\frac{x-4\,000}{200}\right)=(x-400)\left(70-\frac{x}{200}\right),$$

则

$$R'(x)=\left(70-\frac{x}{200}\right)+(x-400)\left(-\frac{1}{200}\right)=72-\frac{x}{100},$$

令 $R'(x)=0$,得 $x=7\,200$,有

$$R''(x)=-\frac{1}{100}<0,\ R''(7\,200)=-\frac{1}{100}<0,$$

故 $x=7\,200$ 是极大值点,由于 $x=7\,200$ 是唯一的驻点,所以也是函数的最大值点.

例 6　欲用长 6 m 的铝合金料加工一个日字形窗框（图 2-16）,问它的长和宽分别为多少时,才能使窗户面积最大?最大面积是多少?

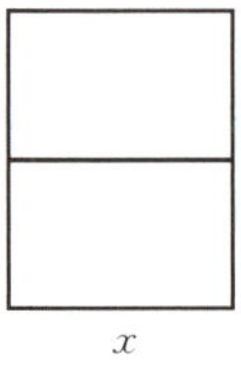

解　设窗框的底边为 x m,则另一边为 $\dfrac{1}{2}(6-3x)$ m.窗户的面积为

$$y=x\cdot\frac{1}{2}(6-3x)=3x-\frac{3}{2}x^2\ (0<x<2),$$

图 2-16

则 $y'=3-3x$,令 $y'=0$,求得驻点 $x=1$,有 $y''|_{x=1}=-3<0$,则 $x=1$ 是唯一的极大值点,也是最大值点.

即窗户的宽为 1 m,长为 $\dfrac{3}{2}$ m 时,窗户的面积最大.最大的面积为

$$y(1)=\frac{3}{2}(\mathrm{m}^2).$$

2.3.3　边际分析

闽南的海岸边养殖着海蛎,在收获季节,一位老阿嬷去海边撬海蛎.第一天,可以收获

价值 300 元的海蛎,以后每天的收获会越来越少.假设每天都少收获价值 20 元的海蛎,而老阿嬷撬海蛎每天耗费 30 元的成本.从经济学的角度考虑,老阿嬷第几天开始不应该去撬海蛎了?

分析:到第 14 天的时候,老阿嬷撬回的海蛎价值 40 元,预计第 15 天时撬回的海蛎价值为 20 元,少于她耗费的 30 元成本,所以第 15 天老阿嬷就不应该去撬海蛎了.

经济学中,将收获的 20 元称为老阿嬷第 15 天撬海蛎的**边际收入**,将消耗的 30 元称为老阿嬷第 15 天的**边际成本**.

1. 边际和边际函数

边际在经济学中指的是每一单位新增商品带来的效用,这种效用通过具体经济变量发生的变动量,即**边际量**来进行衡量.

对于离散产量的经济函数 $f(x)$,其产量为 x_0 时的边际量为 $f(x_0+1)-f(x_0)$;对于连续产量的经济函数 $y=f(x)$,如果可导,则称其导数 $f'(x_0)$ 为产量 x_0 时的**边际量**,称 $f'(x)$ 为**边际函数**.需要说明的是,连续产量下计算所得的边际量可以作为离散产量下边际量的近似值.

2. 边际成本、边际收益与边际利润

(1)边际成本

设总成本 $C=C(Q)$ 是产量 Q 的可导函数,则称总成本 C 对产量 Q 的导数 $C'(Q)$ 为**边际成本函数**,记作 MC.将 $C'(Q_0)$ 称为产量为 Q_0 时的**边际成本**.

边际成本的经济意义是:当产量达到 Q 时,再生产 1 个单位产品而增加的成本.

例 7 某企业生产一种产品,总成本函数为 $C(Q)=0.002Q^3-0.1Q^2+30Q+800$(单位:千元),其中 Q 为产量(单位:kg).试求:

① 边际成本函数;

② 求 $Q=100$ kg 时的边际成本,并解释其经济意义.

解 ① 边际成本函数为 $C'(Q)=0.006Q^2-0.2Q+30$;

② 当 $Q=100$ kg 时,边际成本为 $C'(100)=(0.006Q^2-0.2Q+30)|_{Q=100}=70$(千元).

其经济意义为:当产量为 100 kg 时,再生产 1 kg 产品,总成本约增加 70 千元,或解释为生产第 101 个产品的成本约为 70 千元.

(2)边际收益

设总收入函数 $R=R(Q)$ 是销售量 Q 的可导函数,则称总收入 R 对销售量 Q 的导数 $R'(Q)$ 为**边际收益函数**,记作 MR.将 $R'(Q_0)$ 称为销售量为 Q_0 时的**边际收益**.

边际收益的经济意义是:当销售达到 Q 时,再销售 1 个单位产品所增加的收入.

例 8 设某产品的市场需求满足 $Q=100-5P$,其中 P 为价格,Q 为需求量,求边际收益函数,$Q=15$ 的边际收益并解释其经济意义.

解 由题设有 $P=\dfrac{1}{5}(100-Q)$,于是,总收入函数为

$$R(Q)=QP=Q \cdot \frac{1}{5}(100-Q)=20Q-\frac{1}{5}Q^2,$$

于是边际收益函数为

$$R'(Q)=20-\frac{2}{5}Q=\frac{1}{5}(100-2Q),$$

计算可得 $Q=15$ 的边际收益 $R'(15)=14$.

其经济意义是:当销售量为 15 个单位时,再销售 1 个单位产品,总收入约增加 14,或解释为销售第 16 个产品的收入约为 14.

(3) 边际利润

在所有产品均能售出的情况下,总利润函数为 $L(Q)=R(Q)-C(Q)$,其中 Q 既是产量也是销售量,则导数 $L'(Q)=R'(Q)-C'(Q)$ 称为**边际利润函数**,记作 ML.将 $L'(Q_0)$ 称为产量或销售量为 Q_0 时的**边际利润**.

边际利润的经济意义是:当销售量达到 Q 时,再生产销售 1 个单位产品约获得的利润.

3. 边际分析模型

(1) 当边际成本 MC 小于平均成本 $\bar{C}(Q)$ 时,如果增加产量,所增加的成本将低于产品的平均成本,因此增加产量将降低平均成本.当边际成本等于平均成本时,平均成本最低.

(2) 利润最大化原则:边际成本等于边际收益时,生产销售产品获得的总利润达到最大.

由 $ML=MR-MC$ 可得,当 $ML>0$ 时,$MR>MC$,即边际收益大于边际成本时,增加生产销售,利润将增加,所以应该加大产品的生产销售,以获得更多的利润;如果 $ML=MR-MC=0$,即边际收益等于边际成本时,生产销售产品将不再产生利润,这说明利润已达到最大.

注:如果边际成本等于边际收益的产销量不唯一,则满足 $R''(Q)<C''(Q)$ 的产销量可以使总利润达到最大.

例 9 生产某产品的固定成本为 3 万元,每生产 1 百件产品,成本增加 2 万元.若其收入 R(单位:万元)是产量 q(单位:百件)的函数 $R(q)=5q-\frac{1}{2}q^2$,求达到最大利润时的产量.

解 依题意可知其成本为 $C(q)=3+2q$;

计算可得,边际成本为 $C'(q)=2$,边际收益为 $R'(q)=5-q$;

令 $R'(q)=C'(q)$,解得 $q=3$,且 $R''(q)=-1<C''(q)=0$.

故当生产销售商品的数量为 3 百件时,可以使利润达到最大.

习题 2.3

1. 求函数 $y=x^3-3x^2-1$ 的单调区间和极值.

2. 求函数 $f(x)=xe^{-x}$ 在 $[0,2]$ 上的最大值和最小值.

3. 将边长为 12 cm 的一块正方形铁皮四角各截去一个大小相等的小正方形,然

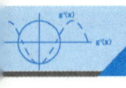

高等应用数学
GAODENG YINGYONG SHUXUE

后将四边折起,做成一个无盖的方盒.问截去的小正方形的边长为多少时,所折成的方盒容积最大?

4. 要铺设一条石油管道将石油从炼油厂输送到石油灌装点,如图 2-17 所示,炼油厂附近有一条宽 2.5 km 的河,灌装点在炼油厂的对岸沿河下游 10 km 处,如果在水中铺设管道的费用为 6 万元/km,在河边铺设管道的费用为 4 万元/km,试在河边找一点 P 使管道铺设费用最低.

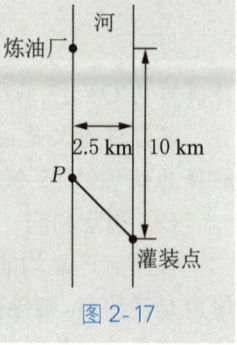

图 2-17

2.4 不定积分

已知一个函数的导数,如何求解这个函数? 现实中大量存在的总量问题又如何求解? 这些正是本节要学习的内容.

2.4.1 不定积分的概念

例 1 已知曲线在任意点处的斜率为 $2x$,且曲线经过点$(0,1)$,求此曲线方程.

解 可利用切线斜率和函数的导数关系解决该问题.

设曲线方程为 $y=F(x)$,由题意可知 $F'(x)=2x$,可以求得

$$F(x)=x^2+C(C \text{ 为任意常数}).$$

又因 $x=0$,$y=1$,将其代入 $F(x)$ 中解得 $C=1$,可得曲线方程为 $y=x^2+1$.

通过例 1 的求解可见,有许多实际问题,要求解决导数的逆运算,即已知 $F'(x)=f(x)$,需求出 $F(x)$.为此,引入如下定义.

1. 原函数

定义 2.14 设函数 $f(x)$ 在区间(a,b)内有定义,如果存在函数 $F(x)$,使得对于定义在区间(a,b)内的任意点 x,都有 $F'(x)=f(x)$ 或 $dF(x)=f(x)dx$ 成立,则称 $F(x)$ 为 $f(x)$ 在区间(a,b)内的一个**原函数**.

说明:(1) 如果函数 $f(x)$ 在(a,b)内连续,则函数 $f(x)$ 在区间(a,b)内一定有原函数.

(2) 如果函数 $F(x)$ 是函数 $f(x)$ 的一个原函数,则 $F(x)+C$ 也是 $f(x)$ 的原函数,其中 C 为任意常数,即函数 $f(x)$ 存在无穷多个原函数.

(3) 如果函数 $F(x)$ 是函数 $f(x)$ 的原函数,则函数 $f(x)$ 的全体原函数可以表示为

66

$F(x)+C$，其中 C 为任意常数.

例2 求函数 $f(x)=x^3$ 的原函数.

解 因为 $\left(\dfrac{x^4}{4}\right)'=x^3$，所以 $\dfrac{x^4}{4}$ 是 x^3 的一个原函数，而 $f(x)=x^3$ 的全体原函数可以表示为 $\dfrac{x^4}{4}+C$，其中 C 为任意常数.

例3 求函数 $f(x)=\cos x$ 的原函数.

解 因为 $(\sin x)'=\cos x$，所以 $\sin x$ 是 $\cos x$ 的一个原函数，而 $\cos x$ 的全体原函数可以表示为 $\sin x+C$，其中 C 为任意常数.

2. 不定积分

定义 2.15 设函数 $F(x)$ 是函数 $f(x)$ 的一个原函数，称 $f(x)$ 的全体原函数 $F(x)+C$ 为 $f(x)$ 的**不定积分**，记为 $\displaystyle\int f(x)\mathrm{d}x$，即

$$\int f(x)\mathrm{d}x=F(x)+C. \tag{2-9}$$

其中记号"$\displaystyle\int$"称为**积分号**，$f(x)$ 称为**被积函数**，x 称为**积分变量**，$f(x)\mathrm{d}x$ 称为**被积表达式**，C 称为**积分常数**.

根据定义，要求函数 $f(x)$ 的不定积分，就是求函数 $f(x)$ 的全体原函数，实际上只要求出 $f(x)$ 的一个原函数，再加上任意常数 C 即可.

注：通常把 $f(x)$ 的一个原函数 $F(x)$ 的图像称为 $f(x)$ 的一条积分曲线，其方程为 $y=F(x)$. 不定积分 $\displaystyle\int f(x)\mathrm{d}x$ 在几何上即表示 $f(x)$ 的所有积分曲线所组成的曲线族，它们是彼此平行的曲线，例如例 1 中 $F(x)=x^2+C$ 的图像，如图 2-18 所示.

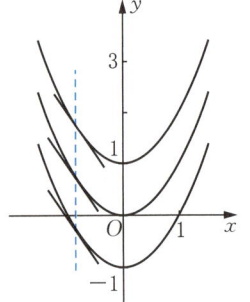

图 2-18

例4 求 $\displaystyle\int x^2\mathrm{d}x$.

解 因为 $\left(\dfrac{x^3}{3}\right)'=x^2$，即 $\dfrac{x^3}{3}$ 是 x^2 的一个原函数，所以 $\displaystyle\int x^2\mathrm{d}x=\dfrac{x^3}{3}+C$.

例5 求 $\displaystyle\int \dfrac{1}{x}\mathrm{d}x$.

解 当 $x>0$ 时，因为 $(\ln x)'=\dfrac{1}{x}$，即 $\ln x$ 是 $\dfrac{1}{x}$ 的一个原函数，所以 $\displaystyle\int \dfrac{1}{x}\mathrm{d}x=\ln x+C$；

当 $x<0$ 时，因为 $[\ln(-x)]'=\dfrac{1}{-x}\cdot(-x)'=\dfrac{1}{x}$，即 $\ln(-x)$ 是 $\dfrac{1}{x}$ 的一个原函数，所以

$$\int \frac{1}{x}\mathrm{d}x=\ln(-x)+C.$$

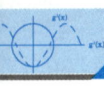

综上所述

$$\int \frac{1}{x} dx = \ln \mid x \mid + C.$$

3. 不定积分的性质

由原函数和不定积分的定义,可以推出不定积分的如下性质:

性质 2.6 不定积分的导数(微分)等于被积函数(被积表达式),即

$$\left[\int f(x)dx\right]' = f(x) \text{ 或 } d\int f(x)dx = f(x)dx.$$

性质 2.7 一个函数的导数(微分)的不定积分等于这个函数与一个任意常数的和,即

$$\int F'(x)dx = F(x) + C \text{ 或 } \int dF(x) = F(x) + C.$$

性质 2.8 两个函数代数和的不定积分,等于各个函数不定积分的代数和,即

$$\int [f(x) \pm g(x)]dx = \int f(x)dx \pm \int g(x)dx.$$

推论 有限个函数代数和的不定积分等于各个函数不定积分的代数和,即

$$\int [f_1(x) \pm f_2(x) \pm \cdots \pm f_n(x)]dx = \int f_1(x)dx \pm \int f_2(x)dx \pm \cdots \pm \int f_n(x)dx.$$

性质 2.9 被积函数中的非零常数因子可提到积分号外,即

$$\int kf(x)dx = k\int f(x)dx \quad (\text{常数 } k \neq 0).$$

微课

不定积分的
概念与基本
公式

例 6 设 $f(x) = \ln(1+x)$,求 $\int df(x)$.

解 根据性质 2.7 得

$$\int df(x) = f(x) + C = \ln(1+x) + C.$$

4. 不定积分的基本公式

基于不定积分与求导数运算是互逆的,由导数的基本公式可以得到对应的不定积分的基本公式,见表 2-2。

表 2-2

序号	基本积分公式	序号	基本积分公式
1	$\int k dx = kx + C$	4	$\int a^x dx = \dfrac{a^x}{\ln a} + C$
2	$\int x^a dx = \dfrac{1}{\alpha+1} x^{\alpha+1} + C$	5	$\int e^x dx = e^x + C$
3	$\int \dfrac{1}{x} dx = \ln \mid x \mid + C$	6	$\int \cos x dx = \sin x + C$

第 2 章

微积分

续　表

序号	基本积分公式	序号	基本积分公式
7	$\int \sin x \, \mathrm{d}x = -\cos x + C$	11	$\int \csc x \cot x \, \mathrm{d}x = -\csc x + C$
8	$\int \sec^2 x \, \mathrm{d}x = \tan x + C$	12	$\int \dfrac{1}{\sqrt{1-x^2}} \mathrm{d}x = \arcsin x + C$
9	$\int \csc^2 x \, \mathrm{d}x = -\cot x + C$	13	$\int \dfrac{1}{1+x^2} \mathrm{d}x = \arctan x + C$
10	$\int \sec x \tan x \, \mathrm{d}x = \sec x + C$		

例 7　求 $\int (1 + 3x^2 + \cos x) \mathrm{d}x$.

解　原积分 $= \int \mathrm{d}x + 3\int x^2 \mathrm{d}x + \int \cos x \, \mathrm{d}x$

$\qquad = x + x^3 + \sin x + C$.

例 8　求 $\int \dfrac{x^2}{1+x^2} \mathrm{d}x$.

解　$\int \dfrac{x^2}{1+x^2} \mathrm{d}x = \int \dfrac{(x^2+1)-1}{1+x^2} \mathrm{d}x$

$\qquad\qquad\quad = \int \left(1 - \dfrac{1}{1+x^2} \right) \mathrm{d}x$

$\qquad\qquad\quad = x - \arctan x + C$.

例 9　求 $\int \dfrac{1}{\sin^2 x \cos^2 x} \mathrm{d}x$.

解　$\int \dfrac{1}{\sin^2 x \cos^2 x} \mathrm{d}x = \int \dfrac{\sin^2 x + \cos^2 x}{\sin^2 x \cos^2 x} \mathrm{d}x$

$\qquad\qquad\qquad\quad = \int \dfrac{1}{\sin^2 x} \mathrm{d}x + \int \dfrac{1}{\cos^2 x} \mathrm{d}x$

$\qquad\qquad\qquad\quad = \int \csc^2 x \, \mathrm{d}x + \int \sec^2 x \, \mathrm{d}x$

$\qquad\qquad\qquad\quad = \tan x - \cot x + C$.

由以上几个求积分例题知,有些积分可直接按积分的基本公式和性质求出结果;有些则必须对被积函数进行适当的恒等变形(如拆项、去分母、加一个量减一个量、公式恒等变形等),再利用积分的两个基本性质和积分公式求出结果,这样的积分方法叫作**直接积分法**.

说明:(1)求不定积分的结果一定要包含积分常数,它表明求出的是一个函数的无穷多个原函数;如果不加积分常数,则表示只求出了一个原函数.

(2)写成分项积分后,每项积分结果中都含有一个任意常数.由于任意常数之和仍是任意常数,因此,只要在末尾加一个积分常数 C 即可.

69

(3) 积分的结果在形式上可能会有所不同,但实质上只相差一个常数.

2.4.2 不定积分的计算

利用直接积分法可能求出一些简单的不定积分,但对于复杂的积分,需要将被积函数做适当的变形,使其能利用积分公式进行求解.下面介绍求不定积分的常用方法:换元积分法和分部积分法.

1. 换元积分法

微课

换元积分法

利用中间变量的代换求不定积分的方法称为**换元积分法**,简称换元法.换元法一般分为**第一类换元积分法**和**第二类换元积分法**.

(1) 第一类换元积分法

例 10 求 $\int e^{3x} dx$.

解 $\int e^{3x} dx = \frac{1}{3} \int e^{3x} d3x \xlongequal{\text{令 } 3x = u} \frac{1}{3} \int e^{u} du = \frac{1}{3} e^{u} + C \xlongequal{\text{把 } u = 3x \text{ 代入}} \frac{1}{3} e^{3x} + C.$

定理 2.8 如果 $\int f(x) dx = F(x) + C$,则

$$\int f(u) du = F(u) + C,$$

其中 $u = \varphi(x)$ 是 x 的任意一个可导函数,即有

$$\int f[\varphi(x)] d\varphi(x) = F[\varphi(x)] + C.$$

定理 2.8 表明将基本积分公式中的积分变量 x 换成任意可导函数 $u = \varphi(x)$ 后,公式仍成立.例如,因为有公式 $\int \cos x dx = \sin x + C$,所以将 x 换成 $u = \varphi(x)$ 后,有 $\int \cos \varphi(x) d\varphi(x) = \sin \varphi(x) + C$ 成立,这样就扩充了基本积分公式的适用范围.

在不定积分的计算过程中,若所求的不定积分 $\int g(x) dx$ 中可化为 $\int f[\varphi(x)] \varphi'(x) dx$,并且 $f(u)$ 具有原函数 $F(u)$,则有

$$\int g(x) dx = \int f[\varphi(x)] \varphi'(x) dx = \int f[\varphi(x)] d\varphi(x)$$

$$\xlongequal{\text{令 } \varphi(x) = u} \int f(u) du = F(u) + C$$

$$\xlongequal{\text{回代 } u = \varphi(x)} F[\varphi(x)] + C.$$

这种求不定积分的方法称为**第一类换元积分法**,也叫**凑微分法**.熟练以后,代换和回代的过程可以省略.

例 11 求 $\int (2x - 1)^{10} dx$.

解 $\int (2x-1)^{10}\mathrm{d}x = \dfrac{1}{2}\int (2x-1)^{10}\mathrm{d}(2x-1) \xlongequal{\ \text{令}\, 2x-1=u\ } \dfrac{1}{2}\int u^{10}\mathrm{d}u$

$$= \dfrac{1}{2}\cdot\dfrac{1}{11}u^{11}+C = \dfrac{1}{22}u^{11}+C \xlongequal{\ u=2x-1\ } \dfrac{1}{22}(2x-1)^{11}+C.$$

例 12 求下列不定积分.

(1) $\displaystyle\int \dfrac{\ln^3 x}{x}\mathrm{d}x$;　　　　(2) $\displaystyle\int \dfrac{\mathrm{e}^{\sqrt{x}+1}}{\sqrt{x}}\mathrm{d}x$;　　　　(3) $\displaystyle\int x\sqrt{1-x^2}\,\mathrm{d}x$.

解 (1) $\displaystyle\int \dfrac{\ln^3 x}{x}\mathrm{d}x = \int \ln^3 x\,\mathrm{d}\ln x = \dfrac{1}{4}\ln^4 x + C$;

(2) $\displaystyle\int \dfrac{\mathrm{e}^{\sqrt{x}+1}}{\sqrt{x}}\mathrm{d}x = 2\int \mathrm{e}^{\sqrt{x}+1}\mathrm{d}(\sqrt{x}+1) = 2\mathrm{e}^{\sqrt{x}+1}+C$;

(3) $\displaystyle\int x\sqrt{1-x^2}\,\mathrm{d}x = -\dfrac{1}{2}\int \sqrt{1-x^2}\,\mathrm{d}(1-x^2) = -\dfrac{1}{2}\cdot\dfrac{2}{3}(1-x^2)^{\frac{3}{2}}+C = -\dfrac{1}{3}(1-x^2)^{\frac{3}{2}}+C$.

例 13 求下列不定积分.

(1) $\displaystyle\int \sin x\cos^2 x\,\mathrm{d}x$;　　　　　(2) $\displaystyle\int \dfrac{x+\arctan x}{1+x^2}\mathrm{d}x$.

解 (1) $\displaystyle\int \sin x\cos^2 x\,\mathrm{d}x = -\int \cos^2 x\,\mathrm{d}\cos x = -\dfrac{1}{3}\cos^3 x + C$;

(2) $\displaystyle\int \dfrac{x+\arctan x}{1+x^2}\mathrm{d}x = \int \dfrac{x}{1+x^2}\mathrm{d}x + \int \dfrac{\arctan x}{1+x^2}\mathrm{d}x$

$$= \dfrac{1}{2}\int \dfrac{1}{1+x^2}\mathrm{d}(1+x^2) + \int \arctan x\,\mathrm{d}(\arctan x)$$

$$= \dfrac{1}{2}\ln(1+x^2) + \dfrac{1}{2}(\arctan x)^2 + C.$$

例 14 求不定积分 $\displaystyle\int \tan x\,\mathrm{d}x$.

解 $\displaystyle\int \tan x\,\mathrm{d}x = \int \dfrac{\sin x}{\cos x}\mathrm{d}x = \int \dfrac{1}{\cos x}\cdot\sin x\,\mathrm{d}x = -\int \dfrac{1}{\cos x}\mathrm{d}\cos x = -\ln|\cos x|+C.$

例 14 的被积函数是基本初等函数,可以作为基本公式使用,同理可以计算出:

$$\int \cot x\,\mathrm{d}x = \ln|\sin x|+C.$$

说明:凑微分是第一类换元积分法成败的关键,一般来说,凑微分必须把握好以下两点:

(1) 凑微分是简单的求原函数的过程,应充分熟悉不定积分的基本公式;

(2) 凑微分后,被积函数中应含有与微分号内函数相同的部分.

例 15 求下列不定积分.

$(1) \int \dfrac{2x-3}{x^2-3x+2} \mathrm{d}x$；　　　$(2) \int \dfrac{\mathrm{d}x}{x^2-2x+5}$；　　　$(3) \int \dfrac{1}{a^2-x^2} \mathrm{d}x$.

解　$(1) \int \dfrac{2x-3}{x^2-3x+2} \mathrm{d}x = \int \dfrac{1}{x^2-3x+2} \mathrm{d}(x^2-3x+2) = \ln|x^2-3x+2|+C$；

$(2) \int \dfrac{\mathrm{d}x}{x^2-2x+5} = \int \dfrac{\mathrm{d}x}{(x-1)^2+2^2} = \dfrac{1}{2} \int \dfrac{\mathrm{d}\left(\dfrac{x-1}{2}\right)}{1+\left(\dfrac{x-1}{2}\right)^2} = \dfrac{1}{2}\arctan\dfrac{x-1}{2}+C$；

$(3) \int \dfrac{1}{a^2-x^2} \mathrm{d}x = \int \dfrac{1}{2a}\left(\dfrac{1}{x+a}-\dfrac{1}{x-a}\right) \mathrm{d}x = \dfrac{1}{2a}\int \dfrac{\mathrm{d}(x+a)}{x+a} - \dfrac{1}{2a}\int \dfrac{\mathrm{d}(x-a)}{x-a}$

$\qquad = \dfrac{1}{2a}\ln|x+a| - \dfrac{1}{2a}\ln|x-a|+C = \dfrac{1}{2a}\ln\left|\dfrac{x+a}{x-a}\right|+C$.

（2）第二类换元积分法

第一类换元积分法是通过变量代换 $u=\varphi(x)$，将积分 $\int f[\varphi(x)]\varphi'(x)\mathrm{d}x$ 化为积分 $\int f(u)\mathrm{d}u$. 下面将介绍的第二类换元法与第一类换元法正好相反，是通过适当地选择变量代换 $x=\varphi(t)$，将积分 $\int f(x)\mathrm{d}x$ 化为积分 $\int f[\varphi(t)]\varphi'(t)\mathrm{d}t$. 变化的过程是

$$\int f(x)\mathrm{d}x \xrightarrow{\text{令}\,x=\varphi(t)} \int f[\varphi(t)]\mathrm{d}\varphi(t) = \int f[\varphi(t)]\varphi'(t)\mathrm{d}t = \int g(t)\mathrm{d}t,$$

其中，$g(t)=f[\varphi(t)]\varphi'(t)$. 换元的目的是把不容易算的不定积分 $\int f(x)\mathrm{d}x$ 转换为较易计算的不定积分 $\int g(t)\mathrm{d}t$.

第二类换元积分法主要是解决被积函数中带有根式的某些积分，应掌握如下两种类型.

① **代数代换**：根号内含有 x 的一次函数，如 $\sqrt{ax+b}$，$\sqrt[3]{ax+b}$，可分别令 $\sqrt{ax+b}=t$，$\sqrt[3]{ax+b}=t$.

② **三角代换**：根号内含有 x 的二次函数，如 $\sqrt{a^2-x^2}$，$\sqrt{a^2+x^2}$，$\sqrt{x^2+a^2}$，可分别令 $x=a\sin t\left(-\dfrac{\pi}{2}<t<\dfrac{\pi}{2}\right)$，$x=a\tan t\left(-\dfrac{\pi}{2}<t<\dfrac{\pi}{2}\right)$，$x=a\sec t\left(0<t<\dfrac{\pi}{2}\right)$.

例 16　求 $\int \dfrac{\mathrm{d}x}{2+\sqrt{x}}$.

解　设 $\sqrt{x}=t$，则 $x=t^2$，$\mathrm{d}x=2t\,\mathrm{d}t$，于是

$$\int \dfrac{\mathrm{d}x}{2+\sqrt{x}} = \int \dfrac{2t\,\mathrm{d}t}{2+t} = 2\int \dfrac{t+2-2}{2+t}\mathrm{d}t$$

$$= 2\int\left(1-\dfrac{2}{2+t}\right)\mathrm{d}t = 2\int 1\mathrm{d}t - 4\int \dfrac{1}{2+t}\mathrm{d}(t+2)$$

$$= 2t-4\ln|t+2|+C \xrightarrow{t=\sqrt{x}} 2\sqrt{x}-4\ln|\sqrt{x}+2|+C.$$

例 17 求 $\displaystyle\int \frac{\mathrm{d}x}{\sqrt{x}+\sqrt[3]{x}}$.

解 设 $t=\sqrt[6]{x}$，则 $x=t^6$，$\sqrt{x}=t^3$，$\sqrt[3]{x}=t^2$，$\mathrm{d}x=6t^5\mathrm{d}t$，于是

$$
\begin{aligned}
\int \frac{\mathrm{d}x}{\sqrt{x}+\sqrt[3]{x}} &=6\int \frac{t^5}{t^3+t^2}\mathrm{d}t=6\int \frac{t^3}{t+1}\mathrm{d}t\\
&=6\int \frac{(t^3+1)-1}{t+1}\mathrm{d}t=6\int \frac{(t+1)(t^2-t+1)}{t+1}\mathrm{d}t-6\int \frac{1}{t+1}\mathrm{d}(t+1)\\
&=6\int (t^2-t+1)\mathrm{d}t-6\ln|t+1|=6\left(\frac{t^3}{3}-\frac{t^2}{2}+t\right)-6\ln|t+1|+C\\
&\xlongequal{t=\sqrt[6]{x}}2\sqrt{x}-3\sqrt[3]{x}+6\sqrt[6]{x}-6\ln|\sqrt[6]{x}+1|+C.
\end{aligned}
$$

例 18 求 $\displaystyle\int \frac{1}{x^2\sqrt{1+x^2}}\mathrm{d}x$.

解 设 $x=\tan t\left(-\dfrac{\pi}{2}<t<\dfrac{\pi}{2}\right)$，则 $\mathrm{d}x=\sec^2 t\,\mathrm{d}t$，且 $\sqrt{1+x^2}=\sec t$，于是

$$
\begin{aligned}
\int \frac{1}{x^2\sqrt{1+x^2}}\mathrm{d}x &=\int \frac{1}{\tan^2 t\cdot\sec t}\cdot\sec^2 t\,\mathrm{d}t=\int \frac{\sec t}{\tan^2 t}\mathrm{d}t\\
&=\int \frac{\cos t}{\sin^2 t}\mathrm{d}t=\int \frac{1}{\sin^2 t}\mathrm{d}\sin t\\
&=-\frac{1}{\sin t}+C
\end{aligned}
$$

根据变换 $x=\tan t$ 作辅助直角三角形（图 2-19），求出 $\sin t=\dfrac{x}{\sqrt{1+x^2}}$，因此

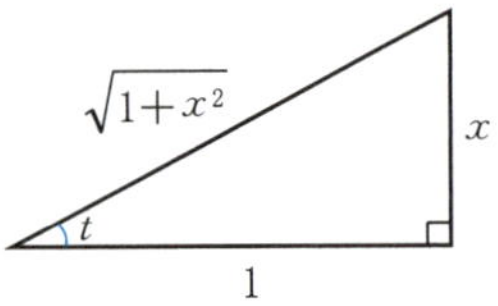

图 2-19

$$
\int \frac{1}{x^2\sqrt{1+x^2}}\mathrm{d}x=-\frac{\sqrt{1+x^2}}{x}+C.
$$

2. 分部积分法

设函数 $u=u(x)$，$v=v(x)$ 有连续导数，由函数乘积的微分法则，有

$$
\mathrm{d}(uv)=u\mathrm{d}v+v\mathrm{d}u,
$$

移项，得

$$
u\mathrm{d}v=\mathrm{d}(uv)-v\mathrm{d}u,
$$

对这个等式两边求不定积分，得

$$
\int u\mathrm{d}v=\int \mathrm{d}(uv)-\int v\mathrm{d}u=uv-\int v\mathrm{d}u. \tag{2-10}
$$

式 (2-10) 即为**分部积分公式**.

分部积分法常常用来求乘积函数的积分，而运用的关键是 u 和 $\mathrm{d}v$ 的选择. 一般地，u 的选择顺序为：反三角函数或对数函数，幂函数，三角函数或指数函数.

例 19 求 $\displaystyle\int x\sin x\,\mathrm{d}x$.

解 设 $u=x$，$\mathrm{d}v=\sin x\,\mathrm{d}x=-\mathrm{d}\cos x$，则 $\mathrm{d}u=\mathrm{d}x$，$v=-\cos x$，由分部积分公式，得

$$\int x\sin x\,\mathrm{d}x=-\int x\,\mathrm{d}\cos x=-x\cos x+\int\cos x\,\mathrm{d}x=-x\cos x+\sin x+C.$$

对分部积分法比较熟练后，可不必写出 u、$\mathrm{d}v$ 及 $\mathrm{d}u$、v.

例 20 求 $\displaystyle\int x\ln x\,\mathrm{d}x$.

解
$$\int x\ln x\,\mathrm{d}x=\frac{1}{2}\int\ln x\,\mathrm{d}x^2=\frac{1}{2}\left(x^2\ln x-\int x^2\,\mathrm{d}\ln x\right)=\frac{1}{2}\left(x^2\ln x-\int x^2\cdot\frac{1}{x}\,\mathrm{d}x\right)$$

$$=\frac{1}{2}\left(x^2\ln x-\int x\,\mathrm{d}x\right)=\frac{1}{2}\left(x^2\ln x-\frac{x^2}{2}\right)+C$$

$$=\frac{1}{4}x^2(2\ln x-1)+C.$$

例 21 求 $\displaystyle\int x^2\mathrm{e}^x\,\mathrm{d}x$.

解
$$\int x^2\mathrm{e}^x\,\mathrm{d}x=\int x^2\,\mathrm{d}\mathrm{e}^x=x^2\mathrm{e}^x-\int\mathrm{e}^x\,\mathrm{d}x^2=x^2\mathrm{e}^x-2\int x\mathrm{e}^x\,\mathrm{d}x$$

$$=x^2\mathrm{e}^x-2\int x\,\mathrm{d}\mathrm{e}^x=x^2\mathrm{e}^x-2\left(x\mathrm{e}^x-\int\mathrm{e}^x\,\mathrm{d}x\right)$$

$$=x^2\mathrm{e}^x-2x\mathrm{e}^x+2\mathrm{e}^x+C=\mathrm{e}^x(x^2-2x+2)+C.$$

这个例子表明，有时在一道题中需要多次使用分部积分公式方能求出结果. 有些积分在多次运用分部积分公式后又回到原来的积分，这时可借助解代数方程的方法来求得结果.

例 22 求 $\displaystyle I=\int\mathrm{e}^x\cos x\,\mathrm{d}x$.

解
$$I=\int\mathrm{e}^x\cos x\,\mathrm{d}x=\int\cos x\,\mathrm{d}\mathrm{e}^x=\mathrm{e}^x\cos x-\int\mathrm{e}^x\,\mathrm{d}\cos x$$

$$=\mathrm{e}^x\cos x+\int\mathrm{e}^x\sin x\,\mathrm{d}x=\mathrm{e}^x\cos x+\int\sin x\,\mathrm{d}\mathrm{e}^x$$

$$=\mathrm{e}^x\cos x+\left(\mathrm{e}^x\sin x-\int\mathrm{e}^x\,\mathrm{d}\sin x\right)=\mathrm{e}^x\cos x+\mathrm{e}^x\sin x-\int\mathrm{e}^x\cos x\,\mathrm{d}x$$

$$=\mathrm{e}^x(\sin x+\cos x)-I.$$

等式右端出现了与左端相同的积分，移项得 $2I=\mathrm{e}^x(\sin x+\cos x)+2C$（移项后，右边不包含积分项，必须加上任意常数），得

$$I=\int\mathrm{e}^x\cos x\,\mathrm{d}x=\frac{\mathrm{e}^x}{2}(\sin x+\cos x)+C.$$

在积分过程中往往要兼用换元积分法和分部积分法，如下例.

74

例 23 求 $\int \cos\sqrt{x-1}\,dx$.

解 设 $\sqrt{x-1}=t$，则 $x=t^2+1$，$dx=2t\,dt$，于是

$$\int \cos\sqrt{x-1}\,dx = 2\int t\cos t\,dt = 2\int t\,d\sin t = 2\left(t\sin t - \int \sin t\,dt\right)$$

$$= 2(t\sin t + \cos t) + C \xrightarrow{\ t=\sqrt{x-1}\ } 2(\sqrt{x-1}\sin\sqrt{x-1}$$

$$+ \cos\sqrt{x-1}) + C.$$

习题 2.4

1. 求下列不定积分.

(1) $\int\left(x+\dfrac{1}{x}-\dfrac{3}{x^3}\right)dx$；

(2) $\int\dfrac{3+x^2}{1+x^2}\,dx$；

(3) $\int x\left(\sqrt[3]{x}-\dfrac{1}{x^2}+\dfrac{3}{x^3}\right)dx$；

(4) $\int \sec x(\sec x+\tan x)\,dx$.

2. 求下列不定积分.

(1) $\int e^5 t\,dt$；

(2) $\int(3-2x)^3\,dx$；

(3) $\int x e^{-x^2}\,dx$；

(4) $\int e^x\cos e^x\,dx$；

(5) $\int \sin^3 x\cos x\,dx$；

(6) $\int\dfrac{1}{x\sqrt{1+\ln x}}\,dx$；

(7) $\int x\sqrt{x-4}\,dx$；

(8) $\int\dfrac{\sqrt{x-1}}{x}\,dx$.

3. 求下列不定积分.

(1) $\int x e^x\,dx$；

(2) $\int x^2\ln x\,dx$.

2.5　定积分

2.5.1　定积分的概念

例 1　公园里有一块弯曲的空地,形状如图 2-20a 所示,需要为其铺上草坪,如何计算该空地的面积?

由连续曲线 $y=f(x)$,直线 $x=a$、$x=b$、$y=0$ 所围成的图形称作**曲边梯形**,如

图 2-20a 计算草坪的面积可归为计算曲边梯形的面积.

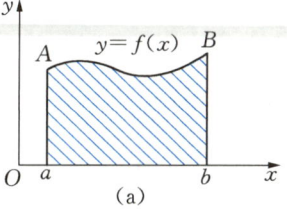 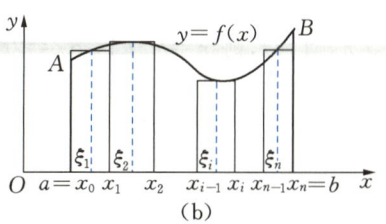

图 2-20

下面讨论曲边梯形面积的计算.

设曲边梯形 $AabB$ 是由连续曲线 $y=f(x)$(设 $f(x)\geqslant 0$),直线 $x=a$、$x=b$ 和 x 轴围成(图 2-20a).由于曲边梯形的高 $f(x)$ 在区间 $[a,b]$ 上是连续变化的,所以只要 x 变化不大,高的变化也不会太大.可以设想,把曲边梯形的底分得很细,过各分点作底的垂线,就相应得到很多小的曲边梯形,这时,每个小曲边梯形的面积可以用同底的相应的小矩形面积来近似代替,然后把这些近似值加起来,就是曲边梯形 $AabB$ 面积的近似值.显然,曲边梯形的底分得越细,近似程度就越高.如果把区间 $[a,b]$ 无限细分,使每个小区间的长度无限趋于零,这时,所有小矩形面积之和的极限就是曲边梯形面积的精确值.因此,可按下列步骤来计算曲边梯形的面积.

(1) **分割** 将区间 $[a,b]$ 任意分成 n 个小区间,设分点为

$$a=x_0<x_1<x_2<\cdots<x_{i-1}<x_i<\cdots<x_{n-1}<x_n=b.$$

每个小区间的长度为

$$\Delta x_i=x_i-x_{i-1}(i=1,2,\cdots,n).$$

过各分点作垂直于 x 轴的直线,把整个曲边梯形分成 n 个小曲边梯形(图 2-20b),并记它们的面积分别为

$$\Delta S_1,\Delta S_2,\cdots,\Delta S_n.$$

(2) **近似** 在每个小区间 $[x_{i-1},x_i]$ 上任取一点 $\xi_i(x_{i-1}\leqslant\xi_i\leqslant x_i)$,用 $f(\xi_i)$ 为高,Δx_i 为底的小矩形的面积近似代替同底的小曲边梯形的面积,即

$$\Delta S_i\approx f(\xi_i)\Delta x_i \quad (i=1,2,\cdots,n).$$

(3) **求和** 将 n 个小矩形的面积相加,就得到曲边梯形 $AabB$ 面积的一个近似值,即

$$S=\sum_{i=1}^{n}\Delta S_i\approx\sum_{i=1}^{n}f(\xi_i)\Delta x_i.$$

(4) **取极限** 要得到曲边梯形 $AabB$ 的面积 S,只要小区间的长度 Δx_i 的最大值趋于零,如果记 $\lambda=\max\{\Delta x_i\}(i=1,2,\cdots,n)$,则当 $\lambda\to 0$ 时,和式 $\sum_{i=1}^{n}f(\xi_i)\Delta x_i$ 的极限就是所求的曲边梯形的面积,即

$$S=\lim_{\lambda\to 0}\sum_{i=1}^{n}f(\xi_i)\Delta x_i.$$

第 2 章

微积分

上述和式的极限在许多实际问题中会遇到,因此,有必要将这种方法抽象为一般的定义.

1. 定积分的定义

定义 2.16 设函数 $y=f(x)$ 在 $[a,b]$ 上有界,任意插入 $n-1$ 个分点 $a=x_0<x_1<\cdots<x_{i-1}<x_i<\cdots x_{n-1}<x_n=b$ 把区间 $[a,b]$ 分成 n 个小区间 $[x_{i-1},x_i](i=1,2,\cdots,n)$,其长度为 $\Delta x_i=x_i-x_{i-1}$.在每个小区间上任取一个点 $\xi_i\in[x_{i-1},x_i]$,作乘积 $f(\xi_i)\Delta x_i$ 并求和

$$\sum_{i=1}^n f(\xi_i)\Delta x_i.$$

记 $\lambda=\max\{\Delta x_1,\Delta x_2,\cdots,\Delta x_n\}$,如果当 $\lambda\to0$ 时,和式 $\sum_{i=1}^n f(\xi_i)\Delta x_i$ 的极限存在,则称函数在区间 $[a,b]$ 上**可积**,并称此极限为函数 $y=f(x)$ 在区间 $[a,b]$ 上的**定积分**,记作 $\int_a^b f(x)\mathrm{d}x$,即

$$\int_a^b f(x)\mathrm{d}x=\lim_{\lambda\to0}\sum_{i=1}^n f(\xi_i)\Delta x_i \tag{2-11}$$

其中 $f(x)$ 称为**被积函数**,$f(x)\mathrm{d}x$ 称为**被积表达式**,x 称为**积分变量**,$[a,b]$ 称为**积分区间**,a 称为积分下限,b 称为积分上限.

说明:(1) 如果定积分存在,积分值为常量,它只与被积函数及积分区间有关,而与积分变量的记法无关.即 $\int_a^b f(x)\mathrm{d}x=\int_a^b f(t)\mathrm{d}t=\int_a^b f(u)\mathrm{d}u$.

(2) 规定 $\int_a^b f(x)\mathrm{d}x=-\int_b^a f(x)\mathrm{d}x$,特别地

$$\int_a^b f(x)\mathrm{d}x=0,\ \int_a^b \mathrm{d}x=b-a.$$

2. 定积分的几何意义

从定积分的定义可以看出,定积分和曲边梯形的面积关系密切,在区间 $[a,b]$ 上,有

(1) 当 $f(x)\geqslant0$ 时,定积分 $\int_a^b f(x)\mathrm{d}x$ 在几何上表示由曲线 $y=f(x)$,直线 $x=a$、$x=b$ 与 x 轴所围成的曲边梯形的面积 A(图 2-21a).

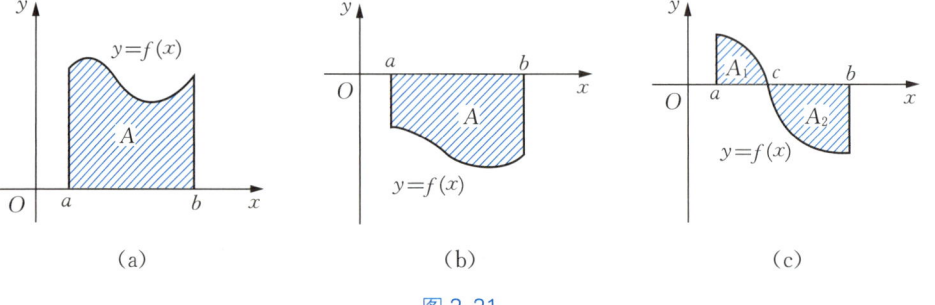

图 2-21

77

(2) 当 $f(x) \leqslant 0$ 时,由曲线 $y=f(x)$,直线 $x=a$、$x=b$ 与 x 轴所围成的曲边梯形位于 x 轴的下方,定积分 $\int_a^b f(x)\mathrm{d}x$ 在几何上表示上述曲边梯形面积 A 的负值(图 2-21b),即

$$\int_a^b f(x)\mathrm{d}x = \lim_{\lambda \to 0} \sum_{i=1}^n f(\xi_i)\Delta x_i = -\lim_{\lambda \to 0}\sum_{i=1}^n [-f(\xi_i)]\Delta x_i = -\int_a^b [-f(x)]\mathrm{d}x.$$

(3) 当 $f(x)$ 既取得正值又取得负值时,函数 $f(x)$ 的图形某些部分在 x 轴的上方,而其他部分在 x 轴的下方,则定积分 $\int_a^b f(x)\mathrm{d}x$ 在几何上表示介于 x 轴、函数 $f(x)$ 的图形及两条直线 $x=a$、$x=b$ 之间的各部分面积的代数和(在 x 轴上方的图形面积取正,在 x 轴下方的图形面积取负),如图 2-21c 所示.

例2 用定积分的几何意义,求下列定积分的值.

(1) $\int_{-1}^1 \sqrt{1-x^2}\,\mathrm{d}x$;   (2) $\int_{-1}^1 2x\,\mathrm{d}x$.

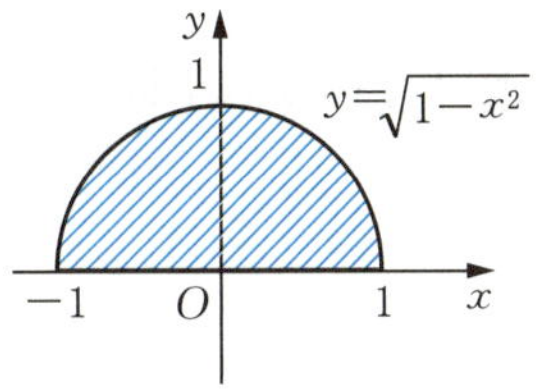

解 (1) 函数 $y=\sqrt{1-x^2}$ 在区间 $[-1,1]$ 上的定积分是以 $(0,0)$ 为圆心,以 1 为半径的半圆面积(图 2-22),所以

$$\int_{-1}^1 \sqrt{1-x^2}\,\mathrm{d}x = \frac{1}{2} \times \pi \times 1^2 = \frac{\pi}{2}.$$

图 2-22

(2) 函数 $y=2x$ 在区间 $[-1,1]$ 上的定积分是以 $y=2x$ 为曲边,以区间 $[-1,1]$ 为底的各部分面积的代数和(图 2-23).因为 x 轴上方部分的面积和 x 轴下方部分的面积对称相等,根据定积分的几何意义得 $\int_{-1}^1 2x\,\mathrm{d}x = 0$.

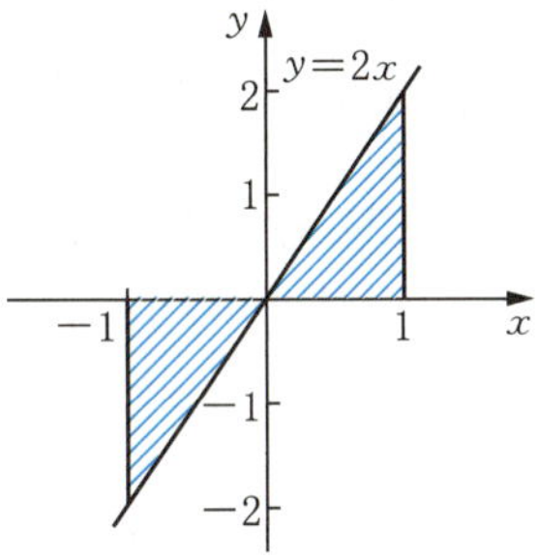

3. 定积分的性质

在定积分的计算中,经常会用到一些运算性质.下面介绍定积分中重要的运算性质.

性质 2.10 $\int_a^b [f(x) \pm g(x)]\mathrm{d}x = \int_a^b f(x)\mathrm{d}x \pm \int_a^b g(x)\mathrm{d}x.$

图 2-23

将性质 2.10 推广到有限项的情形可得

$$\int_a^b [f_1(x) \pm f_2(x) \pm \cdots \pm f_n(x)]\mathrm{d}x = \int_a^b f_1(x)\mathrm{d}x \pm \int_a^b f_2(x)\mathrm{d}x \pm \cdots \pm \int_a^b f_n(x)\mathrm{d}x.$$

性质 2.11 $\int_a^b kf(x)\mathrm{d}x = k\int_a^b f(x)\mathrm{d}x.$

性质 2.12(定积分的可加性) $\int_a^b f(x)\mathrm{d}x = \int_a^c f(x)\mathrm{d}x + \int_c^b f(x)\mathrm{d}x$,其中 $c \in (a,b)$.

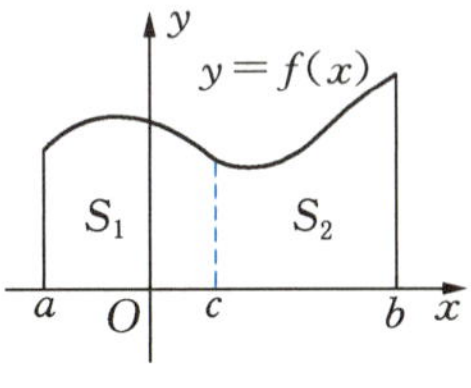

定积分的可加性的几何意义如图 2-24 所示.

图 2-24

2.5.2　定积分的计算

1. 微积分基本公式

前面学习了定积分的定义,但直接利用定义求定积分显然烦琐又不便于计算,17 世纪,数学家牛顿和莱布尼茨发现了定积分和不定积分之间的关系,进而使一般情形下定积分的计算成为可能.

定理 2.9　设函数 $y=f(x)$ 在区间 $[a,b]$ 上可积,且函数 $F(x)$ 是 $f(x)$ 在区间 $[a,b]$ 上的任意一个原函数,则

$$\int_a^b f(x)\mathrm{d}x=F(b)-F(a). \tag{2-12}$$

公式(2-12)称为**牛顿-莱布尼茨公式**,也称为**微积分基本公式**,公式证明略.该公式将定积分的计算问题转化为求原函数(不定积分)的问题,从而给定积分的计算提供了一个简便而有效的方法.

为了方便起见,把 $F(b)-F(a)$ 记成 $\left[F(x)\right]_a^b$ 或 $F(x)\big|_a^b$,于是

$$\int_a^b f(x)\mathrm{d}x=\left[F(x)\right]_a^b=F(b)-F(a).$$

2. 定积分的直接积分法

定积分的积分法其本质是先求被积函数的不定积分,后用牛顿-莱布尼茨公式(把积分上限和下限代入)进行计算.下面介绍定积分的积分法.

例 3　计算 $\displaystyle\int_1^3 x^2\mathrm{d}x$.

解　由于 $\dfrac{1}{3}x^3$ 是 x^2 的一个原函数,所以

$$\int_1^3 x^2\mathrm{d}x=\left[\frac{1}{3}x^3\right]_1^3=\frac{1}{3}\cdot 3^3-\frac{1}{3}\cdot 1^3=\frac{26}{3}.$$

例 4　计算 $\displaystyle\int_0^\pi (3\cos x+5)\mathrm{d}x$.

解　$\displaystyle\int_0^\pi (3\cos x+5)\mathrm{d}x=(3\sin x+5x)\big|_0^\pi=(3\sin\pi+5\pi)-(3\sin 0+5\times 0)=5\pi.$

例 5　计算 $\displaystyle\int_{-1}^3 |2-x|\,\mathrm{d}x$.

解　$|2-x|=\begin{cases}2-x, & x\leqslant 2,\\ x-2, & x>2,\end{cases}$ 由定积分的可加性得

$$\int_{-1}^3 |2-x|\,\mathrm{d}x=\int_{-1}^2 (2-x)\mathrm{d}x+\int_2^3 (x-2)\mathrm{d}x$$

$$=\left(2x-\frac{1}{2}x^2\right)\bigg|_{-1}^2+\left(\frac{1}{2}x^2-2x\right)\bigg|_2^3=\frac{9}{2}+\frac{1}{2}=5.$$

微课

微积分
基本公式

3. 定积分的凑微分法

例 6 求 $\displaystyle\int_0^{\frac{\pi}{2}} \cos^2 x \sin x \, \mathrm{d}x$.

解 $\displaystyle\int_0^{\frac{\pi}{2}} \cos^2 x \sin x \, \mathrm{d}x = -\int_0^{\frac{\pi}{2}} \cos^2 x \, \mathrm{d}\cos x = -\frac{1}{3} \cos^3 x \, \Big|_0^{\frac{\pi}{2}} = \frac{1}{3}$.

例 7 求 $\displaystyle\int_1^2 2x \sqrt{x^2 - 1} \, \mathrm{d}x$.

解 $\displaystyle\int_1^2 2x \sqrt{x^2 - 1} \, \mathrm{d}x = \int_1^2 \sqrt{x^2 - 1} \, \mathrm{d}(x^2 - 1) = \frac{2}{3} (x^2 - 1)^{\frac{3}{2}} \, \Big|_1^2 = 2\sqrt{3}$.

4. 定积分的第二类换元积分法

假设函数 $f(x)$ 在区间 $[a, b]$ 上连续，函数 $x = \varphi(t)$ 满足下列条件：

(1) $\varphi(\alpha) = a$, $\varphi(\beta) = b$；

(2) $\varphi(t)$ 在 $[\alpha, \beta]$（或 $[\beta, \alpha]$）上具有连续导数，且其值域在 $[a, b]$ 内，则有

$$\int_a^b f(x) \, \mathrm{d}x = \int_\alpha^\beta f[\varphi(t)] \varphi'(t) \, \mathrm{d}t.$$

上述公式叫作**定积分的第二类换元积分公式**.利用该公式计算定积分,在作变量代换的同时,相应地替换积分的上、下限,在计算结果时无需代回原变量.

例 8 计算 $\displaystyle\int_0^4 \frac{\mathrm{d}x}{1 + \sqrt{x}}$.

解 令 $t = \sqrt{x}$,即 $x = t^2$,则 $\mathrm{d}x = 2t \, \mathrm{d}t$,当 $x = 0$ 时,$t = 0$；当 $x = 4$ 时,$t = 2$,所以

$$\int_0^4 \frac{\mathrm{d}x}{1 + \sqrt{x}} = \int_0^2 \frac{2t \, \mathrm{d}t}{1 + t} = 2\int_0^2 \left(1 - \frac{1}{1 + t}\right) \mathrm{d}t = 2[t - \ln(1 + t)]_0^2 = 2(2 - \ln 3).$$

5. 定积分的分部积分法

设函数 $u(x)$, $v(x)$ 在区间 $[a, b]$ 上具有连续导数 $u'(x)$, $v'(x)$,那么定积分的分部积分公式为

$$\int_a^b u \, \mathrm{d}v = [uv]_a^b - \int_a^b v \, \mathrm{d}u . \tag{2-13}$$

例 9 计算 $\displaystyle\int_1^3 x \ln x \, \mathrm{d}x$.

解 $\displaystyle\int_1^3 x \ln x \, \mathrm{d}x = \int_1^3 \ln x \, \mathrm{d}\frac{x^2}{2} = \left[\frac{x^2}{2} \ln x\right]_1^3 - \frac{1}{2} \int_1^3 x^2 \, \mathrm{d}(\ln x)$

$$= \frac{9}{2} \ln 3 - \frac{1}{2} \int_1^3 x \, \mathrm{d}x = \frac{9}{2} \ln 3 - \frac{1}{2} \left[\frac{x^2}{2}\right]_1^3 = \frac{9}{2} \ln 3 - 2.$$

例 10 计算 $\displaystyle\int_0^1 \mathrm{e}^{\sqrt{x}} \, \mathrm{d}x$.

解 令 $\sqrt{x} = t$,则 $\mathrm{d}x = 2t \, \mathrm{d}t$.当 $x = 0$ 时,$t = 0$；当 $x = 1$ 时,$t = 1$,所以

$$\int_0^1 e^{\sqrt{x}} \, dx = 2\int_0^1 e^t t \, dt = 2\int_0^1 t \, d(e^t) = 2\left[te^t\right]_0^1 - 2\int_0^1 e^t \, dt = 2\int_0^1 t \, d(e^t)$$
$$= 2e - 2\left[e^t\right]_0^1 = 2.$$

从之前对定积分的讨论知道,定积分的值只与积分区间和被积函数有关,且要求积分区间是有限的.然而,在实际问题中,有时会遇到积分区间是无限的或者被积函数是无界函数的积分,称这些积分为**广义积分**或**反常积分**.

动画

无穷限的
反常积分
的定义

2.5.3 定积分的应用

1. 微元法

微元法是计算非均匀连续变量总和的经典模型,它的主要思想和手段是通过"化整为零""以常代变""积零返整"来求得结果.可以将微元法的计算模型归纳如下:

(1) 在区间 $[a, b]$ 上任取一个微小区间 $[x, x+dx]$,求出这个小区间上的部分量,记作 $dA = f(x)dx$,称作**微元**;

(2) 将微元 dA 在区间 $[a, b]$ 上无限累加,即在区间 $[a, b]$ 上积分,从而求得总量 $A = \int_a^b f(x) \, dx$.

2. 求平面图形的面积

求平面图形的面积可以根据定积分的几何意义,设平面图形由曲线 $y = f(x)$,左右两条直线 $x = a$,$x = b$ 和 x 轴所围成,其面积为

动画

无界函数的
反常积分

$$S = \int_a^b f(x) \, dx. \tag{2-14}$$

类似地,平面图形由曲线 $x = \varphi(y)$,上下两条直线 $y = c$,$y = d$ 和 y 轴所围成,其面积为

微课

$$S = \int_c^d \varphi(y) \, dy. \tag{2-15}$$

平面图形
的面积

另外,对于更为复杂的图形可以使用微元法推导面积公式.设平面图形由上下两条曲线 $y = f(x)$,$y = g(x)$ 与左右两条直线 $x = a$,$x = b$ 所围成,则面积微元为 $dS = [f(x) - g(x)]dx$,于是平面图形的面积为

$$S = \int_a^b [f(x) - g(x)] \, dx. \tag{2-16}$$

类似地,平面图形由左右两条曲线 $x = \varphi(y)$,$x = \psi(y)$ 与上下两条直线 $y = d$,$y = c$ 所围成,则面积微元为 $dS = [\psi(y) - \varphi(y)]dy$,于是平面图形的面积为

$$S = \int_c^d [\psi(y) - \varphi(y)] \, dy. \tag{2-17}$$

例 11 计算抛物线 $y = e^x$,直线 $x = 0$,$x = 1$ 和 x 轴所围成的平面图形的面积.

81

解 所围成的平面图形如图 2-25 所示.

其面积为 $S=\int_0^1 \mathrm{e}^x\mathrm{d}x=\mathrm{e}^x\mid_0^1=\mathrm{e}-1$.

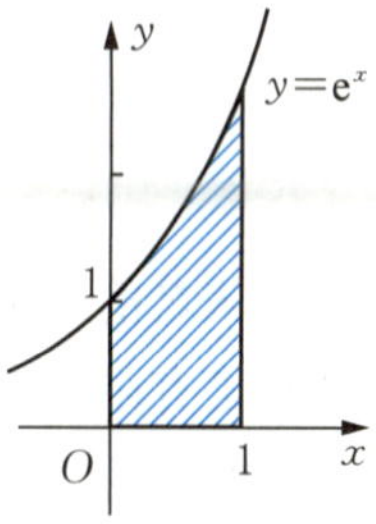

例 12 计算抛物线 $y^2=x$，$y=x^2$ 所围成的平面图形的面积.

解 所围成的平面图形如图 2-26 的阴影部分所示,其面积为

$$S=\int_0^1 (\sqrt{x}-x^2)\mathrm{d}x$$

$$=\left[\frac{2}{3}x^{\frac{3}{2}}-\frac{1}{3}x^3\right]_0^1=\frac{1}{3}.$$

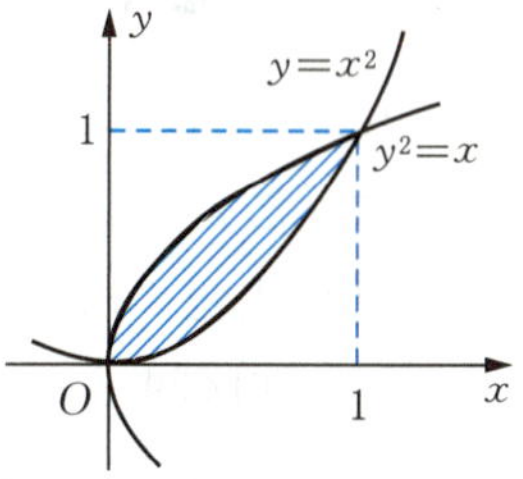

例 13 计算抛物线 $y^2=2x$ 与直线 $y=x-4$ 所围成的平面图形的面积.

解 所围成的平面图形如图 2-27 的阴影部分所示,其面积为

$$S=\int_{-2}^4 \left(y+4-\frac{1}{2}y^2\right)\mathrm{d}y$$

$$=\left[\frac{1}{2}y^2+4y-\frac{1}{6}y^3\right]_{-2}^4=18.$$

图 2-25

图 2-26

微课

旋转体的体积

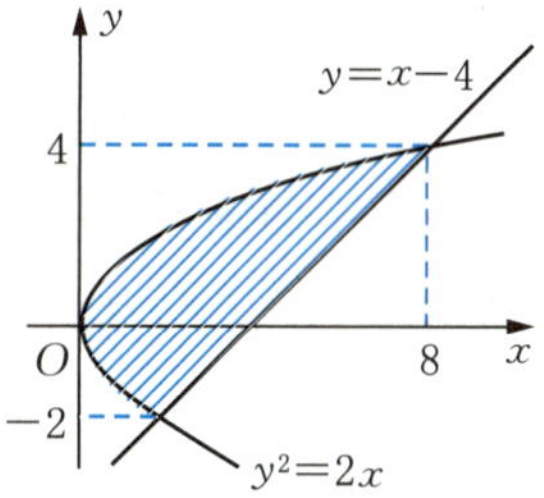

3. 求旋转体的体积

由一个平面图形绕着该平面内的一条直线旋转一周而成的立体称为旋转体.圆柱、圆锥、圆台和球都是旋转体.

设一旋转体是由连续曲线 $y=f(x)$,直线 $x=a$，$x=b(a<b)$ 及 x 轴围成的平面图形绕 x 轴旋转一周而成的立体,如图 2-28 所示.用垂直于 x 轴的平面截该旋转体,可将该旋转体截成若干个小旋转体.对于在区间 $[x,x+\mathrm{d}x]$ 所对应的小旋转体,其体积用与其同底的一小圆柱体的体积来近似代替,可得该小旋转体的体积微元为 $\mathrm{d}V=\pi[f(x)]^2\mathrm{d}x$,则旋转体的体积为

$$V_x=\pi\int_a^b [f(x)]^2\mathrm{d}x. \qquad (2\text{-}18)$$

类似地,还可得到在区间 $[c,d]$ 上由连续曲线 $x=f^{-1}(y)$ 绕 y 轴旋转一周而成的旋转体的体积为

$$V_y=\pi\int_c^d [f^{-1}(y)]^2\mathrm{d}y. \qquad (2\text{-}19)$$

例 14 一平面图形 D(图 2-29)是由曲线 $y=x^3$ 与直线 $x=0$,$y=1$ 围成的,求该平面图形分别绕 x 轴和 y 轴旋转一周而成的旋转体的体积.

图 2-27

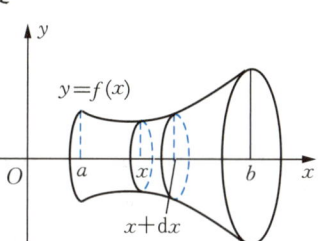

图 2-28

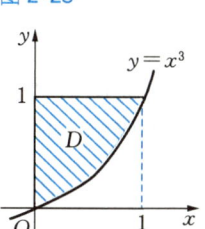

图 2-29

第 2 章

微积分

解 $V_x = \pi \int_0^1 1^2 \, dx - \pi \int_0^1 (x^3)^2 \, dx = \frac{6\pi}{7}$;

$V_y = \pi \int_0^1 y^{\frac{2}{3}} \, dy = \frac{3\pi}{5}$.

4. 积分的经济应用

(1) 求原经济函数

在经济管理活动中,已知某经济函数的边际函数 $f'(x)$,求原经济函数 $f(x)$,可以利用不定积分来解决.例如,设边际成本函数和边际收益函数分别为 $C'(x)$ 和 $R'(x)$,其中 x 为生产销售量,则总成本函数和总收益函数分别为 $C(x) = \int C'(x) \, dx$ 和 $R(x) = \int R'(x) \, dx$.为了确定不定积分中的积分常数,在实际问题中常常假定生产销售量 $x = 0$ 时,总成本为固定成本 $C(0)$,总收入 $R(0) = 0$.

例 15 生产某产品的边际成本函数为 $C'(x) = 3$ 百元/件,固定成本 $C(0) = 2$ 万元,边际收入为 $R'(x) = 30 - 0.02x$.分别求出生产 x 个产品的总成本和总收入函数.

解 总成本函数为

$$C(x) = \int C'(x) \, dx = \int 3 \, dx = 3x + C,$$

由题意知 $C(0) = 200$,得 $C = 200$,所以 $C(x) = 3x + 200$;

总收入函数为

$$R(x) = \int R'(x) \, dx = \int (30 - 0.02x) \, dx = 30x - 0.01x^2 + C,$$

由 $R(0) = 0$,得 $C = 0$,所以 $R(x) = 30x - 0.01x^2$.

(2) 消费者剩余

消费者剩余又称为消费者的净收益,是指买者的支付意愿减去买者的实际支付量.消费者剩余衡量了买者自己感觉到所获得的额外利益.

消费者剩余可以用需求曲线下方,价格线上方和价格轴围成的面积来表示.借助平面图形面积的求法可得消费者剩余

$$S = \int_0^{q_0} f^{-1}(q) \, dq. \tag{2-20}$$

例 16 某地区消费者对茶叶的需求满足函数 $p = 30 - 0.2\sqrt{q}$,其中 p 为价格,q 为需求量.如果价格固定在 $p_0 = 10$,试计算该地区茶叶市场的消费者剩余.

解 首先求出相应于 $p_0 = 10$ 的销量,由 $10 = 30 - 0.2\sqrt{q_0}$ 解得 $q_0 = 10\,000$.

该地区茶叶市场的消费者剩余如图 2-30 的

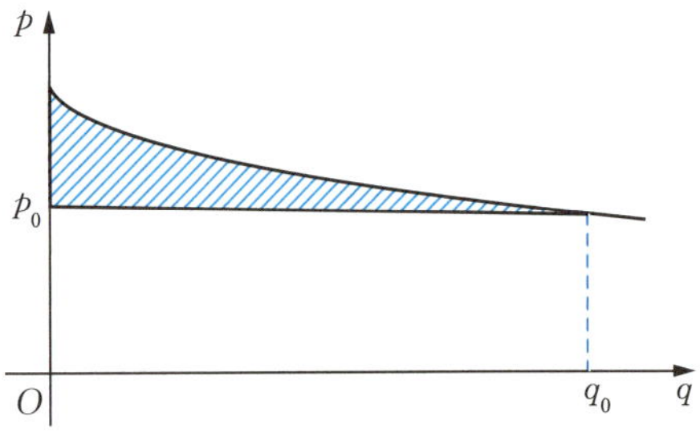

图 2-30

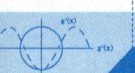
高等应用数学
GAODENG YINGYONG SHUXUE

阴影部分所示,消费者剩余可以表示为

$$S = \int_0^{q_0} f^{-1}(q) \mathrm{d}q = \int_0^{10\,000} (30 - 0.2\sqrt{q}) \mathrm{d}q - 10 \times 10\,000$$

$$= \left[30q - \frac{2}{15}q^{\frac{3}{2}} \right]_0^{10\,000} - 10 \times 10\,000 \approx 66\,666.67.$$

该地区茶叶市场的消费者剩余约为 66 666.67.

【数学实验】

实验 2-3　使用 MATLAB 求积分

1. 求积分命令的基本用法

(1) int(f)　　　　　　　　　　　%求被积函数 f 的不定积分;

(2) diff(f, x)　　　　　　　　　%求被积函数 f 对指定积分变量 x 的不定积分.

2. 应用实例

例 1　求不定积分 $\displaystyle\int \frac{-2x}{(1+x^2)^2} \mathrm{d}x$.

解　在 MATLAB 命令行窗口输入命令并运行,如图 2-31 所示.

```
命令行窗口
>> syms x
>> f = -2*x/(1+x^2)^2;
>> int(f)


ans =


1/(x^2 + 1)
```

图 2-31

因此, $\displaystyle\int \frac{-2x}{(1+x^2)^2} \mathrm{d}x = \frac{1}{x^2+1} + C$.

例 2　求不定积分 $\displaystyle\int \frac{1}{a^2-x^2} \mathrm{d}x$.

解　在 MATLAB 命令行窗口输入命令并运行,如图 2-32 所示.

84

```
命令行窗口                              ▼

>> syms a x
>> f = 1/(a^2-x^2);
>> int(f)


ans =


atanh(x/a)/a
```

图 2-32

其中，atanh 表示反双曲正切函数，因此，$\displaystyle\int \frac{1}{a^2-x^2}\mathrm{d}x = \frac{1}{2a}\ln\left|\frac{a+x}{a-x}\right| + C.$

习题 2.5

1. 使用定积分的定义过程计算曲边为抛物线 $y=x^2$，平行边为 $x=0$，$x=1$，底边为 x 轴的曲边梯形面积.

2. 计算下列定积分.

   (1) $\displaystyle\int_0^{\frac{\pi}{2}} \mathrm{e}^{\cos x}\sin x\,\mathrm{d}x$；

   (2) $\displaystyle\int_1^{\mathrm{e}} \frac{1+\ln x}{x}\mathrm{d}x$；

   (3) $\displaystyle\int_1^5 \frac{\sqrt{x-1}}{x}\mathrm{d}x$；

   (4) $\displaystyle\int_0^{\frac{\pi}{2}} x\sin x\,\mathrm{d}x$.

3. 使用 MATLAB 计算下列积分.

   (1) $\displaystyle\int_0^1 \mathrm{e}^{\sqrt{x}}\,\mathrm{d}x$；

   (2) $\displaystyle\int \ln(1+x)\,\mathrm{d}x$.

4. 求曲线 $y=x^2+1$，直线 $x=0$，$x=2$ 与 x 轴所围成的平面图形的面积.

5. 求曲线 $y=x^2$ 与直线 $x=0$，$y=1$ 所围成的平面图形的面积，以及该平面图形分别绕 x 轴、y 轴旋转一周而成的旋转体体积.

6. 生产某种商品的边际成本 $C'(q)=q^2-4q+4$，固定成本为 6，边际收益 $R'(q)=15-2q$，试求总成本函数和总收益函数.

7. 咖啡的市场需求满足函数 $p=300-2\sqrt{q}$，如果每盒咖啡的价格固定在 100 元，试计算这种情况下咖啡的消费者剩余.

高等应用数学
GAODENG YINGYONG SHUXUE

*2.6   多元函数微积分

在生活中,还会遇到多变量的函数问题,此时需要用到多元函数微分学.

2.6.1   多元函数的定义

现实生活中经常遇到多个变量之间的依赖关系.例如,底面是正方形的方形容器,其容积 V 与边长 x,高度 y 有如下关系式:

$$V=x^2y.$$

在集合 $\{(x,y)|x>0,y>0\}$ 内任意给定 x、y 的一组取值,都可以唯一地确定一个容器的容积值 V.

在上述的实例中,抛开实际背景,可以抽象为两个变量与另一个变量之间存在的一种对应关系,即二元函数.为了全面研究这类问题,引入多元函数的定义.

定义 2.17   设有三个变量 x、y 和 z,如果当 x、y 在某一范围 D 内每取定一对数值时,变量 z 按照一定的法则 f,总有唯一确定的值与之对应,则称 z 是 x、y 的**二元函数**,记作 $z=f(x,y)$,$(x,y)\in D$.其中 x、y 称为**自变量**,z 称为**因变量**.自变量的变化范围 D 称为二元函数的**定义域**.

类似地,还可以定义三元函数以及三元以上的函数.二元及二元以上的函数统称为**多元函数**.

2.6.2   二元函数的极限

对于二元函数 $z=f(x,y)$,它的极限定义如下.

定义 2.18   设二元函数 $z=f(x,y)$ 在点 $P_0(x_0,y_0)$ 的附近有定义(点 P_0 可除外),当点 $P(x,y)$ 沿着任意路径无限趋近于点 $P_0(x_0,y_0)$ 时,相应地函数值 $f(x,y)$ 都无限趋近于一个确定的常数 A,则称当 (x,y) 趋于 (x_0,y_0) 时 $f(x,y)$ 的极限为 A,记作

$$\lim_{(x,y)\to(x_0,y_0)}f(x,y)=A \text{ 或 } \lim_{\substack{x\to x_0\\y\to y_0}}f(x,y)=A.$$

说明:(1)二元函数在点 $P_0(x_0,y_0)$ 是否有定义并不影响它在该点的极限.

(2)二元函数极限存在要求 $P(x,y)$ 以任何方式趋于 $P_0(x_0,y_0)$ 时,$f(x,y)$ 都趋于 A.

例 1　设 $f(x, y) = \begin{cases} \dfrac{2xy}{x^2+y^2}, & x^2+y^2 \neq 0, \\ 0, & x^2+y^2 = 0, \end{cases}$ 证明 $\lim\limits_{(x, y)\to(0, 0)} f(x, y)$ 不存在.

证　当点 (x, y) 沿直线 $y = kx$ 趋于点 $(0, 0)$ 时,极限

$$\lim_{\substack{y=kx \\ x\to 0}} f(x, y) = \lim_{\substack{y=kx \\ x\to 0}} \frac{2xy}{x^2+y^2} = \lim_{x\to 0} \frac{2kx^2}{x^2+(kx)^2} = \frac{2k}{1+k^2},$$

极限值随 k 值的变化而变化,故 $\lim\limits_{(x, y)\to(0, 0)} f(x, y)$ 不存在.

2.6.3　多元函数微分法

1. 全增量与偏增量

定义 2.19　设函数 $z = f(x, y)$ 在点 (x_0, y_0) 及其附近有定义.当 x 从 x_0 取得改变量 $\Delta x(\Delta x \neq 0)$,而 $y = y_0$ 保持不变时,函数 z 得到一个改变量

$$\Delta_x z = f(x_0+\Delta x, y_0) - f(x_0, y_0)$$

称为函数 $f(x, y)$ 对于 x 的**偏改变量**或**偏增量**.类似地,定义函数 $f(x, y)$ 对于 y 的偏改变量或偏增量,即

$$\Delta_y z = f(x_0, y_0+\Delta y) - f(x_0, y_0).$$

对于自变量分别从 x_0 与 y_0 取得改变量 Δx 与 Δy,函数 z 的相应的改变量

$$\Delta z = f(x_0+\Delta x, y_0+\Delta y) - f(x_0, y_0)$$

称为函数 $f(x, y)$ 的**全改变量**或**全增量**.

2. 偏导数的定义

定义 2.20　设函数 $z = f(x, y)$ 在点 (x_0, y_0) 的某邻域内有定义.若极限

$$\lim_{\Delta x\to 0} \frac{\Delta_x z}{\Delta x} = \lim_{\Delta x\to 0} \frac{f(x_0+\Delta x, y_0) - f(x_0, y_0)}{\Delta x} \tag{2-21}$$

存在,则称此极限值为函数 $f(x, y)$ 在点 (x_0, y_0) 处对 x 的**偏导数**,记作

$$f'_x(x_0, y_0), \quad \frac{\partial f(x_0, y_0)}{\partial x}, \quad \frac{\partial z}{\partial x}\bigg|_{\substack{x=x_0 \\ y=y_0}} \text{或} z'_x\bigg|_{\substack{x=x_0 \\ y=y_0}}.$$

同样,若极限

$$\lim_{\Delta y\to 0} \frac{\Delta_y z}{\Delta y} = \lim_{\Delta y\to 0} \frac{f(x_0, y_0+\Delta y) - f(x_0, y_0)}{\Delta y}$$

存在,则称此极限值为函数 $f(x, y)$ 在点 (x_0, y_0) 处对 y 的**偏导数**,记作

$$f'_y(x_0, y_0), \frac{\partial f(x_0, y_0)}{\partial y} \text{或} \frac{\partial z}{\partial y}\bigg|_{\substack{x=x_0 \\ y=y_0}}, z'_y\bigg|_{\substack{x=x_0 \\ y=y_0}}.$$

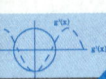

高等应用数学

若函数 $z=f(x,y)$ 在平面区域 D 内每一点 (x,y) 处对 x(或 y)的偏导数都存在，则称函数 $f(x,y)$ 在 D 内有对 x(或 y)的**偏导函数**，简称**偏导数**，记作

$$f'_x(x,y),\ \frac{\partial f(x,y)}{\partial x},\ \frac{\partial z}{\partial x},\ z'_x\ \left[\text{或}\ f'_y(x,y),\ \frac{\partial f(x,y)}{\partial y},\ \frac{\partial z}{\partial y},\ z'_y\right].$$

例 2 求函数 $z=5x^2y^3$ 的偏导数 $f'_x(x,y),\ f'_y(x,y)$，并求 $f'_x(1,-1),\ f'_y(-1,2)$.

解 将 y 看成常数，求函数关于 x 的偏导数

$$f'_x(x,y)=(5x^2y^3)'=5y^3(x^2)'=10xy^3;$$

同理，将 y 看成常数，求函数关于 y 的偏导数

$$f'_y(x,y)=(5x^2y^3)'=5x^2(y^3)'=15x^2y^2,$$

所以

$$f'_x(1,-1)=-10,\ f'_y(-1,2)=60.$$

函数 $z=f(x,y)$ 的偏导数 $f'_x(x,y)$、$f'_y(x,y)$ 一般说来还是 x、y 的二元函数，如果它们对于 x、y 的偏导数也存在，这些偏导数就称为 $z=f(x,y)$ 的**二阶偏导数**，分别记作

$$\frac{\partial^2 z}{\partial x^2}=\frac{\partial}{\partial x}\left(\frac{\partial z}{\partial x}\right)=f''_{xx}(x,y),\quad \frac{\partial^2 z}{\partial x\partial y}=\frac{\partial}{\partial y}\left(\frac{\partial z}{\partial x}\right)=f''_{xy}(x,y),$$

$$\frac{\partial^2 z}{\partial y\partial x}=\frac{\partial}{\partial x}\left(\frac{\partial z}{\partial y}\right)=f''_{yx}(x,y),\quad \frac{\partial^2 z}{\partial y^2}=\frac{\partial}{\partial y}\left(\frac{\partial z}{\partial y}\right)=f''_{yy}(x,y).$$

其中，$f''_{xy}(x,y)$ 和 $f''_{yx}(x,y)$ 称为**二阶混合偏导数**.

例 3 求 $z=e^{xy^2}$ 的二阶偏导数.

解 $\dfrac{\partial z}{\partial x}=y^2 e^{xy^2}$，$\dfrac{\partial z}{\partial y}=2xy e^{xy^2}$，所以

$$\frac{\partial^2 z}{\partial x^2}=\frac{\partial}{\partial x}(y^2 e^{xy^2})=y^2\frac{\partial}{\partial x}(e^{xy^2})=y^4 e^{xy^2}.$$

$$\frac{\partial^2 z}{\partial x\partial y}=\frac{\partial}{\partial y}(y^2 e^{xy^2})=2y e^{xy^2}+2xy^3 e^{xy^2}=2y e^{xy^2}(1+xy^2).$$

$$\frac{\partial^2 z}{\partial y\partial x}=\frac{\partial}{\partial x}(2xy e^{xy^2})=2y e^{xy^2}+2xy^3 e^{xy^2}=2y e^{xy^2}(1+xy^2).$$

$$\frac{\partial^2 z}{\partial y^2}=\frac{\partial}{\partial y}(2xy e^{xy^2})=2x e^{xy^2}+4x^2y^2 e^{xy^2}=2x e^{xy^2}(1+2xy^2).$$

注：从例 3 的结果可知，$f''_{xy}(x,y)$ 和 $f''_{yx}(x,y)$ 两个混合偏导数相等. 一般地可以证明，如果 $z=f(x,y)$ 的两个混合偏导数在区域 D 内连续，则它们在区域 D 内必相等.

3. 全微分

一般说来，Δz 的计算相当复杂，因此，考虑用 Δx、Δy 的线性函数 $A\Delta x+B\Delta y$ 近似代替 Δz，从而引出全微分的概念.

88

定义 2.21 如果函数 $z = f(x, y)$ 在点 (x, y) 处的全增量

$$\Delta z = f(x + \Delta x, y + \Delta y) - f(x, y)$$

可表示为

$$\Delta z = A\Delta x + B\Delta y + o(\rho),$$

其中,A、B 与 Δx、Δy 无关,$\rho = \sqrt{(\Delta x)^2 + (\Delta y)^2}$,则称函数 $z = f(x, y)$ 在点 (x, y) 处**可微**,$A\Delta x + B\Delta y$ 叫作函数 $z = f(x, y)$ 在点 (x, y) 处的**全微分**,记为 $\mathrm{d}z$ 或 $\mathrm{d}f$.即

$$\mathrm{d}z = A\Delta x + B\Delta y.$$

可以证明,若 $z = f(x, y)$ 在点 (x, y) 及其附近有连续的偏导数 $f'_x(x, y)$ 和 $f'_y(x, y)$,则该函数在点 (x, y) 处可微,且有

$$\mathrm{d}z = f'_x(x, y)\Delta x + f'_y(x, y)\Delta y,$$

或

$$\mathrm{d}z = f'_x(x, y)\mathrm{d}x + f'_y(x, y)\mathrm{d}y. \tag{2-22}$$

例 4 求 $z = \arctan \dfrac{x}{y}$ 的全微分 $\mathrm{d}z$.

解 因为

$$\frac{\partial z}{\partial x} = \frac{1}{1 + \left(\dfrac{x}{y}\right)^2} \cdot \frac{1}{y} = \frac{y}{x^2 + y^2},$$

$$\frac{\partial z}{\partial y} = \frac{1}{1 + \left(\dfrac{x}{y}\right)^2} \cdot \left(\frac{-x}{y^2}\right) = -\frac{x}{x^2 + y^2},$$

所以

$$\mathrm{d}z = \frac{\partial z}{\partial x}\mathrm{d}x + \frac{\partial z}{\partial y}\mathrm{d}y = \frac{1}{x^2 + y^2}(y\mathrm{d}x - x\mathrm{d}y).$$

2.6.4 二重积分

定积分是一个和式的极限,如果把它的被积函数从一元函数推广到二元函数,积分范围从数轴上的一个区间推广到平面上的一个区域,便得到二重积分.

1. 二重积分的概念与性质

例 5 曲顶柱体体积的计算.

设一立体,它的底面是空间直角坐标系中 xOy 面上的一个区域 D,它的侧面是以 D 的边界曲线为准线、平行于 z 轴的直线为母线的柱面,它的顶是 $z = f(x, y)$ 确定的曲面.这里设 $f(x, y) \geqslant 0$,且在 D 上连续(图 2-33),这种立体称为**曲顶柱体**.

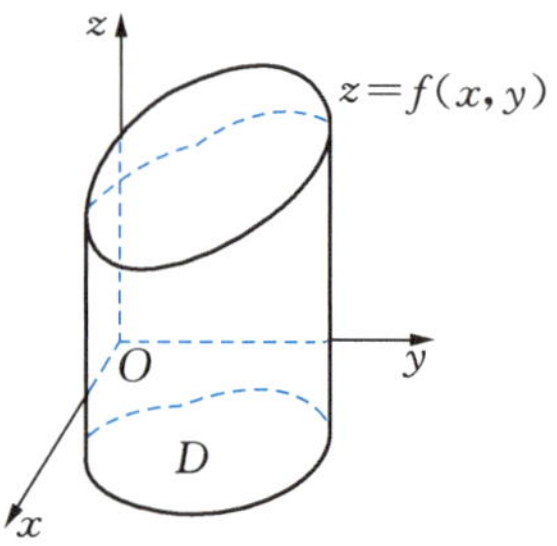

下面讨论如何计算曲顶柱体的体积.

由于曲顶柱体的高 $z = f(x, y)$ 是一个变量,所以其顶是曲面.如果其高 z 不变,那么,曲顶柱体就变成平顶柱体,这时,

图 2-33

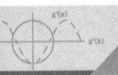

高等应用数学
GAODENG YINGYONG SHUXUE

其体积就等于底面积与高的乘积.因为 $z=f(x,y)$ 在区域 D 内是连续变化的,故可以用计算曲边梯形面积的方法来计算曲顶柱体体积.

把区域 D 任意分成 n 个小区域:

$$\Delta\sigma_1,\ \Delta\sigma_2,\ \cdots,\ \Delta\sigma_n,$$

并把这些小区域的面积也记作 $\Delta\sigma_i(i=1,2,\cdots,n)$.以各小区域的边界曲线为准线作母线平行于 z 轴的柱面.这时,曲顶柱体就被这些柱面分成 n 个小曲顶柱体.对每个小曲顶柱体来说,当它对应的小区域 $\Delta\sigma_i$ 的直径 $d_i(i=1,2,\cdots,n)$ 很小时,小曲顶柱体的高度变化不大,可近似地看作平顶柱体.于是,在 $\Delta\sigma_i$ 上任取一点 (ξ_i,η_i),以 $f(\xi_i,\eta_i)$ 为高、$\Delta\sigma_i$ 为底的平顶柱体的体积

$$f(\xi_i,\ \eta_i)\Delta\sigma_i\quad(i=1,2,\cdots,n)$$

作为对应的小曲顶柱体体积的近似值,因此,这 n 个平顶柱体体积之和就是曲顶柱体体积的近似值,即

$$V\approx\sum_{i=1}^{n}f(\xi_i,\ \eta_i)\Delta\sigma_i.$$

为了得到 V 的精确值,令 n 个 d_i 中的最大值 d 趋于零,如果和式 $\sum\limits_{i=1}^{n}f(\xi_i,\eta_i)\Delta\sigma_i$ 的极限存在,则此极限值就是所求的曲顶柱体的体积,即

$$V=\lim_{d\to0}\sum_{i=1}^{n}f(\xi_i,\ \eta_i)\Delta\sigma_i.$$

定义 2.22 设二元函数 $z=f(x,y)$ 在平面上的某闭区域 D 上有界,将 D 任意分成 n 个小区域 $\Delta\sigma_i(i=1,2,\cdots,n)$,它们的面积也用 $\Delta\sigma_i$ 表示.在每个小区域 $\Delta\sigma_i$ 上任取一点 (ξ_i,η_i),作乘积 $f(\xi_i,\eta_i)\Delta\sigma_i$,并求和 $\sum\limits_{i=1}^{n}f(\xi_i,\eta_i)\Delta\sigma_i$.如果当各小区域的直径中的最大值 d 趋于零时,这个和的极限存在且与区域 D 的分法及点 (ξ_i,η_i) 的取法无关,则称此极限值为函数 $z=f(x,y)$ 在区域 D 上的**二重积分**,记作 $\iint\limits_{D}f(x,y)\mathrm{d}\sigma$,即

$$\iint\limits_{D}f(x,y)\mathrm{d}\sigma=\lim_{d\to0}\sum_{i=1}^{n}f(\xi_i,\ \eta_i)\Delta\sigma_i,\tag{2-23}$$

其中,$f(x,y)$ 称为**被积函数**,D 称为**积分区域**,x 和 y 称为**积分变量**,$\mathrm{d}\sigma$ 称为**面积元素**,$f(x,y)\mathrm{d}\sigma$ 称为**被积表达式**.

如果上述和式的极限存在,则称函数 $z=f(x,y)$ 在区域 D 上**可积**,否则称 $z=f(x,y)$ 在 D 上**不可积**.

由二重积分的定义知,曲顶柱体的体积 V 是曲面 $z=f(x,y)\left[f(x,y)\geqslant0\right]$ 在区域 D 上的二重积分,即

$$V=\iint\limits_{D}f(x,\ y)\mathrm{d}\sigma.$$

90

这就是二重积分的**几何意义**.

类似于定积分,也有二重积分存在的条件:如果函数 $f(x,y)$ 在有界闭区域 D 上连续,则 $f(x,y)$ 在 D 上的二重积分必存在.

从二重积分的定义可得二重积分有类似于定积分的性质,设下面所讨论的函数在其积分区域上均可积,则有:

性质 2.13 $\displaystyle\iint\limits_{D} kf(x,y)\mathrm{d}\sigma = k\iint\limits_{D} f(x,y)\mathrm{d}\sigma$　(k 为常数).

性质 2.14 $\displaystyle\iint\limits_{D}[f_1(x,y)\pm f_2(x,y)\pm\cdots\pm f_n(x,y)]\mathrm{d}\sigma$

$$=\iint\limits_{D} f_1(x,y)\mathrm{d}\sigma \pm \iint\limits_{D} f_2(x,y)\mathrm{d}\sigma \pm \cdots \pm \iint\limits_{D} f_n(x,y)\mathrm{d}\sigma.$$

性质 2.15 **(二重积分的可加性)** 设区域 D 被一曲线分成 D_1 和 D_2 两个区域,则

$$\iint\limits_{D} f(x,y)\mathrm{d}\sigma = \iint\limits_{D_1} f(x,y)\mathrm{d}\sigma + \iint\limits_{D_2} f(x,y)\mathrm{d}\sigma.$$

性质 2.16 如果在区域 D 上 $f(x,y)=1$,且区域 D 的面积为 S,则

$$\iint\limits_{D}\mathrm{d}\sigma = S.$$

性质 2.17 如果在区域 D 上 $f(x,y)\leqslant g(x,y)$,则

$$\iint\limits_{D} f(x,y)\mathrm{d}\sigma \leqslant \iint\limits_{D} g(x,y)\mathrm{d}\sigma.$$

2. 二重积分的计算

(1) 平面直角坐标系下二重积分的计算

我们从几何观点来讨论二重积分 $\displaystyle\iint\limits_{D} f(x,y)\mathrm{d}\sigma$ 的计算方法.

设 $f(x,y)\geqslant 0$,积分区域

$$D = \{(x,y)\mid \varphi_1(x)\leqslant y\leqslant \varphi_2(x),\ a\leqslant x\leqslant b\},$$

其中,函数 $\varphi_1(x)$、$\varphi_2(x)$ 在区间 $[a,b]$ 上连续(图 2-34a),这时面积元素 $\mathrm{d}\sigma = \mathrm{d}x\cdot\mathrm{d}y$.

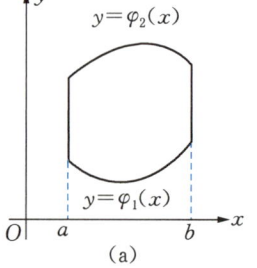
(a)

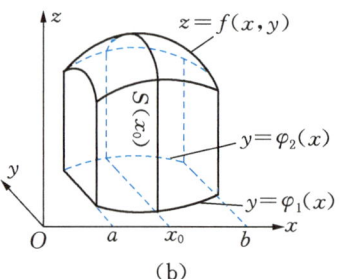
(b)

图 2-34

从二重积分的几何意义知,二重积分 $\iint\limits_{D} f(x,y)\mathrm{d}\sigma$ 的值等于以 D 为底、以曲面 $z=f(x,y)$ 为顶的曲顶柱体的体积.为了计算曲顶柱体的体积,在 $[a,b]$ 内任取一点 x_0,过 x_0 作垂直于 Ox 轴的截面 $S(x_0)$(图 2-34b),这个截面是以区间 $[\varphi_1(x_0),\varphi_2(x_0)]$ 为底,曲线 $z=f(x_0,y)$ 为曲边的曲边梯形,其面积为

$$S(x_0)=\int_{\varphi_1(x_0)}^{\varphi_2(x_0)} f(x_0,y)\mathrm{d}y.$$

显然,当 x_0 在 $[a,b]$ 上变动时,即 x_0 写成 x 时,

$$S(x)=\int_{\varphi_1(x)}^{\varphi_2(x)} f(x,y)\mathrm{d}y,$$

曲顶柱体的体积为

$$V=\int_a^b S(x)\mathrm{d}x=\int_a^b\left[\int_{\varphi_1(x)}^{\varphi_2(x)} f(x,y)\mathrm{d}y\right]\mathrm{d}x.$$

上式右边是一个先对 y、后对 x 的二次积分.即先对 y 积分时,把 x 看成常数,对 y 计算从 $\varphi_1(x)$ 到 $\varphi_2(x)$ 的定积分,然后把算得的结果(一般是 x 的函数)再对 x 计算从 a 到 b 的定积分.这个先对 y 后对 x 的二次积分也记作

$$\int_a^b\mathrm{d}x\int_{\varphi_1(x)}^{\varphi_2(x)} f(x,y)\mathrm{d}y,$$

因此,把二重积分化成先对 y 后对 x 的二次积分公式可写成

$$\iint\limits_{D} f(x,y)\mathrm{d}\sigma=\int_a^b\mathrm{d}x\int_{\varphi_1(x)}^{\varphi_2(x)} f(x,y)\mathrm{d}y. \tag{2-24}$$

在上面的讨论中,我们假定 $f(x,y)\geqslant 0$,但实际上公式(2-24)的成立并不受此条件限制.

类似地,如果积分区域 D 可表示为

$$D=\{(x,y)\mid\psi_1(y)\leqslant x\leqslant\psi_2(y),c\leqslant y\leqslant d\},$$

其中,函数 $\psi_1(y)$、$\psi_2(y)$ 在 $[c,d]$ 上连续,那么

$$\iint\limits_{D} f(x,y)\mathrm{d}\sigma=\int_c^d\mathrm{d}y\int_{\psi_1(y)}^{\psi_2(y)} f(x,y)\mathrm{d}x. \tag{2-25}$$

这就是把二重积分化成先对 x 后对 y 的二次积分公式.

例 6 计算 $\iint\limits_{D} x^2 y\mathrm{d}x\mathrm{d}y$,其中,$D$ 是由直线 $y=x$、$x=1$ 和 $y=0$ 围成的闭区域.

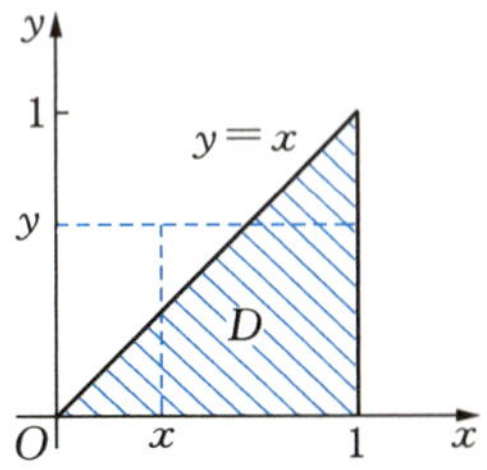

解法 1 积分区域 D 如图 2-35 所示,如果先对 y 积分,那么,对于任一 x,当 x 在 $[0,1]$ 上变化时,y 从 $y=0(x$ 轴)变化到 $y=$

图 2-35

x，即区域 D 为

$$D = \{(x, y) \mid 0 \leqslant y \leqslant x, 0 \leqslant x \leqslant 1\},$$

于是

$$\iint\limits_{D} x^2 y \, d\sigma = \int_0^1 dx \int_0^x x^2 y \, dy = \int_0^1 x^2 \left(\int_0^x y \, dy \right) dx$$

$$= \int_0^1 x^2 \left[\frac{1}{2} y^2 \right]_0^x dx = \frac{1}{2} \int_0^1 x^4 \, dx = \frac{1}{10} x^5 \Big|_0^1 = \frac{1}{10}.$$

解法 2　如果先对 x 积分，那么，对于任一 $y \in [0, 1]$，x 从 $x = y$（即 $y = x$ 的反函数）变化到 $x = 1$，这时

$$D = \{(x, y) \mid y \leqslant x \leqslant 1, 0 \leqslant y \leqslant 1\},$$

于是

$$\iint\limits_{D} x^2 y \, dx \, dy = \int_0^1 dy \int_y^1 x^2 y \, dx = \int_0^1 y \left(\int_y^1 x^2 \, dx \right) dy$$

$$= \int_0^1 y \left[\frac{1}{3} x^3 \right]_y^1 dy = \frac{1}{3} \int_0^1 y (1 - y^3) \, dy$$

$$= \frac{1}{3} \left[\frac{1}{2} y^2 - \frac{1}{5} y^5 \right]_0^1 = \frac{1}{3} \times \frac{3}{10} = \frac{1}{10}.$$

在二重积分化为二次积分时，确定积分的上、下限是关键．为此，我们举例说明确定上、下限的方法．

例 7　化二重积分 $I = \iint\limits_{D} f(x, y) \, dx \, dy$ 为二次积分（两种积分次序），其中，D 是下列区域：

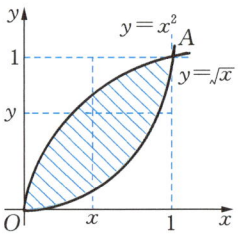

图 2-36

(1) 由曲线 $y = \sqrt{x}$ 与 $y = x^2$ 围成的平面区域．

(2) 由直线 $y = 1 - x$、$y = x$ 与 $x = 0$ 围成的平面区域．

解　(1) 围成的区域 D 如图 2-36 中的阴影部分．由

$$\begin{cases} y = \sqrt{x}, \\ y = x^2, \end{cases}$$

得交点 $A(1, 1)$.

① 先对 y 后对 x 积分，这时，区域 D 为

$$D = \{(x, y) \mid x^2 \leqslant y \leqslant \sqrt{x}, 0 \leqslant x \leqslant 1\}, \text{ 于是}$$

$$I = \int_0^1 dx \int_{x^2}^{\sqrt{x}} f(x, y) \, dy.$$

② 先对 x 后对 y 积分．这时，由 $y = \sqrt{x}$，得 $x = y^2$；由 $y = x^2$，得 $x = \sqrt{y}$，因而

$$D = \{(x, y) \mid y^2 \leqslant x \leqslant \sqrt{y}, 0 \leqslant y \leqslant 1\},$$

于是

$$I = \int_0^1 dy \int_{y^2}^{\sqrt{y}} f(x, y) \, dx.$$

(2) 区域 D 如图 2-37 中的 $\triangle AOC$（图中的阴影部分），由

$$\begin{cases} y = 1 - x, \\ y = x, \end{cases}$$

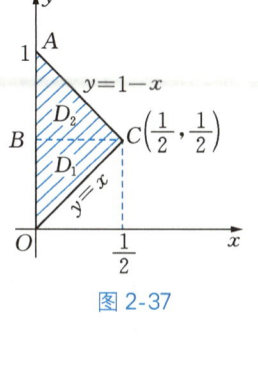

图 2-37

得交点 $C\left(\dfrac{1}{2}, \dfrac{1}{2}\right)$.

① 先对 y 后对 x 积分时，区域为

$$D = \left\{ (x, y) \,\middle|\, x \leqslant y \leqslant 1 - x,\, 0 \leqslant x \leqslant \dfrac{1}{2} \right\},\ \text{于是}$$

$$I = \int_0^{\frac{1}{2}} \mathrm{d}x \int_x^{1-x} f(x, y)\mathrm{d}y.$$

② 先对 x 后对 y 积分时，由于当 y 从 0 变化到 1 时，x 的变化有两种情形，故过点 C 作 CB 平行于 x 轴交 y 轴于点 B，即把 $\triangle AOC$ 分成 $\triangle BOC$ 和 $\triangle ABC$ 两个区域（分别记为 D_1 和 D_2），且由 $y = x$，得 $x = y$ 及由 $y = 1 - x$，得 $x = 1 - y$，于是

$$I = \iint\limits_{D_1} f(x, y)\mathrm{d}x\,\mathrm{d}y + \iint\limits_{D_2} f(x, y)\mathrm{d}x\,\mathrm{d}y$$

$$= \int_0^{\frac{1}{2}} \mathrm{d}y \int_0^y f(x, y)\mathrm{d}x + \int_{\frac{1}{2}}^1 \mathrm{d}y \int_0^{1-y} f(x, y)\mathrm{d}x.$$

例 8 计算 $\displaystyle\iint\limits_{D} \mathrm{e}^{x+y}\mathrm{d}x\,\mathrm{d}y$，其中，区域 D 是由直线 $x = 1$、$x = 2$、$y = 0$ 和 $y = 2$ 围成的.

解 积分区域 D 如图 2-38 中的矩形区域，故

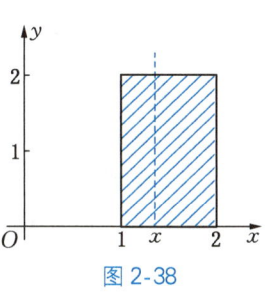

图 2-38

$$\iint\limits_{D} \mathrm{e}^{x+y}\mathrm{d}x\,\mathrm{d}y = \int_1^2 \mathrm{d}x \int_0^2 \mathrm{e}^x \cdot \mathrm{e}^y \mathrm{d}y = \int_1^2 \mathrm{e}^x \left(\int_0^2 \mathrm{e}^y \mathrm{d}y \right) \mathrm{d}x$$

$$= \int_1^2 \mathrm{e}^x \left[\mathrm{e}^y \right]_0^2 \mathrm{d}x = \int_1^2 \mathrm{e}^x (\mathrm{e}^2 - 1)\mathrm{d}x$$

$$= (\mathrm{e}^2 - 1)\mathrm{e}^x \,\Big|_1^2 = (\mathrm{e}^2 - 1)(\mathrm{e}^2 - \mathrm{e}).$$

注：本例是一个特殊的二重积分，对于这类二重积分有如下一般的结论：

如果函数 $f(x, y) = f_1(x) \cdot f_2(y)$，且积分区域是矩形区域，即

$$D = \{ (x, y) \mid a \leqslant x \leqslant b,\, c \leqslant y \leqslant d \},$$

则

$$\iint\limits_{D} f(x, y)\mathrm{d}x\,\mathrm{d}y = \left[\int_a^b f_1(x)\mathrm{d}x \right] \left[\int_c^d f_2(y)\mathrm{d}y \right]. \tag{2-26}$$

利用式 (2-26)，可得例 8 的另一种解法：

$$\iint\limits_{D} \mathrm{e}^{x+y}\mathrm{d}x\,\mathrm{d}y = \left(\int_1^2 \mathrm{e}^x \mathrm{d}x \right) \left(\int_0^2 \mathrm{e}^y \mathrm{d}y \right) = \left[\mathrm{e}^x \right]_1^2 \cdot \left[\mathrm{e}^y \right]_0^2 = (\mathrm{e}^2 - \mathrm{e})(\mathrm{e}^2 - 1).$$

例 9 设 $I = \displaystyle\int_0^1 \mathrm{d}x \int_x^1 y^2 \mathrm{e}^{xy} \mathrm{d}y$，要求：

（1）交换积分次序. （2）计算 I 的值.

解 从 I 中 x、y 的上、下限可知区域 D 为

$$D = \{(x, y) \mid x \leqslant y \leqslant 1, 0 \leqslant x \leqslant 1\},$$

因而可作出 D，如图 2-39 中的三角形区域.

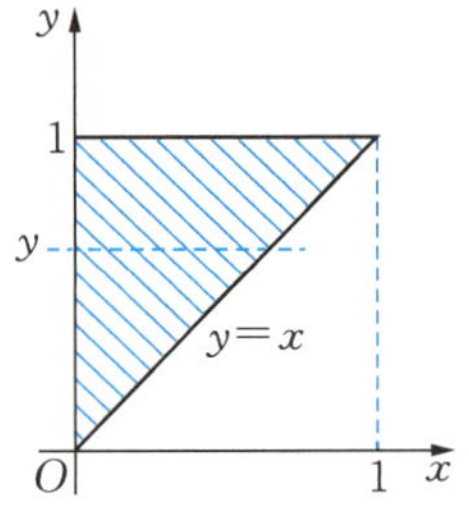

（1）由于积分区域又可写成

$$D = \{(x, y) \mid 0 \leqslant x \leqslant y, 0 \leqslant y \leqslant 1\},$$

所以交换积分次序后

$$I = \int_0^1 \mathrm{d}y \int_0^y y^2 \mathrm{e}^{xy} \mathrm{d}x.$$

图 2-39

$$（2） I = \int_0^1 y^2 \left(\int_0^y \mathrm{e}^{xy} \mathrm{d}x \right) \mathrm{d}y = \int_0^1 y^2 \cdot \frac{1}{y} \left[\int_0^y \mathrm{e}^{xy} \mathrm{d}(xy) \right] \mathrm{d}y$$

$$= \int_0^1 y \left[\mathrm{e}^{xy} \right]_0^y \mathrm{d}y = \int_0^1 y \mathrm{e}^{y^2} \mathrm{d}y - \int_0^1 y \mathrm{d}y$$

$$= \frac{1}{2} \int_0^1 \mathrm{e}^{y^2} \mathrm{d}y^2 - \int_0^1 y \mathrm{d}y = \frac{1}{2} \mathrm{e}^{y^2} \Big|_0^1 - \frac{1}{2} y^2 \Big|_0^1$$

$$= \frac{1}{2}(\mathrm{e}-1) - \frac{1}{2} = \frac{1}{2}(\mathrm{e}-2).$$

（2）极坐标系下二重积分的计算

如果二重积分的积分区域可以用极坐标表示，即

$$D = \{(r, \theta) \mid r_1(\theta) \leqslant r \leqslant r_2(\theta), \alpha \leqslant \theta \leqslant \beta\},$$

这时，面积元素 $\mathrm{d}\sigma = r \mathrm{d}r \mathrm{d}\theta$，那么，可以得出在极坐标下二重积分化为二次积分的公式为

$$\iint\limits_D f(x, y) \mathrm{d}\sigma = \int_\alpha^\beta \mathrm{d}\theta \int_{r_1(\theta)}^{r_2(\theta)} f(r\cos\theta, r\sin\theta) r \mathrm{d}r. \tag{2-27}$$

例 10 计算 $\iint\limits_D (x^2 + y^2) \mathrm{d}x \mathrm{d}y$，其中 D 是圆环区域：$a^2 \leqslant x^2 + y^2 \leqslant b^2$.

解 由极坐标与直角坐标的关系得积分区域为

$$D = \{(r, \theta) \mid a \leqslant r \leqslant b, 0 \leqslant \theta \leqslant 2\pi\},$$

故

$$\iint\limits_D (x^2 + y^2) \mathrm{d}x \mathrm{d}y = \int_0^{2\pi} \mathrm{d}\theta \int_a^b r^3 \mathrm{d}r = \left(\int_0^{2\pi} \mathrm{d}\theta \right) \cdot \left(\int_a^b r^3 \mathrm{d}r \right)$$

$$= 2\pi \left[\frac{1}{4} r^4 \right]_a^b = \frac{1}{2} \pi (b^4 - a^4).$$

注：直角坐标系下的公式（2-27）对极坐标仍然成立.

例 11 计算 $\iint\limits_D \left(\frac{y}{x} \right)^2 \mathrm{d}x \mathrm{d}y$，其中，$D$ 是 $y = \sqrt{1-x^2}$、$y = x$ 和 $y = 0$ 围成的区域.

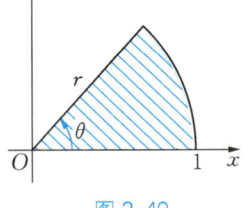

图 2-40

解 所围成的区域 D 如图 2-40 所示，它是圆的一部分（扇

形），可利用极坐标计算，这时

$$D = \left\{ (r, \theta) \,\middle|\, 0 \leqslant r \leqslant 1,\ 0 \leqslant \theta \leqslant \frac{\pi}{4} \right\},$$

于是

$$
\begin{aligned}
\iint\limits_{D} \left(\frac{y}{x}\right)^2 \mathrm{d}x\,\mathrm{d}y &= \int_0^{\frac{\pi}{4}} \mathrm{d}\theta \int_0^1 \left(\frac{r\sin\theta}{r\cos\theta}\right)^2 r\,\mathrm{d}r \\
&= \left(\int_0^{\frac{\pi}{4}} \tan^2\theta\,\mathrm{d}\theta\right) \cdot \left(\int_0^1 r\,\mathrm{d}r\right) \\
&= \left[\int_0^{\frac{\pi}{4}} (\sec^2\theta - 1)\,\mathrm{d}\theta\right] \cdot \left(\int_0^1 r\,\mathrm{d}r\right) \\
&= \left[\tan\theta - \theta\right]_0^{\frac{\pi}{4}} \cdot \left[\frac{1}{2}r^2\right]_0^1 \\
&= \frac{1}{2}\left(1 - \frac{\pi}{4}\right).
\end{aligned}
$$

如果二元函数的积分区域是无界的，那么，可以类似一元函数来定义二元函数的广义积分.下面举一个概率论常用的例子.

*例 12 计算积分 $I = \displaystyle\int_{-\infty}^{+\infty} \mathrm{e}^{-x^2}\,\mathrm{d}x$.

解 因为 e^{-x^2} 的原函数不是初等函数，所以不能直接利用牛顿-莱布尼茨公式求解.不妨先设

$$H = \iint\limits_{D} \mathrm{e}^{-x^2 - y^2}\,\mathrm{d}x\,\mathrm{d}y.$$

其中，区域 D 是整个第一象限（图 2-41），所以

$$
\begin{aligned}
H &= \left(\int_0^{+\infty} \mathrm{e}^{-x^2}\,\mathrm{d}x\right) \cdot \left(\int_0^{+\infty} \mathrm{e}^{-y^2}\,\mathrm{d}y\right) \\
&= \frac{I}{2} \times \frac{I}{2} = \frac{1}{4}I^2.
\end{aligned}
$$

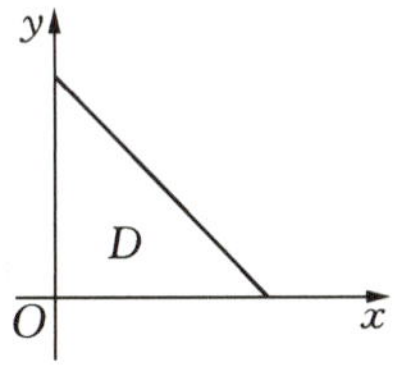

图 2-41

下面利用极坐标计算 H：

$$
\begin{aligned}
H &= \int_0^{\frac{\pi}{2}} \mathrm{d}\theta \int_0^{+\infty} r\,\mathrm{e}^{-r^2}\,\mathrm{d}r = \left(\int_0^{\frac{\pi}{2}} \mathrm{d}\theta\right) \cdot \left[-\frac{1}{2} \int_0^{+\infty} \mathrm{e}^{-r^2}\,\mathrm{d}(-r^2)\right] \\
&= \frac{\pi}{2} \cdot \left[-\frac{1}{2}\mathrm{e}^{-r^2}\right]_0^{+\infty} = \frac{\pi}{2} \times \frac{1}{2} = \frac{\pi}{4},
\end{aligned}
$$

于是

$$I = 2\sqrt{H} = \sqrt{\pi},$$

即

$$\int_{-\infty}^{+\infty} \mathrm{e}^{-x^2}\,\mathrm{d}x = \sqrt{\pi}.$$

习题 2.6

1. 填空题：

(1) 设 $z = x^3 - 3xy^2$，则 $\dfrac{\partial z}{\partial x} =$ _____，$\dfrac{\partial z}{\partial y} =$ _____．

(2) 设 $f(x, y) = \sin(xy)$，则 $f'_x(x, y) =$ _____，$f'_y(-2, 0) =$ _____．

(3) 设 $z = x^y$，则 $z'_x =$ _____，$z'_y =$ _____．

(4) 设区域 D 是由直线 $x = -1$、$x = 1$、$y = 0$ 与 $y = 1$ 围成的，则 $\displaystyle\iint\limits_D \mathrm{d}x\,\mathrm{d}y =$

_____．

(5) 设 $D = \{(x, y) \mid 0 \leqslant x \leqslant 2, 0 \leqslant y \leqslant 1\}$，则 $\displaystyle\iint\limits_D xy\,\mathrm{d}x\,\mathrm{d}y =$ _____．

(6) $\displaystyle\int_1^2 \mathrm{d}x \int_0^1 xy^2\,\mathrm{d}y =$ _____．

(7) 交换积分次序：$\displaystyle\int_0^1 \mathrm{d}x \int_x^1 f(x, y)\,\mathrm{d}y =$ _____．

(8) 改变二次积分次序：$\displaystyle\int_0^1 \mathrm{d}x \int_{x^2}^x f(x, y)\,\mathrm{d}y =$ _____．

2. 计算题：

(1) $z = \mathrm{e}^x y + x^2 y$，求 z 的偏导数；

(2) $f(x, y, z) = xy\sin z$，求 $f(x, y, z)$ 的偏导数；

(3) $z = \ln(x^2 + y^2)$，求 z 的全微分．

3. 计算 $\displaystyle\iint\limits_D xy^2\,\mathrm{d}x\,\mathrm{d}y$，其中 D 是由 $y = x$，$x = 2$ 与 $y = 0$ 所围成的区域．

4. 计算 $\displaystyle\iint\limits_D \mathrm{e}^{x^2+y^2}\,\mathrm{d}x\,\mathrm{d}y$，其中 D 是圆环：$x^2 + y^2 \leqslant 4$．

知识拓展

探索应用2

助学助教

第2章习题
参考答案

第 3 章 CHAPTER 3

差分方程与微分方程

微分方程是微积分理论的重要延伸和应用,本章介绍差分方程和微分方程的概念,展示使用差分方程和微分方程建立模型的方法,并使用数学软件对差分方程模型和微分方程模型进行求解.

3.1 差分方程

3.1.1 差分方程模型

例 1(Fibonacci 数列问题) 设月初有雌雄各一的 1 对幼兔.假定幼兔经过一个月可长成成兔,成兔再经过一个月可繁殖出雌雄各一的 1 对幼兔.若不计兔子的死亡数,问第 n 个月共有多少对兔子?

解 由题可知每月的兔子对数如下表所示:

月数	0	1	2	3	4	5	6	⋯
幼兔	1	0	1	1	2	3	5	⋯
成兔	0	1	1	2	3	5	8	⋯
总数	1	1	2	3	5	8	13	⋯

设第 n 个月末共有 F_n 对兔子,经过观察可以发现,数列 $\{F_n\}$ 满足下列递推关系:

$$\begin{cases} F_{n+2}=F_{n+1}+F_n, \\ F_1=F_2=1. \end{cases}$$

称上述描述数列通项之间的递推关系的模型为**差分方程**.差分方程在自然科学和数

学领域有着广泛的应用.

1. 差分的概念和性质

定义 3.1 设有函数 $y_t = f(t)$,当 t 取非负整数时,函数值即可排成一个数列

$$f(0), f(1), f(2), \cdots, f(t), f(t+1), \cdots,$$

将其简记为

$$y_0, y_1, y_2, \cdots, y_t, y_{t+1}, \cdots.$$

当自变量由 t 改变到 $t+1$ 时,相应函数值之差称为函数 $y_t = f(t)$ 在 t 的**差分**,也称之为**一阶差分**,记为

$$\Delta y_t = y_{t+1} - y_t = f(t+1) - f(t).$$

由一阶差分的定义可以进一步定义函数的二阶差分,记为 $\Delta^2 y_t$,即

$$\Delta^2 y_t = \Delta(\Delta y_t) = \Delta(y_{t+1} - y_t) = (y_{t+2} - y_{t+1}) - (y_{t+1} - y_t) = y_{t+2} - 2y_{t+1} + y_t.$$

同样,称 $\Delta^3 y_t = \Delta(\Delta^2 y_t)$ 为函数的**三阶差分**.依次类推,函数的 n 阶差分定义为

$$\Delta^n y_t = \Delta(\Delta^{n-1} y_t).$$

性质 3.1 设 y_t,z_t 是关于 t 的函数,C 是任意常数,则函数差分具有以下运算性质:

(1) $\Delta C = 0$;

(2) $\Delta(Cy_t) = C\Delta(y_t)$;

(3) $\Delta(y_t + z_t) = \Delta y_t + \Delta z_t$;

(4) $\Delta(y_t z_t) = y_{t+1}\Delta z_t + z_t \Delta y_t = y_t \Delta z_t + z_{t+1} \Delta y_t$;

(5) $\Delta\left(\dfrac{y_t}{z_t}\right) = \dfrac{z_t \Delta y_t - y_t \Delta z_t}{z_t z_{t+1}}$.

例 2 设 $y_t = t^2 + 2t - 3$,求 Δy_t,$\Delta^2 y_t$.

解 $\Delta y_t = y_{t+1} - y_t = [(t+1)^2 + 2(t+1) - 3] - (t^2 + 2t - 3) = 2t + 3$,

$\Delta^2 y_t = y_{t+2} - 2y_{t+1} + y_t$

$\qquad = [(t+2)^2 + 2(t+2) - 3] - [(t+1)^2 + 2(t+1) - 3] - (t^2 + 2t - 3) = 2.$

2. 差分方程的概念

定义 3.2 把含有自变量,未知函数以及未知函数差分的函数方程叫作**差分方程**.差分方程的一般形式为

$$F(t, y_t, \Delta y_t, \Delta^2 y_t, \cdots, \Delta^n y_t) = 0$$

或

$$G(t, y_t, y_{t+1}, y_{t+2}, \cdots, y_{t+n}) = 0.$$

差分方程所含差分的最高阶数,称为差分方程的**阶数**.或者说,差分方程中未知函数下标的最大差数,也称为差分方程的阶数.

例如，$\Delta^2 y_t - 3\Delta y_t - y_t - t = 0$ 就是一个差分方程，按函数差分的定义，该方程又可以表示为 $y_{t+2} - 5y_{t+1} + 3y_t - t = 0$. 由于 $\Delta^2 y_t - 3\Delta y_t - y_t - t = 0$ 的最高阶差分是 $\Delta^2 y_t$，因此是二阶差分方程. 从该差分方程的另一种表示 $y_{t+2} - 5y_{t+1} + 3y_t - t = 0$ 可以看出：未知函数下标的最大数是 $t+2$，最小数是 t，因此，最大差数是 2，从而是二阶差分方程.

定义 3.3 满足差分方程的函数称为该差分方程的**解**. 如果差分方程的解中含有相互独立的任意常数的个数恰好等于方程的阶数，则称这个解为该差分方程的**通解**.

定义 3.4 如果差分方程中所含未知函数及未知函数的各阶差分均为一次的，则称该差分方程为**线性差分方程**.

线性差分方程的一般形式是

$$y_{t+n} + a_1(t)y_{t+n-1} + \cdots + a_{n-1}(t)y_{t+1} + a_n(t)y_t = f(t).$$

其特点是 y_{t+n}，y_{t+n-1}，$\cdots$，y_{t+1}，y_t 都是一次的.

关于差分方程解的结构和表示，以二阶常系数线性差分方程为例. 形如

$$y_{t+2} + ay_{t+1} + by_t = f(t),$$

其中 a，b 为常数，且 $b \neq 0$，$f(t)$ 为 t 的已知函数，称为**二阶常系数线性差分方程**. 当 $f(t) \equiv 0$ 时，称之为**二阶常系数齐次线性差分方程**；当 $f(t) \neq 0$ 时，称之为**二阶常系数非齐次线性差分方程**.

定理 3.1 若 $y_1(t)$，$y_2(t)$ 是二阶常系数齐次线性差分方程 $y_{t+2} + ay_{t+1} + by_t = 0$ 的解，则

$$y(t) = C_1 y_1(t) + C_2 y_2(t)$$

也是该方程的解，其中 C_1，C_2 为任意常数.

定理 3.2 若 $y^*(t)$ 是二阶常系数非齐次线性差分方程 $y_{t+2} + ay_{t+1} + by_t = f(t)$ 的一个特解，$Y(t)$ 是二阶常系数齐次线性差分方程 $y_{t+2} + ay_{t+1} + by_t = 0$ 的通解，则

$$y(t) = Y(t) + y^*(t)$$

是二阶常系数非齐次线性差分方程 $y_{t+2} + ay_{t+1} + by_t = f(t)$ 的通解.

定理 3.3 若函数 $y_1^*(t)$，$y_2^*(t)$ 分别是二阶常系数非齐次线性差分方程

$$y_{t+2} + ay_{t+1} + by_t = f_1(t) \text{ 与 } y_{t+2} + ay_{t+1} + by_t = f_2(t)$$

的特解，则

$$y(t) = y_1^*(t) + y_2^*(t)$$

是差分方程

$$y_{t+2} + ay_{t+1} + by_t = f_1(t) + f_2(t)$$

的特解.

注：上述定理 3.2 及定理 3.3 可推广到任意阶常系数线性差分方程.

3.1.2 差分方程的求解

这里以一阶常系数线性差分方程和二阶常系数线性差分方程为例介绍差分方程的解法.

1. 一阶常系数线性差分方程

先考虑一阶常系数齐次线性差分方程 $y_{t+1}+ay_t=0$,得

$$y_1=(-a)y_0,$$
$$y_2=(-a)y_1=(-a)^2y_0,$$
$$y_3=(-a)y_2=(-a)^3y_0,$$
$$\cdots\cdots\cdots\cdots$$
$$y_t=(-a)y_{t-1}=(-a)^ty_0.$$

记 $y_0=C$ 为任意常数,则一阶常系数齐次线性差分方程的通解为:$Y_t=C(-a)^t$.

称一次代数方程 $x+a=0$ 为差分方程 $y_{t+1}+ay_t=0$ 的特征方程;特征方程的根为特征根或特征值.

一阶常系数非齐次线性差分方程 $y_{t+1}+ay_t=f(t)$ 可在对应齐次方程的基础上,先写出特征方程,再求出特征根,进而写出其特解,最后求出其通解.具体求解步骤如下:

(1) 计算对应齐次方程 $y_{t+1}+ay_t=0$ 的通解 $Y(t)$;

(2) 计算非齐次方程 $y_{t+1}+ay_t=f(t)$ 的一个特解 $y^*(t)$;

(3) 由定理 3.2,写出非齐次方程 $y_{t+1}+ay_t=f(t)$ 的通解 $y_t=Y(t)+y^*(t)$.

例 3 求差分方程 $y_{t+1}-2y_t=2t^2-1$ 的通解.

解 易知对应齐次差分方程 $y_{t+1}-2y_t=0$ 的通解为

$$Y(t)=C2^t \quad (C 为任意常数).$$

又 $2t^2-1$ 为二次多项式,因此记非齐次差分方程的特解为

$$y^*(t)=a_0t^2+a_1t+a_2,$$

代入原方程,得

$$-a_0t^2+(2a_0-a_1)t+(a_0+a_1-a_2)=2t^2-1,$$

比较系数可知

$$a_0=-2,\ a_1=-4,\ a_2=-5,$$

从而特解为

$$y^*(t)=-2t^2-4t-5,$$

所以,原差分方程的通解为

$$y_t = Y(t) + y^*(t) = C2^t - 2t^2 - 4t - 5 \quad (C \text{ 为任意常数}).$$

2. 二阶常系数线性差分方程

形如

$$y_{t+2} + ay_{t+1} + by_t = 0 \tag{3-1}$$

的差分方程,称为**二阶常系数齐次线性差分方程**,其中 a, b 为常数,且 $b \neq 0$. 与一阶齐次差分方程同样做法,记

$$x^2 + ax + b = 0 \tag{3-2}$$

为差分方程(3-1)的**特征方程**,其根为**特征根**.

例 4 求差分方程 $y_{t+2} + y_{t+1} - 2y_t = 0$ 的通解.

解 差分方程的特征方程为

$$x^2 + x - 2 = 0,$$

特征根为

$$x_1 = -2, \ x_2 = 1.$$

因此差分方程的通解为

$$y_t = C_1(-2)^t + C_2 \quad (C_1, C_2 \text{ 为任意常数}).$$

二阶常系数非齐次线性差分方程 $y_{t+2} + ay_{t+1} + by_t = f(t)$ 可在对应齐次方程的基础上,利用定理 3.2 得到,具体求解步骤如下:

(1) 计算对应齐次方程 $y_{t+2} + ay_{t+1} + by_t = 0$ 的通解 $Y(t)$;

(2) 计算非齐次方程 $y_{t+2} + ay_{t+1} + by_t = f(t)$ 的一个特解 $y^*(t)$;

(3) 由定理 3.2,写出非齐次方程 $y_{t+2} + ay_{t+1} + by_t = f(t)$ 的通解 $y_t = Y(t) + y^*(t)$.

例 5 求差分方程 $y_{t+2} - y_{t+1} - 6y_t = 3^t(2t+1)$ 的通解.

解 差分方程的特征方程为

$$x^2 - x - 6 = 0,$$

特征根为

$$x_1 = -2, \ x_2 = 3,$$

因此,对应的齐次差分方程的通解为

$$Y_t = C_1(-2)^t + C_2 3^t \quad (C_1, C_2 \text{ 为任意常数}),$$

又

$$f(t) = 3^t(2t+1),$$

其中 $x = 3$ 是单根,$2t + 1$ 为一次多项式,所以特解设为

$$y^*(t) = 3^t t(a_0 t + a_1),$$

代入原方程,得

$$(30a_0 t+15a_1+33a_0)3^t=3^t(2t+1),$$

比较系数得

$$a_0=\frac{1}{15},\ a_1=-\frac{2}{25},$$

因此,通解为

$$y_t=Y(t)+y^*(t)=C_1(-2)^t+C_2 3^t+3^t t\left(\frac{1}{15}t-\frac{2}{25}\right)\quad(C_1,C_2\ \text{为任意常数}).$$

例 6(养老金问题) 假设某人在其 60 岁退休时,将养老金 20 万元存入基金会账户,月利率为 0.4%,他每月取 2000 元作为生活费.试问:

(1) 每年年末,其基金会账户还剩多少钱? 按他的存取情况,多少岁时将基金用完?

(2) 如果想用到 85 岁,问 60 岁时应存入多少钱?

解 这是一个典型的差分方程问题.为便于说明,先使用数学符号进行表示.假设 k 个月后基金会账户还有 y_k 元,每月取款 b 元,月利率为 r.则由题意可建立差分方程

$$y_{k+1}=(1+r)y_k-b.$$

由上述差分方程可得

$$y_k=(1+r)^k y_0-b\frac{(1+r)^k-1}{r}.$$

(1) 当 $y_0=200\,000$ 时,由 $y_k=0$ 得,$k=128$,也就是 70 岁 8 个月时将基金用完.

(2) 若想要用到 85 岁,也即 $k=(85-60)\times12=300$ 时,$y_{300}=0$,从而

$$y_0=b\frac{(1+r)^{300}-1}{r(1+r)^{300}}=349\,041,$$

则 60 岁时需要存款 34.904 1 万元.

【数学实验】

实验 3-1　使用 MATLAB 求解养老金问题

可以使用 MATLAB 求解例 6 的差分方程模型,具体过程如下:

第一步:在 MATLAB 编辑器窗口创建求解差分方程的函数,并把函数名命名为 jijin.m,如图 3-1 所示.

高等应用数学
GAODENG YINGYONG SHUXUE

```
编辑器 - E:\matlab\jijin.m

jijin.m
+
1  function y = jijin(y0, n, r, b)
2  %y0为初始存入基金会账号金额；r为月利率；b为每月提取金额
3  y = y0;
4  for k = 1:n
5      y(k+1) = (1+r)*y(k)-b;    %差分方程
6  end
```

图 3-1

第二步：在 MATLAB 编辑器窗口编写计算养老金余额的程序，文件名命名为 jijin1. m，如图 3-2 所示.

```
编辑器 - E:\matlab\jijin1.m

jijin1.m
+
1   %y0为初始存入基金会账号金额；r为月利率；b为每月提取金额
2   clc, clear
3   y0 = 200000; b = 2000; r = 0.004;
4   n = 1;
5   y = jijin(y0, n, r, b);
6   while y(n+1) > 0
7       n = n+1;
8       y = jijin(y0, n, r, b);
9   end
10  N = n;
11  sprintf('养老金使用完的总月数为 %d', N)
12  k = (0:n)';
13  y1 = jijin(y0, N, r, b);
14  sp = [k, y1'];
15  sprintf('第 %d 个月月末，基金会账号剩余金额为 %0.2f \n', sp')
16  plot(k, y1', '+')
17  grid on;
18  xlabel('Month'), ylabel('Money')
```

图 3-2

第三步：在 MATLAB 命令行窗口输入 jijin1，本程序将对养老金问题(1)的结果加以计算，运行结果如图 3-3 所示.

第四步：在 MATLAB 编辑器窗口创建函数，并把函数名命名为 cunkuan.m，该程序用于计算养老金问题(2)，如图 3-4 所示；在命令行窗口输入 y0 = cunkuan(85, 0.004, 2000)，运行结果如图 3-5 所示.

104

第 3 章
差分方程与微分方程

```
命令行窗口

ans =

    '养老金使用完的总月数为 128'


ans =

    '第 0 个月月末，基金会账号剩余金额为 200000.00
     第 1 个月月末，基金会账号剩余金额为 198800.00
     第 2 个月月末，基金会账号剩余金额为 197595.20
     第 3 个月月末，基金会账号剩余金额为 196385.58
     第 4 个月月末，基金会账号剩余金额为 195171.12
     第 5 个月月末，基金会账号剩余金额为 193951.81
     第 6 个月月末，基金会账号剩余金额为 192727.61
     第 7 个月月末，基金会账号剩余金额为 191498.53
     第 8 个月月末，基金会账号剩余金额为 190264.52
     第 9 个月月末，基金会账号剩余金额为 189025.58
     第 10 个月月末，基金会账号剩余金额为 187781.68
     第 11 个月月末，基金会账号剩余金额为 186532.81
     第 12 个月月末，基金会账号剩余金额为 185278.94
     第 13 个月月末，基金会账号剩余金额为 184020.05
     第 14 个月月末，基金会账号剩余金额为 182756.13
     第 15 个月月末，基金会账号剩余金额为 181487.16
     第 16 个月月末，基金会账号剩余金额为 180213.11
     第 17 个月月末，基金会账号剩余金额为 178933.96
     第 18 个月月末，基金会账号剩余金额为 177649.70
     第 19 个月月末，基金会账号剩余金额为 176360.29
     第 20 个月月末，基金会账号剩余金额为 175065.74
     第 21 个月月末，基金会账号剩余金额为 173766.00
```

图 3-3

```
编辑器 - E:\matlab\cunkuan.m

cunkuan.m  ✕     1   function y0 = cunkuan(old,r,b)
  +              2   %y0为初始存入基金会账号金额；old为养老金预用至几岁；r为月利率；b为每月提取金额.
                 3   k = (old-60)*12;
                 4   y0 = b*((1+r)^k-1)/(r*(1+r)^k);
                 5   end
                 6
```

图 3-4

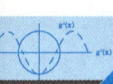
高等应用数学
GAODENG YINGYONG SHUXUE

```
命令行窗口                                    ▼
>> y0 = cunkuan(85, 0.004, 2000)

y0 =

   3.4904e+05
```

图 3-5

习题 3.1

1. 改写下列差分方程,并指出阶数.

(1) $\Delta^2 y_t - 2\Delta y_t = 3$;

(2) $\Delta^2 y_t + 2\Delta y_t + 3y_t = t^2$;

(3) $\Delta^2 y_t - 2\Delta y_t = 2^t$;

(4) $\Delta^3 y_t - 3\Delta y_t - 2y_t = 3$.

2. 求下列差分方程的通解.

(1) $y_{t+1} - 3y_t = -2$;

(2) $y_{t+1} - y_t = 3t - 2$;

(3) $y_{t+2} + y_{t+1} - 2y_t = 12t$;

(4) $y_{t+1} - y_t = 2^t$;

(5) $y_{t+2} - 7y_{t+1} + 6y_t = 0$.

3.2 微分方程

3.2.1 一阶微分方程模型

例 1(人口预测模型) 一个地区或者国家的人口变化是非常复杂的,这里为了简化问题,建立一个简单的预测模型.

解 假设某地区 t 时刻的人口数量为 $x(t)$,$x(0) = x_0$.且该地区的人口增长率为常数 r,将 $x(t)$ 当作连续、可微的函数,则有

$$\begin{cases} \dfrac{\mathrm{d}x(t)}{\mathrm{d}t} = rx(t), \\ x(0) = x_0. \end{cases} \tag{3-3}$$

式(3-3)所建模型是 1798 年人口统计学家马尔萨斯所提出的人口增长模型,该模型

中的方程含有未知函数 $x(t)$ 及导数 $\dfrac{\mathrm{d}x(t)}{\mathrm{d}t}$，称其为微分方程.

1. 微分方程的基本概念

定义 3.5 含有未知函数及其导数或微分的方程称为**微分方程**.

例如，$y'=xy$，$y''+y'\sin x+5xy=0$，$\dfrac{\partial^2 z}{\partial x\partial y}=x+y$，$(y'')^3+3y(y')^2+xy'=5x$ 和 $(t+2x)\mathrm{d}t+x\mathrm{d}x=0$ 等都是微分方程.

微分方程包含常微分方程和偏微分方程.在微分方程中,如果自变量的个数只有一个(即未知函数是一元函数),则称为**常微分方程**.自变量的个数为两个或两个以上(即未知函数是多元函数),方程中出现未知函数的偏导数,则称为**偏微分方程**.

微分方程中出现的未知函数的最高阶导数(或微分)的阶数称之为**微分方程的阶**.如 $(y'')^3+3x(y')^5+y^7=5x$,其最高阶导数的阶数为 2,所以该微分方程的阶是 2.

一阶微分方程的一般形式记为

$$F(x,\ y,\ y')=0.$$

高阶微分方程的一般形式记为

$$F(x,\ y,\ y',\ \cdots,\ y^{(n)})=0.$$

如果微分方程 $F(x,\ y,\ y',\ \cdots,\ y^{(n)})=0$ 的左端为 y 及 y'，$\cdots$，$y^{(n)}$ 的一次有理整式,则称此方程为 **n 阶线性微分方程**;不是线性方程的称为**非线性微分方程**.如,$y'+xy=\sin x$ 是一阶线性微分方程,而 $x(y')^2+2xy'+x=0$ 是非线性微分方程.

代入微分方程能使方程成为恒等式的函数称为微分方程的**解**.在微分方程的解中,把不包含任意常数的解称之为微分方程的**特解**;若微分方程的解中含有任意常数,且独立任意常数的个数与微分方程的阶数相同,则称之为微分方程的**通解**.

例 2 验证函数 $y=C_1\sin 2x+C_2\cos 2x$ 是微分方程

$$y''+4y=0 \tag{3-4}$$

的通解,并求出满足初值条件 $y|_{x=0}=1$ 和 $y'|_{x=0}=-1$ 的特解.

解 对函数 $y=C_1\sin 2x+C_2\cos 2x$ 求导,得

$$y'=2C_1\cos 2x-2C_2\sin 2x,\quad y''=-4C_1\sin 2x-4C_2\cos 2x.$$

将其代入方程(3-4),得

$$左式=-4C_1\sin 2x-4C_2\cos 2x+4(C_1\sin 2x+C_2\cos 2x)=0=右式.$$

故函数 $y=C_1\sin 2x+C_2\cos 2x$ 是方程(3-4)的解.又因为这个函数有两个独立的任意常数,因此它是方程(3-4)的通解.

将初值条件 $y|_{x=0}=1$ 和 $y'|_{x=0}=-1$ 代入上式,得

$$\begin{cases} C_1\sin 0-C_2\cos 0=1, \\ 2C_1\cos 0-2C_2\sin 0=-1. \end{cases}$$

释疑解难

微分方程
的通解

解此方程组,得 $C_1 = -\dfrac{1}{2}$, $C_2 = 1$. 因此,方程满足初值条件的特解为

$$y = -\frac{1}{2}\sin 2x + \cos 2x.$$

2. 一阶线性微分方程

定义 3.6 未知函数及其导数都是一次幂的微分方程,称为**线性微分方程**.一阶线性微分方程标准形式:

$$\frac{\mathrm{d}y}{\mathrm{d}x} + P(x)y = Q(x), \tag{3-5}$$

若 $Q(x) = 0$,则称为**一阶齐次线性微分方程**;若 $Q(x) \neq 0$,则称为**一阶非齐次线性微分方程**.

例 3 试判断下列微分方程是否为一阶线性微分方程.

(1) $\dfrac{\mathrm{d}y}{\mathrm{d}x} + 3x^2 y = \sin x$;

(2) $\dfrac{\mathrm{d}y}{\mathrm{d}x} + 3xy^2 = x$;

(3) $xy' + x^2 = y\cos x$;

(4) $\mathrm{d}y - x^2 y\mathrm{d}x = 0$.

解 (1) 是; (2) 不是; (3) 是; (4) 是.

3.2.2 一阶微分方程的解

一阶微分方程的一般形式记为 $F(x, y, y') = 0$,如果它关于 y' 可解出,则方程可写成 $y' = f(x, y)$.下面介绍两种常用的一阶微分方程及其解法.

1. 分离变量法

定义 3.7 形如

$$\frac{\mathrm{d}y}{\mathrm{d}x} = f(x) \cdot g(y) \tag{3-6}$$

的微分方程,称为**可分离变量的微分方程**.

若 $g(y) \neq 0$,则可将式(3-6)写成

$$\frac{1}{g(y)}\mathrm{d}y = f(x)\mathrm{d}x. \tag{3-7}$$

将式(3-6)化为式(3-7)的方法称为**分离变量法**.

对式(3-7)两边同时积分,得

$$\int \frac{1}{g(y)}\mathrm{d}y = \int f(x)\mathrm{d}x.$$

微课

可分离变量
的微分方程

例 4 求微分方程 $\dfrac{\mathrm{d}y}{\mathrm{d}x} = 2xy$ 的通解.

解 分离变量,得

$$\frac{\mathrm{d}y}{y} = 2x\,\mathrm{d}x,$$

两边积分,得

$$\int \frac{\mathrm{d}y}{y} = \int 2x\,\mathrm{d}x,$$

解得,$\ln|y| = x^2 + C_1$,其中 C_1 为任意常数,即

$$y = \pm e^{C_1} e^{x^2}.$$

所以,原方程的通解为 $y = C e^{x^2}$（C 为任意常数）.

例 5　求微分方程 $\mathrm{d}x + xy\mathrm{d}y = y^2\mathrm{d}x + y\mathrm{d}y$ 满足初值条件 $y|_{x=0} = 2$ 的特解.

解　分离变量,得

$$\frac{y}{y^2-1}\mathrm{d}y = \frac{1}{x-1}\mathrm{d}x,$$

两边积分,得

$$\frac{1}{2}\ln|y^2-1| = \ln|x-1| + C_1,\text{其中 } C_1 \text{ 为任意常数,即}$$

$$y^2 = 1 \pm e^{2C_1}(x-1)^2,$$

于是,原方程的通解为 $y^2 = 1 + C(x-1)^2$（C 为任意常数）.

将初值条件 $y|_{x=0} = 2$ 代入通解,得 $C=3$,故所求特解为

$$y^2 = 1 + 3(x-1)^2.$$

2. 一阶齐次微分方程的通解

由定义 3.6 知,形如

$$\frac{\mathrm{d}y}{\mathrm{d}x} + P(x)y = 0 \tag{3-8}$$

的方程称为**一阶齐次线性微分方程**,该方程也是一个可分离变量的方程.

对方程(3-8)分离变量,得

$$\frac{\mathrm{d}y}{y} = -P(x),$$

两边积分,得

$$\ln|y| = -\int P(x)\mathrm{d}x + C_1,$$

其中 C_1 为任意常数,即

$$y = \pm e^{C_1} e^{-\int P(x)\mathrm{d}x}.$$

于是,方程(3-8)的通解可写为

$$y = Ce^{-\int P(x)dx} \quad (C \text{ 为任意常数}).$$

3. 一阶非齐次线性微分方程的通解

由定义 3.6 知，形如

$$\frac{dy}{dx} + P(x)y = Q(x) \tag{3-9}$$

的方程[其中，$Q(x) \neq 0$]称为**一阶非齐次线性微分方程**.

对于一阶非齐次线性微分方程，可利用"常数变易法"求解，即把其对应的齐次线性微分方程的通解中的任意常数 C 换成待定函数 $C(x)$.也即设方程(3-9)的通解为

$$y = C(x)e^{-\int P(x)dx},$$

对通解求导得

$$y' = C'(x)e^{-\int P(x)dx} - C(x)P(x)e^{-\int P(x)dx}.$$

接下来，将 y 和 y' 代入原方程，整理得

$$C'(x) = Q(x)e^{\int P(x)dx},$$

于是

$$C(x) = \int Q(x)e^{\int P(x)dx}dx + C,$$

因此

$$y = e^{-\int P(x)dx}\left[\int Q(x)e^{\int P(x)dx}dx + C\right]. \tag{3-10}$$

以上求解一阶非齐次线性微分方程通解的方法称为**常数变易法**.如果把通解(3-10)写成

$$y = Ce^{-\int P(x)dx} + e^{-\int P(x)dx}\int Q(x)e^{\int P(x)dx}dx,$$

那么，可以看出，通解 y 由两项构成：第一项是对应齐次方程(3-8)的通解，第二项是在方程(3-10)中令 $C=0$ 得到的，它是非齐次线性方程(3-9)的一个特解.于是，可知一阶非齐次线性微分方程的解的结构是它的一个特解与它对应的齐次线性微分方程的通解之和.

例 6 求微分方程 $\dfrac{dy}{dx} - \dfrac{2y}{x+1} = (x+1)^{\frac{5}{2}}$ 的通解.

解 先求对应齐次微分方程

$$\frac{dy}{dx} - \frac{2y}{x+1} = 0$$

的通解.分离变量，得

微课

一阶线性
微分方程

$$\frac{1}{y}\mathrm{d}y = \frac{2}{x+1}\mathrm{d}x,$$

两边积分，得

$$\ln|y| = 2\ln|x+1| + C_1 \quad (C_1 \text{ 为任意常数}),$$

即

$$y = \pm e^{C_1}(x+1)^2.$$

于是，求得齐次微分方程的通解

$$y = C(x+1)^2 \quad (C \text{ 为任意常数}).$$

再用常数变易法求原方程的通解. 设原方程的通解为

$$y = C(x)(x+1)^2,$$

于是

$$y' = C'(x)(x+1)^2 + 2C(x)(x+1),$$

将 y 和 y' 代入原方程，整理得

$$C'(x) = (x+1)^{\frac{1}{2}},$$

$$C(x) = \int (x+1)^{\frac{1}{2}}\mathrm{d}x = \frac{2}{3}(x+1)^{\frac{3}{2}} + C,$$

于是，原方程的通解为

$$y = (x+1)^2 \left[\frac{2}{3}(x+1)^{\frac{3}{2}} + C \right].$$

注：也可以直接公式(3-10)直接计算. 这时，$P(x) = -\dfrac{2}{x+1}$，$Q(x) = (x+1)^{\frac{5}{2}}$，代入式(3-10)计算，也可得到该微分方程的通解.

【数学实验】

实验 3-2　使用 MATLAB 求解微分方程

在 MATLAB 中，可以调用函数 dsolve 求解微分方程 $F(x, y, y', \cdots, y^{(n)}) = 0$ 的通解，该函数调用格式主要有：

```
(1) S = dsolve(eqn);
(2) S = dsolve(eqn, cond).
```

例7 利用 MATLAB 计算微分方程 $\dfrac{\mathrm{d}y}{\mathrm{d}x}=2xy$ 的通解.

解 在 MATLAB 命令行窗口输入命令并运行,如图 3-6 所示.

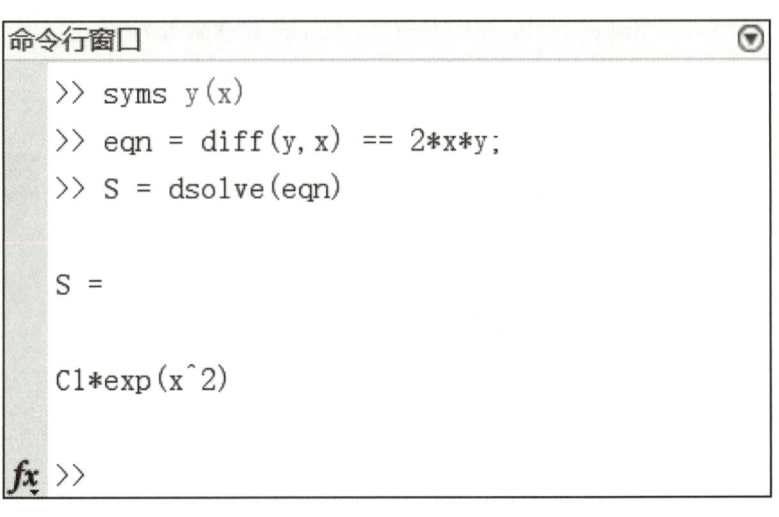

图 3-6

所求通解为 $y=Ce^{x^2}$（其中 C 为任意常数）

例8 利用 MATLAB 计算微分方程 $\mathrm{d}x+xy\mathrm{d}y=y^2\mathrm{d}x+y\mathrm{d}y$ 满足初值条件 $y|_{x=0}=2$ 的特解.

解 在 MATLAB 命令行窗口输入命令并运行,如图 3-7 所示.

知识拓展

探索应用 3

助学助教

第 3 章习题
参考答案

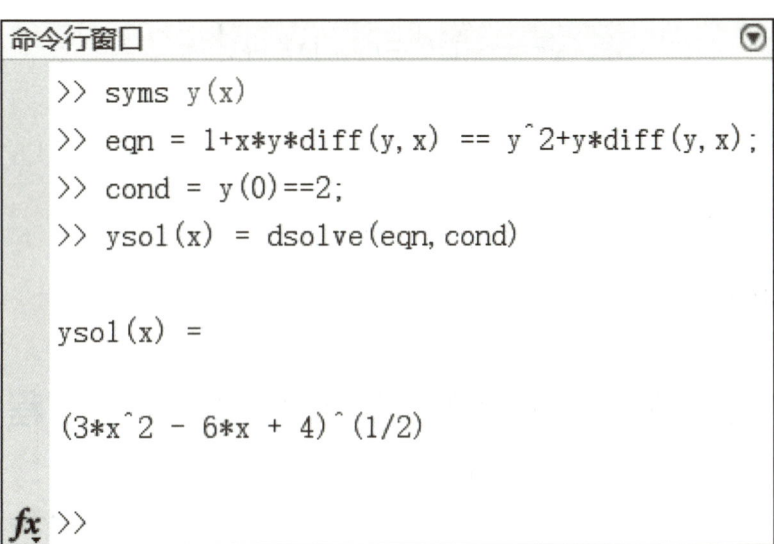

图 3-7

所求特解为 $y=(3x^2-6x+4)^{\frac{1}{2}}$.

112

第 3 章
差分方程与微分方程

习题 3.2

1. 请判断下列方程是否为微分方程,若是微分方程,请指出其阶数.

(1) $xy' + y = 0$;

(2) $y'' + y' + 5y = \sin x$;

(3) $(x+y)y^2 - (y')^2 - xy = 0$;

(4) $x^2 - 6y - y^2 = 3$.

2. 求下列微分方程的通解.

(1) $\dfrac{\mathrm{d}y}{\mathrm{d}x} = \dfrac{y}{x}$;

(2) $y' + y = \mathrm{e}^x$.

3. 求下列微分方程的特解.

(1) $y' \sin x - y \cos x = 0$, $y|_{x=\frac{\pi}{2}} = 1$;

(2) $xy' + y = 3$, $y|_{x=1} = 0$.

4. 使用 MATLAB 求下列方程的通解.

(1) $(x^2 - 1)y\,\mathrm{d}y + (y^2 - 1)x\,\mathrm{d}x = 0$;

(2) $xy' - 3y = x$.

113

第4章 CHAPTER 4
线性代数

　　方程一词的出现早于函数,也是数学的重要基础概念.本章通过《九章算术》中方程一章中的一个案例引入矩阵的概念,重点介绍矩阵的运算、矩阵的行列式、初等变换、特征值和特征向量等概念;展示使用数学软件作矩阵运算、求线性方程组的解以及特征值、特征向量的算法和过程.

4.1 矩阵与行列式

4.1.1 矩阵的概念

1. 引例

拓展阅读

《九章算术》中的方程思想

例 1 《九章算术》的方程一章中有如下问题,"今有上禾三秉,中禾二秉,下禾一秉,实三十九斗;上禾二秉,中禾三秉,下禾一秉,实三十四斗;上禾一秉,中禾二秉,下禾三秉,实二十六斗.问上、中、下禾实一秉各几何?"

解 设一秉上禾的谷子数为 x 斗,一秉中禾为 y 斗,一秉下禾为 z 斗,可得方程组

$$\begin{cases} 3x+2y+z=39, \\ 2x+3y+z=34, \\ x+2y+3z=26, \end{cases}$$

将其变量和系数列表如下:

114

x	y	z
3	2	1
2	3	1
1	2	3

按照表格中的顺序可以写成如下的一个 3 行 3 列的矩形数表：

$$
\begin{array}{ccc}
3 & 2 & 1 \\
2 & 3 & 1 \\
1 & 2 & 3
\end{array}
$$

从数表中可以看到，第一行对应的是第一个方程的系数，第二行对应的是第二个方程的系数，第三行对应的是第三个方程的系数.这样，得到了一个唯一与方程组相对应的数表.

例2　某校向甲、乙、丙三个班级发放 A、B、C、D 四种防疫物资，其分配方案如下：

班级	A	B	C	D
甲	5	4	6	8
乙	8	8	8	6
丙	9	6	7	9

上述分配方案按照原来的顺序可以排列在如下 3 行 4 列的数表中：

$$
\begin{array}{cccc}
 & A & B & C & D \\
甲 & 5 & 4 & 6 & 8 \\
乙 & 8 & 8 & 8 & 6 \\
丙 & 9 & 6 & 7 & 9
\end{array}
$$

在数学上，将例 1、例 2 的数表称为矩阵.

2. 矩阵的定义

定义 4.1　由 $m \times n$ 个数 $a_{ij}(i=1,2,\cdots,m;j=1,2,\cdots,n)$ 排列而成的 m 行 n 列的数表

$$
\begin{array}{cccc}
a_{11} & a_{12} & \cdots & a_{1n} \\
a_{21} & a_{22} & \cdots & a_{2n} \\
\vdots & \vdots & & \vdots \\
a_{m1} & a_{m2} & \cdots & a_{mn}
\end{array}
$$

被称为 **m 行 n 列矩阵**，简称 $m \times n$ 矩阵，通常用大写字母 A，B，C，$\cdots$ 来表示.为表示它是一个整体，在数表外部加一个中括号或者小括号，记为

$$A=\begin{bmatrix} a_{11} & a_{12} & \cdots & a_{1n} \\ a_{21} & a_{22} & \cdots & a_{2n} \\ \vdots & \vdots & & \vdots \\ a_{m1} & a_{m2} & \cdots & a_{mn} \end{bmatrix} \text{ 或 } A=\begin{pmatrix} a_{11} & a_{12} & \cdots & a_{1n} \\ a_{21} & a_{22} & \cdots & a_{2n} \\ \vdots & \vdots & & \vdots \\ a_{m1} & a_{m2} & \cdots & a_{mn} \end{pmatrix}. \tag{4-1}$$

称这 $m\times n$ 个数为矩阵 A 的**元素**,即 a_{ij} 称为矩阵 A 的第 i 行第 j 列的元素.一个 $m\times n$ 矩阵也可以简记为 $A=A_{m\times n}=(a_{ij})_{m\times n}$ 或 $A=(a_{ij})$.

如果两个矩阵具有相同的行数与相同的列数,则称这两个矩阵是**同型矩阵**.

定义 4.2 如果矩阵 A、B 是同型矩阵,且对应元素都相等,则称矩阵 A 与矩阵 B 相等,记作 $A=B$.

例 3 设 $A=\begin{pmatrix} 1 & -x & 3 \\ 2 & 8 & 5z \end{pmatrix}$,$B=\begin{pmatrix} 1 & x & 3 \\ y & 8 & z-8 \end{pmatrix}$,已知 $A=B$,求 x,y,z.

解 由 $A=B$,可得 $\begin{cases} -x=x, \\ 2=y, \\ 5z=z-8, \end{cases}$ 即 $x=0$,$y=2$,$z=-2$.

3. 特殊矩阵

称元素全为实数的矩阵为**实矩阵**,称元素全为复数的矩阵为**复矩阵**.除特殊说明外,本章研究的均是实矩阵.在数学上,会遇到一些特殊形式的矩阵,根据矩阵的不同的表示形式,给出如下定义:

(1) 零矩阵:所有元素均为 0 的矩阵,记为 $O_{m\times n}$ 或 O;

(2) n 阶方阵:若矩阵 $A=(a_{ij})$ 的行数与列数都等于 n,则称为 **n 阶方阵**;

(3) n 维行向量:只有一行的矩阵 $A=(a_1 \quad a_2 \quad \cdots \quad a_n)$,称为**行矩阵**或**行向量**;

(4) n 维列向量:只有一列的矩阵 $B=\begin{bmatrix} b_1 \\ b_2 \\ \vdots \\ b_m \end{bmatrix}$,称为**列矩阵**或**列向量**;

(5) 上三角形矩阵:称主对角线下方元素全为 0 的 n 阶方阵 $\begin{bmatrix} a_{11} & a_{12} & \cdots & a_{1n} \\ 0 & a_{22} & \cdots & a_{2n} \\ \vdots & \vdots & & \vdots \\ 0 & 0 & \cdots & a_{mn} \end{bmatrix}$ 为

上三角形矩阵;

注:在 n 阶方阵中,从左上角到右下角的对角线称为**主对角线**.

(6) 下三角形矩阵:称主对角线上方元素全为 0 的 n 阶方阵 $\begin{bmatrix} a_{11} & 0 & \cdots & 0 \\ a_{12} & a_{22} & \cdots & 0 \\ \vdots & \vdots & & \vdots \\ a_{n1} & a_{n2} & \cdots & a_{nm} \end{bmatrix}$ 为

下三角形矩阵;

(7) n 阶对角矩阵:称非主对角线元素全为 0 而主对角线元素不全为 0 的 n 阶方阵

$$\begin{pmatrix} \lambda_1 & 0 & \cdots & 0 \\ 0 & \lambda_2 & \cdots & 0 \\ \vdots & \vdots & & \vdots \\ 0 & 0 & \cdots & \lambda_n \end{pmatrix}$$

为 n 阶对角矩阵, 记为 $\boldsymbol{A} = \mathrm{diag}(\lambda_1, \lambda_2, \cdots, \lambda_n)$;

(8) n 阶单位矩阵: 称主对角线元素全为 1 的 n 阶对角矩阵 $\begin{pmatrix} 1 & 0 & \cdots & 0 \\ 0 & 1 & \cdots & 0 \\ \vdots & \vdots & \cdots & \vdots \\ 0 & 0 & \cdots & 1 \end{pmatrix}$ 为单

位矩阵, 记为 $\boldsymbol{E}_n$ 或 $\boldsymbol{I}_n$.

4. 矩阵的应用

例 4 对甲、乙、丙、丁四个团队开展业务培训, 共需要培训 A、B、C、D 四门平行课程. 每门课程的课时数相同, 为了节约教学资源对四个团队分别展开轮训. 四个团队经过三轮课程交换后可以完成培训任务. 现已知:

(1) 乙上的最后一门课是甲上的第二门课;

(2) 丙上的第一门课是丁上的最后一门课.

试用矩阵表示四个团队培训课程的顺序.

解 设甲、乙、丙、丁最后一轮所上的课程代号依次为 A、B、C、D, 根据题设条件可以列出初始矩阵

$$\begin{array}{c} \\ 1 \\ 2 \\ 3 \\ 4 \end{array} \begin{array}{cccc} \text{甲} & \text{乙} & \text{丙} & \text{丁} \\ \begin{pmatrix} & & & D \\ B & & & \\ & & & \\ A & B & C & D \end{pmatrix} \end{array}$$

下面来分析矩阵中各位置的课程代号, 已知每个团队都上了所有的课, 所以丙第二轮上的课不可能是 C、D, 又甲第二轮上的课 B, 从而丙第二轮上的课是 A, 进而第三轮上的课是 B. 以此类推, 如下所示:

$$\begin{pmatrix} & & & D \\ B & & & A \\ & & & B \\ A & B & C & D \end{pmatrix} \xrightarrow[\text{故丁第二轮是} C, \text{乙第二轮是} D]{\text{丁第二轮不能是} A、B, \text{也不能是} D,} \begin{pmatrix} & & & D \\ B & D & A & C \\ & & & B \\ A & B & C & D \end{pmatrix} \xrightarrow[\text{第三轮是} D]{\text{甲第一轮是} C}$$

$$\begin{pmatrix} C & & D & \\ B & D & A & C \\ D & & & B \\ A & B & C & D \end{pmatrix} \xrightarrow[\text{乙第一轮是} A, \text{乙第三轮} C]{\text{乙第一轮不能是} B、C、D,} \begin{pmatrix} C & A & D & \\ B & D & A & C \\ D & C & & B \\ A & B & C & D \end{pmatrix} \xrightarrow[\text{丁第三轮是} A]{\text{故丁第一轮是} B} \begin{pmatrix} C & A & D & B \\ B & D & A & C \\ D & C & B & A \\ A & B & C & D \end{pmatrix}.$$

$$\text{因此，培训的顺序是}\begin{array}{c} \\ 1 \\ 2 \\ 3 \\ 4 \end{array}\begin{array}{cccc} 甲 & 乙 & 丙 & 丁 \\ \end{array} \\ \begin{pmatrix} C & A & D & B \\ B & D & A & C \\ D & C & B & A \\ A & B & C & D \end{pmatrix}.$$

4.1.2 矩阵的运算

由上文可知，矩阵是从现实生活中抽象出的数表，基于分析与决策的需要，定义了矩阵的运算法则，本节介绍矩阵的加法、减法、数乘、乘积、转置等运算.

1. 矩阵的线性运算

定义 4.3 设有两个 $m \times n$ 矩阵 $\boldsymbol{A} = (a_{ij})$ 和 $\boldsymbol{B} = (b_{ij})$，矩阵 $\boldsymbol{A}$ 与 $\boldsymbol{B}$ 的和记作 $\boldsymbol{A} + \boldsymbol{B}$，

规定为 $\boldsymbol{A} + \boldsymbol{B} = (a_{ij} + b_{ij}) = \begin{pmatrix} a_{11} + b_{11} & a_{12} + b_{12} & \cdots & a_{1n} + b_{1n} \\ a_{21} + b_{21} & a_{22} + b_{22} & \cdots & a_{2n} + b_{2n} \\ \vdots & \vdots & & \vdots \\ a_{m1} + b_{m1} & a_{m2} + b_{m2} & \cdots & a_{mn} + b_{mn} \end{pmatrix}.$

注：只有两个矩阵是同型矩阵时，才能进行矩阵的加法运算.

设矩阵 $\boldsymbol{A} = (a_{ij})$，记 $-\boldsymbol{A} = (-a_{ij})$，称 $-\boldsymbol{A}$ 为 $\boldsymbol{A}$ 的**负矩阵**，显然有 $\boldsymbol{A} + (-\boldsymbol{A}) = \boldsymbol{O}$（$\boldsymbol{O}$ 为与 $\boldsymbol{A}$ 同型的零矩阵），由此规定矩阵的减法为 $\boldsymbol{A} - \boldsymbol{B} = \boldsymbol{A} + (-\boldsymbol{B})$.

例 5 设 $\boldsymbol{A} = \begin{pmatrix} 1 & 2 \\ 3 & 4 \end{pmatrix}$，$\boldsymbol{B} = \begin{pmatrix} 2 & 3 \\ 4 & 5 \end{pmatrix}$，求 $\boldsymbol{A} + \boldsymbol{B}$，$\boldsymbol{A} - \boldsymbol{B}$.

解 $\boldsymbol{A} + \boldsymbol{B} = \begin{pmatrix} 1 & 2 \\ 3 & 4 \end{pmatrix} + \begin{pmatrix} 2 & 3 \\ 4 & 5 \end{pmatrix} = \begin{pmatrix} 1+2 & 2+3 \\ 3+4 & 4+5 \end{pmatrix} = \begin{pmatrix} 3 & 5 \\ 7 & 9 \end{pmatrix};$

$\boldsymbol{A} - \boldsymbol{B} = \begin{pmatrix} 1 & 2 \\ 3 & 4 \end{pmatrix} - \begin{pmatrix} 2 & 3 \\ 4 & 5 \end{pmatrix} = \begin{pmatrix} 1-2 & 2-3 \\ 3-4 & 4-5 \end{pmatrix} = \begin{pmatrix} -1 & -1 \\ -1 & -1 \end{pmatrix}.$

易验证矩阵的加减法满足如下运算律：

(1) 交换律：$\boldsymbol{A} + \boldsymbol{B} = \boldsymbol{B} + \boldsymbol{A}$；

(2) 结合律：$\boldsymbol{A} + (\boldsymbol{B} + \boldsymbol{C}) = (\boldsymbol{A} + \boldsymbol{B}) + \boldsymbol{C}$；

(3) $\boldsymbol{A} + \boldsymbol{O} = \boldsymbol{A}$；

(4) $\boldsymbol{A} + (-\boldsymbol{A}) = \boldsymbol{O}$.

定义 4.4 数 k 与 $m \times n$ 矩阵 $\boldsymbol{A}$ 的乘积记作 $k\boldsymbol{A}$，规定为

$$k\boldsymbol{A} = (ka_{ij}) = \begin{pmatrix} ka_{11} & ka_{12} & \cdots & ka_{1n} \\ ka_{21} & ka_{22} & \cdots & ka_{2n} \\ \vdots & \vdots & & \vdots \\ ka_{m1} & ka_{m2} & \cdots & ka_{mn} \end{pmatrix},$$

称为矩阵的**数乘**.

矩阵的数乘运算满足如下运算规律：

第 4 章
线性代数

(5) $1A=A$；

(6) $k(lA)=(kl)A$；

(7) $(k+l)A=kA+lA$；

(8) $k(A+B)=kA+kB$.

其中 k，l 为实数.在数学上,把满足上述八条运算规律的运算称为**线性运算**.

例 6 设 $A=\begin{pmatrix}1&2\\3&4\end{pmatrix}$，求 $2A$.

解 $2A=\begin{pmatrix}1\times2&2\times2\\3\times2&4\times2\end{pmatrix}=\begin{pmatrix}2&4\\6&8\end{pmatrix}$.

例 7 设 $A=\begin{pmatrix}1&5&1\\1&2&-3\\9&-5&3\end{pmatrix}$，$B=\begin{pmatrix}1&3&x\\3&2&-4\\x&-4&3\end{pmatrix}$，$C=\begin{pmatrix}0&1&-2\\-1&0&y\\2&-y&0\end{pmatrix}$，且 $A=$

$B+2C$，求 x，y.

解 由 $A=B+2C$,得

$$\begin{pmatrix}1&5&1\\1&2&-3\\9&-5&3\end{pmatrix}=\begin{pmatrix}1&3&x\\3&2&-4\\x&-4&3\end{pmatrix}+2\begin{pmatrix}0&1&-2\\-1&0&y\\2&-y&0\end{pmatrix}=\begin{pmatrix}1&5&x-4\\1&2&-4+2y\\x+4&-4-2y&3\end{pmatrix},$$

由矩阵相等的定义有

$$\begin{cases}x-4=1,\\x+4=9,\end{cases}\quad\begin{cases}-4+2y=-3,\\-4-2y=-5,\end{cases}$$

解得 $x=5$，$y=\dfrac{1}{2}$.

例 8 已知 $A=\begin{pmatrix}1&0&3&1\\0&3&-2&1\\4&0&3&2\end{pmatrix}$，$B=\begin{pmatrix}4&3&2&-1\\5&-3&0&1\\1&2&-5&0\end{pmatrix}$，求 $3A-2B$.

解 $3A-2B=3\begin{pmatrix}1&0&3&1\\0&3&-2&1\\4&0&3&2\end{pmatrix}-2\begin{pmatrix}4&3&2&-1\\5&-3&0&1\\1&2&-5&0\end{pmatrix}$

$=\begin{pmatrix}3-8&0-6&9-4&3+2\\0-10&9+6&-6-0&3-2\\12-2&0-4&9+10&6-0\end{pmatrix}=\begin{pmatrix}-5&-6&5&5\\-10&15&-6&1\\10&-4&19&6\end{pmatrix}$.

2. 矩阵的乘法

定义 4.5 设

$$A=(a_{ij})_{m\times s}=\begin{pmatrix}a_{11}&a_{12}&\cdots&a_{1s}\\a_{21}&a_{22}&\cdots&a_{2s}\\\vdots&\vdots&&\vdots\\a_{m1}&a_{m2}&\cdots&a_{ms}\end{pmatrix},\quad B=(b_{ij})_{s\times n}=\begin{pmatrix}b_{11}&b_{12}&\cdots&b_{1n}\\b_{21}&b_{22}&\cdots&b_{2n}\\\vdots&\vdots&&\vdots\\b_{s1}&b_{s2}&\cdots&b_{sn}\end{pmatrix},$$

矩阵 A 与矩阵 B 的乘积记作 AB,规定为

$$AB=(c_{ij})_{m\times n}=\begin{pmatrix} c_{11} & c_{12} & \cdots & c_{1n} \\ c_{21} & c_{22} & \cdots & c_{2n} \\ \vdots & \vdots & & \vdots \\ c_{m1} & c_{m2} & \cdots & c_{mn} \end{pmatrix},$$

其中 $c_{ij}=a_{i1}b_{1j}+a_{i2}b_{2j}+\cdots+a_{is}b_{sj}$.

即 C 矩阵中第 i 行第 j 列元素 c_{ij} 是 A 矩阵的第 i 行元素与矩阵 B 第 j 列元素对应相乘的和.记号 AB 读作 A 左乘 B.

注意: 只有当矩阵 A 的列数等于矩阵 B 的行数时,矩阵乘法运算才有意义.乘积所得矩阵 $C=AB$ 行数等于 A 的行数,列数等于 B 的列数.

矩阵的乘积运算满足以下运算规律:

(1) $(AB)C=A(BC)$;

(2) $(A+B)C=AC+BC$;

(3) $C(A+B)=CA+CB$;

(4) $k(AB)=(kA)B=A(kB)$,k 为实数.

例 9 设 $A=\begin{pmatrix} -2 & 4 \\ 1 & -2 \end{pmatrix}$,$B=\begin{pmatrix} 1 & 2 \\ -3 & -6 \end{pmatrix}$,求 AB 和 BA.

解 分别列出乘法算式计算:

$$AB=\begin{pmatrix} -2 & 4 \\ 1 & -2 \end{pmatrix}\begin{pmatrix} 1 & 2 \\ -3 & -6 \end{pmatrix}=\begin{pmatrix} -2\times1+4\times(-3) & -2\times2+4\times(-6) \\ 1\times1+(-2)\times(-3) & 1\times2+(-2)\times(-6) \end{pmatrix}$$

$$=\begin{pmatrix} -14 & -28 \\ 7 & 14 \end{pmatrix};$$

$$BA=\begin{pmatrix} 1 & 2 \\ -3 & -6 \end{pmatrix}\begin{pmatrix} -2 & 4 \\ 1 & -2 \end{pmatrix}=\begin{pmatrix} 1\times(-2)+2\times1 & 1\times4+2\times(-2) \\ -3\times(-2)+(-6)\times1 & -3\times4+(-6)\times(-2) \end{pmatrix}$$

$$=\begin{pmatrix} 0 & 0 \\ 0 & 0 \end{pmatrix}.$$

由上例可以看出 $AB\neq BA$.对矩阵乘法作如下说明:

(1) 通常,$AB\neq BA$;

(2) 尽管 $B\neq O$ 且 $A\neq O$,也可使得 $BA=O$;

(3) 不满足消去律:$AC=BC$ 但 $A\neq B$.

特别地,满足 $AB=BA$ 时,称矩阵 A 与矩阵 B 是**可交换相乘**的.请自行验证 $A=\begin{pmatrix} 1 & 1 \\ 0 & 1 \end{pmatrix}$,$B=\begin{pmatrix} 1 & 2 \\ 0 & 1 \end{pmatrix}$ 是可以交换相乘的.

例 10 某企业 2022 年出口到俄罗斯、韩国和日本三个国家两种货物 A_1 和 A_2,其数量以及单位价格、重量、体积见表 4-1.

第4章
线性代数

表 4-1

货物	俄罗斯	韩国	日本	单位价格/万元	单位重量/t	单位体积/m³
A_1	2 000	1 500	1 000	0.6	0.04	0.5
A_2	1 500	1 200	800	0.4	0.06	0.4

请利用矩阵乘法计算该企业出口到三个国家的货物总价值、总重量和总体积各为多少.

解 设 $A = \begin{pmatrix} 0.6 & 0.4 \\ 0.04 & 0.06 \\ 0.5 & 0.4 \end{pmatrix}$, $B = \begin{pmatrix} 2\,000 & 1\,500 & 1\,000 \\ 1\,500 & 1\,200 & 800 \end{pmatrix}$, 则其乘积

$$AB = \begin{matrix} \begin{pmatrix} 1\,800 & 1\,380 & 920 \\ 170 & 132 & 88 \\ 1\,600 & 1\,230 & 820 \end{pmatrix} & \begin{matrix} 价值 \\ 重量 \\ 体积 \end{matrix} \\ \begin{matrix} \ 俄 \quad\ 韩 \quad\ 日 \end{matrix} \end{matrix}$$

故,总价值为 $1\,800 + 1\,380 + 920 = 4\,100$(万元),总重量为 $170 + 132 + 88 = 390$(t),总体积为 $1\,600 + 1\,230 + 820 = 3\,650$(m³).

使用乘法解决生活中的实际问题,需要厘清各行各列的关系,按照矩阵乘法的规则设计矩阵,例 10 还可以选 $C = \begin{pmatrix} 2\,000 & 1\,500 \\ 1\,500 & 1\,200 \\ 1\,000 & 800 \end{pmatrix}$, $D = \begin{pmatrix} 0.6 & 0.04 & 0.5 \\ 0.4 & 0.06 & 0.4 \end{pmatrix}$,同样可以计算出该企业出口到三个国家的货物总价值、总重量和总体积:

$$CD = \begin{matrix} \begin{pmatrix} 1\,800 & 170 & 1\,600 \\ 1\,380 & 132 & 1\,230 \\ 920 & 88 & 820 \end{pmatrix} & \begin{matrix} 俄 \\ 韩 \\ 日 \end{matrix} \\ \begin{matrix} 价值 \quad 重量 \quad 体积 \end{matrix} \end{matrix}$$

请思考,矩阵 $C = \begin{pmatrix} 2\,000 & 1\,500 \\ 1\,500 & 1\,200 \\ 1\,000 & 800 \end{pmatrix}$ 和矩阵 $B = \begin{pmatrix} 2\,000 & 1\,500 & 1\,000 \\ 1\,500 & 1\,200 & 800 \end{pmatrix}$ 有着怎样的关系?

3. 矩阵的其他运算

(1) 转置

定义 4.6 把给定矩阵 $A_{m \times n}$ 的各行换为相同序号的列,形成一个新的矩阵,称为 $A_{m \times n}$ 的转置矩阵,记作 A^{T} 或 A',A^{T} 是 $n \times m$ 矩阵.

例 11 设 $A = \begin{pmatrix} 1 & 2 \\ 3 & 4 \end{pmatrix}$, $B = \begin{pmatrix} 2 & 1 \\ -3 & 2 \end{pmatrix}$, $C = \begin{pmatrix} 1 & 0 \\ 0 & 1 \end{pmatrix}$.

试验证:$A(BC) = (AB)C$, $(AB)^{\mathrm{T}} = B^{\mathrm{T}}A^{\mathrm{T}}$, $A(B+C) = AB + AC$.

121

解　因为

$$AB=\begin{pmatrix}1 & 2\\ 3 & 4\end{pmatrix}\begin{pmatrix}2 & 1\\ -3 & 2\end{pmatrix}=\begin{pmatrix}-4 & 5\\ -6 & 11\end{pmatrix},\quad BC=\begin{pmatrix}2 & 1\\ -3 & 2\end{pmatrix}\begin{pmatrix}1 & 0\\ 0 & 1\end{pmatrix}=\begin{pmatrix}2 & 1\\ -3 & 2\end{pmatrix},$$

$$A(BC)=\begin{pmatrix}1 & 2\\ 3 & 4\end{pmatrix}\begin{pmatrix}2 & 1\\ -3 & 2\end{pmatrix}=\begin{pmatrix}-4 & 5\\ -6 & 11\end{pmatrix},\quad (AB)C=\begin{pmatrix}-4 & 5\\ -6 & 11\end{pmatrix}\begin{pmatrix}1 & 0\\ 0 & 1\end{pmatrix}=\begin{pmatrix}-4 & 5\\ -6 & 11\end{pmatrix},$$

所以 $A(BC)=(AB)C$；

因为

$$(AB)^{\mathrm{T}}=\begin{pmatrix}-4 & 5\\ -6 & 11\end{pmatrix}^{\mathrm{T}}=\begin{pmatrix}-4 & -6\\ 5 & 11\end{pmatrix},\quad B^{\mathrm{T}}A^{\mathrm{T}}=\begin{pmatrix}2 & -3\\ 1 & 2\end{pmatrix}\begin{pmatrix}1 & 3\\ 2 & 4\end{pmatrix}=\begin{pmatrix}-4 & -6\\ 5 & 11\end{pmatrix},$$

所以 $(AB)^{\mathrm{T}}=B^{\mathrm{T}}A^{\mathrm{T}}$；

因为

$$A(B+C)=\begin{pmatrix}1 & 2\\ 3 & 4\end{pmatrix}\begin{pmatrix}3 & 1\\ -3 & 3\end{pmatrix}=\begin{pmatrix}-3 & 7\\ -3 & 15\end{pmatrix},\quad AB+AC=\begin{pmatrix}-4 & 5\\ -6 & 11\end{pmatrix}+\begin{pmatrix}1 & 2\\ 3 & 4\end{pmatrix}=\begin{pmatrix}-3 & 7\\ -3 & 15\end{pmatrix},$$

所以 $A(B+C)=AB+AC$.

矩阵的转置满足以下运算规律(假设运算都是可行的)：

(1) $(A^{\mathrm{T}})^{\mathrm{T}}=A$；

(2) $(A+B)^{\mathrm{T}}=A^{\mathrm{T}}+B^{\mathrm{T}}$；

(3) $(kA)^{\mathrm{T}}=kA^{\mathrm{T}}$；

(4) $(AB)^{\mathrm{T}}=B^{\mathrm{T}}A^{\mathrm{T}}$.

特别地,当 $A^{\mathrm{T}}=A$ 时,称 A 为**对称阵**.

(2) 方阵的幂

定义 4.7　设方阵 $A=(a_{ij})_{n\times n}$,规定 $A^0=E$, $A^k=\underbrace{A\cdot A\cdot\cdots\cdot A}_{k\text{个}}$, k 为自然数, A^k 称为 A 的 k 次幂.

方阵的幂满足以下运算规律：

$A^mA^n=A^{m+n}$, m, n 为非负整数.

例 12　为提升工作能力和工作效率,某单位对员工分批开展轮训,轮训员工只能拿到基本工资的 60%.现有在职员工 700 人,轮训员工 200 人.单位计划每年从在职员工中抽调 40% 参加次轮轮训,而轮训队伍中表现突出的 50% 的人可结业回到工作岗位.若员工总数不变,问两年后在职员工与轮训员工各有多少人？

解　根据题意,在职员工不被抽调的比例为 0.6,被抽调轮训的比例为 0.4；轮训员工回到岗位的比例为 0.5,继续被抽调轮训的比例为 0.5.于是可写出 2×2 矩阵

$$A=\begin{pmatrix}0.6 & 0.5\\ 0.4 & 0.5\end{pmatrix}.$$

若用 2 维向量表示目前的人员结构 $X=\begin{pmatrix}700\\ 200\end{pmatrix}$,则两年后的人员结构为

$$A^2X = \begin{pmatrix} 0.6 & 0.5 \\ 0.4 & 0.5 \end{pmatrix}^2 \begin{pmatrix} 700 \\ 200 \end{pmatrix} = \begin{pmatrix} 0.56 & 0.55 \\ 0.44 & 0.45 \end{pmatrix} \begin{pmatrix} 700 \\ 200 \end{pmatrix} = \begin{pmatrix} 502 \\ 398 \end{pmatrix}.$$

两年后,在职员工有 502 人,轮训员工有 398 人.

4.1.3 行列式

1. 二阶行列式

对于二元线性方程组

$$\begin{cases} a_{11}x_1 + a_{12}x_2 = b_1, \\ a_{21}x_1 + a_{22}x_2 = b_2, \end{cases}$$

由消元变化可将线性方程组转化为

$$\begin{cases} (a_{11}a_{22} - a_{12}a_{21})x_1 = b_1a_{22} - a_{12}b_2, \\ (a_{11}a_{22} - a_{12}a_{21})x_2 = a_{11}b_2 - b_1a_{21}, \end{cases}$$

在 $a_{11}a_{22} - a_{12}a_{21} \neq 0$ 时方程组有唯一解

$$x_1 = \frac{b_1a_{22} - a_{12}b_2}{a_{11}a_{22} - a_{12}a_{21}};$$

$$x_2 = \frac{a_{11}b_2 - b_1a_{21}}{a_{11}a_{22} - a_{12}a_{21}}.$$

将变量的系数按顺序排列成数表

$$A = \begin{bmatrix} a_{11} & a_{12} \\ a_{21} & a_{22} \end{bmatrix},$$

称 A 为线性方程组的系数矩阵,引入符号 $\begin{vmatrix} a_{11} & a_{12} \\ a_{21} & a_{22} \end{vmatrix} = a_{11}a_{22} - a_{12}a_{21}$,称为系数矩阵 A

的**二阶行列式**,记为 $|A|$ 或 $\det A$.

为便于记忆二阶行列式的计算公式,可参考如下标记:

$$\begin{matrix} \text{主对角线} \\ \text{副对角线} \end{matrix} \begin{vmatrix} a_{11} & a_{12} \\ a_{21} & a_{22} \end{vmatrix} = a_{11}a_{22} - a_{12}a_{21},$$

行列式等于图中实线连接的主对角线上两元素之积减去虚线连接的副对角线上两元素之积.

利用二阶行列式的定义,记

$$|A_1| = \begin{vmatrix} b_1 & a_{12} \\ b_2 & a_{22} \end{vmatrix} = b_1a_{22} - a_{12}b_2, \quad |A_2| = \begin{vmatrix} a_{11} & b_1 \\ a_{21} & b_2 \end{vmatrix} = a_{11}b_2 - b_1a_{21}.$$

若 $|A| \neq 0$,则线性方程组的解可以进一步表述为

$$x_1 = \frac{|\boldsymbol{A}_1|}{|\boldsymbol{A}|}, \ x_2 = \frac{|\boldsymbol{A}_2|}{|\boldsymbol{A}|}.$$

例 13 利用行列式的概念求解二元线性方程组 $\begin{cases} 3x_1 - 2x_2 = 12, \\ 2x_1 + x_2 = 1. \end{cases}$

解 因为 $|\boldsymbol{A}| = \begin{vmatrix} 3 & -2 \\ 2 & 1 \end{vmatrix} = 3 - (-4) = 7 \neq 0$,所以方程组有唯一解,又

$$|\boldsymbol{A}_1| = \begin{vmatrix} 12 & -2 \\ 1 & 1 \end{vmatrix} = 12 - (-2) = 14, \ |\boldsymbol{A}_2| = \begin{vmatrix} 3 & 12 \\ 2 & 1 \end{vmatrix} = 3 - 24 = -21,$$

可得其解为

$$x_1 = \frac{|\boldsymbol{A}_1|}{|\boldsymbol{A}|} = \frac{14}{7} = 2, \ x_2 = \frac{|\boldsymbol{A}_2|}{|\boldsymbol{A}|} = \frac{-21}{7} = -3.$$

2. 三阶行列式

对于三阶矩阵 $\boldsymbol{A} = \begin{pmatrix} a_{11} & a_{12} & a_{13} \\ a_{21} & a_{22} & a_{23} \\ a_{31} & a_{32} & a_{33} \end{pmatrix}$,记其三阶行列式为 $|\boldsymbol{A}| = \begin{vmatrix} a_{11} & a_{12} & a_{13} \\ a_{21} & a_{22} & a_{23} \\ a_{31} & a_{32} & a_{33} \end{vmatrix}$.其中,

$$\begin{aligned}
|\boldsymbol{A}| &= \begin{vmatrix} a_{11} & a_{12} & a_{13} \\ a_{21} & a_{22} & a_{23} \\ a_{31} & a_{32} & a_{33} \end{vmatrix} = a_{11} \begin{vmatrix} a_{22} & a_{23} \\ a_{32} & a_{33} \end{vmatrix} - a_{12} \begin{vmatrix} a_{21} & a_{23} \\ a_{31} & a_{33} \end{vmatrix} + a_{13} \begin{vmatrix} a_{21} & a_{22} \\ a_{31} & a_{32} \end{vmatrix} \\
&= a_{11}(a_{22}a_{33} - a_{23}a_{32}) + a_{12}(a_{23}a_{31} - a_{21}a_{33}) + a_{13}(a_{21}a_{32} - a_{22}a_{31}) \\
&= a_{11}a_{22}a_{33} + a_{12}a_{23}a_{31} + a_{13}a_{21}a_{32} - a_{11}a_{23}a_{32} - a_{12}a_{21}a_{33} - a_{13}a_{22}a_{31}.
\end{aligned}$$

为了便于记忆三阶行列式的计算公式,可参考如下标记:

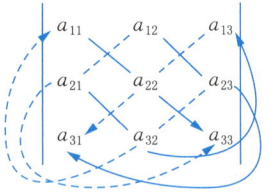

连线上元素相乘,实线上的三个元素的乘积取正号,虚线上的三个元素的乘积取负号,其代数和为三阶行列式的值.

例 14 计算矩阵 $\boldsymbol{A} = \begin{pmatrix} 2 & 0 & 1 \\ 1 & -4 & -1 \\ -1 & 8 & 3 \end{pmatrix}$ 的行列式.

解 $|\boldsymbol{A}| = \begin{vmatrix} 2 & 0 & 1 \\ 1 & -4 & -1 \\ -1 & 8 & 3 \end{vmatrix}$

$= 2 \times (-4) \times 3 + 0 \times (-1) \times (-1) + 1 \times 1 \times 8 - 1 \times (-4) \times (-1)$

$$-0 \times 1 \times 3 - 2 \times (-1) \times 8$$
$$= -24 + 8 - 4 + 16 = -4.$$

3. n 阶行列式

二阶和三阶行列式的概念可推广到 n 阶矩阵的行列式.

定义 4.8 n 阶矩阵 $\boldsymbol{A} = (a_{ij})_{n \times n} = \begin{pmatrix} a_{11} & a_{12} & \cdots & a_{1n} \\ a_{21} & a_{22} & \cdots & a_{2n} \\ \vdots & \vdots & & \vdots \\ a_{n1} & a_{n2} & \cdots & a_{nn} \end{pmatrix}$，则将

$$|\boldsymbol{A}| = \begin{vmatrix} a_{11} & a_{12} & \cdots & a_{1n} \\ a_{21} & a_{22} & \cdots & a_{2n} \\ \vdots & \vdots & & \vdots \\ a_{n1} & a_{n2} & \cdots & a_{nn} \end{vmatrix} = a_{i1}A_{i1} + a_{i2}A_{i2} + \cdots + a_{in}A_{in} = \sum_{j=1}^{n} a_{ij}A_{ij}$$

称为矩阵 $\boldsymbol{A}$ 的 $\boldsymbol{n}$ **阶行列式**，其中

$$A_{ij} = (-1)^{i+j} \begin{vmatrix} a_{11} & \cdots & a_{1,j-1} & a_{1,j+1} & \cdots & a_{1n} \\ \vdots & & \vdots & \vdots & & \vdots \\ a_{i-1,1} & \cdots & a_{i-1,j-1} & a_{i-1,j+1} & \cdots & a_{in} \\ a_{i+1,1} & \cdots & a_{i+1,j-1} & a_{i+1,j+1} & \cdots & a_{i+1,n} \\ \vdots & & \vdots & \vdots & & \vdots \\ a_{n1} & \cdots & a_{n,j-1} & a_{n,j+1} & \cdots & a_{nn} \end{vmatrix}$$ 为行列式的代数余子式.

注：在 n 阶行列式中，A_{ij} 是把元素 a_{ij} 所在的第 i 行和第 j 列划去后，留下来的 $n-1$ 阶行列式乘以 $(-1)^{i+j}$，称为元素 a_{ij} 的代数余子式.

例 15 写出 4 阶行列式 $D = \begin{vmatrix} 2 & 1 & -2 & 4 \\ 3 & 0 & 1 & 1 \\ 0 & -1 & 2 & 3 \\ 2 & 0 & 5 & 1 \end{vmatrix}$ 的代数余子式.

解 $D_{11} = (-1)^{1+1} \begin{vmatrix} 0 & 1 & 1 \\ -1 & 2 & 3 \\ 0 & 5 & 1 \end{vmatrix} = \begin{vmatrix} 0 & 1 & 1 \\ -1 & 2 & 3 \\ 0 & 5 & 1 \end{vmatrix}$,

$D_{12} = (-1)^{2+1} \begin{vmatrix} 3 & 1 & 1 \\ 0 & 2 & 3 \\ 2 & 5 & 1 \end{vmatrix} = -\begin{vmatrix} 3 & 1 & 1 \\ 0 & 2 & 3 \\ 2 & 5 & 1 \end{vmatrix}$,

$D_{13} = (-1)^{1+3} \begin{vmatrix} 3 & 0 & 1 \\ 0 & -1 & 3 \\ 2 & 0 & 1 \end{vmatrix} = \begin{vmatrix} 3 & 0 & 1 \\ 0 & -1 & 3 \\ 2 & 0 & 1 \end{vmatrix}$,

$D_{14} = (-1)^{1+4} \begin{vmatrix} 3 & 0 & 1 \\ 0 & -1 & 2 \\ 2 & 0 & 5 \end{vmatrix} = -\begin{vmatrix} 3 & 0 & 1 \\ 0 & -1 & 2 \\ 2 & 0 & 5 \end{vmatrix}$.

例 16 设 A 是上三角形矩阵 $\begin{bmatrix} a_{11} & a_{12} & \cdots & a_{1n} \\ 0 & a_{22} & \cdots & a_{2n} \\ \vdots & \vdots & & \vdots \\ 0 & 0 & \cdots & a_{nn} \end{bmatrix}$,计算 $\det \boldsymbol{A}$.

解 由定义有:

$$\det \boldsymbol{A} = a_{11}A_{11} + a_{12}A_{12} + \cdots + a_{1n}A_{1n} = a_{11}A_{11} + 0 + \cdots + 0 = a_{11}A_{11},$$

而

$$A_{11} = (-1)^{1+1} \begin{vmatrix} a_{22} & a_{23} & \cdots & a_{2n} \\ 0 & a_{33} & \cdots & a_{3n} \\ \vdots & \vdots & & \vdots \\ 0 & 0 & \cdots & a_{nn} \end{vmatrix} = a_{22} \begin{vmatrix} a_{33} & a_{34} & \cdots & a_{3n} \\ 0 & a_{44} & \cdots & a_{n} \\ \vdots & \vdots & & \vdots \\ 0 & 0 & \cdots & a_{nn} \end{vmatrix}.$$

以此类推可得 $\det \boldsymbol{A} = a_{11}a_{22}\cdots a_{nn}$.

通常,矩阵和行列式的运算量是很大的,往往采用数学软件进行计算.

【数学实验】

实验 4-1　使用 MATLAB 作矩阵加法与乘法运算

1. 数组、向量和矩阵的创建和访问

在 MATLAB 中,数组、向量和矩阵这三个概念在创建和显示的时候没有任何区别,都是用[]来表示.例如,在命令行窗口输入:

A＝[1 2 3 4]	%数字之间可以用空格或者逗号隔开,A 即为行向量.
B＝[1, 2, 3, 4; 5, 6, 7, 8]	%每行用分号隔开,B 即为 2 行 4 列的矩阵.
B(2, 3)	%提取矩阵 B 中第 2 行第 3 列的元素.
B(2, :)	%提取矩阵 B 的第 2 行.
B(:, 3)	%提取矩阵 B 的第 3 列.
B(2, 2:4)	%提取矩阵 B 的第 2 行中第 2 到第 4 个元素.

2. 在矩阵运算中常见的命令

A±B 表示矩阵 $\boldsymbol{A}$ 加减矩阵 $\boldsymbol{B}$;

A＊B 表示矩阵 $\boldsymbol{A}$ 乘以矩阵 $\boldsymbol{B}$;

A.＊B 表示将矩阵 $\boldsymbol{A}$ 中的各个元素对应和矩阵 $\boldsymbol{B}$ 中的各个元素相乘;

A/B 表示右除;

A\B 表示左除;

A./B 表示将矩阵 $\boldsymbol{A}$ 中的各个元素对应和矩阵 $\boldsymbol{B}$ 中的各个元素相除；
A'表示矩阵 $\boldsymbol{A}$ 的转置；
inv(A)或 A^(－1)表示矩阵 $\boldsymbol{A}$ 的逆矩阵；
A^k 表示矩阵 $\boldsymbol{A}$ 的 k 次幂.

3. 应用实例

例 设 $\boldsymbol{A}=\begin{pmatrix}1&2\\3&4\end{pmatrix}$，$\boldsymbol{B}=\begin{pmatrix}2&1\\-3&2\end{pmatrix}$，$\boldsymbol{C}=\begin{pmatrix}1&0\\2&1\end{pmatrix}$，试验证：

$$\boldsymbol{A}(\boldsymbol{BC})=(\boldsymbol{AB})\boldsymbol{C},\ (\boldsymbol{AB})^{\mathrm{T}}=\boldsymbol{B}^{\mathrm{T}}\boldsymbol{A}^{\mathrm{T}},\ \boldsymbol{A}(\boldsymbol{B}+\boldsymbol{C})=\boldsymbol{AB}+\boldsymbol{AC}.$$

解 在 MATLAB 命令行窗口输入命令并运行，如图 4-1 所示.

```
命令行窗口
>> A = [1 2;3 4];
>> B = [2 1;-3 2];
>> C = [1 0;2 1];
fx >>  A*(B*C),(A*B)*C
```

图 4-1

运行结果如图 4-2 所示.

```
命令行窗口

ans =

     6     5
    16    11


ans =

     6     5
    16    11

fx >>
```

图 4-2

故 $\boldsymbol{A}(\boldsymbol{BC})=(\boldsymbol{AB})\boldsymbol{C}$.

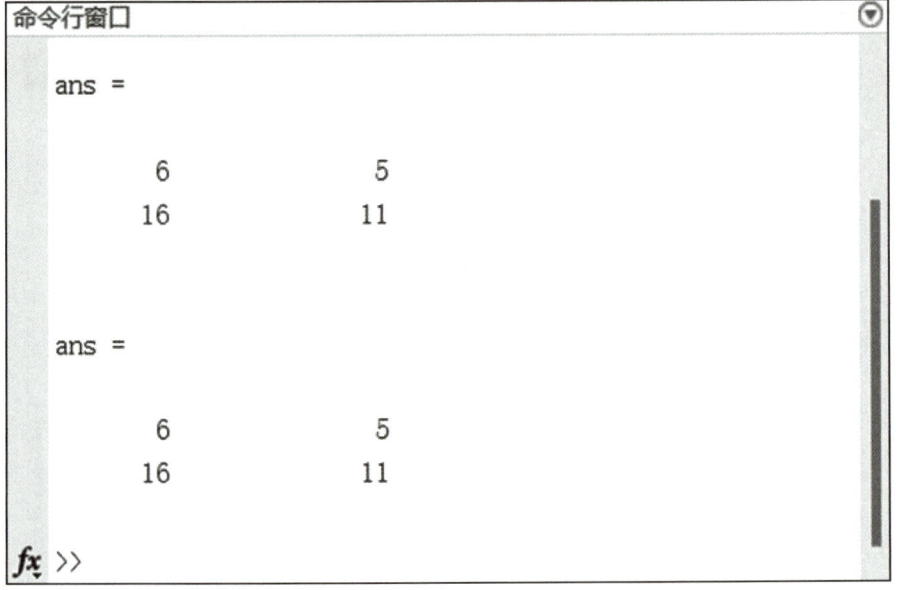

在 MATLAB 命令行窗口输入命令:$(A*B)'$, $B'*A'$,运行结果如图 4-3 所示.

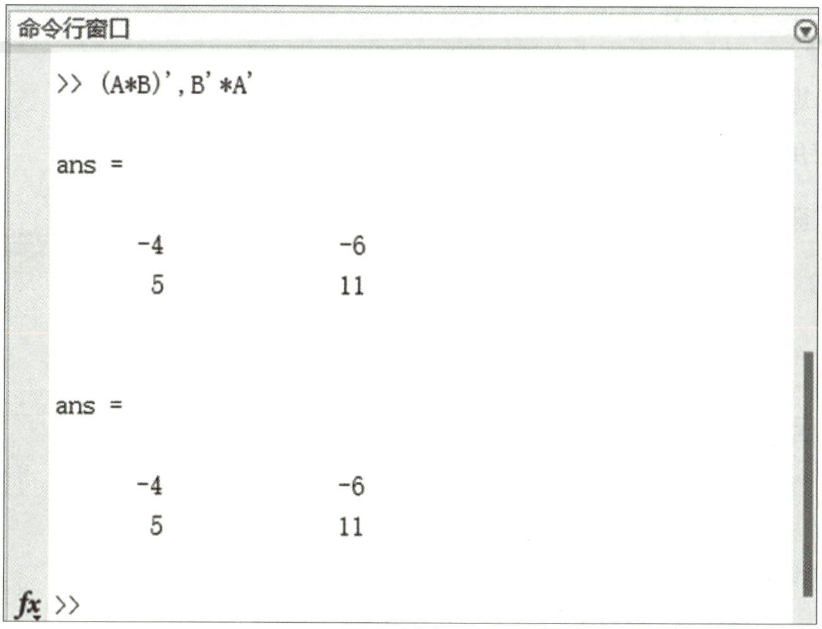

```
命令行窗口
>> (A*B)',B'*A'

ans =

    -4          -6
     5          11


ans =

    -4          -6
     5          11

fx >>
```

图 4-3

故 $(AB)^T = B^T A^T$.

在 MATLAB 命令行窗口输入命令:$A*(B+C)$,$A*B+A*C$,运行结果如图 4-4 所示.

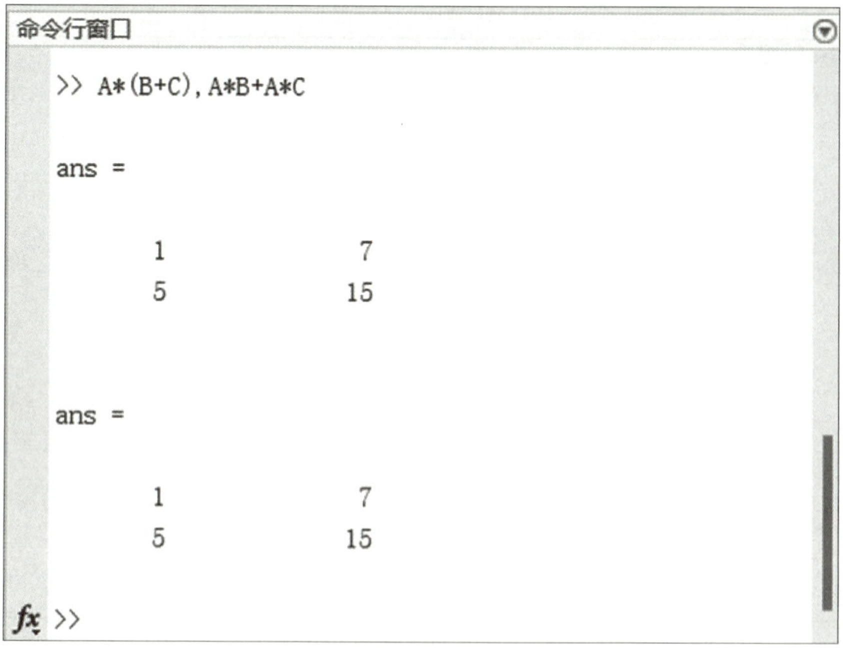

```
命令行窗口
>> A*(B+C),A*B+A*C

ans =

     1           7
     5          15


ans =

     1           7
     5          15

fx >>
```

图 4-4

故 $A(B+C) = AB + AC$.

习题 4.1

1. 写出线性方程组 $\begin{cases} x+y=0, \\ 2x-3y=0 \end{cases}$ 的系数矩阵.

2. 写出矩阵 $\boldsymbol{A}=\begin{pmatrix} -1 & 0 & 5 & 6 \\ 7 & 11 & 9 & 10 \\ 2 & 4 & 12 & 13 \\ 3 & 17 & 8 & 14 \\ 18 & 15 & 21 & 16 \end{pmatrix}$ 的元素 a_{24}，a_{43}.

3. 当 $\begin{pmatrix} 5 & x & 3 \\ y & z & 2 \end{pmatrix}=\begin{pmatrix} 5 & -x & 3 \\ 2 & 3y & 2 \end{pmatrix}$ 时，x，y，z 的值各为多少？

4. 设 $\boldsymbol{A}=\begin{pmatrix} 5 & 8 & 1 \\ 2 & 1 & 4 \end{pmatrix}$，$\boldsymbol{B}=\begin{pmatrix} 9 & 0 & 18 \\ 21 & 4 & 6 \end{pmatrix}$，求 $2\boldsymbol{A}+3\boldsymbol{B}$，$\boldsymbol{A}-\boldsymbol{B}$.

5. 已知 $\boldsymbol{A}=\begin{pmatrix} 1 \\ 2 \\ 3 \end{pmatrix}$，$\boldsymbol{B}=(4 \quad 5 \quad 6)$，计算 $\boldsymbol{AB}$，$\boldsymbol{BA}$.

6. 已知 $\boldsymbol{A}=\begin{pmatrix} 2 & -1 \\ -4 & 0 \\ 3 & 1 \end{pmatrix}$，$\boldsymbol{B}=\begin{pmatrix} 7 & -9 \\ -8 & 10 \end{pmatrix}$，利用 MATLAB 计算 $\boldsymbol{AB}$.

4.2 初等变换

多元一次方程组的消元法主要使用交换方程的次序、以非零常数乘以方程两边、一个方程加上另一个方程的常数倍三种恒等变换来求解方程组.对于矩阵，也有类似的变换.

4.2.1 矩阵的初等变换

定义 4.9 矩阵的下面三种变换称为矩阵的**初等行变换**.

（1）**互换**：矩阵中第 i 行和第 j 行相互交换，记作 $r_i \leftrightarrow r_j$；

（2）**数乘**：以一个非零的数 k 乘以矩阵中第 i 行的每一个元素，记作 kr_i；

（3）**倍加**：把矩阵第 j 行元素的 k 倍加到第 i 行，记作 $r_i + kr_j$.

将上述定义中的"行"换成"列"，即为矩阵的**初等列变换**的定义.初等行变换与初等列变换统称为**初等变换**.

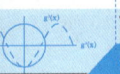

高等应用数学

注:矩阵施行初等变换时使用的符号是"→",而不是"=".

例 1 已知矩阵 $\begin{pmatrix} 1 & 2 & 3 \\ 4 & 5 & 6 \\ 7 & 8 & 9 \end{pmatrix}$,对其作如下的初等变换:(1)$r_1 \leftrightarrow r_2$;(2)$3r_3$;(3)$r_1 + r_2$.

解 (1) $\begin{pmatrix} 1 & 2 & 3 \\ 4 & 5 & 6 \\ 7 & 8 & 9 \end{pmatrix} \xrightarrow{r_1 \leftrightarrow r_2} \begin{pmatrix} 4 & 5 & 6 \\ 1 & 2 & 3 \\ 7 & 8 & 9 \end{pmatrix}$;

(2) $\begin{pmatrix} 1 & 2 & 3 \\ 4 & 5 & 6 \\ 7 & 8 & 9 \end{pmatrix} \xrightarrow{3r_3} \begin{pmatrix} 1 & 2 & 3 \\ 4 & 5 & 6 \\ 21 & 24 & 27 \end{pmatrix}$;

(3) $\begin{pmatrix} 1 & 2 & 3 \\ 4 & 5 & 6 \\ 7 & 8 & 9 \end{pmatrix} \xrightarrow{r_1 + r_2} \begin{pmatrix} 5 & 7 & 9 \\ 4 & 5 & 6 \\ 7 & 8 & 9 \end{pmatrix}$.

定义 4.10 矩阵 **A** 经过一系列的初等变换转化为矩阵 **B**,则称矩阵 **A** 与矩阵 **B** 等价,记作 **A**~**B**.

易证等价矩阵具有如下性质.

(1) 自反性:自身与自身等价,即 **A**~**A**;

(2) 对称性:若 **A** 与 **B** 等价,则 **B** 也与 **A** 等价,即 **A**~**B**,则 **B**~**A**;

(3) 传递性:若 **A** 与 **B** 等价,**B** 与 **C** 等价,则 **A** 与 **C** 也等价,即 **A**~**B**,**B**~**C**,则 **A**~**C**.

例 2 已知矩阵 $\boldsymbol{A} = \begin{pmatrix} 3 & 2 & 9 & 9 \\ -1 & -3 & 4 & -17 \\ 1 & 4 & -7 & 3 \\ -1 & -4 & 7 & -3 \end{pmatrix}$,对其作如下的初等变换:

$$\boldsymbol{A} \xrightarrow{r_1 \leftrightarrow r_3} \begin{pmatrix} 1 & 4 & -7 & 3 \\ -1 & -3 & 4 & -17 \\ 3 & 2 & 9 & 9 \\ -1 & -4 & 7 & -3 \end{pmatrix} \xrightarrow[\substack{r_3 - 3r_1 \\ r_4 + r_1}]{r_2 + r_1} \begin{pmatrix} 1 & 4 & -7 & 3 \\ 0 & 1 & -3 & -14 \\ 0 & -10 & 30 & 0 \\ 0 & 0 & 0 & 0 \end{pmatrix}$$

$$\xrightarrow{r_3 + 10r_2} \begin{pmatrix} 1 & 4 & -7 & 3 \\ 0 & 1 & -3 & -14 \\ 0 & 0 & 0 & -140 \\ 0 & 0 & 0 & 0 \end{pmatrix} = \boldsymbol{B},$$

此时 **A**~**B**,这里的矩阵 **B** 左下角全是 0,依其形状特征称为行阶梯形矩阵.

注:由等价定义可知,矩阵施行初等变换时使用的符号可以是"→"或者是"~".

定义 4.11 一般地,称满足下列条件的矩阵为**行阶梯形矩阵**:

(1) 如果存在零行(元素全为零的行),则零行位于矩阵中非零行的下方;

(2) 行首非零元(从左至右的第一个不为零的元素)的列标随着行标的增大而增大.

130

例如:矩阵 $\begin{pmatrix} 1 & 2 & -2 & 9 \\ 0 & -1 & 4 & -7 \\ 0 & 0 & 0 & 3 \\ 0 & 0 & 0 & 0 \end{pmatrix}$ 和矩阵 $\begin{pmatrix} 1 & 0 & 3 \\ 0 & 5 & 6 \\ 0 & 0 & 9 \end{pmatrix}$ 满足定义 4.11,是行阶梯形矩阵.

注:定义 4.11 中的条件(2)也可以表述为:各行第一个元素起至行首非零元下方元素全为零.

例 3 对例 2 中的矩阵 B 再作如下的初等行变换:

$$B \xrightarrow{-\frac{1}{140}r_3} \begin{pmatrix} 1 & 4 & -7 & 3 \\ 0 & 1 & -3 & -14 \\ 0 & 0 & 0 & 1 \\ 0 & 0 & 0 & 0 \end{pmatrix} \xrightarrow[r_1-3r_3]{r_2+14r_3} \begin{pmatrix} 1 & 4 & -7 & 0 \\ 0 & 1 & -3 & 0 \\ 0 & 0 & 0 & 1 \\ 0 & 0 & 0 & 0 \end{pmatrix} \xrightarrow{r_1-4r_2} \begin{pmatrix} 1 & 0 & 5 & 0 \\ 0 & 1 & -3 & 0 \\ 0 & 0 & 0 & 1 \\ 0 & 0 & 0 & 0 \end{pmatrix} = C,$$

称这种特殊阶梯形矩阵 C 为**行最简阶梯形矩阵**.

定义 4.12 一般地,称满足下列条件的矩阵为**行最简阶梯形矩阵**:

(1) 是行阶梯形矩阵;

(2) 非零行首非零元都是 1;

(3) 每行首非零元所在列的其他元素都是零.

例如:矩阵 $D = \begin{pmatrix} 1 & 0 & -2 & 0 \\ 0 & 1 & 4 & 0 \\ 0 & 0 & 0 & 1 \\ 0 & 0 & 0 & 0 \end{pmatrix}$ 是行最简阶梯形矩阵,而 $F = \begin{pmatrix} 1 & 2 & 0 \\ 0 & 1 & 6 \\ 0 & 0 & 0 \end{pmatrix}$ 不是行最简

阶梯形矩阵.

从上述例题中我们可以看到矩阵 A 经过初等变换可以转化为行阶梯形矩阵和行最简形矩阵,这个结果的依据是下面的定理:

定理 4.1 任何矩阵经过有限次的初等行变换都可以转化为行阶梯形矩阵和行最简形矩阵.

4.2.2 矩阵的逆

1. 矩阵逆的定义

已经学习了矩阵的加减法、数乘和乘法运算,那么矩阵运算是否有除法呢? 矩阵运算没有除法,但对于某些方阵来说,存在逆矩阵.

定义 4.13 设 n 阶矩阵 A,如果存在 n 阶矩阵 B 使得 $AB = BA = E$,则矩阵 A 为**可逆矩阵**,简称矩阵 A **可逆**,且矩阵 B 称为矩阵 A 的**可逆矩阵**,记作:A^{-1},即 $A^{-1} = B$.

根据定义 4.13 易得以下结论:

(1) 矩阵 A 与矩阵 B 一定是同阶方阵;

(2) 如果 A 可逆,则有 $AA^{-1} = A^{-1}A = E$;

(3) 若矩阵 A 可逆,则 A 的逆矩阵是唯一的;

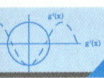

高等应用数学

（4）如果 A 可逆，则 A^{-1} 也可逆，且 $(A^{-1})^{-1}=A$.

例 4 单位矩阵 E 和零矩阵是可逆的吗？

解 因为 $EE=E$，所以单位矩阵 E 是可逆矩阵，且 $E^{-1}=E$；

n 阶的零矩阵乘以任何 n 阶的矩阵 A，都有 $OA=AO=O\neq E$，所以零矩阵不是逆矩阵.

2. 矩阵逆的求解

定理 4.2 可逆矩阵经过初等变换后可转化为单位矩阵.

例 5 判定矩阵 $A=\begin{pmatrix}1&0\\2&1\end{pmatrix}$ 可逆，并将其转化为单位矩阵.

解 存在 $B=\begin{pmatrix}1&0\\-2&1\end{pmatrix}$ 使得

$$AB=BA=\begin{pmatrix}1&0\\2&1\end{pmatrix}\begin{pmatrix}1&0\\-2&1\end{pmatrix}=\begin{pmatrix}1&0\\-2&1\end{pmatrix}\begin{pmatrix}1&0\\2&1\end{pmatrix}=E,$$

所以，A 可逆，利用初等变换将矩阵 A 转化为单位矩阵，有

$$A=\begin{pmatrix}1&0\\2&1\end{pmatrix}\xrightarrow{r_2-2r_1}\begin{pmatrix}1&0\\0&1\end{pmatrix}.$$

由定理 4.1 和定理 4.2 知：可逆矩阵与同阶的单位矩阵是等价的.利用矩阵的初等变换法可以判断方阵是否可逆，并在其可逆的情况下计算出方阵的逆.具体方法如下.

构造一个 $n\times 2n$ 的矩阵 $(A\ \vdots\ E)$，对矩阵 $(A\ \vdots\ E)$ 施行初等行变换，若 A 能转化为 E，则 E 同时可转化为 A^{-1}，即 $(A\ \vdots\ E)\xrightarrow{\text{初等行变换}}(E\ \vdots\ A^{-1})$；若 A 不能转化为 E，则 A 不可逆.

例 6 试用初等行变换法讨论矩阵 $A=\begin{pmatrix}2&1\\1&3\end{pmatrix}$ 是否可逆，若可逆则求出 A^{-1}.

解 先构造 2×4 矩阵 $\begin{pmatrix}2&1&1&0\\1&3&0&1\end{pmatrix}$，然后用初等行变换将之化为 $(E\ \vdots\ A^{-1})$ 的形式：

$$(A\ \vdots\ E)=\begin{pmatrix}2&1&\vdots&0&1\\1&3&\vdots&0&1\end{pmatrix}\xrightarrow{r_1\leftrightarrow r_2}\begin{pmatrix}1&3&\vdots&0&1\\2&1&\vdots&1&0\end{pmatrix}\xrightarrow{r_2-2r_1}\begin{pmatrix}1&3&\vdots&0&1\\0&-5&\vdots&1&-2\end{pmatrix}\xrightarrow{-\frac{1}{5}\cdot r_2}$$

$$\begin{pmatrix}1&3&\vdots&0&1\\0&1&\vdots&-\dfrac{1}{5}&\dfrac{2}{5}\end{pmatrix}\xrightarrow{r_1-3r_2}\begin{pmatrix}1&0&\vdots&\dfrac{3}{5}&-\dfrac{1}{5}\\0&1&\vdots&-\dfrac{1}{5}&\dfrac{2}{5}\end{pmatrix}\rightarrow(E\ \vdots\ A^{-1}).$$

故 A 可逆，且有

$$A^{-1}=\begin{bmatrix}\dfrac{3}{5}&-\dfrac{1}{5}\\-\dfrac{1}{5}&\dfrac{2}{5}\end{bmatrix}=\frac{1}{5}\begin{pmatrix}3&-1\\-1&2\end{pmatrix}.$$

例7 判定矩阵 $A = \begin{pmatrix} -1 & 0 & 2 \\ 5 & 6 & 4 \\ 3 & 3 & 1 \end{pmatrix}$ 是否可逆,若可逆求出矩阵 A 的逆.

解 先构造一个 3×6 矩阵

$$(A \mid E) = \begin{pmatrix} -1 & 0 & 2 & \vdots & 1 & 0 & 0 \\ 5 & 6 & 4 & \vdots & 0 & 1 & 0 \\ 3 & 3 & 1 & \vdots & 0 & 0 & 1 \end{pmatrix},$$

对矩阵施行初等行变换

$$(A \mid E) = \begin{pmatrix} -1 & 0 & 2 & \vdots & 1 & 0 & 0 \\ 5 & 6 & 4 & \vdots & 0 & 1 & 0 \\ 3 & 3 & 1 & \vdots & 0 & 0 & 1 \end{pmatrix} \xrightarrow[r_3+3r_1]{r_2+5r_1} \begin{pmatrix} -1 & 0 & 2 & \vdots & 1 & 0 & 0 \\ 0 & 6 & 14 & \vdots & 5 & 1 & 0 \\ 0 & 3 & 7 & \vdots & 3 & 0 & 1 \end{pmatrix} \xrightarrow{r_2 \leftrightarrow r_3}$$

$$\begin{pmatrix} -1 & 0 & 2 & \vdots & 1 & 0 & 0 \\ 0 & 3 & 7 & \vdots & 3 & 0 & 1 \\ 0 & 6 & 14 & \vdots & 5 & 1 & 0 \end{pmatrix} \xrightarrow{r-2r_2} \begin{pmatrix} -1 & 0 & 2 & \vdots & 1 & 0 & 0 \\ 0 & 3 & 7 & \vdots & 3 & 0 & 1 \\ 0 & 0 & 0 & \vdots & -1 & 1 & -2 \end{pmatrix}.$$

因为矩阵 A 经过初等变换后最后一行元素全为零,矩阵 A 无法转化为单位矩阵 E,所以矩阵 A 不可逆.

3. 利用逆矩阵解方程

对于矩阵方程 $A_n X = B_{n \times m}$ 的求解,在 A 可逆的情况下,解出 $X = A_n^{-1} B_{n \times m}$.

例8 矩阵方程 $AX = B$,其中 $A = \begin{pmatrix} 1 & 2 & 1 \\ 2 & 1 & -1 \\ 1 & -1 & -1 \end{pmatrix}$, $X = \begin{pmatrix} x_1 & y_1 \\ x_2 & y_2 \\ x_3 & y_3 \end{pmatrix}$, $B = \begin{pmatrix} 1 & 4 \\ 0 & 1 \\ 3 & 5 \end{pmatrix}$.

解 可以先计算出 A^{-1},再利用矩阵的乘法计算出 X.

$$(A \mid E) = \begin{pmatrix} 1 & 2 & 1 & \vdots & 1 & 0 & 0 \\ 2 & 1 & -1 & \vdots & 0 & 1 & 0 \\ 1 & -1 & -1 & \vdots & 0 & 0 & 1 \end{pmatrix} \xrightarrow{r} \begin{pmatrix} 1 & 0 & 0 & \vdots & \dfrac{2}{3} & -\dfrac{1}{3} & 1 \\ 0 & 1 & 0 & \vdots & -\dfrac{1}{3} & \dfrac{2}{3} & -1 \\ 0 & 0 & 1 & \vdots & 1 & -1 & 1 \end{pmatrix},$$

则 $A^{-1} = \dfrac{1}{3} \begin{pmatrix} 2 & -1 & 3 \\ -1 & 2 & -3 \\ 3 & -3 & 3 \end{pmatrix}$,可计算 $X = A^{-1} B = \dfrac{1}{3} \begin{pmatrix} 11 & 22 \\ -10 & -17 \\ 12 & 24 \end{pmatrix}$.

也可以用初等变换求矩阵逆的方法求解 $X = A^{-1} B$,把 A 和 B 构造成一个新的矩阵 $(A \mid B)$,通过初等行变换把矩阵 A 转化为单位矩阵 E,则 B 就转化为 $A^{-1}B$,可直接计算出 X.即

$$(A \vdots B) = \begin{pmatrix} 1 & 2 & 1 & \vdots & 1 & 4 \\ 2 & 1 & -1 & \vdots & 0 & 1 \\ 1 & -1 & -1 & \vdots & 3 & 5 \end{pmatrix} \rightarrow \begin{pmatrix} 1 & 2 & 1 & \vdots & 1 & 4 \\ 0 & -3 & -3 & \vdots & -2 & -7 \\ 0 & -3 & -2 & \vdots & 2 & 1 \end{pmatrix} \rightarrow$$

$$\begin{pmatrix} 1 & 2 & 1 & \vdots & 1 & 4 \\ 0 & -3 & -3 & \vdots & -2 & -7 \\ 0 & 0 & 1 & \vdots & 4 & 8 \end{pmatrix} \rightarrow \begin{pmatrix} 1 & 2 & 1 & \vdots & 1 & 4 \\ 0 & 1 & 1 & \vdots & \dfrac{2}{3} & \dfrac{7}{3} \\ 0 & 0 & 1 & \vdots & 4 & 8 \end{pmatrix} \rightarrow \begin{pmatrix} 1 & 0 & 0 & \vdots & \dfrac{11}{3} & \dfrac{22}{3} \\ 0 & 1 & 0 & \vdots & -\dfrac{10}{3} & -\dfrac{17}{3} \\ 0 & 0 & 1 & \vdots & 4 & 8 \end{pmatrix},$$

得

$$X = \begin{pmatrix} \dfrac{11}{3} & \dfrac{22}{3} \\ -\dfrac{10}{3} & -\dfrac{17}{3} \\ 4 & 8 \end{pmatrix} = \dfrac{1}{3} \begin{pmatrix} 11 & 22 \\ -10 & -17 \\ 12 & 24 \end{pmatrix}.$$

4.2.3 矩阵的秩

1. 行阶梯形矩阵秩的定义

定义 4.14 行阶梯形矩阵 $A_{m \times n}$ 中非零行的个数为 r,则称 r 为行阶梯形矩阵的**秩**,记为 $R(A) = r$ 或 $r(A) = r$.若 $R(A) = m$,则称矩阵为**行满秩矩阵**;若 $R(A) = n$,则称矩阵为**列满秩矩阵**.

如矩阵 $A = \begin{pmatrix} 1 & 2 & 0 \\ 0 & 1 & 3 \\ 0 & 0 & 0 \end{pmatrix}$,$B = \begin{pmatrix} 1 & 2 \\ 0 & 3 \\ 0 & 0 \end{pmatrix}$,$C = \begin{pmatrix} 1 & -1 & 0 & 0 & 3 \\ 0 & 1 & 2 & 1 & 0 \\ 0 & 0 & 0 & 0 & -1 \end{pmatrix}$ 的秩分别为 $R(A) = 2$,$R(B) = 2$,$R(C) = 3$,矩阵 B 是列满秩矩阵,矩阵 C 是行满秩矩阵.

2. 矩阵秩的求法

定理 4.3 对矩阵 A 施行初等行变换不会改变矩阵 A 的秩.

由定理 4.3 可知,等价的矩阵具有相同的秩,由定理 4.1 知任意 $m \times n$ 阶矩阵 A,经过若干次初等行变换可以转化为行阶梯形矩阵,而行阶梯形矩阵的秩等于其非零行的行数,所以可知求矩阵的秩的方法是:对 A 施行初等行变换,将 A 转化为行阶梯形矩阵,则行阶梯形矩阵非零行的行数即为矩阵 A 的秩.

例 9 设 $A = \begin{pmatrix} 2 & 1 & 4 & 1 & 4 \\ 3 & -1 & 2 & 1 & 3 \\ 1 & 2 & 3 & 2 & 2 \\ 4 & -2 & 3 & 0 & 1 \end{pmatrix}$,求矩阵 A 的秩.

解 对矩阵施行初等行变换得

$$A = \begin{bmatrix} 2 & 1 & 4 & 1 & 4 \\ 3 & -1 & 2 & 1 & 3 \\ 1 & 2 & 3 & 2 & 2 \\ 4 & -2 & 3 & 0 & 1 \end{bmatrix} \xrightarrow{r_1 \leftrightarrow r_3} \begin{bmatrix} 1 & 2 & 3 & 2 & 2 \\ 3 & -1 & 2 & 1 & 3 \\ 2 & 1 & 4 & 1 & 4 \\ 4 & -2 & 3 & 0 & 1 \end{bmatrix} \xrightarrow[\substack{r_2-3r_1 \\ r_3-2r_1 \\ r_4-4r_1}]{}$$

$$\begin{bmatrix} 1 & 2 & 3 & 2 & 2 \\ 0 & -7 & -7 & -5 & -3 \\ 0 & -3 & -2 & -3 & 0 \\ 0 & -10 & -9 & -8 & -7 \end{bmatrix} \xrightarrow{-r_2} \begin{bmatrix} 1 & 2 & 3 & 2 & 2 \\ 0 & 7 & 7 & 5 & 3 \\ 0 & -3 & -2 & -3 & 0 \\ 0 & -10 & -9 & -8 & -7 \end{bmatrix} \xrightarrow[\substack{r_3+\frac{3}{7}r_2 \\ r_4+\frac{10}{7}r_2}]{}$$

$$\begin{bmatrix} 1 & 2 & 3 & 2 & 2 \\ 0 & 7 & 7 & 5 & 3 \\ 0 & 0 & 1 & -\frac{6}{7} & \frac{9}{7} \\ 0 & 0 & 1 & -\frac{6}{7} & -\frac{19}{7} \end{bmatrix} \xrightarrow{r_4-r_3} \begin{bmatrix} 1 & 2 & 3 & 2 & 2 \\ 0 & 7 & 7 & 5 & 3 \\ 0 & 0 & 1 & -\frac{6}{7} & \frac{9}{7} \\ 0 & 0 & 0 & 0 & -4 \end{bmatrix}$$

所以 $R(A)=4$.

　　初等变换是线性代数中的重要概念,在阶梯形矩阵、逆矩阵、矩阵的秩等计算中有着重要作用,同时在研究方程组等问题中也有着较为广泛的应用,所以理解其基本概念并掌握初等变换的具体应用方法尤为重要.

【数学实验】

实验 4-2　使用 MATLAB 作初等变换

1. 使用 MATLAB 求逆矩阵

例1　已知矩阵 $A = \begin{bmatrix} 1 & 0 & 1 \\ 2 & 1 & 0 \\ -3 & 2 & -5 \end{bmatrix}$,求 $(E-A)^{-1}$.

解　在 MATLAB 命令行窗口输入命令:

```
≫A=[1 0 1;2 1 0;-3 2 -5];
≫B=eye(3)-A
```

运行结果如图 4-5 所示.

135

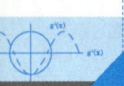

高等应用数学
GAODENG YINGYONG SHUXUE

```
命令行窗口                                                    ▼

>> A = [1 0 1;2 1 0;-3 2 -5];
>> B = eye(3)-A

B =

     0              0            -1
    -2              0             0
     3             -2             6

fx >>
```

图 4-5

在命令行窗口中继续输入

>> rref([B eye(3)]),

运行结果如图 4-6 所示.

```
命令行窗口                                                        ▼

>> rref([B eye(3)])

ans =

    1        0        0        0       -1/2      0
    0        1        0       -3       -3/4     -1/2
    0        0        1       -1        0        0

fx >>
```

图 4-6

可以得出

$$(\boldsymbol{E}-\boldsymbol{A})^{-1}=\begin{pmatrix} 0 & -\dfrac{1}{2} & 0 \\ -3 & -\dfrac{3}{4} & -\dfrac{1}{2} \\ -1 & 0 & 0 \end{pmatrix}.$$

2. 使用 MATLAB 求矩阵的秩

例 2 已知矩阵 $\boldsymbol{A}=\begin{pmatrix} 2 & 0 & 1 & -1 & 0 \\ -2 & 8 & -1 & 2 & 0 \\ 1 & 0 & 1 & 3 & 5 \end{pmatrix}$, 计算矩阵的秩 $R(\boldsymbol{A})$.

解 在 MATLAB 命令行窗口输入如下命令:

>> A=[2 0 1 -1 0; -2 8 -1 2 0; 1 0 1 3 5];
>> rref(A)

136

第 4 章
线性代数

运行结果如图 4-7 所示.

```
命令行窗口                                              ▼
>> A = [2 0 1 -1 0;-2 8 -1 2 0;1 0 1 3 5];
>> rref(A)

ans =

     1        0        0       -4       -5
     0        1        0      1/8        0
     0        0        1        7       10

fx >>
```

图 4-7

把矩阵转化为行阶梯形矩阵,可以得出 $R(\boldsymbol{A})=3$.

也可以在 MATLAB 命令行窗口输入下列命令:

> ≫ A＝[2 0 1 −1 0；−2 8 −1 2 0；1 0 1 3 5];
> ≫ rank(A)

运行结果如图 4-8 所示.

```
命令行窗口                                              ▼
>> A = [2 0 1 -1 0;-2 8 -1 2 0;1 0 1 3 5];
>> rank(A)

ans =

     3

fx >>
```

图 4-8

可以得出 $R(\boldsymbol{A})=3$

习题 4.2

1. 用初等变换把矩阵 $\boldsymbol{A}=\begin{pmatrix} 1 & 0 & 0 & 1 \\ 1 & 2 & 0 & -1 \\ 3 & -1 & 0 & 4 \\ 1 & 4 & 5 & 1 \end{pmatrix}$ 转化为行阶梯形矩阵.

2. 用初等变换求矩阵 $\boldsymbol{A}=\begin{pmatrix} 1 & 2 & 1 \\ 4 & 6 & 3 \\ -2 & 0 & 1 \end{pmatrix}$ 的逆矩阵.

137

3. 求解矩阵 X，使得 $AX=B$，其中 $A=\begin{pmatrix}1&2&3\\2&2&1\\3&4&3\end{pmatrix}$，$B=\begin{pmatrix}2&5\\3&1\\4&3\end{pmatrix}$.

4. 设 $A=\begin{pmatrix}1&-1&1&2\\3&\lambda&-1&2\\5&3&\mu&6\end{pmatrix}$，且 $R(A)=2$，求 λ，μ.

5. 使用 MATLAB 求矩阵 $A=\begin{pmatrix}1&0&0&1\\1&2&0&-1\\3&-1&0&4\\1&4&5&1\end{pmatrix}$ 的秩.

4.3　线性方程组

　　线性方程组是线性代数的重要组成部分，在 4.1 节矩阵的概念中，以《九章算术》的一个案例引出了线性方程组的问题，本节主要介绍线性方程组的有关概念及其解法.

4.3.1　消元法

　　1. 线性方程组的概念

　　定义 4.15　各个方程的未知量次数均为一次的方程组称为**线性方程组**.

　　给出线性方程组的一般形式：

$$\begin{cases}a_{11}x_1+a_{12}x_2+\cdots+a_{1n}x_n=b_1,\\ a_{21}x_1+a_{22}x_2+\cdots+a_{2n}x_n=b_2,\\ \cdots\cdots\cdots\cdots\cdots\\ a_{m1}x_1+a_{m2}x_2+\cdots+a_{mn}x_n=b_m,\end{cases} \tag{4-2}$$

其中 x_i 是方程组的未知数，a_{ij} 是第 i 个方程的第 j 个未知数的系数，b_i 是第 i 个方程的常数项，$i=1,2,\cdots,m$；$j=1,2,\cdots,n$.

　　注：线性方程组中未知数的个数和方程的个数可以相等也可以不相等.

　　若存在一组有序的数 $c_1,c_2,\cdots,c_n$，依次代入方程组（4-2）中的未知数 $x_1,x_2,\cdots,x_n$ 后，使得方程组中的每个方程等号两边都恒等，则称这组有序的数为**线性方程组的解**，即 $x_1=c_1,x_2=c_2,\cdots,x_n=c_n$ 为方程组的解，也可以把方程组的解写成解向量（列矩阵)的形式：$(x_1, x_2, \cdots, x_n)^{\mathrm{T}} = (c_1, c_2, \cdots, c_n)^{\mathrm{T}}$. 而寻求线性方程组解的过程称为**解线性方程组**.

若常数项 b_i 的值不全为零，则称方程组是**非齐次线性方程组**；若常数项 b_i 的值全为零，则称方程组是**齐次线性方程组**，即

$$\begin{cases} a_{11}x_1 + a_{12}x_2 + \cdots + a_{1n}x_n = 0, \\ a_{21}x_1 + a_{22}x_2 + \cdots + a_{2n}x_n = 0, \\ \qquad\qquad \cdots\cdots\cdots\cdots \\ a_{m1}x_1 + a_{m2}x_2 + \cdots + a_{mn}x_n = 0. \end{cases} \qquad (4\text{-}3)$$

齐次线性方程组一定有解，$x_1 = 0$，$x_2 = 0$，$\cdots$，$x_n = 0$ 就是齐次线性方程组(4-3)的解，称其为零解；齐次线性方程组解不全为零时，称其为非零解；对于齐次线性方程组方程组，主要是求其非零解.

如 $\begin{cases} 2x_1 + x_2 - x_3 = 0, \\ 3x_1 - 2x_2 + x_3 = 0 \end{cases}$ 是齐次线性方程组，$\begin{cases} x_2 + 2x_3 = 0, \\ x_1 - 3x_2 + x_3 = 1, \\ x_1 + x_2 + x_3 = -2 \end{cases}$ 是非齐次线性方程组.

把方程组(4-3)中未知数的系数 a_{ij} 按照原来的顺序写成矩阵的形式

$$A = \begin{pmatrix} a_{11} & a_{12} & \cdots & a_{1n} \\ a_{21} & a_{22} & \cdots & a_{2n} \\ \vdots & \vdots & & \vdots \\ a_{m1} & a_{m2} & \cdots & a_{mn} \end{pmatrix},$$

称矩阵 A 为线性方程组的**系数矩阵**.

常数项 b_i 及未知数 x_i 同样写成矩阵的形式

$$b = \begin{pmatrix} b_1 \\ b_2 \\ \vdots \\ b_m \end{pmatrix}, \quad x = \begin{pmatrix} x_1 \\ x_2 \\ \vdots \\ x_n \end{pmatrix},$$

分别称矩阵 b 和 x 为**常数项矩阵**和**未知数矩阵**.

把系数矩阵与常数项矩阵放在一起，构成一个新的矩阵

$$(A \vdots b) = \begin{pmatrix} a_{11} & a_{12} & \cdots & a_{1n} & \vdots & b_1 \\ a_{21} & a_{22} & \cdots & a_{2n} & \vdots & b_2 \\ \vdots & \vdots & & \vdots & \vdots & \vdots \\ a_{m1} & a_{m2} & \cdots & a_{mn} & \vdots & b_m \end{pmatrix},$$

称为线性方程组的**增广矩阵**，可记作 $\bar{A}$.

根据矩阵的乘法运算，线性方程组可写成矩阵的形式 $Ax = b$.

2. 线性方程组的消元解法与矩阵的初等变换

对线性方程组的求解通常采用消元解法,其方法是:通过变换逐步消去变量的个数,将方程组转化为等价的简单方程,再通过回代求解出线性方程组的解.

例 1 用消元解法求解方程组 $\begin{cases} 2x_2 - 6x_3 = -10, \\ -x_1 + x_2 - 2x_3 = 1, \\ x_1 - 2x_2 + x_3 = 0. \end{cases}$

解 将原方程组的第 1 个方程与第 3 个方程交换位置,得到同解方程组

$$\begin{cases} x_1 - 2x_2 + x_3 = 0, \\ -x_1 + x_2 - 2x_3 = 1, \quad ① \\ 2x_2 - 6x_3 = -10. \end{cases}$$

将方程组①的第 3 个方程两边同时乘以 $\dfrac{1}{2}$,得到同解方程组

$$\begin{cases} x_1 - 2x_2 + x_3 = 0, \\ -x_1 + x_2 - 2x_3 = 1, \quad ② \\ x_2 - 3x_3 = -5. \end{cases}$$

将方程组②的第 1 个方程加到第 2 个方程上去,得到同解方程组

$$\begin{cases} x_1 - 2x_2 + x_3 = 0, \\ -x_2 - x_3 = 1, \quad\quad ③ \\ x_2 - 3x_3 = -5. \end{cases}$$

将方程组③的第 2 个方程加到第 3 个方程上去,得到同解方程组

$$\begin{cases} x_1 - 2x_2 + x_3 = 0, \\ -x_2 - x_3 = 1, \quad\quad ④ \\ -4x_3 = -4. \end{cases}$$

由方程组④的第 3 个方程可得 $x_3 = 1$.

把 $x_3 = 1$ 回代到方程组④中可得方程组的解为

$$\begin{cases} x_1 = -5, \\ x_2 = -2, \quad ⑤ \\ x_3 = 1. \end{cases}$$

此例中求解线性方程组的方法称为**消元法**,①—④是消元过程,⑤是回代过程.

例 1 中,对线性方程组的求解消元过程使用了三种变换:

(1) 交换方程组中两个方程的顺序;

(2) 某个方程等号两边同时乘以非零常数;

(3) 某个方程乘以非零常数加到另外一个方程上去.

这三种变换是可逆的,变换后的方程组与变换前的方程组解是相同的,称这三种变换

140

第 4 章

线性代数

为线性方程组的**消元变换**.

在对线性方程组作消元法时,主要是对变量的系数和常数项作了运算,当需要消掉某个未知数时,只需把其系数化为零,实际运算过程中变量未参与计算,且线性方程组的消元变换法和矩阵的初等变换法的基本原理是一致的,由此可知对线性方程组作消元变换可转化为对线性方程组的增广矩阵作初等行变换,将增广矩阵转化为行阶梯形矩阵和行最简形矩阵,其所对应的线性方程组和原方程组是同解方程,继而求出线性方程组的解.

例 2 求解线性方程组的解 $\begin{cases} 3x_1 - x_2 - 2x_3 = 4, \\ -4x_1 + 2x_2 = 4, \\ x_1 - x_3 = 1. \end{cases}$

解

线性方程组消元变换	增广矩阵初等变换
$\begin{cases} 3x_1 - x_2 - 2x_3 = 4, & (1) \\ -4x_1 + 2x_2 = 4, & (2) \\ x_1 - x_3 = 1 & (3) \end{cases}$ $(1) \leftrightarrow (3)$	$\bar{A} = \begin{pmatrix} 3 & -1 & -2 & 4 \\ -4 & 2 & 0 & 4 \\ 1 & 0 & -1 & 1 \end{pmatrix}$ $r_1 \leftrightarrow r_3$
$\begin{cases} x_1 - x_3 = 1, & (1) \\ -4x_1 + 2x_2 = 4, & (2) \\ 3x_1 - x_2 - 2x_3 = 4 & (3) \end{cases}$ $\begin{matrix}(2)+(1)\times 4; \\ (3)+(1)\times(-3)\end{matrix}$	$\begin{pmatrix} 1 & 0 & -1 & 1 \\ -4 & 2 & 0 & 4 \\ 3 & -1 & -2 & 4 \end{pmatrix}$ $r_2 + r_1 \times 4; \ r_3 + r_1 \times (-3)$
$\begin{cases} x_1 - x_3 = 1, & (1) \\ 2x_2 - 4x_3 = 8, & (2) \\ -x_2 + x_3 = 1 & (3) \end{cases}$ $(2) \times \dfrac{1}{2}$	$\begin{pmatrix} 1 & 0 & -1 & 1 \\ 0 & 2 & -4 & 8 \\ 0 & -1 & 1 & 1 \end{pmatrix}$ $r_2 \times \dfrac{1}{2}$
$\begin{cases} x_1 - x_3 = 1, & (1) \\ x_2 - 2x_3 = 4, & (2) \\ -x_2 + x_3 = 1 & (3) \end{cases}$ $(3)+(2)$	$\begin{pmatrix} 1 & 0 & -1 & 1 \\ 0 & 1 & -2 & 4 \\ 0 & -1 & 1 & 1 \end{pmatrix}$ $r_3 + r_2$
$\begin{cases} x_1 - x_3 = 1, & (1) \\ x_2 - 2x_3 = 4, & (2) \\ -x_3 = 5 & (3) \end{cases}$ $\begin{matrix}(2)+2(3) \\ (1)-(3) \\ (3)\times(-1)\end{matrix}$	$\begin{pmatrix} 1 & 0 & -1 & 1 \\ 0 & 1 & -2 & 4 \\ 0 & 0 & -1 & 5 \end{pmatrix}$ $\begin{matrix}r_2 - 2r_3 \\ r_1 - r_3 \\ r_3 \times (-1)\end{matrix}$
$\begin{cases} x_1 = -4, \\ x_2 = -6, \\ x_3 = -5 \end{cases}$	$\begin{pmatrix} 1 & 0 & 0 & -4 \\ 0 & 1 & 0 & -6 \\ 0 & 0 & 1 & -5 \end{pmatrix}$

从上例可以看出对线性方程组作消元变换的求解可以转化为对线性方程组的增广矩阵作同样的初等行变换.

数学家小传

克拉默

4.3.2 线性方程组的解

1. 克拉默法则

含有 n 个未知数 n 个方程的线性方程组

141

$$\begin{cases} a_{11}x_1 + a_{12}x_2 + \cdots + a_{1n}x_n = b_1, \\ a_{21}x_1 + a_{22}x_2 + \cdots + a_{2n}x_n = b_2, \\ \cdots\cdots\cdots\cdots \\ a_{n1}x_1 + a_{n2}x_2 + \cdots + a_{nn}x_n = b_n \end{cases} \tag{4-4}$$

其系数构成的行列式 $|\boldsymbol{A}| = \begin{vmatrix} a_{11} & a_{12} & \cdots & a_{1n} \\ a_{21} & a_{22} & \cdots & a_{2n} \\ \vdots & \vdots & & \vdots \\ a_{n1} & a_{n2} & \cdots & a_{nn} \end{vmatrix}$,称为方程组的**系数行列式**.

定理 4.4(克拉默法则)　若线性方程组(4-4)的系数行列式的 $|\boldsymbol{A}| \neq 0$,则方程组有唯一解 $x_j = \dfrac{|\boldsymbol{A}_j|}{|\boldsymbol{A}|}$.其中 $|\boldsymbol{A}_j|(j=1,2,\cdots,n)$ 为系数行列式中第 j 列的元素用方程组的常数项 $\boldsymbol{b}$ 替代后的行列式.

由上述定理可知,对于未知数个数与方程个数相等的线性方程组可得如下推论.

推论:(1) 若齐次线性方程组的系数行列式不等于零,则方程组只有零解;

(2) 若齐次线性方程组的系数行列式等于零,则方程组有非零解;

(3) 若线性方程组的系数行列式等于零,则方程组无解或有无数解.

例 3　用克拉默法则求解方程组 $\begin{cases} x_1 + 2x_2 - x_3 = 1, \\ -x_1 - x_2 + x_3 = 2, \\ 2x_1 + x_2 - x_3 = 0. \end{cases}$

解　方程组的系数行列式为 $|\boldsymbol{A}| = \begin{vmatrix} 1 & 2 & -1 \\ -1 & -1 & 1 \\ 2 & 1 & -1 \end{vmatrix} = 1 \neq 0$,方程组有唯一解,

$|\boldsymbol{A}_1| = \begin{vmatrix} 1 & 2 & -1 \\ 2 & -1 & 1 \\ 0 & 1 & -1 \end{vmatrix} = 2$, $|\boldsymbol{A}_2| = \begin{vmatrix} 1 & 1 & -1 \\ -1 & 2 & 1 \\ 2 & 0 & -1 \end{vmatrix} = 3$, $|\boldsymbol{A}_3| = \begin{vmatrix} 1 & 2 & 1 \\ -1 & -1 & 2 \\ 2 & 1 & 0 \end{vmatrix} = 7$,

可知方程组的解为 $x_1 = \dfrac{2}{1} = 2$; $x_2 = \dfrac{3}{1} = 3$; $x_3 = \dfrac{7}{1} = 7$.

例 4　用克拉默法则求解方程组 $\begin{cases} 2x_1 + x_2 = 0, \\ x_1 - x_2 = 0. \end{cases}$

解　方程组的系数行列式为 $|\boldsymbol{A}| = \begin{vmatrix} 2 & 1 \\ 1 & -1 \end{vmatrix} = -3 \neq 0$,方程组有唯一解,

$$|\boldsymbol{A}_1| = \begin{vmatrix} 0 & 1 \\ 0 & -1 \end{vmatrix} = 0, \quad |\boldsymbol{A}| = \begin{vmatrix} 2 & 0 \\ 1 & 0 \end{vmatrix} = 0,$$

可知方程组的解为 $x_1 = \dfrac{0}{-3} = 0$; $x_2 = \dfrac{0}{-3} = 0$,方程组只有零解.

克拉默法则适用于未知数的个数和方程个数相等的线性方程组,下面介绍对一般线

性方程组的求解.

2. 齐次线性方程组的解

通过消元法解线性方程组可知,线性方程组解的问题可转化为增广矩阵与系数矩阵秩的关系问题.由上节可知齐次线性方程组的解只有零解和非零解,且齐次线性方程组的常数项全为零,可知其系数矩阵和增广矩阵的秩相等,由此给出齐次线性方程组解的判定定理.

定理 4.5 n 元齐次线性方程 $A_{m \times n} x = 0$ 有解的判定条件:

(1) 有非零解的充分必要条件是 $R(A) < n$;

(2) 有零解的充分必要条件是 $R(A) = n$.

可得齐次线性方程组求解过程:

(1) 写出方程组的系数矩阵,并对系数矩阵作初等行变换,使其转化为行阶梯形矩阵(或行最简形矩阵);

(2) 判定系数矩阵的秩与未知数的关系,确定矩阵解的情况;

(3) 由行阶梯形矩阵(或行最简形矩阵)给出其同解方程组,计算出方程组的解.

例 5 求解线性方程组 $\begin{cases} x_1 + x_2 - x_3 + 2x_4 = 0, \\ -x_1 + x_4 = 0, \\ x_1 - x_3 = 0, \\ 2x_2 - 2x_3 + 6x_4 = 0. \end{cases}$

解 对线性方程组的系数矩阵作初等行变换

$$A = \begin{pmatrix} 1 & 1 & -1 & 2 \\ -1 & 0 & 0 & 1 \\ 1 & 0 & -1 & 0 \\ 0 & 2 & -2 & 6 \end{pmatrix} \xrightarrow{r_1 \leftrightarrow r_3} \begin{pmatrix} 1 & 0 & -1 & 0 \\ -1 & 0 & 0 & 1 \\ 1 & 1 & -1 & 2 \\ 0 & 2 & -2 & 6 \end{pmatrix} \xrightarrow[r_3 - r_1]{r_2 + r_1} \begin{pmatrix} 1 & 0 & -1 & 0 \\ 0 & 0 & -1 & 1 \\ 0 & 1 & 0 & 2 \\ 0 & 2 & -2 & 6 \end{pmatrix}$$

$$\xrightarrow[r_4 - 2r_2]{r_2 \leftrightarrow r_3} \begin{pmatrix} 1 & 0 & -1 & 0 \\ 0 & 1 & 0 & 2 \\ 0 & 0 & -1 & 1 \\ 0 & 0 & -2 & 2 \end{pmatrix} \xrightarrow[r_4 + 2r_3]{-r_3} \begin{pmatrix} 1 & 0 & -1 & 0 \\ 0 & 1 & 0 & 2 \\ 0 & 0 & 1 & -1 \\ 0 & 0 & 0 & 0 \end{pmatrix} \xrightarrow{r_1 + r_3} \begin{pmatrix} 1 & 0 & 0 & -1 \\ 0 & 1 & 0 & 2 \\ 0 & 0 & 1 & -1 \\ 0 & 0 & 0 & 0 \end{pmatrix}.$$

系数矩阵的秩 $R(A) = 3 < 4$,可知方程组有无数解,其对应的同解方程为

$$\begin{cases} x_1 - x_4 = 0, \\ x_2 + 2x_4 = 0, \\ x_3 - x_4 = 0, \end{cases} \text{可得} \begin{cases} x_1 = x_4, \\ x_2 = -2x_4, \\ x_3 = x_4. \end{cases}$$

当未知数 x_4 任意取值时,x_1,x_2,x_3 有相应的值与之对应,取 $x_4 = c$,可得方程组的解为

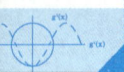

高等应用数学

$$\begin{cases} x_1 = c, \\ x_2 = 4c, \\ x_3 = c, \\ x_4 = c, \end{cases} \quad 即 \quad \begin{pmatrix} x_1 \\ x_2 \\ x_3 \\ x_4 \end{pmatrix} = c\begin{pmatrix} 1 \\ -2 \\ 1 \\ 1 \end{pmatrix}.$$

由上例知,齐次线性方程组系数矩阵所对应的行阶梯形矩阵非零行第一个非零元素所在的列对应的未知量,称为**基础未知量**,如上例中 x_1,x_2,x_3,且知基础未知量的个数等于系数矩阵的秩 $R(A)=3$;其余未知量称为**自由未知量**,如上例中 x_4,自由未知量的个数等于 $n-R(A)=4-3$.当自由未知量任意取值时,可得到方程组的全部解,称之为**通解**. 通解的表达形式通常记作 $\boldsymbol{x}=(x_1, x_2, \cdots, x_n)^{\mathrm{T}}=c_1\boldsymbol{\xi}_1+c_2\boldsymbol{\xi}_2+\cdots+c_r\boldsymbol{\xi}_r$,其中 $\boldsymbol{\xi}_1$,$\boldsymbol{\xi}_2$,$\cdots$,$\boldsymbol{\xi}_r$ 为基础解.

例 6　求线性方程组的解 $\begin{cases} x_1+x_2-2x_3+2x_4=0, \\ -x_1-3x_2+4x_3=0, \\ x_1-x_3+3x_4=0. \end{cases}$

解　对系数矩阵施行初等行变换,转化为行阶梯形矩阵

$$\boldsymbol{A}=\begin{pmatrix} 1 & 1 & -2 & 2 \\ -1 & -3 & 4 & 0 \\ 1 & 0 & -1 & 3 \end{pmatrix} \xrightarrow[r_3-r_1]{r_2+r_1} \begin{pmatrix} 1 & 1 & -2 & 2 \\ 0 & -2 & 2 & 2 \\ 0 & -1 & 1 & 1 \end{pmatrix} \xrightarrow{r_3-r_2\times\frac{1}{2}}$$

$$\begin{pmatrix} 1 & 1 & -2 & 2 \\ 0 & -2 & 2 & 2 \\ 0 & 0 & 0 & 0 \end{pmatrix} \xrightarrow{r_2\times\left(-\frac{1}{2}\right)} \begin{pmatrix} 1 & 1 & -2 & 2 \\ 0 & 1 & -1 & -1 \\ 0 & 0 & 0 & 0 \end{pmatrix} \xrightarrow{r_1-r_2} \begin{pmatrix} 1 & 0 & -1 & 3 \\ 0 & 1 & -1 & -1 \\ 0 & 0 & 0 & 0 \end{pmatrix}.$$

因为 $R(A)=2<4$,所以方程组有无数解,自由未知量的个数是 $4-R(A)=2$;其对应的同解方程组为

$$\begin{cases} x_1-x_3+3x_4=0, \\ x_2-x_3-x_4=0, \end{cases} \quad 即 \quad \begin{cases} x_1=x_3-3x_4, \\ x_2=x_3+x_4, \end{cases}$$

可知 x_3,x_4 为自由未知量,取 $x_3=c_1$,$x_4=c_2$,可得方程组的通解为

$$\begin{pmatrix} x_1 \\ x_2 \\ x_3 \\ x_4 \end{pmatrix} = \begin{pmatrix} c_1-3c_2 \\ c_1+c_2 \\ c_1 \\ c_2 \end{pmatrix} = c_1\begin{pmatrix} 1 \\ 1 \\ 1 \\ 0 \end{pmatrix} + c_2\begin{pmatrix} -3 \\ 1 \\ 0 \\ 1 \end{pmatrix},$$

令 $\boldsymbol{\xi}_1=(1, 1, 1, 0)^{\mathrm{T}}$,$\boldsymbol{\xi}_2=(-3, 1, 0, 1)^{\mathrm{T}}$,则方程组的通解为 $\boldsymbol{x}=c_1\boldsymbol{\xi}_1+c_2\boldsymbol{\xi}_2$,可知 $\boldsymbol{\xi}_1$,$\boldsymbol{\xi}_2$ 也是方程组的解.

3. 非齐次线性方程组的解

把非齐次线性方程组的常数项全部换成零得到相对应的齐次线性方程组,称其为非齐次线性方程组的**导出组**.非齐次线性方程组解的情况分为三种:有唯一解、无解、无数解,下面给出非齐次线性方程组解的判定定理.

144

第4章
线性代数

定理 4.6 n 元非齐次线性方程组 $A_{m\times n}x=b$ 解的判定条件是：

(1) 有唯一解的充分必要条件是 $R(A)=R(\bar{A})=n$；

(2) 有无数解的充分必要条件是 $R(A)=R(\bar{A})<n$.

非齐次线性方程组的增广矩阵中包含系数矩阵，所以对增广矩阵作初等行变换时，系数矩阵也作同样的初等行变换，由此给出非齐次线性方程组求解过程：

(1) 写出非齐次线性方程组的增广矩阵，并对增广矩阵作初等行变换，将其转化为行阶梯形矩阵（或行最简形矩阵）；

(2) 判定系数矩阵、增广矩阵的秩与未知数的关系，确定非齐次线性方程组解的情况；

(3) 由行阶梯形矩阵（或行最简形矩阵）给出原方程组的同解方程组，进而计算出方程组的解.

例 7 求非齐次线性方程组的解 $\begin{cases} x_1-2x_2-x_3=2, \\ 2x_1-2x_2+2x_4=3, \\ -2x_1+6x_2+4x_3+2x_4=-5, \\ 3x_1+3x_3+6x_4=3. \end{cases}$

解 对方程组的增广矩阵作初等行变换

$$\bar{A}=\begin{pmatrix} 1 & -2 & -1 & 0 & 2 \\ 2 & -2 & 0 & 2 & 3 \\ -2 & 6 & 4 & 2 & -5 \\ 3 & 0 & 3 & 6 & 3 \end{pmatrix} \xrightarrow[\substack{r_2+2r_1 \\ r_2-3r_1}]{r_2-2r_1} \begin{pmatrix} 1 & -2 & -1 & 0 & 2 \\ 0 & 2 & 2 & 2 & -1 \\ 0 & 2 & 2 & 2 & -1 \\ 0 & 6 & 6 & 6 & -3 \end{pmatrix} \xrightarrow[r_4-3r_3]{r_3-r_2}$$

$$\begin{pmatrix} 1 & -2 & -1 & 0 & 2 \\ 0 & 2 & 2 & 2 & -1 \\ 0 & 0 & 0 & 0 & 0 \\ 0 & 0 & 0 & 0 & 0 \end{pmatrix} \xrightarrow{\frac{1}{2}r_2} \begin{pmatrix} 1 & -2 & -1 & 0 & 2 \\ 0 & 1 & 1 & 1 & -\frac{1}{2} \\ 0 & 0 & 0 & 0 & 0 \\ 0 & 0 & 0 & 0 & 0 \end{pmatrix} \xrightarrow{r_1+2r_2} \begin{pmatrix} 1 & 0 & 1 & 2 & 1 \\ 0 & 1 & 1 & 1 & -\frac{1}{2} \\ 0 & 0 & 0 & 0 & 0 \\ 0 & 0 & 0 & 0 & 0 \end{pmatrix}.$$

可知 $R(A)=R(\bar{A})=2<4$，方程组有无数解，对应的同解方程组为

$$\begin{cases} x_1+x_3+2x_4=1, \\ x_2+x_3+x_4=-\dfrac{1}{2}, \end{cases} \quad 即 \quad \begin{cases} x_1=1-x_3-2x_4, \\ x_2=-\dfrac{1}{2}-x_3-x_4, \end{cases}$$

取 x_3，x_4 为自由未知量，令 $x_3=c_1$，$x_4=c_2$，可得方程组的通解为

$$\begin{cases} x_1=1-c_1-2c_2, \\ x_2=-\dfrac{1}{2}-c_1-c_2, \\ x_3=c_1, \\ x_4=c_2, \end{cases} \quad 即 \quad \begin{pmatrix} x_1 \\ x_2 \\ x_3 \\ x_4 \end{pmatrix}=\begin{pmatrix} 1-c_1-2c_2 \\ -\dfrac{1}{2}-c_1-c_2 \\ c_1 \\ c_2 \end{pmatrix}=\begin{pmatrix} 1 \\ -\dfrac{1}{2} \\ 0 \\ 0 \end{pmatrix}+c_1\begin{pmatrix} -1 \\ -1 \\ 1 \\ 0 \end{pmatrix}+c_2\begin{pmatrix} -2 \\ -1 \\ 0 \\ 1 \end{pmatrix},$$

令 $\boldsymbol{\eta}^*=\left(1,\ -\dfrac{1}{2},\ 0,\ 0\right)$，$\boldsymbol{\xi}_1=(-1,\ -1,\ 1,\ 0)$，$\boldsymbol{\xi}_2=(-2,\ -1,\ 0,\ 1)$，则方程组的通

145

解为 $x=\boldsymbol{\eta}^*+c_1\boldsymbol{\xi}_1+c_2\boldsymbol{\xi}_2$.

可知 $\boldsymbol{\eta}^*$ 为非齐次线性方程的一个解,称其为非齐次方程组的**特解**;$\boldsymbol{\xi}_1$,$\boldsymbol{\xi}_2$ 为非齐次方程组导出组的解,称 $c_1\boldsymbol{\xi}_1+c_2\boldsymbol{\xi}_2$ 为**导出组的通解**,由此可知非齐次线性方程组的通解为其导出组的通解加上非齐次线性方程组的一个特解.

例8 λ 为何值时,方程组 $\begin{cases}\lambda x_1+x_2+x_3=1,\\x_1+\lambda x_2+x_3=\lambda,\\x_1+x_2+\lambda x_3=\lambda^2\end{cases}$ (1)有唯一解;(2)无解;(3)无数解?

解 给出方程组的增广矩阵,并作初等行变换

$$
\bar{\boldsymbol{A}}=(\boldsymbol{A}\vdots\boldsymbol{b})=\begin{pmatrix}\lambda & 1 & 1 & 1\\ 1 & \lambda & 1 & \lambda\\ 1 & 1 & \lambda & \lambda^2\end{pmatrix}\xrightarrow{r_1\leftrightarrow r_3}\begin{pmatrix}1 & 1 & \lambda & \lambda^2\\ 1 & \lambda & 1 & \lambda\\ \lambda & 1 & 1 & 1\end{pmatrix}\xrightarrow[r_3-\lambda r_1]{r_2-r_1}\begin{pmatrix}1 & 1 & \lambda & \lambda^2\\ 0 & \lambda-1 & 1-\lambda & \lambda-\lambda^2\\ 0 & 1-\lambda & 1-\lambda^2 & 1-\lambda^3\end{pmatrix}\xrightarrow{r_3+r_2}
$$

$$
\begin{pmatrix}1 & 1 & \lambda & \lambda^2\\ 0 & \lambda-1 & 1-\lambda & \lambda-\lambda^2\\ 0 & 0 & 2-\lambda-\lambda^2 & 1+\lambda-\lambda^2-\lambda^3\end{pmatrix}=\begin{pmatrix}1 & 1 & \lambda & \lambda^2\\ 0 & \lambda-1 & 1-\lambda & (1-\lambda)\lambda\\ 0 & 0 & (2+\lambda)(1-\lambda) & (1+\lambda)^2(1-\lambda)\end{pmatrix}.
$$

可知:(1) 当 $\lambda\neq\pm1$ 且 $\lambda\neq-2$ 时,$R(\boldsymbol{A})=R(\bar{\boldsymbol{A}})=3$,方程组有唯一解;

(2) 当 $\lambda=-2$ 且 $\lambda\neq\pm1$ 时,$R(\boldsymbol{A})=2\neq R(\bar{\boldsymbol{A}})$,方程组无解;

(3) 当 $\lambda=1$ 时,$R(\boldsymbol{A})=R(\bar{\boldsymbol{A}})=1<3$,方程组有无数解.

例9 某城市的一个路口构成是包含四个节点的丁字路口,如图 4-9 所示,图上的箭头标注了交通的方向,数字表示车辆进出路口的流量,交叉路口进出车辆的总数相等,假设交通未出现堵塞,计算每两个节点间的车流量.

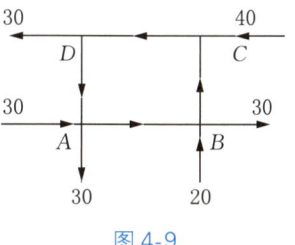

图 4-9

解 设每两个节点间的车流量分别为 $x_1(A\rightarrow B)$,$x_2(B\rightarrow C)$,$x_3(C\rightarrow D)$,$x_4(D\rightarrow A)$,则可建立相应的方程组

$$
\begin{cases}x_1+20=x_2+30,\\x_2+40=x_3,\\x_3=x_4+30,\\x_4+30=x_1+30,\end{cases}
$$

整理方程组可得

第 4 章
线性代数

$$\begin{cases} x_1 - x_2 = 10, \\ x_2 - x_3 = -40, \\ x_3 - x_4 = 30, \\ -x_1 + x_4 = 0. \end{cases}$$

给出解方程组的增广矩阵

$$\bar{A} = \begin{pmatrix} 1 & -1 & 0 & 0 & 10 \\ 0 & 1 & -1 & 0 & -40 \\ 0 & 0 & 1 & -1 & 30 \\ -1 & 0 & 0 & 1 & 0 \end{pmatrix} \xrightarrow{\text{初等行变换}} \begin{pmatrix} 1 & 0 & 0 & -1 & 0 \\ 0 & 1 & 0 & -1 & -10 \\ 0 & 0 & 1 & -1 & 30 \\ 0 & 0 & 0 & 0 & 0 \end{pmatrix},$$

由 $R(A) = R(\bar{A}) = 3 < 4$ 可知方程组有无数解,其对应的同解方程为

$$\begin{cases} x_1 = x_4 \\ x_2 = x_4 - 10, (x_4 \text{ 为自由未知量}). \\ x_3 = x_4 + 30 \end{cases}$$

结果表示有些车辆在路口绕行,则节点处车流量的增加,不影响交叉路口的车辆的总数,方程依然成立.

【数学实验】

实验 4-3　使用 MATLAB 求解营养配餐问题

例　人体维持生命活动需要一些必需的营养素,假设这些营养素可从鸡蛋、牛奶、主食和蔬菜等日常食物中获取.表 4-2 列出人体所需的每百克食物所含的营养素的量及人体每天营养元素的需求总量,使用 MATLAB 计算出人体每天需求的合理搭配以保证健康的生命活动.

表 4-2　　　　　　　　　　　　　　　　　　　　　　单位:g

营养素	食物				每天的营养元素需求量
	鸡蛋	牛奶	主食	蔬菜	
脂肪	8.8	3.2	1.3	0.2	60
蛋白质	13.3	3.1	7.8	1.3	90
膳食纤维	0	0	3.7	3.6	25
碳水化合物	2.8	7.6	72.9	4.7	80

解　设每天需要鸡蛋、牛奶、主食、蔬菜的量分别为 x_1, x_2, x_3, x_4,则可得方程组

147

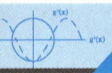
高等应用数学
GAODENG YINGYONG SHUXUE

$$\begin{cases} 8.8x_1 + 3.2x_2 + 1.3x_3 + 0.2x_4 = 60, \\ 13.3x_1 + 3.1x_2 + 7.8x_3 + 1.3x_4 = 90, \\ 3.7x_3 + 3.6x_4 = 25, \\ 2.8x_1 + 7.6x_2 + 72.9x_3 + 4.7x_4 = 80. \end{cases}$$

在 MATLAB 命令行窗口输入下列命令：

>>A = [8.8, 3.2, 1.3, 0.2; 13.3, 3.1, 7.8, 1.3; 0, 0, 3.7, 3.6; 2.8, 7.6, 72.9, 4.7];
>> b = [60, 90, 25, 80]';
>> P = pinv(A)

运行结果如图 4-10 所示.

```
命令行窗口
>> A = [8.8 3.2 1.3 0.2;13.3 3.1 7.8 1.3;0 0 3.7 3.6;2.8 7.6 72.9 4.7];
>> b = [60;90;25;80];
>> P = pinv(A)

P =

   -0.1233    0.1595   -0.0336   -0.0132
    0.6755   -0.4538    0.0843    0.0322
   -0.0704    0.0441   -0.0272    0.0116
    0.0723   -0.0453    0.3057   -0.0120

fx >>
```

图 4-10

在命令行窗口继续输入下列命令：

>> x = P * b

运行结果如图 4-11 所示.

```
命令行窗口
>> x = P*b

x =

    5.0683
    4.3786
   -0.0016
    6.9461

fx >>
```

图 4-11

从运行结果中可得人体每天需要鸡蛋 506.83 g、牛奶 437.86 g,主食－0.16 g,蔬菜 694.61 g 即可满足营养需求,可知在满足营养需求中主食可以忽略不计.

习题 4.3

1. 用消元法求解下列线性方程组.
$$\begin{cases} x_1 - x_2 + x_3 - x_4 = 1, \\ x_1 - x_2 - x_3 + x_4 = 0, \\ x_1 - x_2 + 2x_3 + 3x_4 = -1. \end{cases}$$

2. 求下列齐次线性方程组的解.
$$\begin{cases} x_1 - x_2 + x_3 - x_4 = 0, \\ 3x_1 + 3x_2 - x_3 - 3x_4 = 0, \\ 5x_1 + 5x_2 + x_3 - 5x_4 = 0. \end{cases}$$

3. 使用 MATLAB 求非齐次线性方程组 $\begin{cases} x_1 - 2x_2 + x_3 + x_4 = 1, \\ x_1 - 2x_2 + x_3 - x_4 = -1, \\ x_1 + x_2 + x_3 + x_4 = 3 \end{cases}$ 的解.

4. a 为何值时,下列方程组有解? 并求出其解.

(1) $\begin{cases} ax_1 + x_2 + x_3 = 0, \\ x_1 + ax_2 - x_3 = 0, \\ x_1 - x_2 + x_3 = 0; \end{cases}$ (2) $\begin{cases} x_1 + x_2 + ax_3 = 1, \\ x_1 + ax_2 + x_3 = 1, \\ ax_1 + x_2 + x_3 = 1. \end{cases}$

4.4 特征值与特征向量

4.4.1 特征值与特征向量的概念

1. 特征值与特征向量的定义

定义 4.16 设 n 阶矩阵 A,若存在数 λ 及 n 阶非零向量 $x = (x_1, x_2, \cdots, x_n)$,使得 $Ax = \lambda x$,则称 λ 是矩阵 A 的**特征值**,非零向量 x 为矩阵 A 对应特征值 λ 的**特征向量**.

例如 $\begin{pmatrix} 2 & 1 \\ 4 & -1 \end{pmatrix} \begin{pmatrix} 1 \\ 1 \end{pmatrix} = 3 \begin{pmatrix} 1 \\ 1 \end{pmatrix}$,则 $\lambda = 3$ 为 $\begin{pmatrix} 2 & 1 \\ 4 & -1 \end{pmatrix}$ 的特征值,$\begin{pmatrix} 1 \\ 1 \end{pmatrix}$ 为特征值 $\lambda = 3$ 对应的特征向量.

由定义 4.16 可知矩阵 A 为方阵,特征值 λ 可以取值为零,特征向量 $x = (x_1, x_2, \cdots, x_n)$ 是非零向量,每个特征值都有属于自己的特征向量,且不唯一,每个特征向量专属于一个特征值.

2. 特征值与特征向量的性质

性质 4.1 若 n 阶方阵 A 存在特征值,则特征值的个数为 n(重根按照重数计算).

性质 4.2 若 x_1,x_2 都为方阵 A 对应的特征值 λ 的特征向量,则 $k_1x_1+k_2x_2$(k_1,k_2 不同时为零)也是方阵 A 对应的特征值 λ 的特征向量.

若 x_1,x_2 是方阵 A 对应的特征值 λ 的特征向量,即有 $Ax_1=\lambda x_1$,$Ax_2=\lambda x_2$,则 $A(k_1x_1+k_2x_2)=Ak_1x_1+Ak_2x_2=k_1\lambda x_1+k_2\lambda x_2=\lambda(k_1x_1+k_2x_2)$($k_1$,$k_2$ 不同时为零),所以 $k_1x_1+k_2x_2$ 为非零向量,即可知 $k_1x_1+k_2x_2$ 是方阵 A 对应的特征值 λ 的特征向量.

性质 4.3 n 阶方阵 A 与它的转置矩阵 A^{T} 有相同的特征值.

性质 4.4 若 λ 是矩阵 A 的特征值,非零向量 x 为矩阵 A 对应特征值 λ 的特征向量,则

(1) $k\lambda$ 是 kA 的特征值,非零向量 x 为矩阵 kA 对应特征值 $k\lambda$ 的特征向量.

(2) λ^m 是 A^m 的特征值,非零向量 x 为矩阵 A^m 对应特征值 λ^m 的特征向量.

因 $Ax=\lambda x$,则有 $kAx=k\lambda x$,即 $(kA)x=(k\lambda)x$,可知结论(1)成立;

由 $A^2x=A(Ax)=A(\lambda x)=\lambda(Ax)=\lambda(\lambda x)=\lambda^2x$,以此类推继续上述步骤,可得 $A^mx=\lambda^mx$,则结论(2)成立.

性质 4.5 n 阶方阵 A 的特征值为 λ_1,λ_2,$\cdots$,λ_n,则有

(1) $\lambda_1+\lambda_2+\cdots+\lambda_n=a_{11}+a_{22}+\cdots+a_{nn}$;

(2) $\lambda_1\lambda_2\cdots\lambda_n=|A|$.

例 1 已知 $\lambda=1$ 为矩阵 $A=\begin{pmatrix} -1 & 1 & 0 \\ -4 & 3 & 0 \\ 1 & 0 & 2 \end{pmatrix}$ 的特征值,求 A 的其余特征值.

解 设 λ_1,λ_2 是矩阵的其余特征值,则

$$|A|=\begin{vmatrix} -1 & 1 & 0 \\ -4 & 3 & 0 \\ 1 & 0 & 2 \end{vmatrix}=2,$$

由性质 4.5 可知

$$\begin{cases} 1+\lambda_1+\lambda_2=-1+3+2=4, \\ 1\cdot\lambda_1\cdot\lambda_2=2, \end{cases}$$

解方程组可得 $\lambda_1=1$,$\lambda_2=2$.

4.4.2 特征值与特征向量的运算及应用

1. 特征值与特征向量求解

对定义 4.16 中 $Ax=\lambda x$ 的式子作移项,可得 $Ax-\lambda x=0$,等式右边提出公因子 x,即可得 $(A-\lambda E)x=0$,可看作 n 元齐次线性方程组,且可知方程的个数与未知数的个数相

等,因特征向量 x 为非零向量,可知齐次线性方程组有非零解,则非零解为矩阵 A 的特征向量;同理,若矩阵 A 有特征向量 x,则 x 为方程组的非零解.由此求矩阵的特征值与特征向量的问题可转化为求线性方程组的非零解问题.由线性方程组解的判定理论可知,齐次方程组有非零解的条件是:系数矩阵的秩小于未知数的个数,即

$$R(A-\lambda E)<n,$$

或者系数行列式为零,即

$$|A-\lambda E|=\begin{vmatrix} a_{11}-\lambda & a_{12} & \cdots & a_{1n} \\ a_{21} & a_{22}-\lambda & \cdots & a_{2n} \\ \vdots & \vdots & & \vdots \\ a_{n1} & a_{n2} & \cdots & a_{nn}-\lambda \end{vmatrix}=0. \tag{4-5}$$

由此可知方阵 A 的特征值 λ 可以由 $|A-\lambda E|=0$ 求解得出.式(4-5)是以 λ 为未知数的方程,称其为**方阵 A 的特征方程**,而特征值所对应的特征向量的求解,则需把 λ 代入 $(A-\lambda E)x=0$ 中求出方程组的非零解即为特征值所对应的特征向量,可知齐次线性方程组所对应的通解即为特征值所对应的全部特征向量.

定义 4.17 设 n 阶实方阵 A,$A-\lambda E$ 称为 A 的**特征方阵**,行列式 $|A-\lambda E|$ 称为 A 的**特征多项式**,$|A-\lambda E|=0$ 称为 A 的**特征方程**.

例 2 求矩阵 $A=\begin{pmatrix} 1 & 6 \\ 1 & 2 \end{pmatrix}$ 的特征值与对应的特征向量.

解 设矩阵的特征值为 λ,矩阵的特征方程为

$$\begin{aligned} |A-\lambda E| &=\begin{vmatrix} 1-\lambda & 6 \\ 1 & 2-\lambda \end{vmatrix} \\ &=(1-\lambda)(2-\lambda)-6 \\ &=\lambda^2-3\lambda-4=(\lambda-4)(\lambda+1)=0. \end{aligned}$$

可得特征值为 $\lambda_1=-1$,$\lambda_2=4$.

(1) 把 $\lambda_1=-1$ 代入线性方程组 $(A-\lambda E)x=0$ 中,即 $(A+E)x=0$.

由 $A+E=\begin{pmatrix} 2 & 6 \\ 1 & 3 \end{pmatrix}\rightarrow\begin{pmatrix} 1 & 3 \\ 0 & 0 \end{pmatrix}$,有 $x_1=-3x_2$.

令 $x_2=c$,可得方程组的通解为 $\begin{bmatrix} x_1 \\ x_2 \end{bmatrix}=c\begin{pmatrix} -3 \\ 1 \end{pmatrix}$,可知 $c\begin{pmatrix} -3 \\ 1 \end{pmatrix}$ 为特征值 $\lambda_1=-1$ 所对应的所有特征向量.

(2) 同理,把 $\lambda_2=4$ 代入线性方程组 $(A-\lambda E)x=0$ 中,即 $(A-4E)x=0$.

由 $A-4E=\begin{pmatrix} -3 & 6 \\ 1 & -2 \end{pmatrix}\rightarrow\begin{pmatrix} 1 & -2 \\ 0 & 0 \end{pmatrix}$,得对应同解方程为 $x_1-2x_2=0$,即 $x_1=2x_2$.

令 $x_2=c$,可得方程组的通解为 $\begin{bmatrix} x_1 \\ x_2 \end{bmatrix}=c\begin{pmatrix} 2 \\ 1 \end{pmatrix}$,可知 $c\begin{pmatrix} 2 \\ 1 \end{pmatrix}$ 为特征值 $\lambda_1=4$ 所对应的所有特征向量.

例 3 求矩阵 $\boldsymbol{B} = \begin{pmatrix} -1 & 1 & 0 \\ -4 & 3 & 0 \\ 1 & 0 & 3 \end{pmatrix}$ 特征值与特征向量.

解 设矩阵的特征值为 λ，矩阵的特征方程为

$$|\boldsymbol{B} - \lambda \boldsymbol{E}| = \begin{vmatrix} -1-\lambda & 1 & 0 \\ -4 & 3-\lambda & 0 \\ 1 & 0 & 3-\lambda \end{vmatrix} = (3-\lambda)(\lambda-1)^2 = 0,$$

解方程可得特征值为 $\lambda_1 = \lambda_2 = 1$，$\lambda_3 = 3$.

（1）把 $\lambda_1 = \lambda_2 = 1$ 代入线性方程组 $(\boldsymbol{B} - \lambda \boldsymbol{E})\boldsymbol{x} = \boldsymbol{0}$ 中，即 $(\boldsymbol{B} - \boldsymbol{E})\boldsymbol{x} = \boldsymbol{0}$. 对矩阵作初等变换

$$\boldsymbol{B} - \boldsymbol{E} = \begin{pmatrix} -1-1 & 1 & 0 \\ -4 & 3-1 & 0 \\ 1 & 0 & 3-1 \end{pmatrix} = \begin{pmatrix} -2 & 1 & 0 \\ -4 & 2 & 0 \\ 1 & 0 & 2 \end{pmatrix}$$

$$\rightarrow \begin{pmatrix} 1 & 0 & 2 \\ -4 & 2 & 0 \\ -2 & 1 & 0 \end{pmatrix} \rightarrow \begin{pmatrix} 1 & 0 & 2 \\ 0 & 2 & 8 \\ 0 & 1 & 4 \end{pmatrix} \rightarrow \begin{pmatrix} 1 & 0 & 2 \\ 0 & 1 & 4 \\ 0 & 0 & 0 \end{pmatrix},$$

得对应同解方程组为 $\begin{cases} x_1 + 2x_3 = 0, \\ x_2 + 4x_3 = 0, \end{cases}$ 解得 $\begin{cases} x_1 = -2x_3, \\ x_2 = -4x_3. \end{cases}$

令 $x_3 = c$，可得方程组的通解为 $\begin{pmatrix} x_1 \\ x_2 \\ x_3 \end{pmatrix} = c \begin{pmatrix} -2 \\ -4 \\ 1 \end{pmatrix}$，可知 $c \begin{pmatrix} -2 \\ -4 \\ 1 \end{pmatrix}$ 为特征值 $\lambda_1 = 1$ 所对应的所有特征向量；

（2）把 $\lambda_3 = 3$ 代入线性方程组 $(\boldsymbol{B} - \lambda \boldsymbol{E})\boldsymbol{x} = \boldsymbol{0}$ 中，即 $(\boldsymbol{B} - 3\boldsymbol{E})\boldsymbol{x} = \boldsymbol{0}$.

由 $\boldsymbol{B} - 3\boldsymbol{E} = \begin{pmatrix} -1-3 & 1 & 0 \\ -4 & 3-3 & 0 \\ 1 & 0 & 3-3 \end{pmatrix} = \begin{pmatrix} -4 & 1 & 0 \\ -4 & 0 & 0 \\ 1 & 0 & 0 \end{pmatrix} \rightarrow \begin{pmatrix} 1 & 0 & 0 \\ -4 & 0 & 0 \\ -4 & 1 & 0 \end{pmatrix} \rightarrow \begin{pmatrix} 1 & 0 & 0 \\ 0 & 1 & 0 \\ 0 & 0 & 0 \end{pmatrix}$，得

对应同解方程组为 $\begin{cases} x_1 = 0, \\ x_2 = 0. \end{cases}$

令 $x_3 = c$，可得方程组的通解为 $\begin{pmatrix} x_1 \\ x_2 \\ x_3 \end{pmatrix} = c \begin{pmatrix} 0 \\ 0 \\ 1 \end{pmatrix}$，可知 $c \begin{pmatrix} 0 \\ 0 \\ 1 \end{pmatrix}$ 为特征值 $\lambda_3 = 3$ 所对应的所有特征向量.

2. 方阵对角化

定义 4.18 设 $\boldsymbol{A}$ 和 $\boldsymbol{B}$ 都是 n 阶矩阵，若有可逆矩阵 $\boldsymbol{Q}$，使 $\boldsymbol{B} = \boldsymbol{Q}^{-1}\boldsymbol{A}\boldsymbol{Q}$，则称 $\boldsymbol{A}$ 相似于 $\boldsymbol{B}$，或称 $\boldsymbol{A}$ 和 $\boldsymbol{B}$ 相似，称 $\boldsymbol{Q}$ 为相似变换的变换矩阵.

例如，矩阵 $\boldsymbol{A} = \begin{pmatrix} 2 & -1 \\ -6 & 3 \end{pmatrix}$，$\boldsymbol{B} = \begin{pmatrix} 0 & 0 \\ 0 & 5 \end{pmatrix}$，取 $\boldsymbol{Q} = \begin{pmatrix} 1 & 1 \\ 2 & -3 \end{pmatrix}$，可知

$$Q^{-1} = -\frac{1}{5}\begin{pmatrix} -3 & -1 \\ -2 & 1 \end{pmatrix},$$

可验证

$$Q^{-1}AQ = -\frac{1}{5}\begin{pmatrix} -3 & -1 \\ -2 & 1 \end{pmatrix}\begin{pmatrix} 2 & -1 \\ -6 & 3 \end{pmatrix}\begin{pmatrix} 1 & 1 \\ 2 & -3 \end{pmatrix} = \begin{pmatrix} 0 & 0 \\ 0 & 5 \end{pmatrix} = B,$$

可知 A 相似于 B，Q 是相似变换矩阵.

定义 4.19 若方阵 A 可与对角阵相似，称方阵 A 可以**对角化**.

由定义可知，若方阵 A 与对角阵 $\boldsymbol{\Lambda}$ 相似，则满足 $\boldsymbol{\Lambda} = Q^{-1}AQ$，但并不是所有的方阵都与对角阵相似，若相似，则对角阵如何确定，其对应的相似变换矩阵又如何确定？方阵与对角阵相似需满足一定的条件.

定理 4.7 n 阶方阵 A 有 n 个互不相等的特征值 $\lambda_1, \lambda_2, \lambda_3, \cdots, \lambda_n$，则方阵 A 必能与对角阵 $\boldsymbol{\Lambda}$ 相似，且对角阵 $\boldsymbol{\Lambda}$ 主对角线上的元素为方阵 A 对应的特征值.

由定理 4.7 可知，若 n 阶方阵 A 有 n 个互不相等的特征值，则方阵 A 必能与对角阵 $\boldsymbol{\Lambda}$ 相似，其对角化的过程为：先要求出方阵的特征值 $\lambda_1, \lambda_2, \lambda_3, \cdots, \lambda_n$ 及特征值对应的特征向量 $x_1, x_2, x_3, \cdots, x_n$，而后将特征值写到对角阵的主对角线上，即

$$\boldsymbol{\Lambda} = \begin{pmatrix} \lambda_1 & & & \\ & \lambda_2 & & \\ & & \ddots & \\ & & & \lambda_n \end{pmatrix},$$

将特征值对应的特征向量写到对应的相似变换矩阵中即可，即 $Q = (x_1, x_2, \cdots, x_n)$.

若方阵 A 的特征值里有重根，则需满足重根所对应的齐次线性方程组中，自由未知量的个数等于重根的重数，则方阵 A 依然可以对角化，其对角化的方法类同于无重根的情形，若不满足条件则方阵 A 不能对角化.

如例 2 中 2 阶矩阵 A 有两个不同的特征值，则矩阵 A 可以对角化，其对应的对角阵为 $\boldsymbol{\Lambda} = \begin{pmatrix} -1 & 0 \\ 0 & 4 \end{pmatrix}$，相似变换矩阵为 $Q = \begin{pmatrix} -3 & 2 \\ 1 & 1 \end{pmatrix}$.

例 3 中矩阵 B 的特征值里有重根 $\lambda_1 = \lambda_2 = 1$，且 $\lambda_1 = \lambda_2 = 1$ 所对应的齐次线性方程组只有一个自由未知量 x_3，自由未知量的个数有 1 个与重根的个数 2 个不一致，所以矩阵 B 无法对角化.

例 4 判断矩阵 $C = \begin{pmatrix} 0 & 1 & -1 \\ -2 & 0 & 2 \\ -1 & 1 & 0 \end{pmatrix}$ 能否对角化，若能，求出对角阵及所用的相似变换阵.

解 由特征方程 $|C - \lambda E| = \begin{vmatrix} -\lambda & 1 & -1 \\ -2 & -\lambda & 2 \\ -1 & 1 & -\lambda \end{vmatrix} = -\lambda(\lambda^2 - 1) = 0$ 可得 C 的特征值为

153

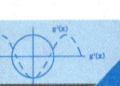

$\lambda_1 = -1$，$\lambda_2 = 0$，$\lambda_3 = 1$. 可知 3 阶方阵 C 有 3 个不同的特征值，则方阵 C 可对角化.

（1）把特征值 $\lambda_1 = -1$ 代入方程组 $(C - \lambda E)x = 0$ 中，即有 $(C + E)x = 0$，则

$$C + E = \begin{pmatrix} 1 & 1 & -1 \\ -2 & 1 & 2 \\ -1 & 1 & 1 \end{pmatrix} \rightarrow \begin{pmatrix} 1 & 1 & -1 \\ 0 & 3 & 0 \\ 0 & 2 & 0 \end{pmatrix} \rightarrow \begin{pmatrix} 1 & 1 & -1 \\ 0 & 1 & 0 \\ 0 & 0 & 0 \end{pmatrix} \rightarrow \begin{pmatrix} 1 & 0 & -1 \\ 0 & 1 & 0 \\ 0 & 0 & 0 \end{pmatrix},$$

得同解方程组 $\begin{cases} x_1 - x_3 = 0, \\ x_2 = 0, \end{cases}$ 令 $x_3 = 1$ 可得方程组的特解为 $\alpha_1 = \begin{pmatrix} 1 \\ 0 \\ 1 \end{pmatrix}$，则 α_1 为 $\lambda_1 = -1$ 的

特征向量；

（2）同理把 $\lambda_2 = 0$，$\lambda_3 = 1$ 分别代入方程组 $(C - \lambda E)x = 0$ 中，可得其对应的特征向量为

$$\alpha_2 = \begin{pmatrix} 1 \\ 1 \\ 1 \end{pmatrix}, \quad \alpha_3 = \begin{pmatrix} 1 \\ 4 \\ 3 \end{pmatrix},$$

记对角阵为 $\Lambda = \begin{pmatrix} -1 & 0 & 0 \\ 0 & 0 & 0 \\ 0 & 0 & 1 \end{pmatrix}$，那么相似对角阵为 $Q = \begin{pmatrix} 1 & 1 & 1 \\ 0 & 1 & 4 \\ 1 & 1 & 3 \end{pmatrix}$，

必有 $Q^{-1}CQ = \Lambda$，即 C 通过相似变换矩阵 Q 相似于 Λ，C 可对角化.

例 5 已知矩阵 $A = \begin{pmatrix} 1 & 6 \\ 1 & 2 \end{pmatrix}$，求 A^8.

解 由例 2 可知方阵 A 可以对角化，即存在可逆矩阵 $Q = \begin{pmatrix} -3 & 2 \\ 1 & 1 \end{pmatrix}$，使得 $\Lambda = Q^{-1}AQ$，其中 $\Lambda = \begin{pmatrix} -1 & 0 \\ 0 & 4 \end{pmatrix}$.

由 $\Lambda = Q^{-1}AQ$，可得 $A = Q\Lambda Q^{-1}$，则

$$A^2 = Q\Lambda Q^{-1}Q\Lambda Q^{-1} = Q\Lambda^2 Q^{-1},$$
$$A^3 = A^2A = Q\Lambda^2 Q^{-1}Q\Lambda Q^{-1} = Q\Lambda^3 Q^{-1}.$$

由此可推出 $A^8 = Q\Lambda^8 Q^{-1}$，由

$$\Lambda^2 = \begin{pmatrix} -1 & 0 \\ 0 & 4 \end{pmatrix}\begin{pmatrix} -1 & 0 \\ 0 & 4 \end{pmatrix} = \begin{pmatrix} (-1)^2 & 0 \\ 0 & 4^2 \end{pmatrix},$$

$$\Lambda^3 = \begin{pmatrix} (-1)^2 & 0 \\ 0 & 4^2 \end{pmatrix}\begin{pmatrix} -1 & 0 \\ 0 & 4 \end{pmatrix} = \begin{pmatrix} (-1)^3 & 0 \\ 0 & 4^3 \end{pmatrix},$$

可知

$$\Lambda^8 = \begin{pmatrix} (-1)^8 & 0 \\ 0 & 4^8 \end{pmatrix} = \begin{pmatrix} 1 & 0 \\ 0 & 4^8 \end{pmatrix},$$

计算知

$$A^8=QΛ^8Q^{-1}=Q=-\frac{1}{5}\begin{pmatrix}-3&2\\1&1\end{pmatrix}\begin{pmatrix}1&0\\0&4^8\end{pmatrix}\begin{pmatrix}1&-2\\-1&-3\end{pmatrix}=\begin{pmatrix}26\ 215&78\ 642\\13\ 107&39\ 322\end{pmatrix}.$$

【数学实验】

实验 4-4　用 MATLAB 计算矩阵的特征值和特征向量

例　用 MATLAB 计算矩阵 $A=\begin{pmatrix}1&2&3\\3&2&1\\3&3&6\end{pmatrix}$ 的特征值与特征向量.

解　在 MATLAB 命令行窗口输入矩阵命令,如图 4-12 所示.

```
命令行窗口
>> A = [1,2,3;3,2,1;3,3,6]

A =

     1     2     3
     3     2     1
     3     3     6

fx >>
```

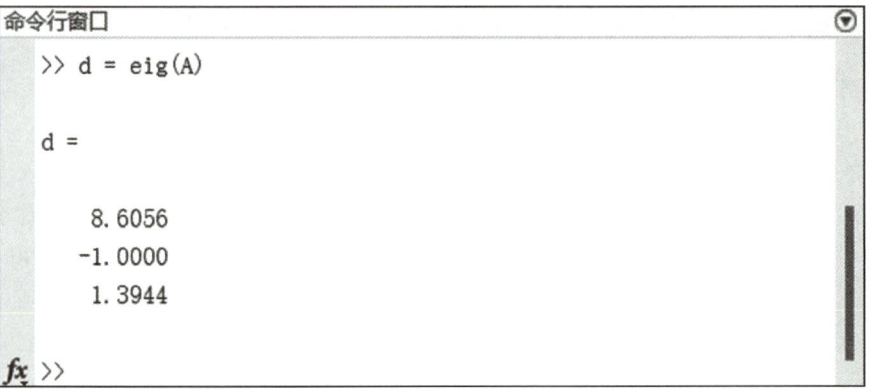

图 4-12

继续输入命令 d=eig(A)时,只能计算出矩阵的特征值,如图 4-13 所示.

```
命令行窗口
>> d = eig(A)

d =

    8.6056
   -1.0000
    1.3944

fx >>
```

图 4-13

在命令行窗口输入[V, D] = eig(A),可得特征值与特征向量,如图 4-14 所示.

图 4-14

其中 D 为特征值,V 为特征值所对应的特征向量.

习题 4.4

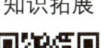

1. 已知 $\lambda = -1$ 为矩阵 $\boldsymbol{A} = \begin{bmatrix} -2 & 1 & 1 \\ 0 & 2 & 0 \\ -4 & 1 & 3 \end{bmatrix}$ 的一个特征值,求 $\boldsymbol{A}$ 的其余特征值.

2. 求矩阵 $\boldsymbol{A} = \begin{pmatrix} 1 & 0 \\ 2 & 3 \end{pmatrix}$ 的特征值与特征向量.

3. 使用 MATLAB 求矩阵 $\boldsymbol{A} = \begin{bmatrix} 2 & 0 & 3 \\ 0 & 1 & 4 \\ 0 & 0 & 3 \end{bmatrix}$ 的特征值与特征向量.

4. 随着社会经济的发展,人的职业不再是一成不变的.假设城市中的 30 万就业人员中,当前约有 15 万人从事农业,9 万人从事工业,6 万人经商;在从事农业的人员之中,每年约有 20% 改为从事工业,10% 改为经商;在从事工业的人员之中,每年约有 20% 改为从事农业,10% 改为经商;在经商人员之中,每年约有 10% 改为从事农业,10% 改为从事工业.请问经过 100 年之后,从事各行业人员总数分别是多少?

156

CHAPTER 5

第 5 章
优化与博弈

最优化研究合理运用人力、物力、财力等资源的最佳方案,在满足约束条件的前提下提高系统的效益和效率.本章从生活案例引入优化问题,重点介绍线性规划模型及其求解方法.

博弈论是研究多个决策主体相互影响相互作用的优化问题.本章将介绍博弈论的基础概念、完全信息静态博弈和动态博弈的纳什均衡及其在生活中的应用等.

5.1 最优化模型

5.1.1 生活中的最优化

1. 最优化的概念

在生活中,常常需要作出决策,合理决策能对方案产生优化的效果.下面通过案例"荒岛求生记"来分析这一优化效果.

例 1(荒岛求生记)　滨滨和图图爱好探险,在一次探险中不小心漂流到一座环境恶劣的孤岛上.假设岛上只能获得小鱼和野果两种食物,如果用 1 h 抓鱼,滨滨可以抓到 1 条小鱼,而图图可以抓 2 条;如果用 1 h 采野果,滨滨可以采到 5 枚野果,而图图可以采到 6 枚.他们抓鱼和采野果 1 h 的收获见表 5-1.

表 5-1

人物	小鱼/条	野果/枚
滨滨	1	5
图图	2	6

夜晚有野兽出没,滨滨和图图晚上需要回到山洞防止遭到野兽的攻击,因此,每天只有 8 h 的时间可以用来抓鱼和采野果.两个人既想吃小鱼又想吃野果,于是每天分别花费 4 h 抓鱼,4 h 采野果,过着自给自足的生活.两人一天的收获见表 5-2.

表 5-2

人物	小鱼/条	野果/枚
滨滨	4	20
图图	8	24

由于野外环境和技术条件的限制,他们抓到的鱼和采到的野果都很小,滨滨和图图在饥饿中度过了一天又一天,他们非常希望在现有的条件下增加自己的收获,请想办法帮助他们.

在荒岛上,工作时间和技术条件是既定的约束条件,两人的决策变量只能是每天安排多少时间抓鱼和采野果.尽管滨滨两项工作的效率都低于图图,但他采野果的效率比抓鱼相对有优势一些.因此,对他们作分工:滨滨专职做"果农"负责采野果,而图图主职做"渔夫",兼职做"果农"两个职业.分工之后,两人再根据市场价值交换自己的收获.

这里给出一个方案:滨滨用 8 h 采野果;图图用 7 h 抓鱼、1 h 采野果.然后,滨滨用 19 枚野果与图图换 5 条鱼.两人交换前后的收获见表 5-3.

表 5-3

交换前	小鱼/条	野果/枚	交换后	小鱼/条	野果/枚
滨滨	0	40	滨滨	5	21
图图	14	6	图图	9	25

以上这种方案在不延长工作时间和不依赖技术进步的前提下,成功实现了个体和总体效益的增加.在原先 12 条小鱼和 44 枚野果的基础上增加 2 条鱼和 2 枚野果,鱼的收获和野果的收获分别提升了 16.67% 和 4.55%,从社会总财富的角度看,这是一个了不起的进步.例 1 所展示的方案改进工作,在数学上称为最优化.

定义 5.1 **最优化问题**是指在约束条件下,决策某些可控制变量的取值,使得决策目标达到最优的问题.其一般形式为

$$\min f(x),$$
$$\text{s.t. } x \in X, \tag{5-1}$$

其中,x 是决策变量(可以是向量),$f(x)$ 是目标函数,集合 X 表示约束条件.

2. 离散型最优化

在例 1 中,滨滨和图图的决策变量是每天安排几个小时抓鱼和采果,变量值是作为离散型变量考虑的,称这类优化问题为**离散型最优化问题**.常见的离散型最优化问题有图论、动态规划、整数规划等.下面介绍图论及动态规划.

158

（1）图论中的最优化

图论以图为研究对象,是研究离散结构模型的一种重要工具.图论中的最小树问题、最短有向路问题、最大流问题和最小费用流问题都是最优化问题,在生活中应用广泛.

我国著名数学家华罗庚在《统筹方法平话》中举过一个泡茶待客的例子,类似于最小费用流问题.讲的是家里来了客人,需要泡茶接待,如何最节省时间.

例2（统筹方法） 现需要泡茶招待客人,当时的情况是:开水没有;烧水壶、茶壶、茶杯要洗;火已生了,茶叶待拆封.把水烧开需要 15 min;清洗烧水壶需要 1 min,洗茶壶需要 2 min,洗茶杯需要 1 min;取茶叶需要 1 min,怎么安排最节省时间? 下面提供甲、乙、丙三种办法供选择:

办法甲:洗好烧水壶,灌上凉水,放在火上;在等待水开的时间里,洗茶壶、洗茶杯、取茶叶;等水开了,泡茶喝.

办法乙:先做好一些准备工作,洗烧水壶,洗茶壶和茶杯,取茶叶;一切就绪,灌水烧水;坐待水开了泡茶喝.

办法丙:洗烧水壶,灌上凉水,放在火上,坐待水开;水开了之后,急急忙忙取茶叶,洗茶壶和茶杯,泡茶喝.

显而易见,第一种办法好,后两种办法都窝了工,下面借助图论分析该问题.

解 烧水壶不洗,不能烧开水,因而洗烧水壶是烧开水的前提.没开水、没茶叶、不洗茶壶和茶杯,就不能泡茶,因而这些又是泡茶的前提.它们的相互关系如图 5-1 所示.

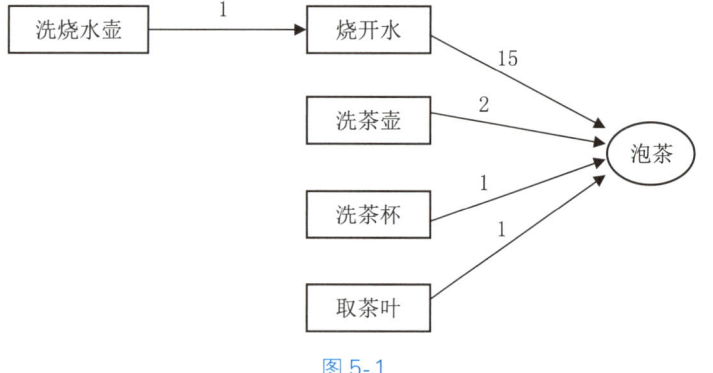

图 5-1

箭头上的数字表示行动所需要的时间,例如 $\xrightarrow{15}$ 表示从把水壶放在火炉上到烧开需要 15 min 时间.办法甲总共需要 16 min(而办法乙、丙需要 20 min).如果要缩短工时并提高工作效率,应当集中在等着把水烧开的时间内可以做并行的事情这个环节.洗茶壶和茶杯、取茶叶总共不过 4 min,大可利用"等水开"的时间来做.

求解最小费用流问题有比较成熟的数学算法,本节不作深入探讨,只需了解生活中的图论模型即可.

（2）动态规划

例3（背包问题） 图图在山洞里发现了传说中的宝藏,他对宝藏的价值非常熟悉,很想带走所有贵重的物品,但是他的背包承重有限.图图需要决策把哪些物品装进背包既不

超重又能使得背包内物品价值最大,这就是著名的背包问题,转化为数学语言是:

将 n 种物品装入最大承重 w 的背包,第 i 种物品的重量记为 w_i、价格记为 f_i,$i=1$,2,$\cdots$,n.每种物品都可以选择装入或者不装入背包,背包内物品的总重量不得超过 w.应如何选择物品以使得背包内物品价值 f 最高?

解 如果只有 1 种物品,很容易求解:超重则不装入背包,不超重则装入背包.将 1 件物品的情况作为递推关系的初始条件:

$$f_1(w)=\begin{cases}f_1, & w_1\leqslant w,\\ 0, & w_1>w.\end{cases}$$

进而分析"将第 i 件物品装入承重 w 的背包中"这个子问题.建立"已考虑前 i 件物品哪些装入背包内价值最大"的状态转移方程:

$$f_i(w)=\begin{cases}\max\{f_{i-1}(w),\ f_{i-1}(w-w_i)+f_i\}, & w_i\leqslant w,\\ f_{i-1}(w), & w_i>w.\end{cases}$$

这个方程的含义是:若第 i 件物品的重量 w_i 超过整个背包承重 w,则背包内物品不动,即 $f_i(w)=f_{i-1}(w)$(已考虑前 i 件物品最大价值与已考虑前 $i-1$ 件物品的背包价值相同);若第 i 件物品的重量 w_i 不超过背包承重 w,可以选择在背包内装入第 i 件物品(使剩余的承重减少),背包价值为承重 $w-w_i$ 条件下考虑了前 $i-1$ 件物品的最大价值与第 i 件物品价值之和 $f_{i-1}(w-w_i)+f_i$,需要与不装入第 i 件物品的背包价值 $f_{i-1}(w)$ 比较大小来权衡是否装入第 i 件物品,取两者的最大值即 $f_i(w)=\max\{f_{i-1}(w),\ f_{i-1}(w-w_i)+f_i\}$.

递推关系迭代到 $i=n$ 终止,背包问题得以解决.

求解背包问题的状态转移方程是一种递推关系,这是研究动态规划的重要思路.动态规划研究多阶段决策问题,它的决策过程可以分为若干个相互联系的阶段,每一阶段的决策决定了本阶段的效益和下一阶段的初始状态,这样产生的决策序列将使得各阶段的效益总和达到最优.

枚举法是求解离散型优化问题的常见方法,背包问题的枚举法运算量依赖于物品数量 n,其运算量是 2^n 级别的.通常,离散型优化问题的求解难度大于连续型最优化问题.

3. 连续型最优化

生活中的决策变量不仅有离散型,还有连续型,请考察以下问题:

问题 1 已知函数 $y=2x-3x^{\frac{2}{3}}$,试判断函数的单调区间和极值点.

问题 2 靠墙围一间矩形小屋,现存材料只够围成 20 m 长的墙,问围成的矩形小屋的长和宽各是多少时,其面积最大?

上述两个问题的决策变量是连续的,称这类优化问题为**连续型最优化问题**,在第 2 章已有介绍.连续型最优化问题的范畴很广,以前学习的极值问题、线性规划等都是连续型最优化问题.下面探讨一下连续性最优化在数据拟合中的应用——最小二乘法.

例 4(最小二乘法) 在工作或生活当中,常常需要利用已知数据分析变量之间的关系.例如,某研究所基于长期的观测,取得了 n 组繁殖数量和温度的实验数据(f_i, t_i),$i=1, 2, \cdots, n$.研究人员推测某微生物的繁殖速度与温度的存在如下的函数关系

$$f(t) = a + bt + e^{ct},$$

其中 a, b, c 是待定系数.请建立优化模型确定 a, b, c 的值,使得理论值尽可能地接近观测值.

解 这是一个数据拟合问题,即通过拟合一条曲线逼近观测数据.繁殖数量的观测值 f_i 与理论值 $f(t_i)$ 之间可能存在偏差 $f_i - (a + bt_i + e^{ct_i})$.

解题方法是基于最小二乘法原理,选择合适的 a, b, c 求以下函数的最小值:

$$\min_{a, b, c} \sum_{i=1}^{n} \left[f_i - (a + bt_i + e^{ct_i}) \right]^2.$$

例 4 的模型只有目标函数没有约束条件,称之为**无约束优化问题**,记作 $\min\limits_{x \in \mathbf{R}^n} f(x)$.求解无约束优化问题,通常使用最速下降法和牛顿法.

约束优化问题求解起来要比无约束优化复杂,投影梯度法是最速下降法对线性约束优化问题的推广,罚函数方法、乘子法和序列二次规划方法是常用的求解非线性约束优化问题的方法.这些方法较为复杂,不作详细的介绍.

5.1.2 线性规划模型

当优化问题的目标函数和约束条件都是线性函数时,称之为**线性规划问题**,它具有经典、有效的求解方法.线性规划问题的一般形式为

$$\min z = c_1 x_1 + c_2 x_2 + \cdots + c_n x_n,$$
$$\text{s.t.} \begin{cases} a_{i1} x_1 + a_{i2} x_2 + \cdots + a_{in} x_n = b_i, & i = 1, \cdots, p, \\ a_{i1} x_1 + a_{i2} x_2 + \cdots + a_{in} x_n \geqslant b_i, & i = p+1, \cdots, n, \\ x_j \geqslant 0, & j = 1, \cdots, q. \end{cases} \tag{5-2}$$

其中 z 为目标函数,$\boldsymbol{c} = (c_1, c_2, \cdots, c_n)^{\mathrm{T}}$ 为价值向量,min 读作"最小化".x_j 为待定的决策变量,当 $j = 1, \cdots, q$ 时,$x_j \geqslant 0$ 表示 q 个非负变量,当 $j = q+1, \cdots, n$ 时,x_j 为自由变量.s.t.表示 subject to,读作"使得",符号 s.t.后面的等式和不等式共同构成了约束条件.下文将举例说明建立线性规划模型的步骤.

1. 引例

例 5(棋子问题) 某作坊生产国际象棋,一套小型棋子耗费 1 kg 象棋木料,一套大型棋子耗费 3 kg 象棋木料.小型棋子具有较高的雕刻复杂度需要设备加工 3 h,而大型棋子只需要加工 2 h.作坊有 4 名工人和 4 台加工设备,工人每周工作 40 h,即每周总工时为 160 h.而象棋木料很稀缺,每周只能得到 200 kg.

如果出售一套小型棋子可以获得利润 50 元,出售一套大型棋子可以获得利润 200 元.问作坊每周应该加工两种棋子各多少套,才可以获得最大利润?请建立该问题的线性规划模型.

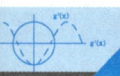
高等应用数学
GAODENG YINGYONG SHUXUE

2. 建立线性规划模型的一般步骤

（1）定性分析问题

首先,确定问题的目标,选取影响目标的关键因素,厘清分析关键因素的限制条件.通过列出目标、变量、条件等对问题进行"画像",问题将由模糊渐渐明朗.

然后,明辨该问题的目标是不是最大化或者最小化?是不是存在可控制变量?限制条件有哪些?进而可以判断该问题是不是一个线性规划问题.

（2）设定决策变量

在以上定性分析问题的基础上,对照问题和"模型画像"作必要且合理的假设,列出全部可控制的关键因素,将它们定量描述为决策变量,通常用字母 x_1, x_2, $\cdots$, x_n 来表示.

（3）构造目标函数

线性规划的目标用一次函数来描述,通常表示为 $z = c_1 x_1 + c_2 x_2 + \cdots + c_n x_n$.在模型中,还需要考虑最大化目标还是最小化目标,最大化目标将符号 max 写在目标函数左边,最小化则使用符号 min,同样写在目标函数左边.

（4）补充约束条件

生活中的许多问题都受到一些条件的限制,如果这些条件能够用线性等式或者不等式表示,则可作为线性规划的约束条件.建立模型时,需要审慎分析问题,不可遗漏约束条件.

（5）建立数学模型

以上五步从定性到定量地刻画了问题的决策变量、目标条件和约束条件,将之按照式(5-2)的格式书写,即可建立线性规划问题的数学模型.

3. 棋子问题建模

对于例 5 中的棋子问题,建立线性规划模型.

解 目标是最大化利润,决策变量是生产小型棋子的套数和大型棋子的套数,约束条件是工时和象棋木料.经检验,这些变量可以用线性函数、线性等式和线性不等式表示.

设作坊每周生产 x_1 套小型棋子,x_2 套生产大型棋子.如果生产的棋子可以成功出售,目标函数可以表示为 $z = 50 x_1 + 200 x_2$.决策变量 x_1, x_2 的取值受到一定的时间约束和资源约束.

一周内生产 x_1 套小型棋子,x_2 套大型棋子需要的工时为 $3 x_1 + 2 x_2$(h),它受到时间约束.假设在生产过程中工人正常上班、机器未发生故障,为方便起见忽略不计小型棋子和大型棋子生产转化时耗费的时间.得到约束条件 $3 x_1 + 2 x_2 \leqslant 160$.

此外,一周只能获得 200 kg 象棋木料,假设生产象棋的消耗已经考虑了损耗的废料.得到资源约束条件 $x_1 + 3 x_2 \leqslant 200$.于是,棋子问题的线性规划模型为

$$\max z = 50 x_1 + 200 x_2,$$
$$\text{s.t.} \begin{cases} 3 x_1 + 2 x_2 \leqslant 160, \\ x_1 + 3 x_2 \leqslant 200, \\ x_1 \geqslant 0, \ x_2 \geqslant 0. \end{cases} \tag{5-3}$$

注:该模型最后一行 $x_1 \geqslant 0$,$x_2 \geqslant 0$ 是非负约束,这是因为木匠作坊生产棋子的套数

162

不能为负.式(5-3)的目标函数、约束条件中变量的次数都是 1 次的,属于线性规划模型.

4. 线性规划的概念

定义 5.2 线性规划问题是指在一些线性等式或不等式的约束之下,求线性函数的最大值或最小值的问题.在数学上,将线性规划的英文 Linear Programming 简记为 LP,LP 问题有决策变量、目标函数和约束条件三个要素.

例 6(营养问题) 人体每天需要一定量的营养 V 和 W,这些营养可分别从两种不同的食物中得到,例如牛奶和面包.假设牛奶单价为 3 元,面包单价为 2.5 元,人体对这两种营养的日需求以及这些食物每单位量中两种营养的含量,见表5-4.

表 5-4

营养	牛奶中含量	面包中含量	日需求
V	2	4	40
W	3	2	50

请建立模型,分析每天应食用多少单位的牛奶和面包最省钱且满足人体对这两种营养的日需求.

解 设每天食用牛奶 x_1(单位量)和面包 x_2(单位量),则满足营养最低需求的关系可用下列不等式组表示:

$$\begin{cases} 2x_1+4x_2\geqslant40, \\ 3x_1+2x_2\geqslant50, \\ x_1\geqslant0, \\ x_2\geqslant0. \end{cases}$$

问题是要在满足营养需求的前提下使费用 $P=3x_1+2.5x_2$ 最低.于是,问题可表示为

$$\min 3x_1+2.5x_2,$$

$$\text{s.t.}\begin{cases} 2x_1+4x_2\geqslant40, \\ 3x_1+2x_2\geqslant50, \\ x_1\geqslant0, \ x_2\geqslant0. \end{cases} \tag{5-4}$$

例 7(银行资金管理) 2023 年 3 月,某银行吸收活期及定期存款共 2.5 亿元,银行可将这些资金用于借款或购买证券,为应付计划外提款,银行总要使其可即时兑现的证券占总动用资金的 20% 以上,由于借贷是银行最重要的经营活动,为满足借贷市场的需求,借贷额应保持一定的水平,要求可供借贷的款项不低于 1 亿元.从当前市场情况看,银行从借贷及证券的投资收益分别是 5% 及 3%.试在上述条件下,建立模型来确定银行应如何分配使用其资金以使收益最大.

解 设银行用于借贷的资金共 x_1 亿元,银行购买可即时兑现证券的资金 x_2 亿元.

显然,$x_1\geqslant0$ 及 $x_2\geqslant0$.因总资金有 2.5 亿元,故 $x_1+x_2\leqslant2.5$,即动用资金的总量 x_1+x_2 不能超过其拥有的总资金.

考虑到购买证券的资金要不低于动用资金的 20%,此为 $x_2\geqslant0.2(x_1+x_2)$,即

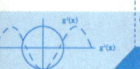

高等应用数学
GAODENG YINGYONG SHUXUE

$$x_1 - 4x_2 \leqslant 0.$$

又因要求可供借贷的款项不低于 1 亿元,即 $x_1 \geqslant 1$.于是,银行资金的使用必须满足不等式组

$$\begin{cases} x_1 + x_2 \leqslant 2.5, \\ x_1 - 4x_2 \leqslant 0, \\ x_1 \geqslant 1, \ x_2 \geqslant 0. \end{cases}$$

在此前提下,使银行的收益 $0.05x_1 + 0.03x_2$ 最大化:

$$\max 0.05x_1 + 0.03x_2,$$
$$\text{s.t.} \begin{cases} x_1 + x_2 \leqslant 2.5, \\ x_1 - 4x_2 \leqslant 0, \\ x_1 \geqslant 1, \ x_2 \geqslant 0. \end{cases} \tag{5-5}$$

建立模型是求解线性规划问题的基础,5.2 节将进一步介绍如何求解模型.

【数学实验】

实验 5-1　使用 MATLAB 求解无约束优化问题

1. 求解无约束优化问题的命令

在 MATLAB 优化工具箱中,fminunc 命令可以求解无约束优化问题,该命令提供了大型优化和中型优化算法.由选项 options 中的参数 LargeScale 控制,LargeScale ＝ 'on'(默认值),即使用大型算法;LargeScale ＝ 'off'(默认值),即使用中型算法.fminunc 命令为中型算法的搜索方向提供了 3 种算法:拟牛顿法的 DFP 公式、拟牛顿法的 BFGS 公式和最速下降法.fminunc 命令的调用格式如下:

> (1) [x, fval] = fminunc(fun, x0);
> (2) [x, fval] = fminunc(fun, x0, options).

2. 编程举例

例 8　用 MATLAB 优化工具箱求无约束优化问题:

$$\min 3x_1^2 + 2x_1x_2 + x_2^2 - 4x_1 + 5x_2.$$

解　(1)编写 m 文件创建目标函数,如图 5-2 所示.

```
编辑器 - E:\matlab\funt1.m

funt1.m    1    function f = funt1(x)
           2    f = 3*x(1)^2 + 2*x(1)*x(2) + x(2)^2 - 4*x(1) + 5*x(2);
```

图 5-2

164

（2）在 MATLAB 命令行窗口调用 fminunc，在[1，1]附近处搜索目标函数的最小值，如图 5-3 所示．

```
命令行窗口
>> x0 = [1, 1];
>> [x, fval] = fminunc('funt1', x0)

Local minimum found.

Optimization completed because the size of the gradient is less than
the value of the optimality tolerance.

<stopping criteria details>

x =

    2.2500    -4.7500


fval =

  -16.3750
```

图 5-3

即 $x_1 = 2.25$，$x_2 = -4.75$ 时，目标函数最小，最小值为 -16.375．

例 9　用不同算法求无约束优化问题：

$$\min 100(x_2 - x_1^2)^2 + (1 - x_1)^2.$$

解　采用 fminunc 提供的 3 种算法：拟牛顿法的 DFP 公式、拟牛顿法的 BFGS 公式和最速下降法，编写 m 文件主程序，如图 5-4 所示．

```
编辑器 - E:\matlab\ex7_9.m
ex7_9.m ×
 1   clc, clear
 2   %初始点设置为[-1, 2]，并创建目标函数
 3   x0 = [-1, 2];
 4   fun = @(x) 100*(x(2)-x(1)^2)^2+(1-x(1))^2;
 5   oldoptions=optimset('fminunc');
 6   %采用中型优化算法
 7   options = optimset(oldoptions, 'LargeScale', 'off');
 8   %拟牛顿法的DFP公式
 9   options11 = optimset(options, 'HessUpdate', 'dfp');
10   [x11, fval111] = fminunc(fun, [-1, 2], options11)
11   %拟牛顿法的BFGS公式
12   options22 = optimset(options, 'HessUpdate', 'bfgs');
13   [x22, fval122] = fminunc(fun, [-1, 2], options22)
14   %最速下降法
15   options33 = optimset(options, 'HessUpdate', 'steepdesc');
16   [x33, fval133] = fminunc(fun, [-1, 2], options33)
17
```

图 5-4

运行结果见表 5-5.

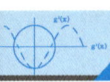

高等应用数学
GAODENG YINGYONG SHUXUE

表 5-5

算　法	最优解	最优值
拟牛顿法的 DFP 公式	$(-1.181\,9, 1.336\,6)$	$5.124\,6$
拟牛顿法的 BFGS 公式	$(1.000\,0, 1.000\,0)$	$1.226\,2 \times 10^{-10}$
最速下降法	$(-1.229\,2, 1.499\,9)$	$4.981\,5$

可以看出,对于该问题拟牛顿法的 BFGS 公式计算结果明显好于拟牛顿法的 DFP 公式和最速下降法.

习题 5.1

1. 选择:

(1) 最优化问题的一般形式为(　　).

A. $\min f(x)$　　　　B. $\max f(x)$　　　　C. $\begin{aligned} &\min f(x) \\ &\text{s.t. } x \in X \end{aligned}$　　　　D. $f(x), x \in X$

(2) 下列有关优化问题的描述正确的是(　　).

A. 离散型优化问题都可以用枚举法快速求解

B. 连续型优化问题一定是线性规划

C. 有约束优化问题一定是对连续变量设定约束条件

D. 离散型优化问题和连续型优化问题不是优化问题的唯一分类标准

2. 一般地,线性规划模型含有_____变量、_____函数和约束条件三个要素.

3. 某地区遭受特大洪水灾害,政府决定打开防洪闸泄洪.该地区共有防洪闸 150 个,东、西部各 75 个,东部每个防洪闸的排水量为 $1\,500$ m³/s,西部每个放水闸的排水量为 800 m³/s.由于开启闸门,洪水经过运河过市区才能入海,存在淹没市区的风险.因此,要求东部开启闸门个数不得超过 80 个,西部开启闸门数不得超过 70 个,总共不得超过 140 个.请建立线性规划模型用于分析如何开启闸门才能使单位时间内泄洪流量最大.

4. 某工厂用三种原料 A_1, A_2, A_3 来生产三种产品 B_1, B_2, B_3,三种产品的单位产品利润分别为 3 万元,2 万元,5 万元,其他已知条件见表 5-6,请建立线性规划模型,分析如何生产可使总利润最大.

表 5-6

原料	单位产品所需要原料数量			
	产品 B_1/kg	产品 B_2/kg	产品 B_3/kg	原料可用量(kg/天)
A_1	2	5	0	160
A_2	0	1	2	100
A_3	3	1	6	200

166

第 5 章
优化与博弈

5.2 线性规划问题的解法

建立线性规划模型是分析实际问题的理论基础,探索线性规划的解法则是解决实际问题的关键.求解线性规划是从满足约束函数的点集中,选出使目标函数值最优的点.求解线性规划的方法有很多,常用的有图解法、单纯形法、内点算法和一些智能算法.下面着重介绍图解法和单纯形法.

5.2.1 图解法

对于只涉及两个变量的线性规划问题,能够在平面直角坐标系画出满足其约束条件的区域,进而根据目标函数的几何意义求解.

1. 线性不等式组的几何表示

用不等号联结两个表达式而成的关系式,称为**不等式**,如 $3x+3\leqslant1$, $2x^2+1>4x-1$ 等.使关系式成立的未知数的值称为**不等式的解**.

称式中变量均为一次幂的不等式为**线性不等式**,如 $3x+2\leqslant1$, $2x+y\leqslant5$, $x_1+x_2>4$ 等.

例 1 用几何方法表示不等式 $2x+y\leqslant6$ 的解集.

解 首先画出平面直角坐标系,作直线 $2x+y=6$ 的图像,如图 5-5 所示.这条直线将平面分成两半,一个半平面在直线的左侧,另一个半平面在直线的右侧.

直线上的点都满足 $2x+y=6$,而两个半平面的点或使得 $2x+y>6$,或使得 $2x+y<6$.为此,任取直线外一点检验,如原点处:$2\times0+0=0<6$,故含有原点的那个半平面上的点全部满足 $2x+y<6$.

综上所述,不等式 $2x+y\leqslant6$ 的解集如图 5-5 阴影部分所示(包括直线 $2x+y=6$).

若同时考虑几个线性不等式,并作为一个整体对待,称为**线性不等式组**.

例 2 试在直角坐标系上表示线性不等式组 $\begin{cases} 2x+y\leqslant6, \\ x+3y\leqslant15, \\ x\geqslant0,\ y\geqslant0 \end{cases}$ 的解集.

解 该不等式组由四个不等式联立而成,其中第一个不等式的解集已由图 5-5 给出,第三个、第四个不等式 $x\geqslant0$ 和 $y\geqslant0$ 将解集限定在第一象限(含坐标轴).第二个不等式是以 $x+3y=15$ 为界包含原点的半闭平面,于是该不等式的解集为图 5-6 所示的凸四边形

（含边界）.

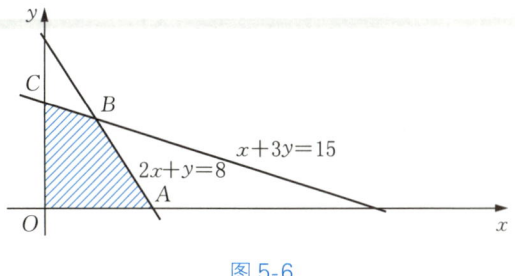

图 5-6

2. 图解法

求解线性规划,是从满足约束条件的点中选出使目标函数达到最优的点(解).满足约束条件的点称为**可行点**(可行解),全体可行点组成的集合称为线性规划问题的**可行域**,使目标函数达到最优的可行解称为**最优解**.

例3 使用图解法求解线性规划问题:

$$\max 3x+2y,$$
$$\text{s.t.}\begin{cases}2x+y\leqslant 6,\\x+3y\leqslant 15,\\x,y\geqslant 0.\end{cases}\tag{5-6}$$

解 本题的可行域如图 5-7 所示,在可行域中寻找最优解需考虑目标函数的值,因此,过可行点作目标函数的等值线.

可以看出,这是一族平行的直线,且处于较右的等值线上目标函数法较大,故在点 B 处取最优值.

联立 $\begin{cases}2x+y=6,\\x+3y=15,\end{cases}$ 解得 $\begin{cases}x^*=\dfrac{3}{5},\\y^*=\dfrac{24}{5},\end{cases}$ 为线性规划的最

优解,此时 $z^*=3x^*+2y^*=\dfrac{57}{5}$.

图解法求解线性规划问题的一般步骤是

(1) 分析约束条件,画出平面直角坐标系;

(2) 画出不等式对应的半平面,半平面的交集是可行域;

(3) 若可行域是空集,则线性规划问题无解;若可行域非空,过可行点画出目标函数的等值线;

(4) 如果求最大值,向上平移等值线到可行域最上方,该处的交点即最优解,若等值线可以无限向上平移,则问题无解;同理可以解决求最小值的线性规划问题.

168

5.2.2 单纯形法

1. 线性规划的标准形式

图解法只能求解含两个变量的线性规划问题,而实际问题中可能含有更多的变量,这限制了线性规划模型的应用范围.直到 1947 年,G.B.Dantzig 提出了单纯形法,才使得线性规划的理论趋向成熟、应用日益广泛.

考虑到需要引入更多的变量,为简明起见,将式(5-6)改写为

$$\max 3x_1 + 2x_2,$$
$$\text{s.t.} \begin{cases} 2x_1 + x_2 \leqslant 6, \\ x_1 + 3x_2 \leqslant 15, \\ x_1, x_2 \geqslant 0. \end{cases} \tag{5-7}$$

式(5-7)是很常见的线性规划问题,这类模型称为**线性规划的典型式**:

$$\max \boldsymbol{c}^{\mathrm{T}} \boldsymbol{x},$$
$$\text{s.t.} \begin{cases} \boldsymbol{A}\boldsymbol{x} \leqslant \boldsymbol{b}, \\ \boldsymbol{x} \geqslant \boldsymbol{0}. \end{cases} \tag{5-8}$$

其中:

$\boldsymbol{x}^{\mathrm{T}} = (x_1, x_2, \cdots, x_n).$ $x_1, x_2, \cdots, x_n$ 为线性规划问题的 n 个决策变量.

$\boldsymbol{c}^{\mathrm{T}} = (c_1, c_2, \cdots, c_n).$ $c_1, c_2, \cdots, c_n$ 是目标函数的价值系数.

$\boldsymbol{b}^{\mathrm{T}} = (b_1, b_2, \cdots, b_m).$ $b_1, b_2, \cdots, b_m$ 是 m 个约束条件的约束常数.

$\boldsymbol{0}$ 是 n 维零向量,$\boldsymbol{A} = (a_{ij})$ 是 $m \times n$ 矩阵,元 a_{ij} 是第 i 个约束条件中变量 x_j 的系数.

在式(5-8)中,$n = m = 2$,$\boldsymbol{x} = (x_1 \quad x_2)^{\mathrm{T}}$,$\boldsymbol{c} = (3 \quad 2)^{\mathrm{T}}$,$\boldsymbol{b} = (6 \quad 15)^{\mathrm{T}}$,$\boldsymbol{A} = \begin{pmatrix} 2 & 1 \\ 1 & 3 \end{pmatrix}$.

单纯形法要求把线性规划的典型式转化为标准形式,标准形式的特征为

(1) 目标函数为极大化类型;

(2) 约束条件都是等式;

(3) 约束方程右端常数项是非负的;

(4) 所有决策变量都是非负的.

下面将式(5-7)化为标准形式.

首先,对两个约束不等式添加非负松弛变量 x_3 和 x_4,使成等式约束:

$$\begin{cases} 2x_1 + x_2 + x_3 = 6, \\ x_1 + 3x_2 + x_4 = 15, \end{cases} \tag{5-9}$$

其中 $x_3, x_4 \geqslant 0$,x_3 用于填补 $2x_1 + x_2$ 与 6 之间的差距,而 x_4 用来填补 $x_1 + 3x_2$ 与 15 的差距.

注:如果约束条件中出现 $\geqslant$,则该不等式需要引入剩余变量,左端减去剩余变量使之和右端相等.

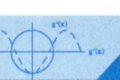

高等应用数学
GAODENG YINGYONG SHUXUE

由于式(5-8)已经是极大化问题,其标准形式为

$$\max 3x_1 + 2x_2,$$

$$\text{s.t.} \begin{cases} 2x_1 + x_2 + x_3 = 6, \\ x_1 + 3x_2 + x_4 = 15, \\ x_1, x_2, \cdots, x_4 \geqslant 0. \end{cases} \tag{5-10}$$

2. 线性规划的单纯形表

单纯形法是通过单纯形表来演绎在可行域中寻找最优解的过程.

例4 使用单纯形法求解线性规划问题(5-10).

解 首先,写出初始单纯形表:

x_1	x_2	x_3	x_4	x_0
2	1	1	0	6
1	3	0	1	15
-3	-2	0	0	0

在初始单纯形表中,第一行是属性行.横线以上的数据行恰好是约束方程组的增广矩阵.该矩阵最右边一列是常数项,第一列是变量 x_1 的系数,第2列是变量 x_2 的系数,以此类推.称横线下方的一行作检验行,它由目标函数系数的相反数排列而成,每一元为相应变量的检验数.

注: 对应于 x_0 这一列的不是检验数,它是此表对应基本可行解的目标函数值.

在单纯形表中,有些变量的系数能够组成单位矩阵,称这些变量为**基本变量**,而其他变量为非基本变量.称约束方程组的非基本变量取值零的解为约束方程组的**基本解**,若基本解的每个分量皆满足非负约束则称之为**基本可行解**.

对于这张初始单纯形表,对应的基本变量是 x_3 和 x_4,非基本变量是 x_1 和 x_2.令非基本变量 $x_1 = 0$,$x_2 = 0$,解方程组(5-9)得 $x_3 = 6$,$x_4 = 15$.于是,基本解为 $(0 \ \ 0 \ \ 6 \ \ 15)^{\mathrm{T}}$,它满足非负约束,是基本可行解,目标函数值是 $3 \times 0 + 2 \times 0 + 0 \times 6 + 0 \times 15 = 0$.

单纯形法需要反复执行以下操作:

(1) 在各检验数中考察取负值的那些元(若无负元,过程结束,已到最优解),并从中适当选一个来确定主元列(一般选绝对值最大的那个负检验数);

(2) 称此负元所在的列为主元列,计算该列正元(作分母)与最右列同一行的元(作分子)的比值,选出使比值最小的正元(若无正元,则 LP 无解);

(3) 以选出的正元为主元作 G-J 消元法,即将该列的主元化成1,其他元(包括检验数)全都消成零.

基于以上操作,现列表进行运算,结果如下(符号↑指明这一列被定为主元列,画框的元为主元):

170

第 5 章
优化与博弈

x_1	x_2	x_3	x_4		x_0
$\boxed{2}$	1	1	0		6
1	3	0	1		15
-3	-2	0	0		0

$\left(\text{因为}\dfrac{6}{2}<\dfrac{15}{1}\right)$

$\uparrow$

1	$\dfrac{1}{2}$	$\dfrac{1}{2}$	0		3
0	$\dfrac{5}{2}$	$-\dfrac{1}{2}$	1		12
0	$-\dfrac{1}{2}$	$\dfrac{3}{2}$	0		9

对于这张单纯形表,横线以上部分对应与原约束方程组同解的方程,由于这里的第 1、4 列组成 2 阶单位阵,所以 x_1 与 x_4 是基本变量,而 x_2 与 x_3 是非基本变量,令非基本变量取值零,即 $x_2=x_3=0$,从方程组可解得基本变量的值(从 x_0 名下这列可直接读出) $x_1=3$,$x_4=12$,于是,这张单纯形表对应的基本可行解是 $[3\ \ 0\ \ 0\ \ 12]^{\mathrm{T}}$,其目标函数值为 9.由于检验数尚有负值,需继续进行运算:

1	$\dfrac{1}{2}$	$\dfrac{1}{2}$	0		3
0	$\boxed{\dfrac{5}{2}}$	$-\dfrac{1}{2}$	1		12
0	$-\dfrac{1}{2}$	$\dfrac{3}{2}$	0		9

$\left(\text{因为}\dfrac{12}{\frac{5}{2}}<\dfrac{3}{\frac{1}{2}}\right)$

$\uparrow$

选取第 2 列的 $\dfrac{5}{2}$ 作为主元,进行 G-J 消元法得下表:

1	0	$\dfrac{3}{5}$	$-\dfrac{1}{5}$		$\dfrac{3}{5}$
0	1	$-\dfrac{1}{5}$	$\dfrac{2}{5}$		$\dfrac{24}{5}$
0	0	$\dfrac{7}{5}$	$\dfrac{1}{5}$		$\dfrac{57}{5}$

至此,检验数已无负元,故已达到最优解,称这样的单纯形表为**最优表**.从最优表可以看出,x_1,x_2 名下的第 1、2 列现构成单位阵,故是基本变量,余下的 x_3,x_4 就是非基本

171

变量.从最优表中可以读出基本变量 $x_1 = \dfrac{3}{5}$，$x_2 = \dfrac{24}{5}$，而非基本变量取值为 0，故对应的

基本可行解是 $\left(\begin{matrix} \dfrac{3}{5} & \dfrac{24}{5} & 0 & 0 \end{matrix}\right)^{\mathrm{T}}$．这个基本可行解的前两个数字是问题最优解，即 $x_1^* = $

$\dfrac{3}{5}$，$x_2^* = \dfrac{24}{5}$，而后两个数字 0 意味着松弛变量为 0，即最优解与两个约束不等式的关系是

以等式达成（达到边界）．而 x_0 名下这列最下面的数字 $\dfrac{57}{5}$ 正是此时目标函数的最优值.

综上所述，得到从最优表读出最优解的方法是：与 $\begin{pmatrix} 1 \\ 0 \end{pmatrix}$ 列对应的变量是 x_0 名下第 1 个值，

与 $\begin{pmatrix} 0 \\ 1 \end{pmatrix}$ 列对应的变量是 x_0 名下第 2 个值，而 x_0 名下最后这个值就是相对应的目标函数值.

前面提及，每张单纯形表都对应着一个基本可行解.上列三张表对应于线性规划问题
［式（5-10）］的约束方程组的基本可行解，可依次读出，为

$$\begin{pmatrix} 0 \\ 0 \\ 6 \\ 15 \end{pmatrix},\ \begin{pmatrix} 3 \\ 0 \\ 0 \\ 12 \end{pmatrix},\ \begin{pmatrix} \dfrac{3}{5} \\ \dfrac{24}{5} \\ 0 \\ 0 \end{pmatrix}.$$

第一个基本可行解是 $x_1 = 0$，$x_2 = 0$，$x_3 = 6$，$x_4 = 15$；若对照图 5-7 看，这个基本可行
解的 x_1，x_2 值是 $\begin{pmatrix} x_1 \\ x_2 \end{pmatrix} = \begin{pmatrix} 0 \\ 0 \end{pmatrix}$，正对应于可行区域的顶点原点 O，而 $x_3 = 6$ 与 $x_4 = 15$ 体
现了点 B 处取值与约束条件最大值的差距.

第二个基本可行解是 $x_1 = 3$，$x_2 = 0$，$x_3 = 0$，$x_4 = 12$；对照图 5-7 看，这个基本可行
解的 x_1，x_2 值是 $\begin{pmatrix} x_1 \\ x_2 \end{pmatrix} = \begin{pmatrix} 3 \\ 0 \end{pmatrix}$，正是可行区域的顶点 A，$x_3 = 0$ 说明这个顶点与最优点在
一条边界上，而 $x_4 = 12$ 说明了点 A 与最优点的差距.

最后一个基本可行解是 $x_1 = \dfrac{3}{5}$，$x_2 = \dfrac{24}{5}$，$x_3 = 0$，$x_4 = 0$；对照图 5-7 看，这个基本可

行解的 x_1，x_2 值是 $\begin{pmatrix} x_1 \\ x_2 \end{pmatrix} = \begin{pmatrix} \dfrac{3}{5} \\ \dfrac{24}{5} \end{pmatrix}$，是可行区域的顶点 B，也正是线性规划问题［式（5-10）］

的最优解.

可以看出，可行区域的顶点就是约束方程组的基本可行解，反之亦然.求解线性规划
问题的思路是：先找出可行域的一个顶点，再判段它是否是最优解；如果不是最优解，再转
换到与之相邻的另一个顶点，依此进行下去，直到找到最优解为止.

当线性规划问题较为复杂时，使用上述步骤求解会很困难，可以借助数学软件来求解问题.

第5章
优化与博弈

【数学实验】

实验 5-2　使用 MATLAB 求解线性规划问题

在 MATLAB 软件中,已有求解线性规划的命令 linprog(c, A, b).

首先,将线性规划写为与函数匹配的形式:

$$\min c^T x,$$
$$\text{s.t. } Ax \leqslant b. \tag{5-11}$$

然后,调用求解线性规划的基本函数形式 linprog(c, A, b),形式上可以写为

$$[x,\ fval] = linprog(c,\ A,\ b,\ Aeq,\ beq,\ LB,\ UB,\ X0,\ OPTIONS).$$

其中,favl 为返回目标函数的值,Aeq 和 beq 对应等式约束 Ax＝b;LB 和 UB 分别是变量 x 的下界和上界.

例 5　使用 MATLAB 求解线性规划问题:

$$\min -3x_1 - 2x_2,$$
$$\text{s.t.}\begin{cases} 2x_1 + x_2 \leqslant 6, \\ x_1 + 3x_2 \leqslant 15, \\ x_1,\ x_2 \geqslant 0. \end{cases}$$

解　编写 MATLAB 程序并运行,运行结果如图 5-8 所示.

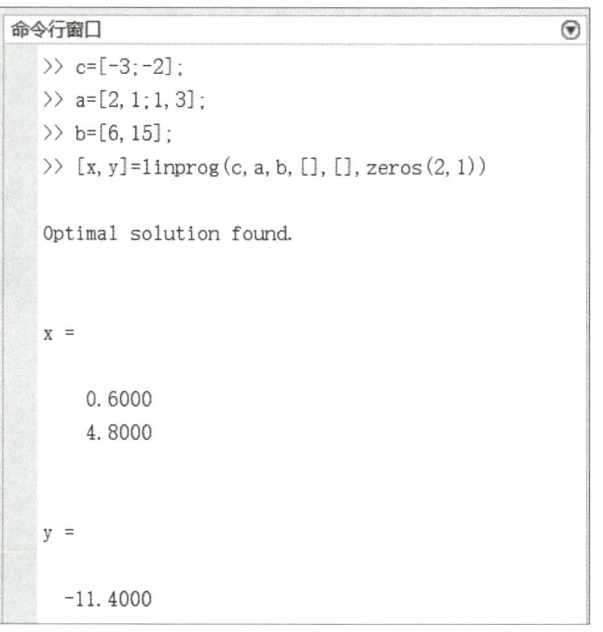

图 5-8

173

实验 5-3 使用 MATLAB 求解非线性规划问题

设有非线性规划的数模模型如下：

$$\min F(\boldsymbol{X}),$$

$$\text{s.t.}\begin{cases}\boldsymbol{AX}\leqslant\boldsymbol{B},\\ \boldsymbol{Aeq}\cdot\boldsymbol{X}=\boldsymbol{Beq},\\ \boldsymbol{C}(\boldsymbol{X})\leqslant 0,\\ \boldsymbol{Ceq}(\boldsymbol{X})=0,\\ \boldsymbol{Vlb}\leqslant\boldsymbol{X}\leqslant\boldsymbol{Vub}.\end{cases}$$

其中，$\boldsymbol{X}$ 为未知向量，$F(\boldsymbol{X})$ 是目标函数；$\boldsymbol{A}$，$\boldsymbol{B}$，$\boldsymbol{Aeq}$，$\boldsymbol{Beq}$，$\boldsymbol{Vlb}$，$\boldsymbol{Vub}$ 为相应维数的矩阵和向量；$\boldsymbol{C}(\boldsymbol{X})$，$\boldsymbol{Ceq}(\boldsymbol{X})$ 是非线性函数组成的向量.求解该模型可采用在 MATLAB 优化工具箱中的函数 fmincon，其命令的基本格式如下：

> [X, fval] = fmincon('fun', X0, A, B, Aeq, Beq, Vlb, Vub,'nonlcon', options).

需要注意的是该命令的返回值 X 可能是模型的局部最优解，与初值 X0 的选取有关.其中的 fun 是用 m 文件创建的函数 $F(\boldsymbol{X})$，nonlcon 是 m 文件创建的非线性函数 $\boldsymbol{C}(\boldsymbol{X})$ 和 $\boldsymbol{Ceq}(\boldsymbol{X})$；fval 是目标函数的最小值；options 是优化参数，可以缺省.

例 6 使用 MATLAB 求解非线性规划问题：

$$\min f(x)=x_1^2+x_2^2+8,$$

$$\text{s.t.}\begin{cases}x_1^2-x_2\geqslant 0,\\ x_1+x_2^2=-2,\\ x_1,\ x_2\geqslant 0.\end{cases}$$

解 （1）先建立 m 文件 fun1.m 定义模型的目标函数，如图 5-9 所示.

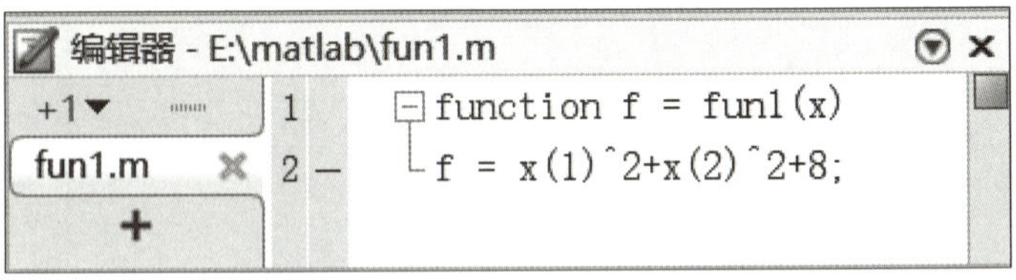

图 5-9 例 6 的 MATLAB 目标函数文件

（2）再建立 m 文件 mycon.m 定义模型的非线性约束条件，如图 5-10 所示.

```
编辑器 - E:\matlab\mycon.m
function [g, ceq] = mycon(x)
g = -x(1)^2+x(2);
ceq = 2-x(1)-x(2)^2;
```

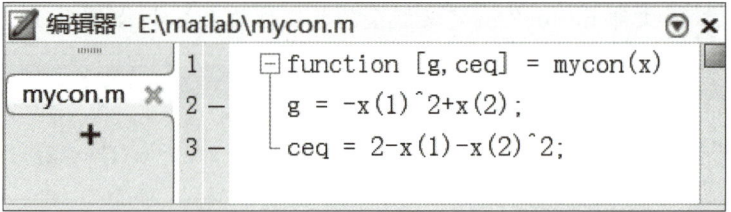

图 5-10

(3) 在 MATLAB 命令行窗口调用 fmincon,运行结果如图 5-11 所示.

```
命令行窗口
>> [x,fval] = fmincon('fun1',[0;0],[],[],[],[],[0;0],[],'mycon')

Local minimum found that satisfies the constraints.

Optimization completed because the objective function is non-decreasing in
feasible directions, to within the value of the optimality tolerance,
and constraints are satisfied to within the value of the constraint tolerance.

<stopping criteria details>

x =

    1.0000
    1.0000


fval =

   10.0000
```

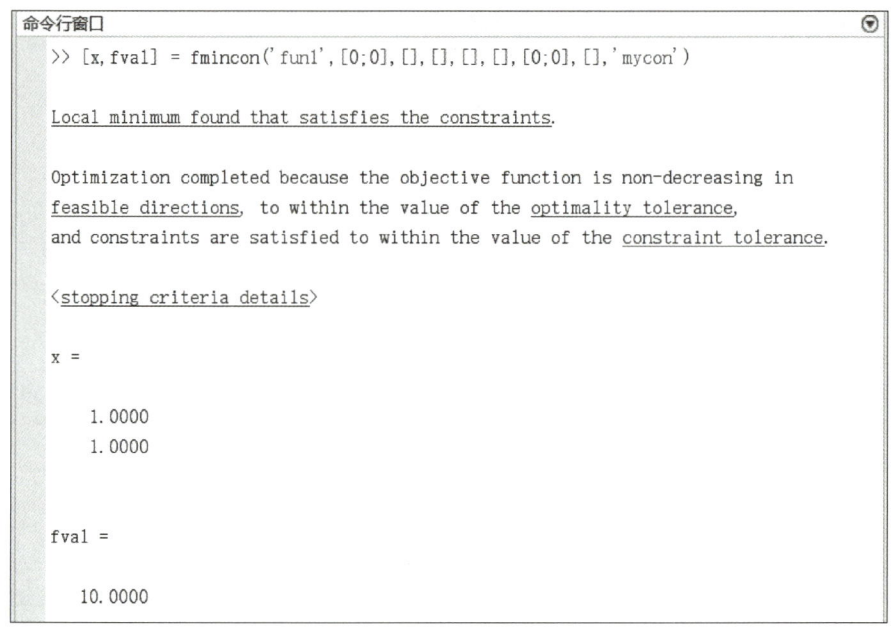

图 5-11

例 7 使用 MATLAB 求解非线性规划问题:

$$\min f(x)=4x_1^2+2x_2^2+4x_1x_2+2x_2+1,$$

$$\text{s.t.}\begin{cases}x_1+x_2=0,\\ x_1+x_2-x_1x_2\geqslant 1.5,\\ x_1x_2+10\geqslant 0.\end{cases}$$

解 (1) 先建立 m 文件 fun2.m 定义模型的目标函数,如图 5-12 所示.

```
编辑器 - E:\matlab\fun2.m
function f = fun2(x)
f = 4*x(1)^2+2*x(2)^2+4*x(1)*x(2)+2*x(2)+1;
```

图 5-12

(2) 再建立 m 文件 mycon2.m 定义模型的非线性约束条件,如图 5-13 所示.

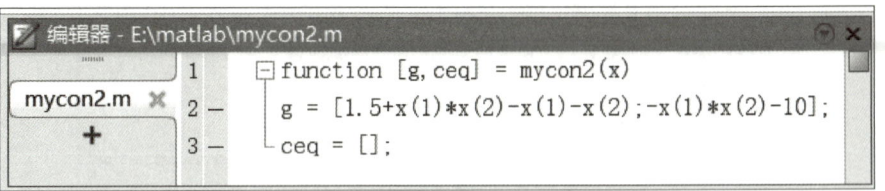

图 5-13

(3) 在 MATLAB 命令行窗口调用 fmincon,运行结果如图 5-14 所示.

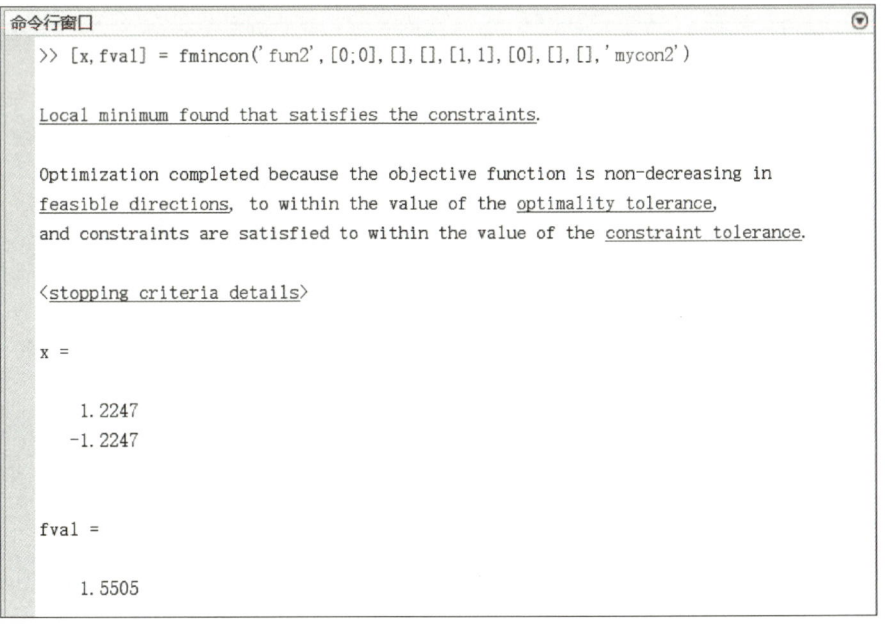

图 5-14

实验 5-4 整数规划的 MATLAB 解法

在某些实际应用中,变量取整数时才有意义.这种变量为整数的线性规划问题称为**整数线性规划**,其一般形式为

$$\min z = \sum_{j=1}^{n} c_j x_j ,$$

$$\text{s.t.} \begin{cases} \sum_{j=1}^{n} a_{ij} x_j = b_j (i = 1, 2, \cdots, m), \\ x_j \text{ 为非负整数}(j = 1, 2, \cdots, n). \end{cases}$$

若其中只有部分变量要求取整数,则称为**混合整数规划**.特别地,变量 x_j 仅取 0 或 1 时,称为 **0-1 整数规划**.

第 5 章

优化与博弈

以下介绍采用 MATLAB 优化工具箱中的 intlingprog 命令求解混合整数规划问题，为便于编辑 MATLAB 命令，模型表示为如下形式：

$$\min z = \boldsymbol{CX},$$

$$\text{s.t.} \begin{cases} \boldsymbol{AX} \leqslant \boldsymbol{B}, \\ \boldsymbol{Aeq} \cdot \boldsymbol{X} = \boldsymbol{Beq}, \\ \boldsymbol{Vlb} \leqslant \boldsymbol{X} \leqslant \boldsymbol{Vub}, \\ \boldsymbol{X}(\text{int } con) \text{为整数}. \end{cases}$$

其中，$\boldsymbol{X}$ 为未知向量，$\boldsymbol{C}$ 是目标函数系数向量；$\boldsymbol{A}$，$\boldsymbol{B}$，$\boldsymbol{Aeq}$，$\boldsymbol{Beq}$，$\boldsymbol{Vlb}$，$\boldsymbol{Vub}$ 为相应维数的矩阵和向量；$\boldsymbol{X}(\text{int } con)$ 表示第某个变量是整数变量，如 $\text{int } con = [1, 3]$ 表示第一个和第三个变量是整数，第二个变量没有整数限制. MATLAB 求解命令的基本格式如下：

```
x = intlinprog(C, intcon, A, b, Aeq, beq, lb, ub, x0, options).
```

例 8 使用 MATLAB 求解混合整数规划问题：

$$\min z = 8x_1 + x_2,$$

$$\text{s.t.} \begin{cases} x_1 + 2x_2 \geqslant -14, \\ 4x_1 + x_2 \geqslant 33, \\ 2x_1 + x_2 \leqslant 20, \\ x_2 \text{ 为整数}. \end{cases}$$

解 在 MATLAB 命令行窗口设置参数，并调用 intlinprog，运行结果如图 5-15 所示.

```
命令行窗口
>> c = [8;1];
>> intcon = 2;
>> A = [-1, -2;-4, -1;2, 1]; b = [14;-33;20];
>> x = intlinprog(c, intcon, A, b)
LP:                 Optimal objective value is 59.000000.


Optimal solution found.

Intlinprog stopped at the root node because the
objective value is within a gap tolerance of the optimal
value, options.AbsoluteGapTolerance = 0 (the default value).
The intcon variables are integer within tolerance,
options.IntegerTolerance = 1e-05 (the default value).


x =

    6.5000
    7.0000
```

图 5-15

177

高等应用数学

GAODENG YINGYONG SHUXUE

习题 5.2

1. 将线性规划问题

$$\max 3x_1 + x_2 + 3x_3,$$

$$\text{s.t.} \begin{cases} 2x_1 + x_2 + x_3 \leqslant 2, \\ x_1 + 2x_2 + 3x_3 \leqslant 5, \\ 2x_1 + 2x_2 + x_3 \leqslant 6, \\ x_1, \ x_2, \ x_3 \geqslant 0 \end{cases}$$

写成标准形式.

2. 使用单纯形法求解线性规划问题

$$\max 3x_1 + x_2 + 3x_3,$$

$$\text{s.t.} \begin{cases} 2x_1 + x_2 + x_3 + x_4 = 2, \\ x_1 + 2x_2 + 3x_3 \qquad + x_5 = 5, \\ 2x_1 + 2x_2 + x_3 \qquad\qquad + x_6 = 6, \\ x_1, \ x_2, \ \cdots, \ x_6 \geqslant 0. \end{cases}$$

3. 某工厂能生产 A、B、C、D 四种产品,各产品对原料、贮存、生产速率及利润的要求见表 5-7.

表 5-7

指 标	产　品			
	A	**B**	**C**	**D**
原料/(kg/桶)	200	200	150	250
贮存/(m²/桶)	0.4	0.5	0.4	0.3
生产速率/(桶/h)	30	60	20	30
利润/(元/桶)	10	13	10	11

若已知工厂每天可用原料总量为 18 000 kg,存放产品的仓库总面积为 47.5 m^2,每天至多生产 7 h.请建立该问题的线性规划模型,再使用 MATLAB 软件确定生产每种产品的桶数(生产计划),使工厂能获最大的利润.

4. 使用图解法分析线性规划问题

$$\max 3x_1 + 5x_2,$$

$$\text{s.t.} \begin{cases} -2x_1 + x_2 \leqslant 1, \\ x_1 - 3x_2 \leqslant 6, \\ x_1, \ x_2 \geqslant 0 \end{cases}$$

是否有解.

第5章

优化与博弈

*5.3 博弈论初步

5.3.1 初识博弈论

在中国,博弈的思想古已有之,例如"田忌赛马""曹刿论战"等.一般认为,由冯·诺伊曼和摩根斯坦于 1944 年合著的《博弈论与经济行为》标志着博弈论(Game Theory)作为一门理论正式形成.

Game Theory 曾被翻译为"游戏理论""对策论"等,"博弈论"这个译法来自《论语·阳货》中"饱食终日,无所用心,难矣哉! 不有博弈者乎? 为之,犹贤乎已."这里的"博"和"弈"是指什么呢? 朱熹在《四书章句集注》中解释道:"博,局戏;弈,围棋也."借用"博弈论"来翻译 Game Theory 非常贴切且具有中国传统文化气息.博弈论在生活中应用广泛,著名经济学家保罗·萨缪尔森说:"要想在现代社会做一个有文化的人,你必须对博弈论有一个大致了解."

1. 博弈论的概念

定义 5.3 **博弈论**是研究决策主体的行为发生直接相互作用时候的决策以及这种决策的均衡问题.这里的"主体",可以是一个人、一个企业或者其他形式的团体.浅显地说,博弈论研究当一个人或一个企业的选择受到其他人、其他企业选择的影响,而且反过来影响到对方选择时的决策问题和均衡问题.

例 1(囚徒困境) 囚徒困境是博弈论中的经典案例,它奠定了非合作博弈的理论基础.讲的是两个嫌疑犯作案后被警察抓住,分别关在两间屋隔离审讯.警察告诉他们,坦白从宽、抗拒从严.如果其中一人坦白交代罪行证据,而另一人抗拒不承认罪行,坦白者因立功可被释放,抗拒者将移交司法机关判刑 10 年.这一案例还隐藏着两种情形,即如果两人都坦白交代罪行和证据,各判刑 8 年;如果两人都抗拒不交代罪行将判刑 1 年(或因证据不足只能判以较轻的罪名).

在这个案例中,两个被关押的嫌疑犯称为囚徒 A 和囚徒 B,坦白和抗拒是可供他们选择的决策,囚徒将作出决策并为之付出代价.为了研究的方便,先给出博弈论中一些基本概念.

参与人(Player) 是博弈中选择行动以最大化自己效用的决策主体(可以是个人,也可以是团体).正确地设定参与人是博弈分析和改进管理的第一步,首先要搞清楚是谁跟谁博弈.

策略(Strategy) 是参与人选择行动的规则,它告诉参与人适当地选择行动,是一种策略.

行动(Action) 是策略在具体时间和信息上的表现,如坦白、抗拒等.在有些博弈中,行动就是策略,而在有些博弈中,行动和策略是不同的,比如打牌要看下对手出什么牌再采

179

取行动.

信息(Information) 指参与人在博弈中掌握的知识,特别是有关其他参与人(对手)的特征和行动的知识.

效用(Payoff) 是博弈的目的,反映了参与人从博弈中获得的效用水平.一般地,需要分析效用函数,它是所有参与人行动或策略组合的函数.

均衡(Equilibrium) 是一个行动组合或策略组合,任何参与人单独偏离均衡都不会使效用增加.

结果(Outcom) 是纳什均衡下所有参与人的支付水平.

以上概念中,参与人、行动和效用称为博弈的三个要素.厘清三要素之后,可以用一个表格来表示囚徒困境,见表 5-8.囚徒 A 和囚徒 B 是参与人(Player),分别写在行和列的起始位置,坦白和抗拒是他们可以选择的行动(Action),$(-8,-8)$ 是(坦白,坦白)行动组合下的效用.第一个数表示行参与人的效用,第二个数表示列参与人的效用.

表 5-8

		囚徒 B	
		坦白	抗拒
囚徒 A	坦白	$-8,-8$	$0,-10$
	抗拒	$-10,0$	$-1,-1$

2. 博弈论的类型

博弈主要分为合作博弈和非合作博弈.相互发生作用的参与人之间如果有一个具有约束力的协议,则是合作博弈;如果没有,则是非合作博弈.

本节介绍的博弈论主要指非合作博弈,非合作博弈的类型划分可以从两个角度进行:第一个角度是参与人行动的先后顺序,第二个角度是有关参与人的特征、策略空间、行动空间以及效用函数的知识是否为共同知识.

从参与人行动的先后顺序来看,博弈可以划分为静态博弈和动态博弈.静态博弈是指博弈中参与人同时选择行动,或虽非同时,但后行动者并不知道先行动者所选择的具体行动,否则便是动态博弈.例如,囚徒困境是静态博弈,下象棋则是动态博弈.

从参与人对有关参与人的特征、策略空间、行动空间以及效用函数的知识是否为共同知识的角度看,可以划分为完全信息博弈和不完全信息博弈.完全信息指的是每一个参与人对所有其他参与人的特征等有精确的共同知识,否则就是不完全信息.

将上述两个角度结合起来,得到四种不同类型的博弈,见表 5-9.

表 5-9

角度一	角度二	
	静态博弈	动态博弈
完全信息	完全信息静态博弈	完全信息动态博弈
不完全信息	不完全信息静态博弈	不完全信息动态博弈

5.3.2 完全信息静态博弈

囚徒困境属于完全信息静态博弈,这是因为两点:一是将两个囚徒隔离审讯,可认为他们同时决策;二是囚徒 A、B 的信息属于双方的共同知识.共同知识这个概念的内涵比较丰富,若博弈的信息为共同知识,则参与人都知道博弈的信息,且知道其他人知道这些信息,其他人知道自己知道其他人知道这些信息,……以此类推皆成立.

1. 矩阵型表示

通常,我们用类似于表 5-6 的矩阵来表示囚徒困境,称之为博弈的**矩阵型表示**或**策略型表示**,即将参与人分别写在行和列的起始位置,随后写出可供他们选择的行动(或策略),行动组合下的效用写在对应的格子里,第一个数表示行参与人的效用,第二个数表示列参与人的效用,这种表示方法也被称为博弈的**标准形式**,是静态博弈分析的常用方法.之后介绍到动态博弈,会讲到另一种表述形式——扩展式表述.

例 2(智猪博弈) 猪圈里养着一头大猪和一头小猪,猪圈的一头有一个猪食槽,另一头安装了一个控制猪食供应的按钮.这两头猪很聪明,它们知道踩一下按钮猪食槽就会注满猪食,吃掉这满槽的猪食会给它们带来 10 个单位的效用.但是它们不想兜一圈去踩按钮,踩按钮会让猪付出 2 个单位效用的成本.若大猪先到,大猪吃到 9 个单位,小猪吃到 1 个单位;若同时到,大猪吃到 7 个单位,小猪吃到 3 个单位;若小猪先到,大猪吃到 6 个单位,小猪吃到 4 个单位.请依据上述资料,写出智猪博弈的矩阵型表示.

解 参与人是大猪和小猪,双方的策略是踩和等,效用等于吃到的猪食减去踩按钮的成本.因此,可以建立矩阵型表示(表 5-10).

表 5-10

		小猪 踩	小猪 等
大猪	踩	5, 1	4, 4
大猪	等	9, −1	0, 0

2. 纳什均衡

在囚徒困境和智猪博弈当中,参与人应该如何决策才能提高自己的效用呢? 这是一个求纳什均衡的问题,什么是纳什均衡呢? 先来看一个故事场景.

例 3(海岛奇遇记) 假如你和同桌喜欢探险,你们驾驶一艘小船来到了一座不知名的小岛.你们在岛上历尽千辛万苦的探索,终于在一个山洞里发现取之不尽的黄金.假设你们的体重为 50 kg,生活用品共 120 kg,小船最大载重为 800 kg.问你们各自准备带多少公斤的黄金上船? 请你和你的同桌不做商量,独立地把准备带的黄金重量写在纸上.

这个游戏的重点不是简单的算术,应该意识到黄金是稀缺的,你和同桌的决策是相互影响的,双方都希望在不超重的前提下,实现自己的利益最大化.

如果你和同桌所写的数字加起来,结果为 580,那么祝贺你们,因为你们找到了这个博弈的纳什均衡;如果结果为 280,那么再次祝贺你们,因为你们还找到了其中的聚点均衡.

定义 5.4 设 $s^* = (s_1^*, \cdots, s_n^*)$ 是 n 人博弈 $G = \{s_1, \cdots, s_n; u_1, \cdots, u_n\}$ 的一个策略组合.如果对于每个参与人 i,有 $u_i(s_1^*, \cdots, s_n^*) \geqslant u_i(s_i, s_{-i}^*)$,且对于所有的 $s_i \in S_i$ 都成立,其中 s_{-i}^* 表示除去第 i 个参与人剩下的 $n-1$ 个参与人的策略组合,S_i 表示第 i 个参与人的策略空间.称 $s^* = (s_1^*, \cdots, s_n^*)$ 是该博弈的一个**纳什均衡**,其精髓是"单独偏离不会得到好处".

由定义 5.4 可知,理性的参与人会分析对手的决策,选择对自己有"好处"的策略.

定义 5.5 在某个博弈中,如果不管其他参与人选择什么策略,一个参与人的某个策略选择带给他的效用始终高于或者至少不低于其他策略选择,称这样的策略为**优势策略**.

例 4 请依据囚徒困境的矩阵型表示(表 5-8),分析其纳什均衡是什么.

解 在囚徒困境中,囚徒 A 认为,无论囚徒 B 怎么决策和行动,自己选择坦白的效用 $(-8, 0)$ 都大于抗拒的效用 $(-10, -1)$,即坦白是囚徒 A 的优势策略.

同样地,囚徒 B 的优势策略也是坦白,将两者组合起来,(坦白,坦白)就构成了囚徒困境的纳什均衡,其结果是 $(-8, -8)$.

例 4 是通过优势策略找到的一个纳什均衡,称之为**优势策略均衡**.在博弈中,如果存在优势策略,永远选择优势策略.但是,这种方法不具备普遍性,比如智猪博弈中,大猪不存在优势策略.因此,可通过探索相对优势策略划线法寻找完全信息静态博弈的纳什均衡.

3. 相对优势策略划线法

例 5(情侣博弈) 吉姆和德拉是夫妻,他们彼此深爱但生活贫穷.德拉有瀑布般的美丽头发却没有合适的梳子梳头,吉姆拥有一块祖传的金表但是没有表链.因此,吉姆想卖掉金表,买一把镶嵌着珠宝的好梳子送给德拉作为结婚一周年的礼物;而德拉想卖掉头发购买一根表链送给吉姆.保留自己的珍爱还是置换礼物送给对方,将会带来不同的效用,建立情侣博弈的矩阵型表示,见表 5-11.

表 5-11

德拉

		保留	置换
吉姆	保留	0, 0	2, 1
	置换	1, 2	0, 0

解 在这个博弈中,没有优势策略.但是,可以发现,德拉选择"保留"时,吉姆选择"置换"优于"保留",称之为相对于德拉选择"保留"时吉姆的相对优势策略;类似地,德拉选择"置换"时,吉姆选择"保留"也是一个相对优势策略.

对于情侣博弈,可以先标记吉姆的相对优势策略.如果德拉选择"保留",吉姆选择"置换"的效用为 1,选择"保留"效用为 0,"置换"是相对优势策略,在左下角格子的 $(2, 1)$ 的数字 1 下方划一横线.如果德拉选择"置换",吉姆的相对优势策略为"保留",应在右上方格子的 $(2, 1)$ 的数字 2 下划一横线.使用同样的办法可以找出德拉的相对优势策略,并作

第 5 章
优化与博弈

出标记,见表5-12.

表 5-12

德拉

		保留	置换
吉姆	保留	0, 0	<u>2</u>, <u>1</u>
	置换	<u>1</u>, <u>2</u>	0, 0

这样,双方的优势策略都划线以后,右上和左下的各自两个数字下面都被划线,其对应的策略组合就是纳什均衡.因此,情侣博弈的纳什均衡是(保留,置换),(置换,保留).

例 5 所使用的就是相对优势策略划线法,这种方法可以找到完全信息静态博弈的全部纯策略纳什均衡.

例 6(猜币博弈) 甲、乙两个人各持有一枚硬币,同时决定显示正面(数字)朝上还是反面(国徽或花纹)朝上,若两人朝上的一面相同,则甲输给乙 10 元钱,若不同,则乙输给甲 10 元钱.建立猜币博弈的矩阵型表示,见表5-13.

表 5-13

乙

		正	反
甲	正	$-10, 10$	$10, -10$
	反	$10, -10$	$-10, 10$

观察表5-13可以发现,甲与乙效用之和为零,这种博弈称为**零和博弈**,双方有着激烈的冲突,不存在合作的可能.该博弈不存在严格优势策略均衡,不存在相对优势策略均衡,不存在纯策略纳什均衡.但是该博弈存在混合策略纳什均衡,双方都以 0.5 的概率混合"正"和"反"两种策略行动,不要让对手猜到自己的行动.该策略组合就是混合策略纳什均衡.博弈中,可以同时具有纯策略纳什均衡和混合策略纳什均衡.

4. 混合策略纳什均衡

例 7(鹰鸽博弈) 老鹰具有攻击性,而鸽子性情温和,政治上常用鹰派或鸽派表示不同主张的团体.在原始社会里有两个毗邻的部落,他们可以选择发动战争或维持和平两个行动,分别用鹰、鸽表示.请根据鹰鸽博弈的矩阵型表示(表5-14)找出它的纳什均衡.

表 5-14

乙

		鹰	鸽
甲	鹰	$-25, -25$	$14, -9$
	鸽	$-9, 14$	$5, 5$

解 使用相对优势策略划线法,容易看出该博弈的纯策略均衡为(鹰,鸽),(鸽,鹰).

值得探索的是学者们的如下研究发现:同一地域内"鹰"和"鸽"的比例为 $0.36:0.64$.这意味着该博弈可能还存在一个混合策略纳什均衡.寻找混合策略纳什均衡的步骤如下:

第一步,写出混合策略型表示(表 5-15):

表 5-15

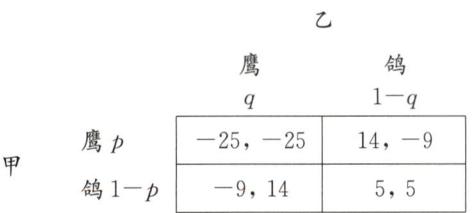

第二步,计算期望效用:

$$E_甲=p(9-25q)+5-14q;$$
$$E_乙=q(9-25p)+5-14p.$$

第三步,作出最优反应函数:

$$p=\begin{cases}1, & q<\dfrac{9}{25},\\[2mm] [0,1], & q=\dfrac{9}{25},\\[2mm] 0, & q>\dfrac{9}{25},\end{cases}\qquad q=\begin{cases}1, & p<\dfrac{9}{25},\\[2mm] [0,1], & p=\dfrac{9}{25},\\[2mm] 0, & p>\dfrac{9}{25}.\end{cases}$$

第四步,作出反应函数的图像(图 5-16):

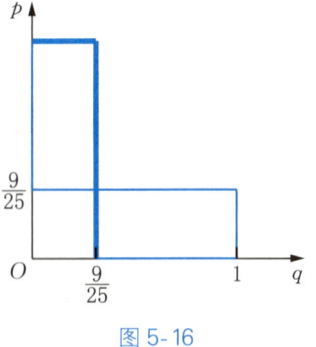

图 5-16

第五步,根据交点,找出纳什均衡:其中 $\left(\dfrac{9}{25},\dfrac{9}{25}\right)$ 是混合策略纳什均衡,即双方都以 0.36 的概率选择鹰策略,以 0.64 的概率选择鸽策略.

5. 多人策略型博弈

博弈的参与人可以是两个,也可以是多个.例 8 介绍三个参与人的完全信息静态博弈的矩阵型表示和相对优势策略划线法.

第 5 章
优化与博弈

例 8（蛙鸣博弈）　博弈论能帮助进化生物学家研究动物行为，如青蛙配对行为.在池塘边有三只雄性青蛙，叫大眼、长腿和阿青，雄蛙会通过鸣叫吸引雌蛙前来，但鸣叫会增加被蛇发现的风险.三只青蛙都有鸣叫和观坐两个策略，鸣叫有被蛇吃掉的危险，而观坐的风险较低.但鸣叫可以吸引雌蛙，附近观坐的青蛙也有较低的可能遇到雌蛙.借助矩阵型表示，能够建立如下的三人博弈模型（表 5-16）：

表 5-16

		阿青			
		鸣叫		观坐	
		长腿		长腿	
		鸣叫	观坐	鸣叫	观坐
大眼	鸣叫	5, 5, 5	4, 6, 4	4, 4, 6	7, 2, 2
	观坐	6, 4, 4	2, 2, 7	2, 7, 2	1, 1, 1

其中行参与人"大眼"写在最左边，列参与人"长腿"写在第三行，第三参与人"阿青"写在最上方，每行动组合下有三个数字依次代表"大眼""长腿"和"阿青"的效用.请使用相对优势策略划线法，找出该博弈的纳什均衡.

解　使用相对优势划线法的要领是：固定其他参与人的选择，观察自身较大的效用，找出相对优势策略.例如，固定长腿"鸣叫"和阿青"鸣叫"，大眼"鸣叫"的效用是"5"，而"观坐"的效用是"6"，在数字"6"的下方划横线，见表 5-17.

表 5-17

		阿青			
		鸣叫		观坐	
		长腿		长腿	
		鸣叫	观坐	鸣叫	观坐
大眼	鸣叫	5, 5, 5	4, 6, 4	4, 4, 6	7, 2, 2
	观坐	**6**, 4, 4	2, 2, 7	2, 7, 2	1, 1, 1

依此方法，需要分析 12 次，完成划线后的表格见表 5-18.

表 5-18

		阿青			
		鸣叫		观坐	
		长腿		长腿	
		鸣叫	观坐	鸣叫	观坐
大眼	鸣叫	5, 5, 5	**4, 6, 4**	**4, 4, 6**	**7**, 2, 2
	观坐	**6, 4, 4**	2, 2, **7**	2, **7**, 2	1, 1, 1

高等应用数学

从表格中可以看出,有 3 个纯策略纳什均衡(观坐,鸣叫,鸣叫)、(鸣叫,观坐,鸣叫)和(鸣叫,鸣叫,观坐).

博弈的矩阵型表示也可以应用到更多参与人的博弈当中,但是较为复杂,此处不作介绍.

5.3.3 完全信息动态博弈

观察另一种形式的情侣博弈:一对热恋中的情侣将在周末选择去看足球赛或芭蕾演出.其决策和效用见表 5-19.

表 5-19

		女	
		足球	芭蕾
男	足球	2, 1	0, 0
	芭蕾	−1, −1	1, 2

如果将同时行动改为男先女后,就不再是静态博弈而是动态博弈了.此时,男方的策略依然是两个:足球、芭蕾.女方要在知道男方的行动以后再决策,所以要把这个因素考虑进去,于是女方的策略有如下四个:

(1) 追随策略:他选择什么我就选择什么{足球(足球),芭蕾(芭蕾)};

(2) 对抗策略:他选择什么,我就偏不选择什么{芭蕾,足球};

(3) 芭蕾策略:无论他选择什么,我都选择芭蕾{芭蕾,芭蕾};

(4) 足球策略,无论他选择什么,我都选择他喜欢的足球{足球,足球};

这样,男方有两个策略,女方有四个策略,这样共有八个策略组合:(足球,{足球,芭蕾}),(足球,{芭蕾,足球}),{足球,{芭蕾,芭蕾}},(足球,{足球,足球}),(芭蕾,{足球,芭蕾}),(芭蕾,{芭蕾,足球}),{芭蕾,{芭蕾,芭蕾}},(芭蕾,{足球,足球}).

将上述问题使用矩阵型表示,见表 5-20.

表 5-20

		女			
		{足球,足球}	{芭蕾,芭蕾}	{足球,芭蕾}	{芭蕾,足球}
男	足球	2, 1	0, 0	2, 1	0, 0
	芭蕾	−1, −1	1, 2	1, 2	−1, −1

例 9 使用相对优势策略划线法找出情侣博弈的纳什均衡(表 5-21).

第5章
优化与博弈

表 5-21

| | | | 女 | | |
		{足球,足球}	{芭蕾,芭蕾}	{足球,芭蕾}	{芭蕾,足球}
男	足球	2, 1	0, 0	2, 1	0, 0
	芭蕾	−1, −1	1, 2	1, 2	−1, −1

解 使用相对优势策略划线法得出表 5-22.

表 5-22

| | | | 女 | | |
		{足球,足球}	{芭蕾,芭蕾}	{足球,芭蕾}	{芭蕾,足球}
男	足球	**2**, **1**	0, 0	**2**, **1**	**0**, 0
	芭蕾	−1, −1	**1**, **2**	1, **2**	−1, −1

经过分析,该博弈共有三个纳什均衡:(足球,{足球,足球}),(足球,{足球,芭蕾})和(芭蕾,{芭蕾,芭蕾}).

哪一个纳什均衡更为现实呢? 这需要借助博弈树考虑博弈行为的先后顺序.

1. 博弈树

有些博弈,参与人的行动是有先后顺序的,且后行动者能观测到先行动者的行动.称为**动态博弈**、**扩展式博弈**或**序贯博弈**.博弈论专家习惯于用**博弈树**来描述和分析动态博弈.博弈树中,用"●"和"○"表示博弈树的决策节点,"——"表示博弈树的枝,"◇"表示博弈树的终止节点.例 9 的情侣博弈的博弈树如图 5-17 所示.

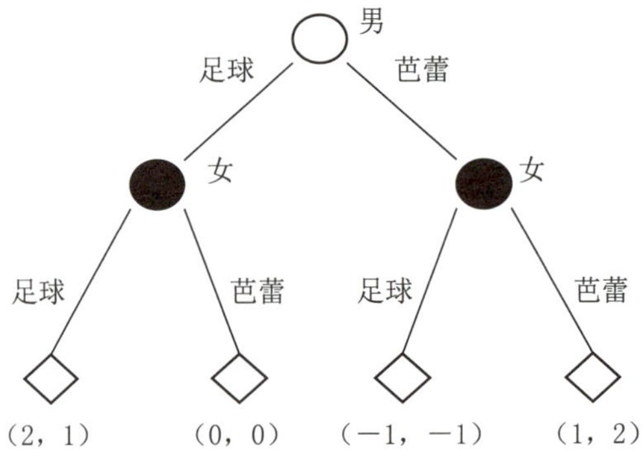

图 5-17

分析完全信息动态博弈,一般不使用矩阵,而是借助博弈树.

例 10(椰子博弈) 鲁鲁和图图打造的大船不幸触礁即将沉没,凑巧船上有一艘救生艇和一套工具.他们坐上救生艇漂流了整个晚上,第二天清晨他们到达了由一些岛屿构成的环礁湖.离他们最近的是一个小岛,岛上有 4 棵椰子树.环礁湖的另一侧是一个大岛,岛上有充足的资源可以使他们在获救前活下来.但是现在他们又渴又饿,所以决定先登上小岛摘椰子.椰汁和椰肉能使他们恢复体能,从而有力气划船到另一侧的大岛.

他们计划轮流爬上椰子树,摘下椰子.鲁鲁先爬树,接着是图图,依次轮流,树下的人负责捡椰子并装入救生艇.如果没人捡椰子,椰子就会滚入海里被海浪冲走.摘完椰子后,他们将在前往大岛的途中平分收获.

每棵树上恰好有 5 个椰子,所以他们在前往大岛前可以摘到 20 个椰子.问题是,在每个阶段,树下的人都有机会带着所有的椰子坐救生艇离开.虽然看上去非常阴险,但图图和鲁鲁为了获得更大的生存机会,确实存在这种动机.请建立椰子博弈的博弈树.

解 椰子博弈的博弈树如图 5-18 所示.

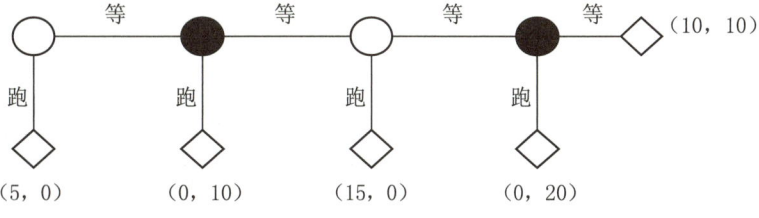

图 5- 18

○表示图图的决策节点,●表示鲁鲁的决策节点,括号内的第一个数字表示图图的效用,第二个数字表示鲁鲁的效用.

上述博弈树也叫作博弈的**扩展式表述**,扩展式博弈主要包括以下要素:

(1) 参与人的集合:$i = 1, 2, \cdots, n$.此外,有些博弈用"N"表示自然,是一个虚拟参与人;

(2) 参与人的行动顺序:谁在什么时候行动;

(3) 参与人的行动空间:每次行动时,参与人有哪些选择;

(4) 参与人的信息集:每次行动时,参与人知道些什么;

(5) 参与人的支付函数:在行动结束之后,每个参与人得到些什么.

2. 子博弈

在扩展式博弈中,子博弈是一个非常有用的概念.子博弈是一系列的分支,包括从定义明确的节点及其引出的分枝以及由它所引出的节点引出的分枝等.

例 11(市场进入阻挠) 金雀公司是某产业的垄断者,受丰厚利润的驱动,该地的蓝鸟公司也试图进军该产业.目前,金雀公司的年利润为 10 亿元,蓝鸟公司若进入该产业的投资成本为 4 亿元.

蓝鸟公司先行动,可以选择"进入"或"不进入".当蓝鸟公司行动后,金雀公司可以选择"容忍"或者"抵抗"蓝鸟公司.若容忍蓝鸟公司,需要收缩产量以维持高价,此时年利润降为 5 亿元.若抵抗蓝鸟公司,则需要打价格战,双方的利润都降低到 2 亿元.考虑到投资成本,则蓝鸟公司亏损 2 亿元,被迫退出市场.

即使蓝鸟公司不进入该产业,垄断公司也可以采取降价防患于未然以抵抗其他公司进入该产业.请建立市场进入阻挠的扩展式表述.

解 该博弈的参与人是金雀公司和蓝鸟公司,蓝鸟公司先行动,可供它选择的行动有

"进入"和"不进入".在 2 个分支下,金雀公司作出行动选择:"容忍"或是"抵抗".共有 4 个终止节点,节点下括号内是有序数组,第 1 个数表示蓝鸟公司的效用,第 2 个数表示金雀公司的效用,如图 5-19 所示.

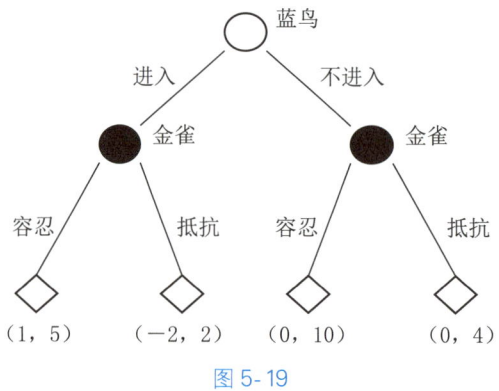

图 5-19

请思考,例 11 中有哪些子博弈?

3. 子博弈精炼纳什均衡

在一个博弈的所有纳什均衡的策略组合当中,那些局限在每个子博弈上都仍然是那个子博弈的纳什均衡的策略组合,叫作**子博弈精炼纳什均衡**.

人们进行博弈分析的目的,是想知道博弈的最终结果,上面分析出的是策略均衡,不适用于分析结果.人们一般使用倒推法求序贯博弈的行动均衡以分析博弈结果.

例 12(倒推法) S 公司是一家生产工作站专用计算机处理芯片的公司.其芯片的年产量为 300 万个,总成本为 10 亿美元.芯片的需求与价格的关系见表 5-23.

表 5-23

产量/万个	300	600	900
单价/美元	700	400	200

S 公司的管理者了解到,T 公司正考虑建立工厂生产同类芯片.如果第二家工厂进入市场,总产出为 600 万个,单价降为 400 美元.此时 S 公司的利润将由 11 亿美元降为 2 亿美元.更糟的是若有第三家工厂进入市场,总产出为 900 万个,单价降为 200 美元,每家工厂会亏损 4 亿美元.

S 公司的管理层召开会议考虑是否建立另一家工厂,理由如下:

(1) 如果 S 公司在 T 公司之前建立第二家工厂,T 公司将意识到如果再建立第三家工厂会亏损 4 亿美元.这将能遏制 T 公司进入市场,则利润为 4 亿美元.

(2) 如果 S 公司不建立第二家工厂,T 公司进入,则利润为 2 亿美元.

请基于以上信息,画出博弈树并找出子博弈精炼纳什均衡.

解 本例扩展式博弈树如图 5-20 所示.

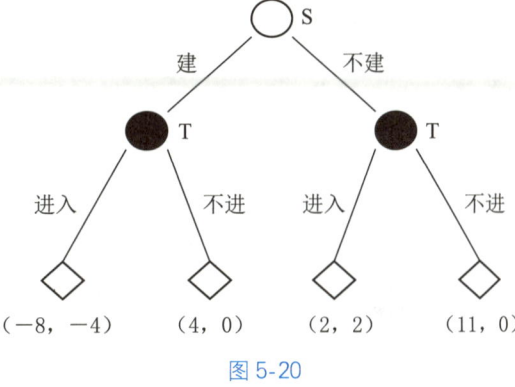

图 5-20

倒推法需要从每个序列最后一个决策者开始,确定这个决策的均衡,接着向前移动,如图 5-21 所示,在"建"节点 T 公司选择"不进",在"不建节点"T 公司选择"进".

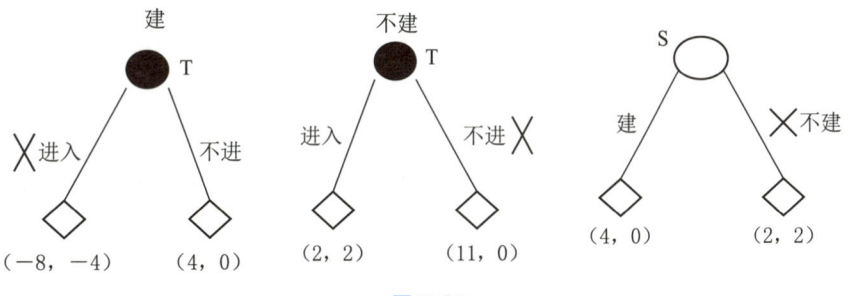

图 5-21

接着倒推到 S 公司的决策阶段,"建——不进"分支下的效用是 4,而"不建——进"分支下的效用是 2,进而得知(建立,不进)为纳什均衡.

5.3.4　博弈论在生活中的应用

1. 先动优势与后动优势

在例 9 中,情侣博弈的子博弈精炼纳什均衡是(足球,{足球,芭蕾}).男方先行动,获得的效用是 2,女方的效用是 1.如果女方先行动(图 5-22),那么博弈精炼纳什均衡会不会有所改变?

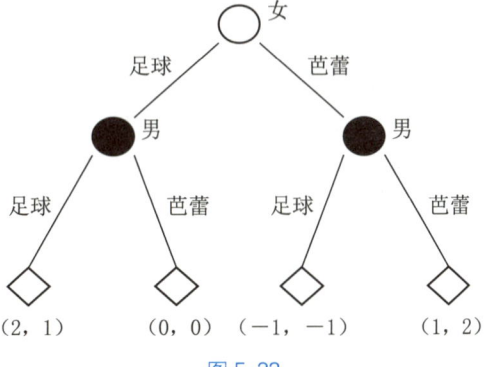

图 5-22

190

使用倒推法容易看出,子博弈精炼纳什均衡是(芭蕾,{足球,芭蕾}),男方的效用是1,女方的效用是2.可以发现,在情侣博弈中,参与人在先行动的情形下比后行动的情形下对应的纳什均衡效用更大.这种参与人先行大于后行得益的情况,叫作**先动优势**.请注意,这里得益大小的比较,是同一个参与人、在不同顺序的、两个或多个博弈中的比较.

大量的例子说明,常常是先行动的决策一方会占一些便宜,但并不是先行动就一定优于后行动.事实上,有些博弈的参与人后行动比先行动的得益更大,这种情况就叫作**后动优势**.例如,"石头、剪刀、布"的猜拳游戏,如果有人违背规则后出拳而未被对方发现,那么他就会赢,这就是后动优势.

例 13 国外一个贫民窟住着八个难民,他们的日常生活有些困难.熬一锅粥,抢着盛,稍慢一点的就没饭吃.于是他们商议,由一个人负责分粥.后来他们发现,分粥的人给自己的碗里盛的粥多.请问,有没有办法打破这个不公平的先动优势?

解 让一个人盛粥,但是他最后分到粥.虽然盛粥的人先行动,他只有盛得均匀,才能避免自己吃亏,这样可以打破先盛粥的吃得多这样的先动优势.

2. 策略性行动

在博弈过程中,一些参与人为达到某种影响对手的行为的目的,如诱使对手采取对自己有利的行动,或阻止对手采取对自己不利的行动选择,往往会采取某种相应的行动,把这种行动称为**策略性行动**.一般而言,策略性行动是可被对手观察到的且不可逆转的.策略性行动大致可以归结为承诺、威胁和允诺.

B 对 A 承诺:在第二阶段我将采取行动 X,如果 B 的话可信,就相当于改变了行动顺序.从本质上来讲,承诺是一种无条件的策略行动.

另一种情况是,B 对 A 说:"我对你下一阶段的行动反应是你选择 x,我选择 X;你选择 y,我选择 Y."这种行动规则称为**反应规则**,这是一种条件依存的策略性行动.

反应规则主要有两种表现形式:威胁和允诺.如果 B 对 A 说:"除非你选择的行动符合我的条件,否则我将报复你."这就是一个威胁;如果 B 对 A 说:"如果你的行动符合我的条件,我将采取对你有利的行动."这就是一个允诺.

策略性行动并非都是可信的,一方面依赖于信誉,另一方面在于行动.军事当中常出现使用策略性行动改变局势的案例.某一时期,A 国和 B 国是某一区域的两大霸主,A 国奉行远交近攻的军事策略,与遥远的 G 国结盟对抗强大的 B 国.B 国有攻击 G 国的计划,若 A 国不在 G 国驻军;B 国不攻击 G 国则会保持僵持状态,双方的效用都是 3;若 B 国攻击 G 国而 A 国不反击,B 国效用是 5,而 A 国失去了威信,效用是 -1;若 B 国攻击 G 国而 A 国反击,则两败俱伤,效用都是 -2,博弈树如图 5-23 所示.

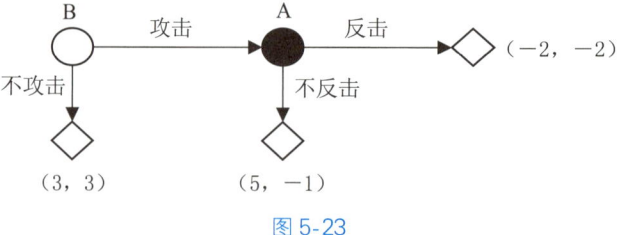

图 5-23

使用倒推法,得知纳什均衡为(攻击,不反击).

A 国的局势非常被动,不驻军将失去盟友,长期驻扎足够战斗的军队又负担不起.口头上谴责或威胁 B 国无效,A 国高层商讨了一个对策:驻扎了一定数量的军队,用来战斗,人数太少;如果用来送死,人又太多.这是置之死地而后生的一个策略性行动,其博弈树如图 5-24 所示.

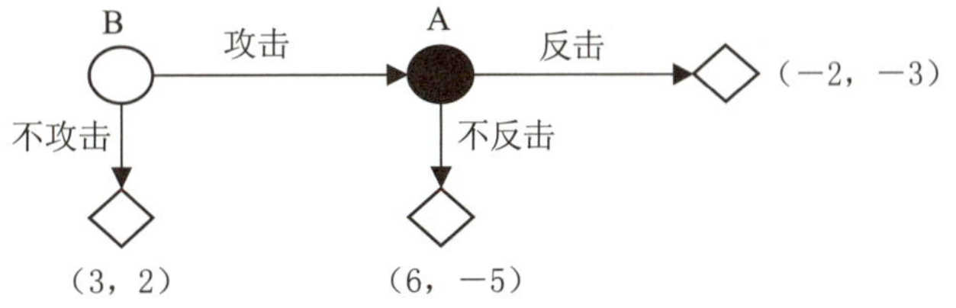

图 5-24

这种情况下,A 国增加了驻军成本,效益将减少 1.若 B 国攻击 G 国,A 国驻军被消灭,不反击的话国内极可能爆发政变,效用是 −5,这是 A 国承担不起的;两害相权取其轻,只能反击,效用为 −3.使用倒推法,B 国发现 A 国必然反击,B 国选择不攻击,因为此时的效用 3 大于攻击的效用 −2,均衡改变为(不攻击,反击).

所以,A 国驻扎少量的军,改变了博弈的局势,是一个可信的策略性行动.

3. 不完全信息博弈

如果在情侣博弈中,女方完全了解男方的决策和效用,但是男方清楚女方喜欢独处还是分享自己爱好,这就是不完全信息静态博弈,见表 5-24.

表 5-24

分享		女		独处		女	
		足球	芭蕾			足球	芭蕾
男	足球	2, 1	0, 0	男	足球	2, 0	0, 2
	芭蕾	−1, −1	1, 2		芭蕾	0, 1	1, 0

在这个博弈中,男方不知道自己应该按照左边还是右边的博弈作决策,他需要根据相处的经验去评估,比如男方认为女方 0.3 的概率属于分享型,0.7 的概率属于独处型,进而探索博弈的贝叶斯纳什均衡.

研究不完全信息静态博弈和不完全信息动态博弈的纳什均衡,需要概率论作为基础,有一定的难度,本书不作讲解.

例 14(黔驴技穷) 柳宗元在《三戒·黔之驴》中写道:"黔无驴,有好事者船载以入.至则无可用,放之山下.虎见之,庞然大物也,以为神,蔽林间窥之,稍出近之,慭慭然,莫相知.

他日,驴一鸣,虎大骇,远遁,以为且噬己也,甚恐.然往来视之,觉无异能者.益习其声,又近出前后,终不敢搏.稍近益狎,荡倚冲冒.驴不胜怒,蹄之.虎因喜,计之曰:'技止此耳!'因跳踉大㘎,断其喉,尽其肉,乃去."

这则富有战斗精神的寓言故事被后人广为传诵,并派生成语"黔驴技穷".此处的"黔"并非单指现在的贵州省,唐朝中晚期"黔中道"包括了湖南西部、重庆东南部、贵州北部和湖北西南部一带地区.

请探索该博弈的类型,找出该博弈的参与人及其行动.

解 从博弈的角度看,"黔驴技穷"属于不完全信息动态博弈.参与人是"黔之虎"和"黔之驴".博弈充满了战斗技巧,较为复杂,大致可以分为三个阶段:

第一阶段,黔之虎见到驴这个庞然大物,可供选择的行动有"窥视"和"远遁",虎选择了"窥视",驴没有反应,虎对驴的信息依然是"莫相知".

第二阶段,黔之驴未发现虎的窥视,安静了好多天,渐渐适应了山下的环境,选择行动"鸣叫"而不再"沉默".驴的叫声吓到了虎,黔之虎选择"远遁",后来又调整为"窥视".黔之驴没有选择"回应"而是选择了"沉默".通过"往来视之",虎对驴的认知渐渐深入,"觉无异能者".

第三阶段,黔之虎放弃了"窥视"选择"冲冒",黔之驴选择"蹄之"而非虎惧怕的其他"神技".黔之虎掌握了全部信息,不再"试探"选择了"搏杀".

黔之虎的行动:窥视、远遁、冲冒、搏杀等;黔之驴的行动:鸣叫、沉默、蹄之等.

能够抽象出生活中博弈案例的主要因素,建立相应的博弈模型,是学会应用博弈论的第一步.对于完全信息博弈,使用相对优势策略划线法或倒推法分析其纳什均衡,将有助于对博弈案例的进一步分析.

习题 5.3

1. 填空题:
   (1) 一般认为,博弈的三要素是_____、_____和_____.
   (2) 从参与人行动的先后顺序来看博弈,可以划分为_____和_____.

2. (**牧场博弈**)甲、乙两户人家共有一个载畜量为 100 头羊的牧场,甲和乙要选择养 50 头羊还是 100 头羊,1 头羊的利润为 500 元.考虑到载畜量,养羊数在 100 及以下生态良好;总数达到 150 时,牧场遭受破坏,每家需花费 2 万元改良牧场;总数达到 200 头以后,牧场会被毁灭,迁徙成本为每家 4 万元.该博弈被称为牧场博弈,请分析其类型、要素,并试写出该博弈的矩阵型表示.

3. 请分析第 2 题的牧场博弈的纳什均衡.

4. 蟳埔村小黄、小陈和小郑常到海边采牡蛎,她们知道一个没被别人发现的牡蛎床.如果等一个月牡蛎长大成熟后再采,能在市场上卖更多的钱.她们三个在考虑是现在去采还是等待一个月再采,如果三人现在采,各获利 500 元;如果只有一个人采,则获利 1 300 元,另外两人等待可获利 100 元;如果两个人采,则各获利 700 元,另外一人等待可获利 100 元;如果三人都等待,各获利 1 000 元.请写出该博弈的矩阵型表示.

5. 琼斯夫人因琼斯先生有外遇要与其离婚.他们婚前有协议,如果她能证明琼斯先生有外遇,就能得到 10 万美元,不然只能得到 5 万美元.她的律师只有雇佣私人侦探

知识拓展

探索应用 5

助学助教

第 5 章习题
参考答案

才能证明琼斯先生有外遇,雇佣私人侦探的费用为 1 万美元,包含在律师费中.琼斯夫人有两个选择:不管诉讼案结果如何都付律师 2 万美元或支付诉讼收入的 $\frac{1}{3}$.律师只有在有利可图的情况下才会雇佣私人侦探.请画出该博弈的博弈树,并用倒推法找到纳什均衡.

6. (**Nim 拿子游戏**)两个人将一些硬币分为两堆,分别含有 m,n 枚硬币,两人交替进行取硬币,只能在一堆中至少取一枚硬币,直到最后没硬币可取,取到最后一枚硬币的人赢.分析一下参与人应该如何取子.

7. (**海盗分金**)有 5 个海盗抢得 100 枚金币,他们有着自己的分赃规矩:
第一条,由海盗头子提出分配方案,然后 5 人表决,赞同者当达到半数则通过方案;否则,海盗头子将被扔进大海喂鲨鱼;
第二条,海盗头子死后,将由"二当家"提方案,4 人表决,当达到半数同意时通过方案;否则,"二当家"被扔进大海喂鱼;
第三条,以此类推,每次表决都是达到 50% 票就可以通过.
请问海盗头子应该如何分配金币,才能在不被扔海的情况下取到最多的金币?

CHAPTER 6　第6章

向量与空间解析几何

空间解析几何是借助解析式研究图形的几何分支,本章介绍三维的空间直角坐标系、空间向量的概念及其相关运算,重点研究空间平面、空间直线的方程,介绍简单的空间曲面、曲线及其方程.空间解析几何在力学、物理学、建筑学等科学技术领域有着广泛的应用.

6.1 空间直角坐标系与向量的运算

动画

空间直角
坐标系

6.1.1 空间直角坐标系

实数与数轴上的点具有一一对应的关系,有序实数对(x,y)与平面上的点具有一一对应的关系.直线是一维的,平面是二维的.而我们生活的空间是三维的,在空间内确定一个点,需要三个有序实数.

为了表示空间中任意选定的一个点M_0,需要建立空间直角坐标系.

选择一个固定点O,称之为**原点**.作三条两两互相垂直且通过点O的数轴(一般具有相同的单位长度),这三条数轴分别称为**横轴(x轴),纵轴(y轴)和竖轴(z轴)**.一般地,x轴和y轴位于水平面,z轴与水平面垂直.三坐标轴的正向符合右手法则,即以右手握住z轴,当右手的四个手指从x轴正向以$\dfrac{\pi}{2}$角转向y轴正向时,大拇指所指的方向是z轴的正向.这样的三条数轴就组成了**空间直角坐标系**(图6-1).

在空间直角坐标系中,三条坐标轴中的任意两条可以确定一个平面,这样一共可以确定三个平面,分别称为xOy面,yOz面和zOx面,统称**坐标面**.三个坐标面把空间分为八个部分,称为八个**卦限**,依次用大写的罗马字母Ⅰ、Ⅱ、Ⅲ、Ⅳ、Ⅴ、Ⅵ、Ⅶ、Ⅷ表示(图6-2).

195

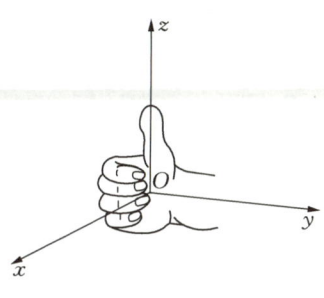

图 6-1

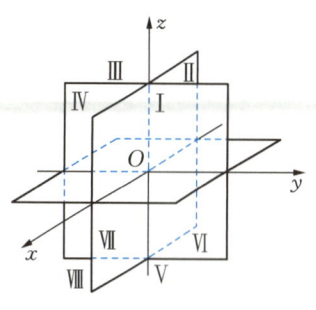

图 6-2

在建立了坐标系后,对于空间中任意一点 M_0,可确定它的坐标:过点 M_0 作三个平面分别平行于 yOz 面,zOx 面和 xOy 面,这三个平面分别与 x 轴,y 轴,z 轴交于 P、Q、R 三点,点 P、Q、R 在 x、y、z 轴上的坐标分别为 x_0、y_0、z_0(图 6-3).于是,由空间中的一点 M_0 就唯一地确定了一个有序三元实数组 (x_0,y_0,z_0);反之,若已知一个有序三元实数组 (x_0,y_0,z_0),则可在 x、y、z 轴上分别取坐标为 x_0、y_0、z_0 的点 P、Q、R,再过点 P、Q、R 分别作平行于 yOz 面、zOx 面、xOy 面的平面,这三个平面的交点 M_0 便是这个数组所确定的唯一点,这个数组称为**点 M_0 的坐标**,记为 $M_0(x_0,y_0,z_0)$.

在空间直角坐标系中,任意点 M 与有序三元实数组之间建立了一一对应关系.特别地,原点的坐标为 $(0,0,0)$;x 轴、y 轴、z 轴上的点的坐标分别为 $(x,0,0)$、$(0,y,0)$、$(0,0,z)$;三个坐标面 xOy、yOz、zOx 上的点的坐标分别为 $(x,y,0)$、$(0,y,z)$、$(x,0,z)$.

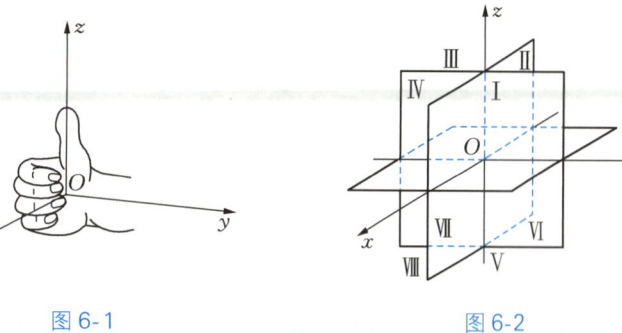

图 6-3

已知空间两点 $M_1(x_1,y_1,z_1)$ 和 $M_2(x_2,y_2,z_2)$,求 M_1 和 M_2 间的距离 $|M_1M_2|$.

过 M_1 和 M_2 各作 3 个分别垂直于 3 条坐标轴的平面,这 6 个平面围成一个以 M_1M_2 为对角线的长方体(图 6-4).

由于 $\triangle M_1NM_2$ 及 $\triangle M_1PN$ 都是直角三角形,故有

$$
\begin{aligned}
|M_1M_2|^2 &= |M_1N|^2 + |NM_2|^2 \\
&= |M_1P|^2 + |PN|^2 + |NM_2|^2 \\
&= |P_1P_2|^2 + |Q_1Q_2|^2 + |R_1R_2|^2 \\
&= |x_2-x_1|^2 + |y_2-y_1|^2 + |z_2-z_1|^2,
\end{aligned}
$$

图 6-4

所以

$$|M_1M_2| = \sqrt{(x_2-x_1)^2 + (y_2-y_1)^2 + (z_2-z_1)^2}. \tag{6-1}$$

公式(6-1)称为**空间两点间的距离公式**.

特别地,空间中一点 $M(x,y,z)$ 与原点 O 的距离为

$$|OM| = \sqrt{x^2 + y^2 + z^2}.$$

例 1　在 x 轴上找一点 P，使它与点 $Q(4, 1, 2)$ 的距离为 $\sqrt{30}$.

解　因为点 P 在 x 轴上，可设其坐标为 $(x, 0, 0)$，由公式 (6-1)，得

$$\sqrt{30} = \sqrt{(4-x)^2 + (1-0)^2 + (2-0)^2}.$$

化简，得
$$x^2 - 8x - 9 = 0.$$

解方程，得
$$x_1 = -1, \ x_2 = 9.$$

故所求的点为 $P_1(-1, 0, 0)$ 和 $P_2(9, 0, 0)$.

例 2　在 z 轴上求与点 $A(4, 1, 0)$ 和点 $B(3, 5, 1)$ 等距离的点.

解　设所求点为 $M(0, 0, z)$. 依题意有

$$|MA| = |MB|,$$

即

$$\sqrt{(4-0)^2 + (1-0)^2 + (0-z)^2} = \sqrt{(3-0)^2 + (5-0)^2 + (1-z)^2}.$$

两边平方，解得

$$z = 9.$$

因此，所求的点为 $M(0, 0, 9)$.

6.1.2　向量的基本概念

1. 向量的概念

初等数学已介绍了向量及其运算，在此，我们对其进行简单的回顾，并作必要的补充.

定义 6.1　有大小且有方向的量称为**向量**. 向量 a 的大小又称为**向量 a 的模**，记作 $|a|$.

在几何上，常用有向线段表示向量，有向线段的长度表示向量的大小，有向线段的方向表示向量的方向. 以 A 为起点、B 为终点的有向线段表示的向量记为 $\overrightarrow{AB}$. 向量也可以用黑体字母（如 a, b, i, F 等）表示，书写时，常在字母的上方标一个箭头，如用 $\vec{a}$, $\vec{b}$, $\vec{i}$, $\vec{F}$ 等表示（图 6-5）.

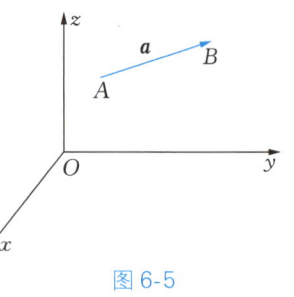

图 6-5

可以在空间任意地平行移动的向量，称之为**自由向量**. 若两个向量 a 和 b 的大小和方向都相同，则称**向量 a 和 b 相等**，记作 $a = b$. 模为 1 的向量称为**单位向量**；模为 0 的向量称为**零向量**，它是唯一没有明确方向的向量.

定义 6.2　设 a 和 b 是非零向量，通过平移使其起点重合，它们所在射线的夹角 θ（$0 \leqslant \theta \leqslant \pi$）称为**向量 a 与 b 的夹角**，记作 $\langle a, b \rangle$ 或者 $(\widehat{a, b})$.

若两个向量 a 和 b 的方向相同或相反，即 $\langle a, b \rangle = 0$ 或 π，则称**向量 a 和 b 平行**，记作 $a /\!/ b$. 当 $\langle a, b \rangle = \dfrac{\pi}{2}$ 时，称**向量 a 与 b 垂直**，记作 $a \perp b$.

2. 向量的分量

我们把一个向量 a 的起点放在空间直角坐标系的原点，a 的终点坐标为 (a_x, a_y, a_z)，称 a_x、a_y、a_z 为向量 a 的**分量**.分量的个数也称为向量的维数，例如，向量 $x = \{x_1, x_2, \cdots, x_n\}$ 就是一个 n 维向量.

本章所研究的向量主要是三维的，在空间直角坐标系中有三个特殊的向量 $i = \{1, 0, 0\}$，$j = \{0, 1, 0\}$，$k = \{0, 0, 1\}$，称之为三维空间的**基本单位向量**.若 $a = \{a_x, a_y, a_z\}$，则 $a = a_x i + a_y j + a_z k$.因此，$a = \{a_x, a_y, a_z\}$ 又被称为**向量的坐标表达式**，在第 6.2 节，将介绍向量的运算，使用向量的坐标表达式将会为向量的运算带来极大的方便.

因此，可得出下面结论：

(1) 给定点 $A(x_1, y_1, z_1)$，$B(x_2, y_2, z_2)$，则向量 $\overrightarrow{AB} = \{x_2 - x_1, y_2 - y_1, z_2 - z_1\}$.

(2) 三维空间中一个向量 $a = \{a_x, a_y, a_z\}$ 的模 $|a| = \sqrt{a_x^2 + a_y^2 + a_z^2}$.

(3) 与向量 a 平行的单位向量为 $e_1 = \dfrac{a}{|a|}$，$e_2 = -\dfrac{a}{|a|}$.

例 3 求起点为 $M_1(-1, 2, 3)$，终点为 $M_2(0, 3, 2)$ 的向量 $\overrightarrow{M_1 M_2}$ 的坐标、模以及与 $\overrightarrow{M_1 M_2}$ 平行的单位向量.

解 $\overrightarrow{M_1 M_2} = \{0 - (-1), 3 - 2, 2 - 3\} = \{1, 1, -1\}$，由两点间距离公式得

$$|\overrightarrow{M_1 M_2}| = \sqrt{1^2 + 1^2 + (-1)^2} = \sqrt{3},$$

所求单位向量分别为 $\left\{ \dfrac{\sqrt{3}}{3}, \dfrac{\sqrt{3}}{3}, -\dfrac{\sqrt{3}}{3} \right\}$ 和 $\left\{ -\dfrac{\sqrt{3}}{3}, -\dfrac{\sqrt{3}}{3}, \dfrac{\sqrt{3}}{3} \right\}$.

3. 方向角和方向余弦

定义 6.3 一个非零向量 a 与 x 轴、y 轴和 z 轴正向的夹角称为**向量 a 的方向角**，通常记作 α、β、γ.这些角的余弦 $\cos\alpha$、$\cos\beta$、$\cos\gamma$ 称为**向量 a 的方向余弦**.

方向余弦可以通过下面的公式计算：

$$\cos\alpha = \frac{a_x}{\sqrt{a_x^2 + a_y^2 + a_z^2}}, \quad \cos\beta = \frac{a_y}{\sqrt{a_x^2 + a_y^2 + a_z^2}}, \quad \cos\gamma = \frac{a_z}{\sqrt{a_x^2 + a_y^2 + a_z^2}}. \quad (6\text{-}2)$$

进而有

$$\cos^2\alpha + \cos^2\beta + \cos^2\gamma = 1. \quad (6\text{-}3)$$

事实上，与向量 a 方向相同的单位向量与方向余弦有如下关系：

$$e = \frac{a}{|a|} = \{\cos\alpha, \cos\beta, \cos\gamma\}. \quad (6\text{-}4)$$

例 4 已知点 $A(1, 1, 2)$，$B(2, 3, 0)$，求向量 $\overrightarrow{AB}$ 的模，方向余弦以及与 $\overrightarrow{AB}$ 方向相同的单位向量.

解 $\overrightarrow{AB} = \{2 - 1, 3 - 1, 0 - 2\} = \{1, 2, -2\}$，

故 $\overrightarrow{AB}$ 的模 $\qquad |\overrightarrow{AB}| = \sqrt{1^2 + 2^2 + (-2)^2} = 3.$

$\overrightarrow{AB}$的方向余弦 $\qquad \cos\alpha=\dfrac{1}{3}$，$\cos\beta=\dfrac{2}{3}$，$\cos\gamma=-\dfrac{2}{3}$.

根据(6-4)式，与$\overrightarrow{AB}$方向相同的单位向量

$$\boldsymbol{\varepsilon}=\{\cos\alpha,\cos\beta,\cos\gamma\}=\left\{\dfrac{1}{3},\dfrac{2}{3},-\dfrac{2}{3}\right\}.$$

6.1.3　向量的运算

1. 向量的线性运算

向量的加法和向量的数乘统称为向量的**线性运算**.

定义 6.4　通过平移将向量 $\boldsymbol{a}$ 的终点与 $\boldsymbol{b}$ 的起点相连，那么，**向量的和 $\boldsymbol{a}+\boldsymbol{b}$** 是一个从 $\boldsymbol{a}$ 的起点到 $\boldsymbol{b}$ 的终点的一个向量.

向量的加法满足三角形法则和平行四边形法则，请同学们作为练习将它们表达出来.

定义 6.5　如果 λ 是一个标量，$\boldsymbol{a}$ 是一个向量，那么**数乘向量 $\lambda\boldsymbol{a}$** 表示一个长度为 $\boldsymbol{a}$ 的 $|\lambda|$ 倍的向量，当 $\lambda>0$ 时，它的方向与 $\boldsymbol{a}$ 方向相同，当 $\lambda<0$ 时，它的方向与 $\boldsymbol{a}$ 方向相反，当 $\lambda=0$ 或 $\boldsymbol{a}=\boldsymbol{0}$ 时，$\lambda\boldsymbol{a}=\boldsymbol{0}$.

使用向量的坐标表达式会给向量的线性运算带来方便：

设 $\boldsymbol{a}=\{a_x,a_y,a_z\}$，$\boldsymbol{b}=\{b_x,b_y,b_z\}$，则

$$\boldsymbol{a}+\boldsymbol{b}=\{a_x,a_y,a_z\}+\{b_x,b_y,b_z\}=\{a_x+b_x,a_y+b_y,a_z+b_z\};$$
$$\lambda\boldsymbol{a}=\lambda\{a_x,a_y,a_z\}=\{\lambda a_x,\lambda a_y,\lambda a_z\}.$$

向量的加法和数乘运算有如下性质：

（1）交换律：$\boldsymbol{a}+\boldsymbol{b}=\boldsymbol{b}+\boldsymbol{a}$；

（2）结合律：$(\boldsymbol{a}+\boldsymbol{b})+\boldsymbol{c}=\boldsymbol{a}+(\boldsymbol{b}+\boldsymbol{c})$，$\lambda(\mu\boldsymbol{a})=(\lambda\mu)\boldsymbol{a}$；

（3）分配律：$(\lambda+\mu)\boldsymbol{a}=\lambda\boldsymbol{a}+\mu\boldsymbol{a}$，$\lambda(\boldsymbol{a}+\boldsymbol{b})=\lambda\boldsymbol{a}+\lambda\boldsymbol{b}$.

2. 向量的数量积

向量的数量积是从物理学中抽象出来的一个数学概念.物理学中规定常力对沿直线运动物体所作的功 $W=|\boldsymbol{F}|\cos\theta|\boldsymbol{D}|$，其中 $|\boldsymbol{F}|$ 表示力 $\boldsymbol{F}$ 的大小，$|\boldsymbol{D}|$ 表示位移 $\boldsymbol{D}$ 的大小，θ 是力 $\boldsymbol{F}$ 与位移 $\boldsymbol{D}$ 的夹角.$W=|\boldsymbol{F}|\cos\theta|\boldsymbol{D}|$ 就是向量 $\boldsymbol{F}$ 与位移 $\boldsymbol{D}$ 的数量积(图 6-6).

定义 6.6　向量 $\boldsymbol{a}$ 与 $\boldsymbol{b}$ 的夹角为 θ，那么，它们的模及夹角余弦的乘积称为向量 $\boldsymbol{a}$ 与 $\boldsymbol{b}$ 的**数量积**（又称为**点积**或**内积**），记作 $\boldsymbol{a}\cdot\boldsymbol{b}$，即 $\boldsymbol{a}\cdot\boldsymbol{b}=|\boldsymbol{a}||\boldsymbol{b}|\cos\theta$.

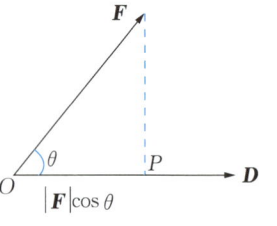

图 6-6

在数学上，对于三维向量的数量积采用下述定义：

定义 6.7　向量 $\boldsymbol{a}=\{a_x,a_y,a_z\}$，$\boldsymbol{b}=\{b_x,b_y,b_z\}$，向量 $\boldsymbol{a}$ 与 $\boldsymbol{b}$ 的**数量积**定义为

$$\boldsymbol{a}\cdot\boldsymbol{b}=a_xb_x+a_yb_y+a_zb_z.$$

从定义 6.6 和定义 6.7 可以得到：

空间两非零向量 a 和 b 垂直的充要条件是两向量的对应坐标的乘积之和为零，即

$$a \perp b \Leftrightarrow a_x b_x + a_y b_y + a_z b_z = 0.$$

事实上，若 $a \perp b$，即它们的夹角 $\theta = \dfrac{\pi}{2}$，$a \cdot b = 0$，故有 $a_x b_x + a_y b_y + a_z b_z = 0$；反之，若 $a_x b_x + a_y b_y + a_z b_z = 0$，即 $a \cdot b = 0$，因此 $a \perp b$.

例 5 根据下列已知条件计算 $a \cdot b$：

(1) $a = \{-1,\ 7,\ 4\}$，$b = \left\{6,\ 2,\ -\dfrac{1}{2}\right\}$.

(2) $a = i + 2j - 3k$，$b = 2j - k$.

解 (1) $a \cdot b = -1 \times 6 + 7 \times 2 + 4 \times \left(-\dfrac{1}{2}\right) = 6$.

(2) $a \cdot b = 1 \times 0 + 2 \times 2 + (-3) \times (-1) = 7$.

两个向量的数量积有以下性质(证明从略)：

(1) $a \cdot a = |a|^2$.

(2) $a \cdot 0 = 0$.

(3) 交换律 $a \cdot b = b \cdot a$.

(4) 结合律 $(\lambda a) \cdot b = \lambda(a \cdot b)$，其中 λ 是常数.

(5) 分配律 $(a + b) \cdot c = a \cdot c + b \cdot c$.

例 6 设 a、b、c 都是单位向量，且满足 $a + b + c = 0$，则 $a \cdot b + b \cdot c + c \cdot a = \underline{\qquad\qquad}$.

解 $a \cdot b + b \cdot c + c \cdot a = \dfrac{1}{2}[(a+c) \cdot b + (a+b) \cdot c + (b+c) \cdot a] = \dfrac{1}{2}(-b \cdot b - c \cdot c - a \cdot a) = -\dfrac{3}{2}$.

从 $a \cdot b = |a||b|\cos\langle a,\ b\rangle$ 出发，能够推导出一个公式：

$$\cos\langle a,\ b\rangle = \frac{a \cdot b}{|a||b|}.$$

设向量 $a = \{a_x,\ a_y,\ a_z\}$，$b = \{b_x,\ b_y,\ b_z\}$，为了方便起见，将 $\cos\langle a,\ b\rangle = \dfrac{a \cdot b}{|a||b|}$ 写成坐标表示式：

$$\cos\langle a,\ b\rangle = \frac{a_x b_x + a_y b_y + a_z b_z}{\sqrt{a_x^2 + a_y^2 + a_z^2}\sqrt{b_x^2 + b_y^2 + b_z^2}}. \tag{6-5}$$

例 7 求向量 $a = \{-2,\ 1,\ 2\}$ 和 $b = \{-1,\ -1,\ 4\}$ 的夹角.

解 因为 $a \cdot b = (-2) \times (-1) + 1 \times (-1) + 2 \times 4 = 9$，

$$|a| = \sqrt{(-2)^2 + 1^2 + 2^2} = 3,\quad |b| = \sqrt{(-1)^2 + (-1)^2 + 4^2} = 3\sqrt{2},$$

$$\cos\langle \boldsymbol{a}, \boldsymbol{b}\rangle=\frac{\boldsymbol{a}\cdot\boldsymbol{b}}{|\boldsymbol{a}||\boldsymbol{b}|}=\frac{9}{3\times 3\sqrt{2}}=\frac{\sqrt{2}}{2}.$$

所以向量 $\boldsymbol{a}=\{-2, 1, 2\}$ 和 $\boldsymbol{b}=\{-1, -1, 4\}$ 的夹角$\langle \boldsymbol{a}, \boldsymbol{b}\rangle=\dfrac{\pi}{4}$.

3. 向量的向量积

例 8 用一个 20 cm 长的扳手拧一颗螺丝,力的大小为 50 N,力与扳手的夹角为 60°,如图 6-7 所示.求螺丝中心的转动力矩向量.

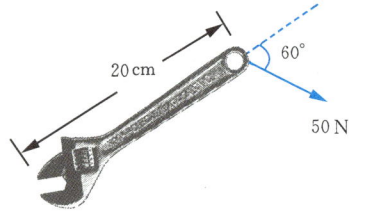

该问题需通过向量的向量积求解,为此,我们先给出下面的定义.

定义 6.8 两个向量 $\boldsymbol{a}$ 和 $\boldsymbol{b}$ 的**向量积**(又称为叉积或外积)是一个向量,记作 $\boldsymbol{a}\times\boldsymbol{b}$,它按照下列方式定义:

图 6-7

(1) 模:$|\boldsymbol{a}\times\boldsymbol{b}|=|\boldsymbol{a}||\boldsymbol{b}|\sin\langle \boldsymbol{a}, \boldsymbol{b}\rangle$.

(2) 方向:$\boldsymbol{a}\times\boldsymbol{b}\perp\boldsymbol{a}$,$\boldsymbol{a}\times\boldsymbol{b}\perp\boldsymbol{b}$,即 $\boldsymbol{a}\times\boldsymbol{b}$ 垂直于向量 $\boldsymbol{a}$ 和 $\boldsymbol{b}$ 所在的平面,且 $\boldsymbol{a}$、$\boldsymbol{b}$、$\boldsymbol{a}\times\boldsymbol{b}$ 构成右手系(图 6-8).

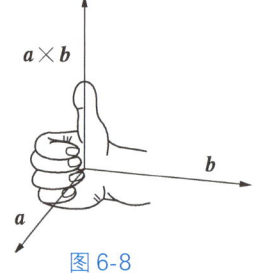

图 6-8

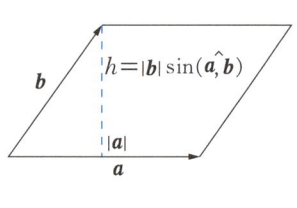

图 6-9

在几何上,向量积的模 $|\boldsymbol{a}\times\boldsymbol{b}|$ 表示以 $\boldsymbol{a}$ 和 $\boldsymbol{b}$ 为邻边的平行四边形的面积(图 6-9).需要特别指出的是,只有当向量 $\boldsymbol{a}$ 和 $\boldsymbol{b}$ 是三维向量时,才可以定义它们的向量积.

向量积有着深刻的物理背景.一个力 $\boldsymbol{F}$ 作用于一个刚体上的一点,这个点的位置向量为 $\boldsymbol{r}$,转动力矩 $\boldsymbol{\tau}$(例如推开一扇可以转动的门,或者用扳手拧一个螺丝,就产生一个转动力矩)定义为位置向量与力的向量积:$\boldsymbol{\tau}=\boldsymbol{r}\times\boldsymbol{F}$.

向量积具有以下运算性质(证明从略):

(1) $\boldsymbol{a}\times\boldsymbol{a}=\boldsymbol{0}$,$\boldsymbol{a}\times\boldsymbol{0}=\boldsymbol{0}$.

(2) $\boldsymbol{b}\times\boldsymbol{a}=-\boldsymbol{a}\times\boldsymbol{b}$.

(3) 结合律:$(\lambda\boldsymbol{a})\times\boldsymbol{b}=\lambda(\boldsymbol{a}\times\boldsymbol{b})=\boldsymbol{a}\times(\lambda\boldsymbol{b})$.

(4) 分配律:$(\boldsymbol{a}+\boldsymbol{b})\times\boldsymbol{c}=\boldsymbol{a}\times\boldsymbol{c}+\boldsymbol{b}\times\boldsymbol{c}$.

下面解答例 8 提出的问题.

解 由已知条件得,转动力矩向量的大小为

$$|\boldsymbol{\tau}|=|\boldsymbol{r}\times\boldsymbol{F}|=|\boldsymbol{r}||\boldsymbol{F}|\sin 60°=0.2\times 50\times\frac{\sqrt{3}}{2}=5\sqrt{3}.$$

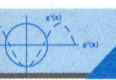

高等应用数学

如果向右拧螺丝，那么转动力矩为 $\boldsymbol{\tau}=5\sqrt{3}\boldsymbol{n}$，其中 $\boldsymbol{n}$ 为垂直纸面向内的单位向量.

在数学上，向量积还可以定义为

定义 6.9　两个向量 $\boldsymbol{a}=\{a_x,\ a_y,\ a_z\}$ 和 $\boldsymbol{b}=\{b_x,\ b_y,\ b_z\}$ 的向量积

$$\boldsymbol{a}\times\boldsymbol{b}=\{a_yb_z-a_zb_y,\ a_zb_x-a_xb_z,\ a_xb_y-a_yb_x\}. \tag{6-6}$$

从定义 6.8 和定义 6.9 可得：**空间两个非零向量 $\boldsymbol{a}$ 和 $\boldsymbol{b}$ 平行的充要条件是两向量的对应坐标成比例**，即

$$\boldsymbol{a}//\boldsymbol{b}\Leftrightarrow\text{存在非零常数 }\lambda\in\mathbf{R},\text{使}\begin{cases}a_x=\lambda b_x,\\a_y=\lambda b_y,\ \text{成立}.\\a_z=\lambda b_z\end{cases}$$

为方便起见，式(6-6)可以写成三阶行列式的形式：$\boldsymbol{a}\times\boldsymbol{b}=\begin{vmatrix}\boldsymbol{i}&\boldsymbol{j}&\boldsymbol{k}\\a_x&a_y&a_z\\b_x&b_y&b_z\end{vmatrix}.$

例 9　设向量 $\boldsymbol{a}=\{1,\ 2,\ 3\}$，$\boldsymbol{b}=\{-1,\ 0,\ 1\}$，求 $\boldsymbol{a}\times\boldsymbol{b}$ 和 $\boldsymbol{b}\times\boldsymbol{a}$.

解　$\boldsymbol{a}\times\boldsymbol{b}=\begin{vmatrix}\boldsymbol{i}&\boldsymbol{j}&\boldsymbol{k}\\1&2&3\\-1&0&1\end{vmatrix}=\begin{vmatrix}2&3\\0&1\end{vmatrix}\boldsymbol{i}-\begin{vmatrix}1&3\\-1&1\end{vmatrix}\boldsymbol{j}+\begin{vmatrix}1&2\\-1&0\end{vmatrix}\boldsymbol{k}=2\boldsymbol{i}-4\boldsymbol{j}+2\boldsymbol{k}$；

$\boldsymbol{b}\times\boldsymbol{a}=-\boldsymbol{a}\times\boldsymbol{b}=-2\boldsymbol{i}+4\boldsymbol{j}-2\boldsymbol{k}.$

例 10　已知 $|\boldsymbol{a}|=1$，$|\boldsymbol{b}|=2$，$\boldsymbol{a}$ 与 $\boldsymbol{b}$ 的夹角为 $\dfrac{\pi}{6}$，求 $|(\boldsymbol{a}-\boldsymbol{b})\times(\boldsymbol{a}+2\boldsymbol{b})|$.

解　由向量积的分配律，知

$$\begin{aligned}(\boldsymbol{a}-\boldsymbol{b})\times(\boldsymbol{a}+2\boldsymbol{b})&=(\boldsymbol{a}-\boldsymbol{b})\times\boldsymbol{a}+(\boldsymbol{a}-\boldsymbol{b})\times2\boldsymbol{b}\\&=\boldsymbol{a}\times\boldsymbol{a}-\boldsymbol{b}\times\boldsymbol{a}+2\boldsymbol{a}\times\boldsymbol{b}-2\boldsymbol{b}\times\boldsymbol{b}\\&=3\boldsymbol{a}\times\boldsymbol{b},\end{aligned}$$

根据向量积模长的定义，可以计算出

$$|(\boldsymbol{a}-\boldsymbol{b})\times(\boldsymbol{a}+2\boldsymbol{b})|=3|\boldsymbol{a}\times\boldsymbol{b}|=3|\boldsymbol{a}||\boldsymbol{b}|\sin\langle\boldsymbol{a},\ \boldsymbol{b}\rangle=3\times2\times\frac{1}{2}=3.$$

习题 6.1

1. 填空题：

(1) 点 $(a,\ b,\ c)$ 关于原点的对称点是 _____，关于 x 轴的对称点是 _____，关于 xOy 面的对称点是 _____.

(2) 在平面直角坐标系中，$x=a$（常数）所表示的图形是 _____，在空间直角坐标系中，$x=a$ 所表示的图形是 _____.

(3) 已知两点 $M_1(4,\ \sqrt{2},\ 1)$ 和 $M_2(3,\ 0,\ 2)$，则 $\overrightarrow{M_1M_2}=$ _____，$|\overrightarrow{M_1M_2}|=$ _____.

第6章
向量与空间解析几何

(4) 设 $a=\{1,5,2\}$，$b=\{3,-1,2\}$，则 $2a+3b=$＿＿＿＿＿＿＿＿．

(5) 设向量 a、b 满足 $|a\times b|=3$，则 $|(a+b)\times(a-b)|=$＿＿＿＿＿＿＿．

(6) 设向量 $a=\{1,2,1\}$ 与向量 $b=\{2,1,k\}$ 垂直，则 $k=$＿＿＿＿＿＿＿．

2. 求与向量 $2i-5j+k$ 方向相同的单位向量．

3. 已知 $M_1(4,\sqrt{2},1)$、$M_2(3,0,2)$ 是空间内两点，求与向量 $\overrightarrow{M_1M_2}$ 同向、长度为 $\sqrt{2}$ 的向量．

4. 已知 $\overrightarrow{AB}=\{1,-1,-\sqrt{2}\}$，计算向量 $\overrightarrow{AB}$ 的模、方向余弦与方向角．

5. 设 $a=\{3,-1,-2\}$，$b=\{1,2,-1\}$，求 $a\cdot b$ 及 $\langle a,b\rangle$．

6. 设 $a=\{1,1,1\}$，$b=\{3,-2,1\}$，求 $a\times b$．

7. 求同时垂直于 $a=\{2,2,1\}$ 和 $b=\{4,5,3\}$ 的单位向量．

*8. 设向量 $a=\{2,1,0\}$，$b=\{-1,0,2\}$，求以 a、b 为邻边的平行四边形面积．

6.2 平面与直线

6.2.1 平面及其方程

1. 平面的点法式方程

垂直于平面的任一非零向量称为该平面的**法线向量**．

已知平面 π 经过一定点 $M_0(x_0,y_0,z_0)$，且有一个法线向量为 $n=\{A,B,C\}$，下面来建立平面 π 的方程．

设 $M(x,y,z)$ 是平面 π 上任意一点(图 6-10)，那么，平面 π 的法线向量 $n=\{A,B,C\}$ 必垂直于向量 $\overrightarrow{M_0M}$，所以两向量的对应坐标的乘积之和为 0，由于 $\overrightarrow{M_0M}=\{x-x_0,y-y_0,z-z_0\}$，从而有

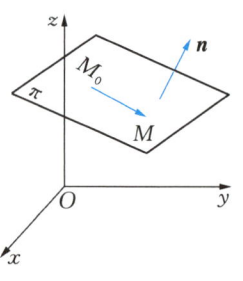

图 6-10

$$A(x-x_0)+B(y-y_0)+C(z-z_0)=0. \qquad (6\text{-}7)$$

这就是平面 π 的方程，称为平面的**点法式方程**．

2. 平面的一般式方程

从平面的点法式方程可得

$$Ax+By+Cz+(-Ax_0-By_0-Cz_0)=0,$$

令 $D=-Ax_0-By_0-Cz_0$，得

203

$$Ax + By + Cz + D = 0. \tag{6-8}$$

这个三元一次方程称为平面的**一般式方程**,它所表示的平面具有法线向量 $n = \{A, B, C\}$.

3. 两平面间的位置关系

根据任意两个非零向量平行、垂直的充要条件易得如下结论:

设两平面为

$$\pi_1 \quad A_1 x + B_1 y + C_1 z + D_1 = 0,$$
$$\pi_2 \quad A_2 x + B_2 y + C_2 z + D_2 = 0,$$

则

$$\pi_1 /\!/ \pi_2 \Leftrightarrow \frac{A_1}{A_2} = \frac{B_1}{B_2} = \frac{C_1}{C_2};$$

$$\pi_1 \perp \pi_2 \Leftrightarrow A_1 A_2 + B_1 B_2 + C_1 C_2 = 0.$$

例 1 求过点 $(-1, 0, 3)$ 且与平面 $3x + 2y - z + 1 = 0$ 平行的平面方程.

解 由于所求平面与已知平面平行,可取已知平面的法线向量为所求平面的法线向量,即 $n = \{3, 2, -1\}$.由点法式方程得所求平面方程为

$$3(x+1) + 2(y-0) - (z-3) = 0,$$

即

$$3x + 2y - z + 6 = 0.$$

4. 平面的截距式方程

设一平面不通过原点,也不通过任何坐标轴,并与 x 轴、y 轴、z 轴分别交于 P、Q、R 三点,令 $OP = a$,$OQ = b$,$OR = c$,则该平面方程 $Ax + By + Cz + D = 0$ 可以写为

$$\frac{x}{a} + \frac{y}{b} + \frac{z}{c} = 1, \tag{6-9}$$

其中 $a = -\dfrac{D}{A}$,$b = -\dfrac{D}{B}$,$c = -\dfrac{D}{C}$,$D \neq 0$.

方程(6-9)称为平面的**截距式方程**.

例 2 一平面通过 $M_1(1, 1, 1)$ 和 $M_2(0, 1, -1)$ 两点,且垂直于平面 $x + y + z = 0$,求此平面方程.

解 设所求平面方程为 $Ax + By + Cz + D = 0$.因为所求平面垂直于已知平面,所以有 $A + B + C = 0$,又因为点 M_1 和 M_2 在所求的平面上,所以有 $A + B + C + D = 0$ 以及 $B - C + D = 0$.

解联立方程组

$$\begin{cases} A + B + C = 0, \\ A + B + C + D = 0, \\ B - C + D = 0, \end{cases} 得 D = 0,\ B = C,\ A = -2C.$$

代入所设的方程并约去 C 即得所求平面方程为

$$2x-y-z=0.$$

例 3 平面 $\pi_1\quad 2x+3y+4z+1=0$ 与平面 $\pi_2\quad 2x-3y+4z-1=0$ 的位置关系是( ).

    A. 重合   B. 相交且垂直

    C. 平行   D. 相交但不垂直、不重合

解 π_1 和 π_2 的法线向量分别为 $\boldsymbol{n}_1=\{2,3,4\}$，$\boldsymbol{n}_2=\{2,-3,4\}$，易见 $\boldsymbol{n}_1$ 和 $\boldsymbol{n}_2$ 的对应坐标不成比例，因此 π_1 和 π_2 不平行.又由于 $2\times2+3\times(-3)+4\times4=11\neq0$，可知 π_1 和 π_2 也不垂直.由此可知两平面既不平行也不垂直，当然也不会重合，即平面 π_1 和 π_2 相交但不垂直、不重合.选 D.

5. 几种特殊类型的平面方程

对于某些特殊形式的平面方程,应该熟悉它们所表示的平面的特点.

在平面方程 $Ax+By+Cz+D=0$ 中,

(1) 当 $D=0$ 时,方程 $Ax+By+Cz=0$ 表示经过原点的平面,因为原点 O 的坐标 $(0,0,0)$ 满足方程.

(2) 当 $C=0$ 时,方程 $Ax+By+D=0$ 表示与 z 轴平行的平面,因为方程的法线向量 $\boldsymbol{n}=\{A,B,0\}$ 垂直于 z 轴.

(3) 当 $C=D=0$ 时,方程 $Ax+By=0$ 表示经过 z 轴的平面.

(4) 当 $A=B=0$ 时,方程 $Cz+D=0$ 表示平行于 xOy 面的平面.

其他情况可类似讨论.

特别地,方程 $z=0$，$x=0$，$y=0$ 分别表示 xOy，yOz 以及 zOx 三个坐标面.

例 4 求通过 x 轴和点 $(3,-3,-1)$ 的平面方程.

解 因为平面通过 x 轴,所以它的法线向量垂直于 x 轴,从而 $A=0$；又由平面通过 x 轴,它必通过原点,于是 $D=0$.因此可设所求平面方程为 $By+Cz=0$，又因为点 $(3,-3,-1)$ 在平面上,则有

$$-3B-C=0,$$

即

$$C=-3B.$$

以此代入所设方程并除以 $B(B\neq0)$ 即得所求平面方程为

$$y-3z=0.$$

6.2.2 空间直线及其方程

1. 空间直线的一般式方程

空间直线 L 可以看作是两个平面 π_1 和 π_2 的交线,如果两个相交平面 π_1 和 π_2 的方程分别为 $A_1x+B_1y+C_1z+D_1=0$ 和 $A_2x+B_2y+C_2z+D_2=0$,那么直线 L 上任一点的坐标应同时满足这两个平面的方程,即应满足方程组

动画

空间直线的
一般方程

$$\begin{cases} A_1x+B_1y+C_1z+D_1=0, \\ A_2x+B_2y+C_2z+D_2=0. \end{cases} \tag{6-10}$$

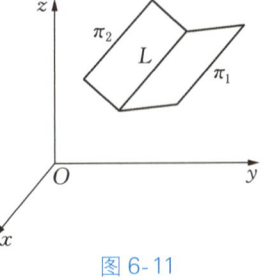

图 6-11

反之,如果点不在直线 L 上,那么它不能同时在平面 π_1 和 π_2 上,所以它的坐标不满足方程组(6-10).因此,直线 L 可以用方程组(6-10)来表示,方程组(6-10)称为空间直线 L 的**一般式方程**,其中 A_1、B_1、C_1 与 A_2、B_2、C_2 对应不成比例 (图6-11).

2. 空间直线的点向式方程

平行于直线的任一非零向量称为该直线的**方向向量**.

我们知道,过空间一定点可作而且只能作一条直线平行于一已知直线,因此,当已知直线上一点和它的一个方向向量时,这条直线的位置就完全确定了.

已知直线 L 经过一定点 $M_0(x_0,y_0,z_0)$,它的一个方向向量为 $s=\{m,n,p\}$,下面来建立 L 的方程.

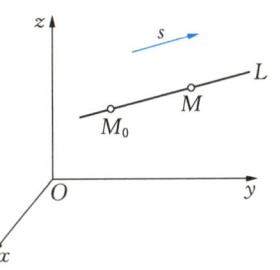

图 6-12

设 $M(x,y,z)$ 是直线 L 上任意一点(图6-12),那么,直线 L 的方向向量 $s=\{m,n,p\}$ 必平行于向量 $\overrightarrow{M_0M}$,所以两向量的对应坐标成比例,由于 $\overrightarrow{M_0M}=\{x-x_0,y-y_0,z-z_0\}$,从而有

$$\frac{x-x_0}{m}=\frac{y-y_0}{n}=\frac{z-z_0}{p}. \tag{6-11}$$

方程组(6-11)称为直线 L 的**点向式方程**(又称为**对称式方程**或标准式方程).

3. 空间直线的参数方程

由直线的点向式方程(6-11)容易导出直线的参数方程.设 $\dfrac{x-x_0}{m}=\dfrac{y-y_0}{n}=\dfrac{z-z_0}{p}=t$,那么

$$\begin{cases} x=x_0+mt, \\ y=y_0+nt, \\ z=z_0+pt. \end{cases} \tag{6-12}$$

式(6-12)称为空间直线的**参数方程**.

例5 求过点$(1,-3,4)$且与平面 $2x-y+3z-1=0$ 垂直的直线方程.

解 因为所求直线和已知平面垂直,所以可取平面的法线向量作为直线的方向向量,即取 $s=n=\{2,-1,3\}$,由直线的点向式方程即得所求直线方程为

$$\frac{x-1}{2}=\frac{y+3}{-1}=\frac{z-4}{3}.$$

例6 已知直线 L 经过 $A(0,2,-1)$ 和 $B(-3,3,1)$ 两点,求 L 的方程.

解 取向量$\overrightarrow{AB}$作为直线L的方向向量,即$\boldsymbol{s}=\overrightarrow{AB}=\{-3-0,3-2,1-(-1)\}=\{-3,1,2\}$,并从$A$、$B$中任选一点(例如$A$),即得直线$L$的点向式方程为

$$\frac{x}{-3}=\frac{y-2}{1}=\frac{z+1}{2}.$$

4. 直线与直线、直线与平面间的位置关系

根据空间两个非零向量平行、垂直的充要条件易得如下结论:

设直线L_0：$\dfrac{x-x_0}{m_0}=\dfrac{y-y_0}{n_0}=\dfrac{z-z_0}{p_0}$,

直线L：$\dfrac{x-a}{m}=\dfrac{y-b}{n}=\dfrac{z-c}{p}$,

平面π $Ax+By+Cz+D=0$,

则有

$$L_0/\!/L \Leftrightarrow \frac{m_0}{m}=\frac{n_0}{n}=\frac{p_0}{p};$$

$$L_0\perp L \Leftrightarrow m_0m+n_0n+p_0p=0;$$

$$L/\!/\pi \Leftrightarrow Am+Bn+Cp=0;$$

$$L\perp\pi \Leftrightarrow \frac{A}{m}=\frac{B}{n}=\frac{C}{p};$$

$$L\subset\pi \Leftrightarrow \begin{cases} Am+Bn+Cp=0, \\ Aa+Bb+Cc+D=0. \end{cases}$$

例7 求过点$(-3,4,6)$且与两平面$x-4z=3$和$2x-y-5z=1$的交线平行的直线方程.

解 设所求直线的方向向量为$\boldsymbol{s}=\{m,n,p\}$,由于所求直线与两平面的交线平行,那么$\boldsymbol{s}$必同时与两平面平行.于是

$$\begin{cases} 1\cdot m+0\cdot n+(-4)\cdot p=0, \\ 2m-n-5p=0. \end{cases}$$

解方程组,得 $m=4p,n=3p$ 或 $\dfrac{m}{4}=\dfrac{n}{3}=\dfrac{p}{1}$.

可取$\boldsymbol{s}=\{4,3,1\}$,又直线过点$(-3,4,6)$,故所求直线方程为

$$\frac{x+3}{4}=\frac{y-4}{3}=\frac{z-6}{1}.$$

练习 6.2

1. 填空题：

    (1) 过点 $(1, 0, 1)$ 且与平面 $x-y+2z+1=0$ 垂直的直线方程为 _____.

    (2) 过点 $M(2, 0, -1)$ 且与平面 $\pi: x-3y+4z-2=0$ 平行的平面方程为 _____，过点 M 且与 π 垂直的直线方程为 _____.

2. 求与平面 $3x-2y+z+4=0$ 平行且过点 $(0, -2, 1)$ 的平面方程.

3. 求经过点 $M(1, 2, -1)$ 且与直线 $\begin{cases} x=-t+2, \\ y=3t-4, \\ z=t-1 \end{cases}$ 垂直的平面方程.

4. 求过三点 $A(1, 1, -1)$，$B(-2, -2, 2)$ 和 $C(1, -1, 2)$ 的平面方程.

5. 已知平面经过两点 $A(4, 0, -2)$ 和 $B(5, 1, 7)$ 且平行于 x 轴，求该平面的方程.

6. 一平面经过点 $(4, -2, -1)$，且通过 y 轴，求此平面的方程.

7. 求在各坐标轴上截距相等且过点 $(5, -7, 4)$ 的平面.

8. 一平面经过点 $(1, 1, 1)$，且同时垂直于两个平面 $\pi_1: x-y+z=7$ 和 $\pi_2: 3x+2y-12z+5=0$，求此平面的方程.

9. 求过两点 $A(-2, 3, 1)$ 和 $B(3, -5, 0)$ 的直线方程.

10. 求过点 $(0, 2, 4)$ 且与两平面 $\pi_1: x+2z=1$ 和 $\pi_2: y-3z=2$ 平行的直线方程.

11. 用点向式方程表示直线 $\begin{cases} x-y+z=1, \\ 2x+y+z=4. \end{cases}$

12. 求过点 $(1, -1, 2)$ 且与直线 L_1、L_2 都垂直的直线，其中

$$L_1: \frac{x-1}{1}=\frac{y}{2}=\frac{z+1}{-1},$$

$$L_2: \frac{x+2}{-2}=\frac{y-1}{1}=\frac{z-3}{1}.$$

13. 试确定下列各组直线与平面间的关系：

    (1) $\frac{x+3}{-2}=\frac{y+4}{-7}=\frac{z}{3}$ 和 $4x-2y-2z=5$.

    (2) $\frac{x}{3}=\frac{y}{-2}=\frac{z}{5}$ 和 $6x-4y+10z=7$.

    (3) $\frac{x-2}{3}=y+2=\frac{z-3}{-4}$ 和 $x+y+z=3$.

    (4) $\frac{x-1}{-1}=\frac{y+1}{2}=\frac{z}{1}$ 和 $x+3y-2z=1$.

6.3 简单二次曲面

动画

空间曲面

6.3.1 曲面与方程

在空间中一个平面可以用一个三元一次方程来表示,反之,一个三元一次方程的图形也可以表示一个平面.在一般情况下,如果曲面 S 与三元方程 $F(x,y,z)=0$ 有如下关系:

(1) 曲面 S 上任一点的坐标都满足方程 $F(x,y,z)=0$;

(2) 不在曲面 S 上的点的坐标都不满足方程 $F(x,y,z)=0$.

则称 $F(x,y,z)=0$ 为**曲面 S 的方程**,曲面 S 就称为**方程** $F(x,y,z)=0$ **的图形**.

类似于平面解析几何中将曲线看作是一个动点依照某个规律运动而成的轨迹一样,在空间解析几何中,我们把曲面看成是动点遵循某种规律运动而成的轨迹.

根据这个观点,我们来建立球面的方程.

例 1 求以点 $M_0(x_0,y_0,z_0)$ 为球心,R 为半径的球面方程.

解 设 $M(x,y,z)$ 是球面上任意一点,则

$$|M_0M|=R,$$

所以

$$\sqrt{(x-x_0)^2+(y-y_0)^2+(z-z_0)^2}=R,$$

故

$$(x-x_0)^2+(y-y_0)^2+(z-z_0)^2=R^2, \tag{6-13}$$

即为所求的**球面方程**.

6.3.2 柱面

先分析一个具体例子,考虑方程 $x^2+y^2-a^2=0$,这个方程在 xOy 面上表示以原点 O 为圆心,a 为半径的圆.在空间直角坐标系中,这个方程不含竖坐标 z,即不论空间点的竖坐标怎样,只要它的横坐标 x 和纵坐标 y 能满足这个方程,那么这个点就在这个方程所表示的曲面上,这个曲面可以看作是由平行于 z 轴的直线 L 沿 xOy 面上的圆 $x^2+y^2=a^2$ 移动而形成的,这个曲面叫作**圆柱面**(图 6-13).

一般地,平行于定直线并沿定曲线 C 移动的直线 L 形成的轨迹称为**柱面**.定曲线 C 叫作**柱面的准线**,动直线 L 叫作**柱面的母线**.

上面我们看到,不含 z 的方程 $x^2+y^2-a^2=0$ 在空间直角坐标

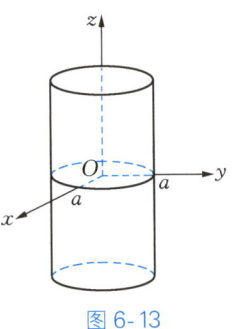

图 6-13

系中表示圆柱面,它的母线平行于 z 轴,它的准线是 xOy 面上的圆 $x^2+y^2=a^2$.

一般地,母线平行于 z 轴的柱面方程为 $F(x,y)=0$;母线平行于 x 轴的柱面方程为 $G(y,z)=0$;母线平行于 y 轴的柱面方程为 $H(x,z)=0$.

例如,$\dfrac{x^2}{a^2}-\dfrac{y^2}{b^2}=1$ 表示以 xOy 面上的双曲线 $\dfrac{x^2}{a^2}-\dfrac{y^2}{b^2}=1$ 为准线,母线平行于 z 轴的**双曲柱面**(图 6-14);$x^2=4z$ 表示以 zOx 面上的抛物线 $x^2=4z$ 为准线,母线平行于 y 轴的**抛物柱面**(图 6-15).

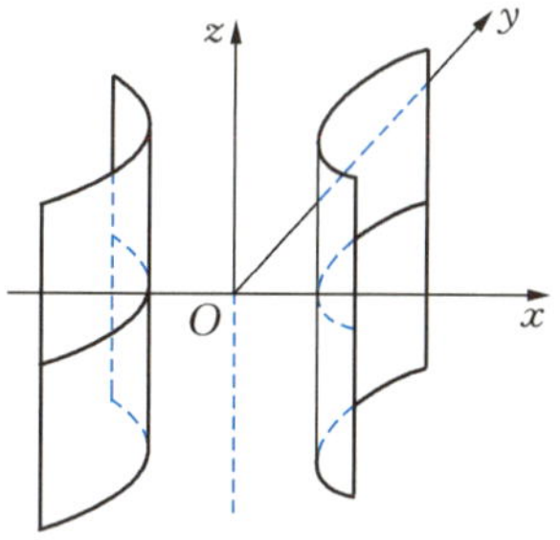

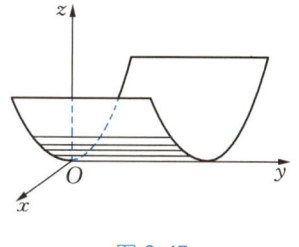

图 6-14

图 6-15

6.3.3　旋转曲面

一条平面曲线绕该平面上的一条定直线旋转一周所形成的曲面称为**旋转曲面**.这条定直线称为旋转曲面的**轴**,这条平面曲线称为旋转曲面的**母线**.

下面,就旋转曲面的轴为某坐标轴,我们来建立旋转曲面的方程.

设在 yOz 面上有一条已知曲线 C,它的方程为

$$f(y,z)=0.$$

曲线 C 绕 z 轴旋转一周,就得到一个以 z 轴为轴的旋转曲面(图 6-16).

又设 $M_0(0,y_0,z_0)$ 为曲线 C 上的任意一点,则有

$$f(y_0,z_0)=0.$$

当曲线 C 绕 z 轴旋转时,点 M_0 也绕 z 轴转到另一点 $M(x,y,z)$,这时 $z=z_0$,且点 M 到 z 轴的距离等于点 M_0 到 z 轴的距离,即

$$\sqrt{x^2+y^2}=|y_0|.$$

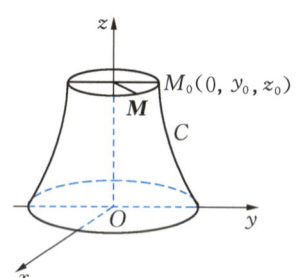

图 6-16

把 $y_0=\pm\sqrt{x^2+y^2}$,$z_0=z$ 代入方程 $f(y_0,z_0)=0$ 中,得

$$f(\pm\sqrt{x^2+y^2},z)=0,$$

这就是所求旋转曲面的方程.

由此可知,在 yOz 面上的曲线 C 的方程 $f(y,z)=0$ 中,只要将 y 换成 $\pm\sqrt{x^2+y^2}$,

便得到曲线 C 绕 z 轴旋转所成的旋转曲面的方程.

同理,曲线 C 绕 y 轴旋转所成的旋转曲面的方程为

$$f(y,\ \pm\sqrt{x^2+z^2})=0.$$

例如,yOz 面上的抛物线 $y^2=2pz$($p>0$)绕 z 轴旋转而成的**旋转抛物面**方程为 $x^2+y^2=2pz$(图 6-17);直线 $\begin{cases} z=ky, \\ x=0 \end{cases}$ 绕 z 轴旋转而成的**圆锥面**方程为 $z^2=k^2(x^2+y^2)$(图 6-18).

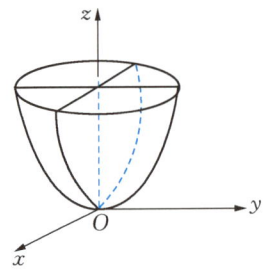

图 6-17

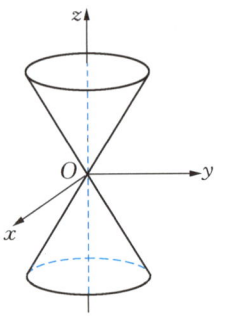

图 6-18

在空间曲面中,最简单的是平面,它可以用一个三元一次方程来表示.而由一个三元二次方程表示的曲面叫作**二次曲面**.上面所讨论的球面,母线与坐标轴平行的柱面,旋转抛物面,圆锥面等都是较简单的二次曲面;还有诸如**椭球面** $\dfrac{x^2}{a^2}+\dfrac{y^2}{b^2}+\dfrac{z^2}{c^2}=1$(图 6-19)以及抛物面、双曲面等其他二次曲面.若要对这些曲面作更深入的探讨,请读者参考有关空间解析几何读本.

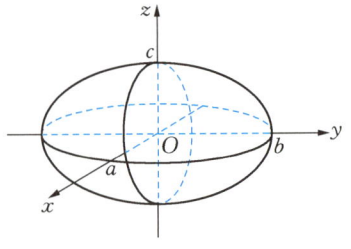

图 6-19

例 2 指出下列方程所表示的曲面:

(1) $x^2+y^2=4$.

(2) $x^2+y^2-3z^2=0$.

(3) $x^2+y^2=z$.

(4) $x^2-z=0$.

(5) $\dfrac{x^2}{4}+y^2+\dfrac{z^2}{9}=1$.

(6) $(x-1)^2+y^2+(z+3)^2=1$.

解 (1) 表示以 xOy 面上的圆 $x^2+y^2=4$ 为准线,母线平行于 z 轴的圆柱面.

(2) 表示以 yOz 面上的直线 $z=\dfrac{y}{\sqrt{3}}$ 为母线,z 轴为轴的圆锥面;或以 zOx 面上的直线 $z=\dfrac{x}{\sqrt{3}}$ 为母线,z 轴为轴的圆锥面.

(3) 表示以 yOz 面上的抛物线 $z=y^2$ 为母线,z 轴为轴的旋转抛物面;或以 zOx 面上的抛物线 $z=x^2$ 为母线,z 轴为轴的旋转抛物面.

(4) 表示以 zOx 面上的抛物线 $z=x^2$ 为准线,母线平行于 y 轴的抛物柱面.

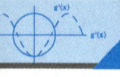高等应用数学
GAODENG YINGYONG SHUXUE

(5) 表示中心在原点的椭球面.

(6) 表示以点$(1,0,-3)$为球心,1为半径的球面.

练习 6.3

1. 填空题:

(1) 以点$(1,3,-2)$为球心,且过原点的球面方程是_____.

(2) 在空间直角坐标系$Oxyz$中,zOx平面上的抛物线$z=4x^2$绕z轴旋转一周所成的曲面为_____.

2. 指出下列各方程所表示的曲面:

(1) $x^2+y^2+z^2-2x+4y=0$.   (2) $\dfrac{x^2}{4}+\dfrac{y^2}{9}+\dfrac{z^2}{9}=1$.

(3) $x^2-\dfrac{y^2}{4}+z^2=1$.   (4) $x^2+2y^2+3z^2=1$.

(5) $z^2=x^2+y^2$.   (6) $z=6-x^2-y^2$.

(7) $x^2+y^2=9$.   (8) $y^2-4z=0$.

【数学实验】

实验 6   使用 MATLAB 进行空间解析几何运算

例 1   设$\boldsymbol{a}=\{1,2,3\}$,$\boldsymbol{b}=\{-1,0,1\}$,求$\boldsymbol{a}+\boldsymbol{b}$,$\boldsymbol{a}-\boldsymbol{b}$,$|\boldsymbol{a}|$,$|\boldsymbol{b}|$以及$\boldsymbol{a}$和$\boldsymbol{b}$夹角的余弦.

解   在 MATLAB 命令行窗口输入命令并运行,如图 6-20 所示.

```
命令行窗口
>> syms a b
>> a = [1, 2, 3];
>> b = [-1, 0, 1];
>> a+b, a-b, sqrt(dot(a,a)), sqrt(dot(b,b)), dot(a,b)/(norm(a)*norm(b))
ans =
     0     2     4
ans =
     2     2     2
ans =
    3.7417
ans =
    1.4142
ans =
    0.3780
fx >>
```

图 6-20

212

第6章
向量与空间解析几何

由运行结果得：$a+b=\{0,2,4\}$，$a-b=\{2,2,2\}$，$|a|=3.741\,7$，$|b|=1.414\,2$，a 和 b 夹角的余弦为 $0.378\,0$.

例 2 设 $a=\{1,2,3\}$，$b=\{-1,0,1\}$，分别求 a 和 b 的向量积、叉积 $a\times b$.

解 在 MATLAB 命令行窗口输入命令并运行，如图 6-21 所示.

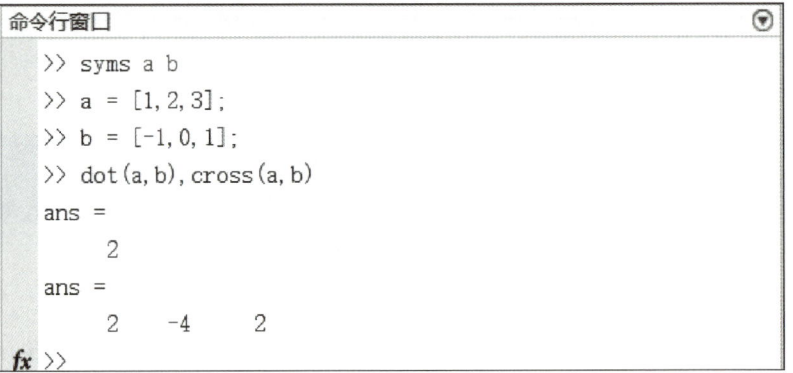

图 6-21

由运行结果得：a 和 b 的向量积为 2，叉积 $a\times b=\{2,-4,2\}$.

例 3 作出曲面 $x^2+y^2-4=0$ 的图形.

解 在 MATLAB 命令行窗口输入命令并运行，如图 6-22 所示.

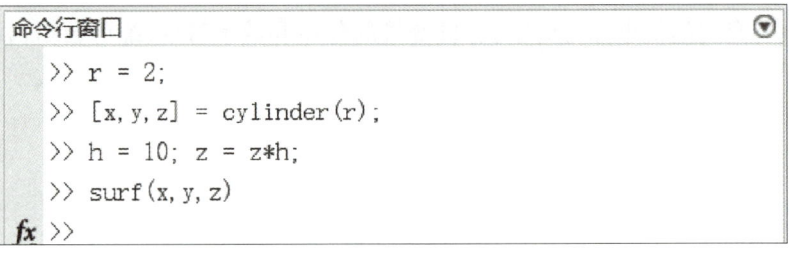

图 6-22

输出的曲面图形如图 6-23 所示.

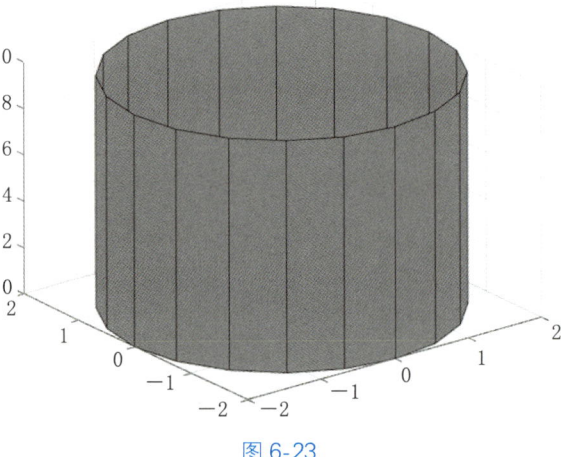

图 6-23

知识拓展

探索应用 6
助学助教

第 6 章习题
参考答案

213

第7章 CHAPTER 7

概率统计与数据处理初步

概率论和统计学是数学的分支,主要研究随机现象的统计规律性.概率论研究随机事件的发生规律,统计学则描述样本数据的特征并对总体进行推断.概率统计广泛应用于科技、国防、生产、生活等各个领域.

在实际应用中,常需要处理一批数据以期构造一个能反映数据变化规律的函数,如果要求这个近似函数经过给定的所有数据点,则称此类问题为插值问题.如果不要求近似函数经过所有的数据点,而是要求它能较好的反应数据变化规律,则称为数据拟合.

本章主要介绍随机事件与概率、随机变量的分布和数字特征、统计数据、数据集中趋势和离散程度的度量、统计分布、参数估计和假设检验的基本内容及相关数学实验,展示使用插值和拟合进行数据建模的方法,并使用数学软件对插值和拟合进行求解.

7.1 概率论初步

7.1.1 随机事件与概率

1. 随机现象与随机事件

(1) 随机现象

在自然界或社会生活中存在着本质上不相同的两类现象:确定性现象和随机现象.

在一定条件下必然发生或者必然不会发生的现象称为**确定性现象**.例如:"太阳不会从西边升起""水从高处流向低处"等.

在一定条件下有多种可能结果,事先无法预知哪种结果一定出现的现象称为**随机现象**.例如:"在相同条件下掷一枚均匀的硬币,观察正、反两面出现的情况",其结果可能出现正面也可能出现反面;"从一批产品中任意抽取一个产品"结果可能为正品或次品.

214

第 7 章
概率统计与数据处理初步

随机现象揭示了条件和结果之间的非确定性联系,其数量关系无法用函数加以描述.随机现象在一次观察中出现什么结果具有偶然性,但在大量重复试验或观察中,这种结果的出现具有一定的统计规律性,概率论与统计学就是研究随机现象本质规律的一门数学学科.

为研究随机现象而进行的观测、调查或试验称为**随机试验**,通常用 E 来表示.一般具备下列三个特点:

① 试验可以在相同的条件下重复的进行,即可重复性;

② 每次试验的可能结果不止一个,并且能事先明确试验的所有可能结果,即可观察性;

③ 进行一次试验之前不能确定哪一个结果会出现,即不确定性.

(2) 随机事件

随机事件是在试验中可能发生、也可能不发生的事件,简称事件,通常用大写字母 A、B、C 等表示.比如,抛硬币试验中,$A=\{$正面向上$\}$ 就是一个随机事件;掷一枚骰子中,$A=\{$出现奇数点$\}$,$B=\{$出现小于 2 的点$\}$ 都是随机事件.

对于随机试验 E,它的每一个可能结果称为**样本点**.由一个样本点组成的点集称为**基本事件**.所有样本点构成的集合称为 E 的**样本空间**,用 Ω 或 Σ 表示,样本空间是必然事件.**必然事件**是指在一定条件下必然要发生的事件.例如,在掷一颗骰子的试验中,$\{$点数小于 $7\}$ 是必然事件.

称在一定条件下不可能发生的事件为**不可能事件**,用 $\varnothing$ 来表示.如:掷一颗骰子的试验中,$\{$点数大于 $6\}$ 是不可能事件.

(3) 随机事件的关系和运算

从上文可以看出,事件是一个集合.事件间的关系类似于集合的关系,见表 7-1.

表 7-1

关系和运算	符 号	含 义
包含	$A\subset B$	事件 A 发生导致事件 B 一定发生
相等	$A=B$	$A\subset B$ 并且 $A\supset B$
事件的和(并)	$A+B$ 或 $A\cup B$	事件 A 与 B 中至少一个发生
事件的积(交)	AB 或 $A\cap B$	事件 A 与 B 同时发生
互斥事件	$AB=\varnothing$	事件 A 与 B 不能同时发生
事件的差	$A-B$	事件 A 发生而事件 B 不发生
对立事件	$\overline{A}$	事件 A 不发生
完备事件组	$A_1+A_2+\cdots+A_n=\Omega$,且 $A_i\cap A_j=\varnothing$,$i\neq j$,$i,j=1,2,\cdots,n$	事件 A_i,A_j 两两互不相容且所有事件并集为样本空间

2. 概率及其性质

定义 7.1　设 A 为试验 E 中的一个随机事件,将 E 重复 n 次,A 事件发生 m 次,称 $\dfrac{m}{n}$ 为事件 A 发生的**频率**.

随着试验次数 n 的增加,频率将处于一个稳定状态.例如,历史上曾有多位科学家做了投掷硬币的试验,"正面朝上"频率稳定在 $\frac{1}{2}$ 的附近,见表 7-2.

表 7-2

试验者	抛硬币次数 n	"正面朝上"次数 m	"正面朝上"频率
De Morgan	2 048	1 061	0.518 1
Bufen	4 040	2 048	0.506 9
Pearson	12 000	6 019	0.501 6
Pearson	24 000	12 012	0.500 5
Verney	30 000	14 994	0.499 8

通常,将事件 A 发生的频率的稳定值 p 作为事件 A 出现的可能性的度量,即 $P(A)=p$ 为事件 A 的统计概率.1933 年,数学家柯尔莫戈洛夫总结频率的性质提出了概率的公理化定义,使概率论成为一个严谨的数学分支.

定义 7.2 设 Q 为随机试验 E 的样本空间,对于该随机试验的每一个事件 A 赋予一个实数,记为 $P(A)$,称为事件 A 的**概率**,随机事件的概率有下列性质:

性质 7.1 (非负有界性)$0 \leqslant P(A) \leqslant 1$.

性质 7.2 (归一性)$P(Q)=1$.

性质 7.3 (可列可加性)如果 A_1、A_2、A_3 两两互不相容,则有

$$P(A_1 \bigcup A_2 \bigcup A_3)=P(A_1)+P(A_2)+P(A_3).$$

注:性质 7.3 对于有限个两两互斥的事件仍然成立,称之为**加法公式**.

性质 7.4 (互补性)对于任一事件 A,有 $P(A)=1-P(\bar{A})$,其中 $\bar{A}$ 为 A 的对立事件.

性质 7.5 (减法公式)对于任意两事件 A 和 B,有 $P(A-B)=P(A)-P(AB)$.

这是因为 $P(A)=P((A-B)\bigcup AB)=P(A-B)+P(AB)$,基于此可以得出以下推论.

推论 7.1 若 $A \supset B$,则 $P(A-B)=P(A)-P(B) \geqslant 0$.

推论 7.2(单调不减性) 若 $A \supset B$,则 $P(A) \geqslant P(B)$.

性质 7.6(广义加法公式) 对于任意两事件 A,B 有

$$P(A \bigcup B)=P(A)+P(B)-P(AB).$$

若 A、B 互斥即 $A \bigcap B=\varnothing$,则 $P(A \bigcup B)=P(A)+P(B)$.性质 7.6 可以推广为:

$$P(A \bigcup B \bigcup C)=P(A)+P(B)+P(C)-P(AB)-P(BC)-P(AC)+P(ABC).$$

例 1 经过调查,某小区 35% 的家庭养狗,27% 的家庭养猫,12% 的家庭既养狗又养猫,随机选取一个家庭,求该小区猫和狗两种宠物中至少养其中一种的概率.

解 设事件 $A=\{$养狗$\}$,$B=\{$养猫$\}$,则"猫和狗两种宠物中至少养其中一种"可以用 $A+B$ 表示,于是

$$P(A+B)=P(A)+P(B)-P(AB)=0.35+0.27-0.12=0.50,$$

即该小区猫和狗两种宠物中至少养其中一种的概率是 50%.

定义 7.3 如果一个随机试验所包含的基本事件是有限的,且每个基本事件发生的可能性均相等,这种条件下的概率模型叫**古典概型**.古典概型中事件 A 的概率 $P(A)$ 为

$$P(A)=\frac{m}{n}. \tag{7-1}$$

其中 m 为事件 A 的样本点数,n 为样本空间的样本点总数.

例 2 在 $1\sim10$ 这 10 个自然数中任取一数,求:

(1) 取到的数能被 2 或 3 整除的概率;

(2) 取到的数既不能被 2 也不能被 3 整除的概率;

(3) 取到的数能被 2 整除而不能被 3 整除的概率.

解 设 A 表示取到的数能被 2 整除;B 表示取到的数能被 3 整除;C 表示取到的数能被 2 整除也能被 3 整除.则

$$P(A)=\frac{5}{10}, \quad P(B)=\frac{3}{10}, \quad P(AB)=\frac{1}{10},$$

于是

$$P(A\cup B)=P(A)+P(B)-P(AB)=\frac{5}{10}+\frac{3}{10}-\frac{1}{10}=\frac{7}{10};$$

$$P(\bar{A}\bar{B})=1-P(A\cup B)=\frac{3}{10};$$

$$P(A\bar{B})=P(A)-P(AB)=\frac{2}{5}.$$

我国很早就萌生了应用概率来解决实际问题的案例,早在北宋时期,大将军狄青带兵南征,就利用小概率事件的发生鼓舞士气,进而带领士兵连战连胜.概率论是一门理论性较强的学科,学有余力的读者可以对条件概率、事件的独立性等内容作更深入的学习和探究.

拓展阅读

百枚铜钱鼓士气

3. 条件概率与乘法公式

在实际问题中,往往需要求在事件 B 已发生的条件下,事件 A 发生的概率.由于增加了新的条件:"事件 B 已发生",所以称之为**条件概率**,记作 $P(A|B)$.相应地,把 $P(A)$ 称为**无条件概率**或**原概率**.

设甲、乙两个工厂生产同类产品,取样结果见表 7-3 所示.

表 7-3

	合格品数	废品数	合　计
甲厂产品数	67	3	70
乙厂产品数	28	2	30
合　　计	95	5	100

从这 100 件产品中随机抽取一件,用 A 表示"取到的是甲厂产品",B 表示"取到的是合格品",则 $\bar{A}$ 表示"取到的是乙厂产品",$\bar{B}$ 表示"取到的是废品",由概率的古典定义,得

$$P(A)=\frac{70}{100}, \ P(B)=\frac{95}{100}, \ P(AB)=\frac{67}{100}.$$

现在要问:如果已知取到的产品是合格品,那么这件产品是甲厂产品的概率是多少呢? 这实质上是求在事件 B 已经发生的前提下,事件 A 的条件概率.由于一共有 95 件合格品,而其中甲厂产品有 67 件,故 $P(A|B)=\frac{67}{95}$.

类似地,可以求出 $P(\bar{A}|B)=\frac{28}{95}$, $P(B|A)=\frac{67}{70}$, $P(\bar{B}|A)=\frac{3}{70}$ 等.

由此可见,$P(A)$ 与 $P(A|B)$、$P(B|A)$ 的含义都是不相同的.

定义 7.4 设 A、B 是随机试验的两个事件,且 $P(B)\neq 0$,则称 $\dfrac{P(AB)}{P(B)}$ 为事件 A 在事件 B 已发生条件下的**条件概率**,记作 $P(A|B)$.同理可定义事件 A 已发生的条件下,事件 B 发生的条件概率 $P(B|A)=\dfrac{P(AB)}{P(A)}$, $P(A)\neq 0$.

对任意两个事件 A、B,若 $P(B)>0$,由条件概率公式 $P(A|B)=\dfrac{P(AB)}{P(B)}$,立即可得

$$P(AB)=P(B)P(A|B).$$

同样,若 $P(A)>0$,则

$$P(AB)=P(A)P(B|A). \tag{7-2}$$

这两个公式都称为**乘法公式**.相应地,关于 n 个事件 A_1、A_2、$\cdots$、A_n 的乘法公式为

$$P(A_1 A_2 \cdots A_n)=P(A_1)P(A_2|A_1)P(A_3|A_1 A_2)\cdots P(A_n|A_1 A_2 \cdots A_{n-1}). \tag{7-3}$$

例 3 已知 $P(A)=0.5$, $P(B)=0.6$, $P(B|A)=0.4$,求 $P(A\bigcup B)$.

解 利用加法公式及乘法公式,得

$$\begin{aligned}
P(A\bigcup B)&=P(A)+P(B)-P(AB)\\
&=P(A)+P(B)-P(A)P(B|A)\\
&=0.5+0.6-0.5\times 0.4=0.9.
\end{aligned}$$

例 4 甲、乙两人生产同样的零件共 100 个,其中有 40 个是乙生产的,而在这 40 个零件中有 36 个是正品,现从这 100 个零件中任取一个,

(1) 试求它是乙生产的正品的概率是多少.

(2) 通过此例说明 $P(A|B)$ 与 $P(AB)$ 在概念上的差异.

解 (1) 设 $A=$"取出一件是正品",$B=$"取出一件是乙生产的",因此"取出一件是乙生产的正品"的事件为 AB.

因为 $\qquad P(B)=\dfrac{40}{100}=0.4$, $P(A|B)=\dfrac{36}{40}=0.9$,

所以 $\qquad P(AB)=P(B)P(A\,|\,B)=0.4\times0.9=0.36.$

（2）由此题可知：$P(A\,|\,B)$ 与 $P(AB)$ 在概念上有较大的差别，$P(A\,|\,B)$ 表示"在所取产品是乙生产的条件下取得的是正品"这个事件的概率，而 $P(AB)$ 是表示"取出的一件产品既是乙生产的又是正品"这一事件的概率.从计算上说，虽然都用古典概率来计算，但是在计算 $P(AB)$ 时，样本空间的样本点总数为 100，而计算 $P(A\,|\,B)$ 时，考虑的却是缩小的样本空间，其样本点总数为 40.

4. 事件的独立性

如果两个事件 A 和 B，其中任何一个是否发生都不影响另一个发生的可能性，则称两个事件 A 和 B 相互独立.例如，甲、乙两人同时向一目标射击各一次，彼此互不影响，如果用 A 表示"甲击中"，用 B 表示"乙击中"，则称 A、B 是**相互独立**的.乙击中与否，并不影响甲击中的概率，即 $P(A\,|\,B)=P(A)$.同样，甲击中与否，并不影响乙击中的概率，亦即 $P(B\,|\,A)=P(B)$.

如果 $n(n\geqslant2)$ 个事件 A_1、A_2、A_3、$\cdots$、A_n 中任何一个事件发生的可能性都不受其他一个或几个事件发生与否的影响，则称事件 A_1、A_2、A_3、$\cdots$、A_n **相互独立**.

关于事件的独立性有以下性质：

（1）A 与 B 独立的充分必要条件是 $P(AB)=P(A)P(B)$.

（2）若 A 与 B 独立，则 $\bar{A}$ 与 B、A 与 $\bar{B}$、$\bar{A}$ 与 $\bar{B}$ 中的每一对事件都相互独立.

（3）若 A_1、A_2、A_3、$\cdots$、A_n 相互独立，则

$$P(A_1A_2A_3\cdot\cdots\cdot A_n)=P(A_1)P(A_2)\cdot\cdots\cdot P(A_n).$$

（4）若 A_1、A_2、A_3、$\cdots$、A_n 相互独立，则

$$P(A_1+A_2+\cdots+A_n)=1-P(\bar{A}_1)P(\bar{A}_2)\cdot\cdots\cdot P(\bar{A}_n). \tag{7-4}$$

例 5 某电路如图 7-1 所示，其中 S_1、S_2、S_3 为开关.设各开关闭合与开启都相互独立，且每一个开关闭合的概率均为 p，求 L 与 R 之间为通路（用事件 D 表示）的概率.

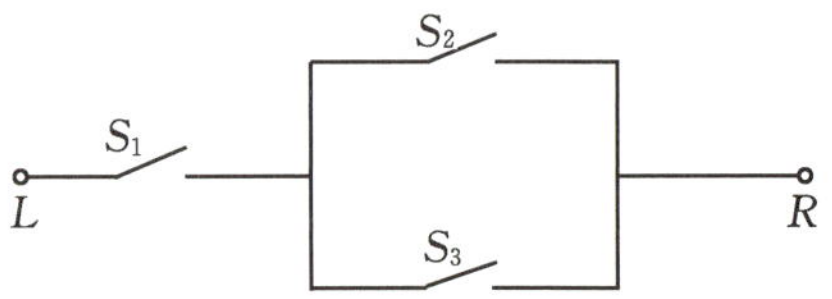

解 分别用事件 A、B、C 表示开关 S_1、S_2、S_3 闭合，于是

$$D=AB\bigcup AC.$$

图 7-1

由概率的加法公式及 A、B、C 的相互独立性可得

$$\begin{aligned}P(D)&=P(AB)+P(AC)-P(ABC)\\&=P(A)P(B)+P(A)P(C)-P(A)P(B)P(C)\\&=p^2+p^2-p^3=2p^2-p^3.\end{aligned}$$

例 6 三人独立地破译一个密码，各自译出密码的概率分别为 $\dfrac{1}{5}$、$\dfrac{1}{3}$、$\dfrac{1}{4}$，求此密码被译出的概率.

解 设 $A_i=$"第 i 个人独自译出密码"$(i=1,2,3)$，$A=$"密码被译出"，则 $A=A_1\bigcup$

$A_2 \cup A_3$.

$$P(A) = P(A_1 \cup A_2 \cup A_3) = 1 - P(\overline{A_1 \cup A_2 \cup A_3})$$

$$= 1 - P(\bar{A}_1)P(\bar{A}_2)P(\bar{A}_3) = 1 - \frac{4}{5} \times \frac{2}{3} \times \frac{3}{4} = \frac{3}{5}.$$

7.1.2 离散型随机变量

1. 随机变量的定义

定义 7.5 设 Ω 为样本空间，$\mathbf{R}$ 为实数集，$X:\Omega \to \mathbf{R}$，称 X 为定义在样本空间上的**随机变量**.

随机变量是表示随机试验各种结果的单值实函数,随机试验的每一结果(样本)对应一个实数.因其取值不同,通常分为离散型随机变量和非离散型随机变量,比如一个交通路口来来往往的车辆数 X,它的可能取值$(0,1,2,\cdots)$是离散型随机变量;而电视机的使用寿命 Y 可能取值为$[0,+\infty)$是连续型变量.生活中也存在非离散非连续型随机变量,本书不予讲述.

例 7 设空腹时人体血糖高于数值 $6.10\ \text{mol/L}$ 称为高血糖,随机抽一人检测血糖,用事件 A 表示为"高血糖发生".

解 设检测的血糖数值为 $s\ \text{mol/L}$,定义随机变量 $X(s)=s$,则事件 A 可以表示为

$$A = \{s \mid X(s) \geqslant 6.10\} = \{X \geqslant 6.10\}.$$

对于随机变量,我们关心的是 X 的取值所体现的统计规律,即事件$\{X \leqslant x\}$,$\{X \geqslant x\}$,$\{x_1 \leqslant X \leqslant x_2\}$等情况下所发生的概率.

例 8 抛掷 5 枚硬币,数字面朝上记为 Y,否则记为 N,求:(1)样本空间如何表示;(2)在此样本空间中,恰巧 4 枚数字朝上的概率.

解 (1) $S = \{\underbrace{NNNNN,\ NNNNY,\ \cdots,\ YYYYY}_{32个}\}$;

(2) 这是一个古典概率问题,容易计算出概率 $P(S=4) = \dfrac{5}{32}$.

2. 离散型随机变量的分布律

定义 7.6 设离散型随机变量 ξ 的可能值为 $x_1, x_2, x_3, \cdots$，ξ 取各可能值的概率为 $P\{\xi = x_k\} = p_k, k=1,2,\cdots$ 称为随机变量 ξ 的**概率分布**或**分布律**,也称为**概率函数**.

离散型随机变量的分布律通常由以下四种表示方法.

(1) 解析法: $\qquad P\{X = x_k\} = p_k (k=1,2,\cdots)$;

(2) 列表法:

$$\begin{array}{c|ccccc} \xi & x_1 & x_2 & \cdots & x_k & \cdots \\ \hline P & p_1 & p_2 & \cdots & p_k & \cdots \end{array};$$

(3) 矩阵法: $\qquad \xi \sim \begin{bmatrix} x_1 & x_2 & \cdots & x_k & \cdots \\ p_1 & p_2 & \cdots & p_k & \cdots \end{bmatrix}$;

（4）图示法：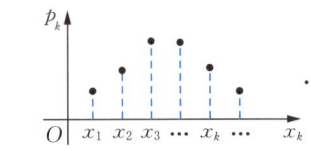

离散型随机变量具有如下性质：

（1）$0 \leqslant p_k \leqslant 1$，$k=1, 2, \cdots$；

（2）$\sum\limits_{k=1}^{\infty} p_k = 1$；$\left(P\{a < \xi \leqslant b\} = \sum\limits_{a < x_k \leqslant b} p_k\right)$.

求离散型随机变量概率分布按以下步骤：首先写出 ξ 表示什么，其次找出 ξ 的全部可能取值，最后求概率 p_k.

3. 常见的离散型随机变量的分布

（1）两点分布

定义 7.7　在一次试验中，事件 A 发生的概率为 $p(0 < p < 1)$，不发生的概率为 $q = 1 - p$，若以 X 表示随机事件 A 发生的次数，则称 X 服从两点分布或称 X 服从 0—1 分布，并记为 $X \sim (0-1)$，其分布律为

X	0	1
P	$1-p$	p

例如，某产品的合格率为 95%，从一批产品中任取一件，记 $X = \begin{cases} 0 & \text{次品,} \\ 1 & \text{正品.} \end{cases}$ 则 X 服从两点分布，其分布律为

ξ	0	1
P	0.05	0.95

两点分布比较简单且能够很好地刻画实际问题，比如，试验的成功与失败，产品的合格与不合格，生男孩与生女孩，股市的"牛市"与"熊市"，等等.

（2）二项分布

定义 7.8　ξ 表示 n 重伯努利试验中事件 A 发生的次数，则有

$$P\{\xi = k\} = C_n^k p^k q^{n-k}, \ k=0, 1, 2, \cdots, n,$$

其中 $0 < p < 1$，$q = 1 - p$，则称 ξ 服从参数为 n，p 的**二项分布**，简记为 $\xi \sim B(n, p)$.

例 9　若一年中保险公司的保险者里面每辆车出事故的概率等于 0.005，现有 10 000 辆车参加某类保险，试求未来一年中在这些保险者里面：（1）有 40 辆车出事故的概率；（2）事故车辆不超过 70 辆的概率.

解　记 X 为未来一年中出事故车辆数，则 $X \sim B(10\,000, 0.005)$.

（1）$P\{X = 40\} = C_{10\,000}^{40} (0.005)^{40} (0.995)^{9\,960} \approx 0.021\,4$；

（2）$P\{X \leqslant 70\} = \sum\limits_{k=0}^{70} C_{10\,000}^{k} (0.005)^{k} (0.995)^{10\,000-k} \approx 0.997$.

对于二项分布 $B(n, p)$，当 n 很大时(一个可供参考的标准是 $n>100$，$np\leqslant10$)，计算其概率很烦琐，通常用泊松分布近似计算：$C_n^k p^k q^{n-k}\approx\dfrac{\lambda^k}{k!}e^{-\lambda}$，$\lambda=np$.

在概率论中常把概率很接近于 0 的事件称为**小概率事件**，习惯上把发生概率低于 0.01 的事件当作小概率事件处理.在利用概率模型进行推断问题中，常认为小概率事件是不发生的，如果发生了，则说明原概率模型不真实. 我们将这一理论称为**小概率事件原理**.

但是，小概率事件原理不能用于法律推断等场合. 曾经发生过这样一个案例，警方根据抢劫案目击者提供的信息，抓到一对情侣符合嫌疑人特征：男人是理平头的白种人、女人黑发梳马尾. 计算机模拟计算显示，一对夫妇具有上述特征的概率为 $p=8.3\times10^{-8}$，是一个小概率事件.陪审团在没有其他证据的情况下裁决他们无罪，这是符合小概率事件原理的.但是，当地高院推翻了该裁决，高院认为犯罪的认定应有唯一性.

7.1.3 连续型随机变量

1. 分布函数

定义 7.9 设 X 是一个随机变量,称函数 $F(X)=P\{X\leqslant x\}$ 为随机变量 X 的**分布函数**.记作 $X\sim F(x)$ 或 $X\sim F_X(x)$.

分布函数 $F(X)$ 具有如下的性质：

性质 7.7 分布函数的取值满足 $0\leqslant F(X)\leqslant 1$.

性质 7.8 $F(X)$ 是单调不减函数.这是因为当 $x_1<x_2$ 时，$\{X\leqslant x_1\}\subset\{X\leqslant x_2\}$.

性质 7.9 $P\{a<X\leqslant b\}=F(b)-F(a)$.

例 10 已知空气中 $PM_{2.5}$ 一般在 $0\sim120.4(\mu g/m^3)$ 之间，根据有关指数标准，$PM_{2.5}$ 含量在 $100.5\ \mu g/m^3$ 以上为对人体有害，设 $PM_{2.5}$ 的值在任一小区间 $[a, b]\subset[0, 120.4]$ 中的概率与区间长度 $b-a$ 成正比，随机抽检空气质量，求：

(1) $PM_{2.5}$ 的值 X 的分布函数并作图；

(2) 求空气质量正常的概率.

解 (1) 当 $0<x<120.4$ 时，$P\{X\leqslant x\}=\dfrac{x-0}{120.4-0}$；当 $x<0$ 时，$F(X)=0$，当 $x>120.4$ 时，$F(X)=1$. X 的分布函数如图 7-2 所示.

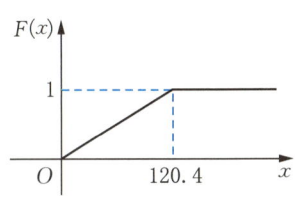

图 7-2

(2) 空气质量正常的概率为 $P\{X\leqslant100.5\}=\dfrac{100.5-0}{120.4-0}\approx0.834\ 7$.

2. 连续型随机变量的密度函数

对于测量误差、分子运动速度、电灯泡的寿命、空气污染指数等事件的可能取值为实数轴上某区间，这类随机变量无法像离散型随机变量那样，列出所有可能取值对应的概率并写出分布律，故引入连续型随机变量的密度函数研究取值不可列的随机变量.

定义 7.10 设 X 是一随机变量，$F(x)$ 是它的分布函数.如果存在某个非负函数 $f(x)$，使对任意的实数 x，有 $F(x)=\displaystyle\int_{-\infty}^{x}f(x)dx$，则称随机变量 X 为**连续型随机变量**，

并称 $f(x)$ 为随机变量 X 的**密度函数**.

连续型随机变量具有如下性质:

(1) $f(x) \geqslant 0$;

(2) $\int_{-\infty}^{+\infty} f(x)\mathrm{d}x = 1$.

另外,对于任意的 a, $b(a<b)$,有 $P(a \leqslant X \leqslant b) = F(b) - F(a) = \int_a^b f(x)\mathrm{d}x$;在 $f(x)$ 的连续点处,有 $f(x) = F'(x)$.

例 11 设随机变量的密度函数为 $f(x) = A\mathrm{e}^{-|x|}$,$-\infty < x < +\infty$,求:

(1)系数 A;(2) $P\{0 \leqslant X \leqslant 1\}$;(3)分布函数 $F(x)$.

解 (1) $f(x)$ 是随机变量 X 的密度函数,必有

$$\int_{-\infty}^{+\infty} f(x)\mathrm{d}x = \int_{-\infty}^{+\infty} A\mathrm{e}^{-|x|}\mathrm{d}x = 1 = 2\int_0^{+\infty} A\mathrm{e}^{-x}\mathrm{d}x,$$

再由 $f(x) \geqslant 0$,得 $A \geqslant 0$.再由

$$2A\int_0^{+\infty} \mathrm{e}^{-x}\mathrm{d}x = 1,$$

计算可得 $2A = 1$,故 $A = \dfrac{1}{2}$.

(2) $P\{0 \leqslant X \leqslant 1\} = \int_0^1 \dfrac{1}{2}\mathrm{e}^{-x}\mathrm{d}x = \dfrac{1}{2}(1 - \mathrm{e}^{-1})$.

(3) $F(x) = P\{X \leqslant x\} = \int_{-\infty}^{x} f(x)\mathrm{d}x$,$f(x) = \dfrac{1}{2}\mathrm{e}^{-|x|}$,$-\infty < x < +\infty$,则

$$F(x) = \begin{cases} \int_{-\infty}^{x} \dfrac{1}{2}\mathrm{e}^{x}\mathrm{d}x, & x \leqslant 0, \\ \int_{-\infty}^{0} \dfrac{1}{2}\mathrm{e}^{x}\mathrm{d}x + \int_0^x \dfrac{1}{2}\mathrm{e}^{-x}\mathrm{d}x, & x > 0 \end{cases} = \begin{cases} \dfrac{1}{2}\mathrm{e}^{x}, & x \leqslant 0, \\ 1 - \dfrac{1}{2}\mathrm{e}^{-x}, & x > 0. \end{cases}$$

3. 常见的连续型随机变量

(1) 均匀分布

定义 7.11 设随机变量 X 具有如下形式的密度函数

$$f(x) = \begin{cases} \dfrac{1}{b-a}, & x \in [a, b], \\ 0, & \text{其他}. \end{cases}$$

称 X 在区间 $[a, b]$ 上服从**均匀分布**,记为 $X \sim U[a, b]$,其中 a, b 为分布参数,且 $a < b$.当 X 在区间 $[a, b]$ 上服从均匀分布时,其分布函数为

$$F(x) = \begin{cases} 0, & x < a, \\ \dfrac{x-a}{b-a}, & a \leqslant x \leqslant b, \\ 1, & x > b. \end{cases}$$

例 12 设随机变量 $X \sim U[2, 5]$,现对 X 进行 3 次独立试验,试求至少有两次大于 3 的概率.

解 X 的概率密度函数 $f(x)=\begin{cases}\dfrac{1}{3}, & x\in[2,5],\\[2mm] 0, & x\notin[2,5],\end{cases}$ 设 $A=\{X>3\}$，可得

$$P(A)=P(X>3)=\int_3^5 \frac{1}{3}\mathrm{d}x=\frac{2}{3},$$

设 Y 表示 3 次试验中，数值大于 3 的次数则 $Y\sim B\left(3,\dfrac{2}{3}\right)$，因而有

$$P(Y\geqslant2)=P(Y=2)+P(Y=3)=C_3^2\left(\frac{2}{3}\right)^2\left(\frac{1}{3}\right)^1+C_3^3\left(\frac{2}{3}\right)^3\left(\frac{1}{3}\right)^0=\frac{20}{27}.$$

（2）正态分布

定义 7.12 如果连续型随机变量 X 的密度函数为 $f(x)=\dfrac{1}{\sqrt{2\pi}\sigma}\mathrm{e}^{-\frac{(x-\mu)^2}{2\sigma^2}}$，$x\in\mathbf{R}$，其中 μ，σ 为参数，称这个随机变量 X 服从**正态分布**，记为

$$X\sim N(\mu,\sigma^2),\ \sigma>0,$$

式中的 μ 和 σ 分别为 x 的数学期望和方差.

定义 7.13 当 $\mu=0$，$\sigma=1$ 时，记密度函数为 $\varphi(x)=\dfrac{1}{\sqrt{2\pi}}\mathrm{e}^{-\frac{x^2}{2}}$，$x\in\mathbf{R}$，则 $X\sim N(0,1)$，它是标准正态分布，分布函数记为 $\Phi(x)=\displaystyle\int_{-\infty}^x\varphi(t)\mathrm{d}t$.

正态分布密度曲线（图 7-3）具有如下特征：

① $\displaystyle\int_{-\infty}^{+\infty}\varphi(x)\mathrm{d}x=1$ 概率曲线下总面积为 1.

② 曲线关于直线 $x=\mu$ 对称，即对任意实数 x，有 $\Phi(\mu-x)=\Phi(\mu+x)$，曲线下直线 $x=\mu$ 两侧的面积各为 $\dfrac{1}{2}$，即 $P\{X<\mu\}=P\{X>\mu\}=\dfrac{1}{2}$，并且

$$P\{\mu-x<X<\mu\}=P\{\mu<X<\mu+x\}.$$

③ 当 $x=\mu$ 时，函数取得最大值 $f(\mu)=\dfrac{1}{\sqrt{2\pi}\sigma}$.

④ 当固定 μ，改变 σ 的大小时，图像形状会改变，σ 越小，图像越高越瘦，σ 越大，图像越矮越胖，如图 7-3 所示.

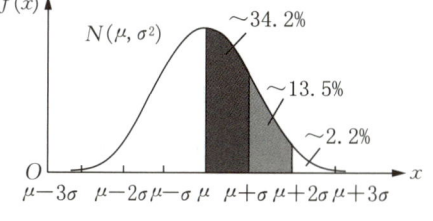

图 7-3

正态分布是随机现象研究中最重要的一种分布类型，在自然界和人类社会中无所不在，如成年人的身高、体重，考试成绩，测量误差，热噪声，医学检验指标，均可看成正态分布.

（3）指数分布

定义 7.14 设随机变量 X 具有如下形式的密度函数

$$f(x)=\begin{cases}\lambda\mathrm{e}^{-\lambda x}, & x>0,\\ 0, & x\leqslant0\end{cases}\ (\lambda>0),$$

则称 X 服从参数为 λ 的**指数分布**,记作 $X \sim E(\lambda)$.

X 的分布函数 $F(x) = \begin{cases} 1 - e^{-\lambda x}, & x > 0, \\ 0, & x \leqslant 0 \end{cases}$ $(\lambda > 0)$.

连续型随机变量还有其他的分布类型,这些分布规律帮助我们探索纷繁复杂的数据背后隐藏的秩序.

7.1.4　随机变量的数字特征

实际问题中,随机变量 X 的概率分布和概率特征通常是较难确定的.而随机变量的取值集中程度、偏离程度等方面的特征,往往通过若干实数来反映,称它们是随机变量的**数字特征**.这些数字特征在解决实际问题中发挥着重要作用.

1. 数学期望

(1) 离散型随机变量的数学期望

定义 7.15　设离散型随机变量 X 的分布律为 $P(X = x_i) = p_i$, $i = 1, 2, \cdots$. 若级数 $\sum\limits_{i=1}^{\infty} x_i p_i$ 绝对收敛,则称 $E(X) = \sum\limits_{i=1}^{\infty} x_i p_i$ 为离散型随机变量 X 的**数学期望**(或均值).

例 13　从家到火车站要经过 3 个路口,设在每个路口遇到红灯和绿灯的事件是独立的,其概率均为 0.5,记 X 表示途中遇到的红灯数,求数学期望 $E(X)$.

解　显然 $X \sim B(3, 0.5)$,其分布律为

X	0	1	2	3
P_k	$\dfrac{1}{8}$	$\dfrac{3}{8}$	$\dfrac{3}{8}$	$\dfrac{1}{8}$

则

$$E(X) = \sum_{k=0}^{3} x_k \cdot p_k = 0 \times \frac{1}{8} + 1 \times \frac{3}{8} + 2 \times \frac{3}{8} + 3 \times \frac{1}{8} = \frac{3}{2},$$

即从家到火车站平均要遇到 1.5 次红灯.

(2) 连续型随机变量的数学期望

定义 7.16　设连续型随机变量 X 的密度函数为 $f(x)$,若广义积分 $\int_{-\infty}^{+\infty} x f(x) \mathrm{d}x$ 绝对收敛,则称 $E(X) = \int_{-\infty}^{+\infty} x f(x) \mathrm{d}x$ 为连续型随机变量 X 的**数学期望**(或均值).

数学期望具有如下的性质:

① 设 c 是常数,则 $E(c) = c$;

② 若 k 是常数,则 $E(kX) = kE(X)$;

③ 设 X 与 Y 为任意两个随机变量,则

$$E(X + Y) = E(X) + E(Y),$$

$$E(X_1 + X_2 + \cdots + X_n) = E(X_1) + E(X_2) + \cdots + E(X_n);$$

④ 设 X 与 Y 为相互独立的随机变量,则 $E(XY)=E(X)E(Y)$.反之,当 $E(XY)=E(X)E(Y)$ 时,X 与 Y 不一定相互独立.

(3) 常见的随机变量的数学期望

① $X \sim B(1, p) \Rightarrow E(X)=p$;

② $X \sim B(n, p) \Rightarrow E(X)=np$;

③ $X \sim P(\lambda) \Rightarrow E(X)=\lambda$;

④ $X \sim U[a, b] \Rightarrow E(X)=\dfrac{a+b}{2}$;

⑤ $X \sim E(\lambda) \Rightarrow E(X)=\dfrac{1}{\lambda}$;

⑥ $X \sim N(\mu, \sigma^2) \Rightarrow E(X)=\mu$.

例 14 "期望"一词起源 17 世纪中叶的"赌徒问题". 大致的情境是有甲、乙两赌徒赌技相同,各出赌注 50 法郎. 约定无平局,谁先赢 3 局,则获全部赌注,当甲赢 2 局、乙赢 1 局时,因不可抗因素中止了赌局.问如何分赌本才算公平?

解 按已赌局数及继续赌后期的"期望"分,因为最多再赌两局必分胜负,共三种情况:
(1)第三局甲赢 $\left(\dfrac{1}{2}\right)$;(2)第三局乙赢,第四局甲赢 $\left(\dfrac{1}{4}\right)$;(3)第三局乙赢,第四局乙赢 $\left(\dfrac{1}{4}\right)$.由于赌技相同,所以甲获得 100 法郎的可能性为 $\dfrac{3}{4}$,乙获得 100 法郎的可能性为 $\dfrac{1}{4}$.设 X 为乙获得的法郎数,根据以上分析,X 是一个可能取值为 0 或 100 的随机变量,其分布律为

X	0	100
P	$\dfrac{3}{4}$	$\dfrac{1}{4}$

乙的"期望"所得是:$0 \times \dfrac{3}{4} + 100 \times \dfrac{1}{4} = 25$,所以甲分总赌本的 $\dfrac{3}{4}$,乙分总赌本的 $\dfrac{1}{4}$.

这种分法既考虑已赌局数,又包含了再赌下去的"期望",因此更为合理一些.

数学期望衡量了变量的集中趋势,只知道随机变量的均值还不够,还需要弄清楚随机变量和这个均值的偏差情况,一般用方差来刻画,在 7.2 节中将对方差进行更详细的阐述,下面主要介绍一些常见随机变量分布的方差.

2.方差

(1) 方差的定义

定义 7.17 设 X 是一维随机变量,若 $E[X-E(X)]^2$ 存在,则称 $D(X)=E[X-E(X)]^2$ 为随机变量的**方差**,记作 σ^2.

当 X 是离散型随机变量时,则

$$D(X)=E[X-E(X)]^2=\sum_{k=1}^{\infty}[x_k-E(X)]^2 p_k;$$

当 X 是连续型随机变量时,则

$$D(X) = E[X - E(x)]^2 = \int_{-\infty}^{+\infty} [x - E(X)]^2 f(x) \, \mathrm{d}x.$$

由数学期望的性质，可以将方差的计算公式简化为

$$D(X) = E(X^2) - [E(X)]^2.$$

（2）常见随机变量的方差

① $X \sim B(1, p) \Rightarrow D(X) = p(1-p)$；

② $X \sim B(n, p) \Rightarrow D(X) = np(1-p)$；

③ $X \sim P(\lambda) \Rightarrow D(X) = \lambda$；

④ $X \sim U[a, b] \Rightarrow D(X) = \dfrac{(b-a)^2}{12}$；

⑤ $X \sim E(\lambda) \Rightarrow D(X) = \dfrac{1}{\lambda^2}$；

⑥ $X \sim N(\mu, \sigma^2) \Rightarrow D(X) = \sigma^2$.

数学实验

实验 7-1　使用 MATLAB 计算随机变量的概率分布

1. MATLAB 中常见几种分布的命令字符

（1）二项分布：bino；　　（2）泊松分布：poiss；　　（3）正态分布：norm；

（4）指数分布：exp；　　（5）β 分布：beta；　　（6）t 分布：像 t

（7）χ^2 分布：chi2；　　（8）F 分布：F.

2. 五种常用的函数命令格式

对以上每一种分布，MATLAB 都提供五类函数，其函数的命令格式是在分布命令字符后面接以下字符：

（1）概率密度：pdf；　　（2）概率分布：cdf；　　（3）逆概率分布：inv；

（4）均值与方差：stat；　　（5）随机数生成：rnd.

3. 应用举例

以正态分布为例，有如下五类相关函数：

（1）normpdf：正态分布的概率密度函数；

（2）normcdf：正态分布的概率分布函数；

（3）norminv：正态分布的逆概率分布函数；

（4）normstat：正态分布的均值与方差；

（5）normrnd：生成正态分布随机数.

例　公共汽车的车门是按男性与车门碰头的机会在 0.01 及以下来设计的.设男性身高 $X \sim N(172, 36)$（单位：cm），问车门的高度该如何设计？

解 正态分布的概率计算需要先作标准化,即 $X \sim N(\mu, \sigma^2)$.此时,$\mu = 172$,$\sigma = 6$,使用 MATLAB 命令 norminv 计算,如图 7-4 所示.

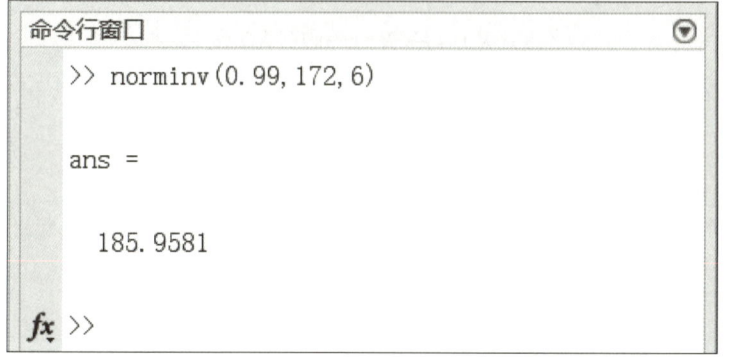

图 7-4

因此,$h \approx 186$ cm,也即设计车门高度为 186 cm 时,可使男性与车门顶碰头的机会不大于 0.01.

习题 7.1

1. 一批产品中有正品和次品,每次取一件,连取 3 次,设 $A_i =$ "第 i 件为正品"($i = 1$, 2, 3),试用 A_1,A_2,A_3 表示下列事件:(1)$B_1 =$ "3 件都是正品";(2)$B_2 =$ "3 件不都是正品";(3)$B_3 =$ "3 件中恰有一件正品";(4)$B_4 =$ "3 件中至少有一件正品";(5)$B_5 =$ "3 件中至多有一件正品".

2. 设有 100 个圆柱形零件,其中 95 个长度合格,92 个直径合格,87 个长度和直径都合格.现从中抽检产品,求:

   (1) 该产品是合格品的概率;

   (2) 设已知该产品长度合格,求该产品是合格品的概率;

   (3) 设已知该产品直径合格,求该产品是合格品的概率.

3. 设随机变量 X 的分布律为 $p_k = P\{X = k\} = \dfrac{1}{50}(k = 2, 4, 6, \cdots, 100)$,求:

   (1) $E(X)$; (2) $D(X)$.

4. 设随机变量 X 的分布律为

X	-2	-1	0	1	2
p_k	0.1	a	0.2	0.1	0.3

   (1) 求该产品是合格品的概率;

（2）若已知该产品长度合格，求该产品是合格品的概率；

（3）求 a 值，并求 $P\{X<1\}$.

5. 春耕时节即将开始，农庄李叔正在考虑今年种植何种农作物.他有 3 种选择：土豆、西红柿和水稻.根据过去的经验，每种农作物在不同天气状况下的收益（单位：万元）是不同的.预测今年的天气状况为干旱、适度、多雨，概率分别为 0.2，0.5，0.3（表 7-4），请问他应该怎么选择？

表 7-4

农作物	不同天气状况下的收益		
	干旱收益/万元	适度收益/万元	多雨收益/万元
土　豆	4	9	3
西红柿	3	8	6
水　稻	3	7	7

7.2　描述统计

7.2.1　统计与统计学

在日常工作和生活中，经常会接触各类数据，如空气质量指数（PM2.5）、国内生产总值（GDP）、股票交易数据、某品牌产品的市场占有率等. 这些数据如果不加以分析，为我们提供的信息十分有限. 在大数据时代的潮流中，使用统计学研究和分析数据，是最为基础和重要的理论与方法，应用极为广泛. 例如，有学者带领其团队从统计学上考证了《红楼梦》的虚词数据，得出前 80 回和后 40 回不是同一作者的结论，生动体现了统计学的应用价值.

拓展阅读

《红楼梦》
作者考证

1. 统计学基本概念

统计学以概率论为基础，可以自成体系；又能够和其他学科紧密联系，从而形成新的交叉学科，如社会统计学、经济统计学和人口统计学等. 统计学家给统计学下的定义很多，可以将统计学的含义概括如下.

定义 7.18　**统计学**是分析数据的一门科学，是收集、处理、分析、解释数据，并从数据中得出结论的科学.

统计学的定义告诉我们，统计学是关于数据的科学，它提供一套有关数据收集、数据处理、数据分析、数据解释，并从数据中得出结论的原则和方法.统计学提供的数据分析方法大致可分为描述统计和推断统计.

定义 7.19 研究数据收集、处理和描述的统计学方法,称为**描述统计**;研究如何利用样本数据来推断总体特征的统计学方法,称为**推断统计**.

统计学中的概念众多,其中有几个概念是我们经常用到的,比如总体和样本、参数和统计量、变量等.

包含所研究的全部个体(元素)的集合,称为**总体**.从总体中抽取的一部分元素的集合,称为**样本**.构成样本的元素数目,称为**样本容量**,或称为**样本量**.

比如,要检验一批灯泡的使用寿命,这批灯泡构成的集合就是总体,其中的每一个灯泡就是一个个体.从总体中抽取一部分元素作为样本,目的是要根据样本提供的有关信息去推断总体的特征. 我们从作为总体的这一批灯泡中随机抽取 100 个灯泡,这 100 个灯泡就构成了一个样本(样本容量为 100),然后根据这 100 个灯泡的平均使用寿命去推断这批灯泡的平均使用寿命.

用来描述总体特征的概括性数字度量,称为**参数**.用来描述样本特征的概括性数字度量,称为**统计量**.参数是研究者想要了解的总体的某种特征,通常有总体平均数、总体标准差、总体比例等.在统计中,总体参数通常用希腊字母表示,比如总体平均数 μ、总体标准差 σ,总体比例 π 等.由于总体数据通常是不知道的,所以参数是一个未知的常数.比如,我们不知道某一地区所有人口的平均年龄,不知道一个城市所有家庭的收入差异,等等.正因为如此,才进行抽样,然后根据样本计算出某些值,进而去估计出总体参数.

统计量就是根据样本数据计算出来的一个量.通常我们关心的统计量有样本平均数、样本标准差、样本比例等.样本统计量通常用英文字母来表示,比如样本平均数 $\bar{x}$、样本标准差 s、样本比例 p,等等.由于样本已经抽出,所以统计量为已知.抽样的目的就是要根据样本统计量去估计总体参数.

取值为事物属性或类别以及区间值的变量,称为**类别变量**,也称为**定性变量**.取值为数字的变量,称为**数值变量**,也称为**定量变量**,它是说明事物特征的一个名称.

类别变量的取值就是类别数据,比如,观察人的性别、上市公司所属的行业、用户对商品满意度的评价,得到的结果不是数字,而是事物的属性,属于类别变量.类别变量根据取值是否有序分为无序类别变量和有序类别变量两种.如,"上市公司所属的行业""商品产地"等变量取值之间不存在顺序关系,是**无序类别变量**;而"对商品满意度的评价"这一变量的取值为很满意、一般满意、不满意,这些值之间是有序的,是**有序类别变量**.

数值变量的取值就是数值数据,如"产品产量""商品销售额""零件尺寸"等都是数值变量.数值变量根据其取值的不同可以分为离散变量和连续变量.只能取有限值的变量称为**离散变量**;可以在一个或多个区间取任何值的变量称为**连续变量**.

例 1 一家研究机构从 IT(Information Technology,信息技术)从业者中随机抽取 1 000 人作为样本进行调查,其中 60% 的人回答他们的月收入在 5 000 元以上,50% 的人回答他们的消费支付方式是用信用卡.

(1) 这一研究的总体是什么?样本是什么?样本容量是多少?

(2) "月收入"是有序类别变量、无序类别变量还是数值变量?

(3) "消费支付方式"是有序类别变量、无序类别变量还是数值变量?

解 (1)这一研究的总体是"所有 IT 从业者",样本是"所抽取的 1 000 名 IT 从业者",样本容量是 1 000;(2)"月收入"是数值变量;(3)"消费支付方式"是无序类别变量.

2. 统计数据的来源与分类

应用统计方法分析问题时首先要取得数据.数据主要来源于两种渠道:一是来源于直接的调查和科学实验的数据,称为**一手数据**或**直接数据**,获取一手数据的方法有:观察法、采访法、问卷调查法、抽样调查法、实验法、报告法等;二是来源于别人调查或实验的数据,称为**二手数据**或**间接数据**,二手数据通常是从同行或一些媒体上获得的、经过加工整理的数据,比如国家统计局定期发布的各种数据,从报纸、电视上获取的各种数据.

统计数据是对现象进行观测或实验的结果.比如,对经济活动总量进行测量可以得到 GDP 数据,对股票价格变动水平进行测量可以得到股票价格指数的数据,对人口性别测量可以得到男或女这样的数据,等等.由于使用的测量尺度不同,统计数据可以分为不同的类型.下面从不同角度说明统计数据的分类.

(1) 类别数据和数值数据

按照所采用的不同计量尺度,可以将统计数据分为类别数据和数值数据.

只能归于某一类别的非数字型数据,称为**类别数据**.类别数据是对事物进行分类的结果,数据则表现为类别,是用文字来表述的.比如,观察人的性别、上市公司所属的行业、用户对商品满意度的评价,得到的结果就不是数字,而是事物的属性.类别数据根据取值是否有序通常分为无序类别数据和有序类别数据两种.**无序类别数据**的各个取值是不可排序的.例如,上市公司所属的行业这一变量取值为"金融业""地产业""旅游业"等,这些取值之间不存在顺序关系.**有序类别数据**也称为**顺序数据**,其取值间可以排序.例如产品可分为"一等品""二等品""三等品"等,这 3 个值之间是有序的.

按数字尺度测量的观察值,称为**数值数据**.数值数据的取值为数字.如,"企业销售额""股票价格""月收入"等,取值都用数字来表示,都属于数值数据.在现实中,我们所处理的大多数的数据都是数值数据.数值数据根据其取值的不同,可以分为离散数据和连续数据.**离散数据**只能取有限个值,而且其取值可以一一列举,如"上市公司家数""一个社区的居民户数"等就是离散数据;连续数据可以在一个或多个区间中取任何值,它的取值是连续不断的,不能一一列举,如"温度""股票价格"等就是连续数据.

(2) 观测数据和实验数据

按照统计数据的收集方法,可以将统计数据分为观测数据和实验数据.

通过调查或观测收集到的数据,称为**观测数据**.观测数据是在没有对事物进行人为控制的条件下得到的,有关社会经济现象的统计数据几乎都是观测数据.

在实验中控制实验对象收集到的数据,称为**实验数据**.比如,对一种新药疗效的实验数据,对一种新农作物品种的实验数据,等等.自然科学领域的大多数数据是实验数据.

(3) 截面数据和时间序列数据

按照被描述的现象与时间的关系,可以将统计数据分为截面数据和时间序列数据.

在相同或近似相同的时间点上收集的数据,称为**截面数据**.截面数据所描述的是现象在某一时刻的变化情况,它通常是在不同的空间上获得的数据.比如 2020 年我国各地区的地区生产总值数据就是截面数据.

在不同时间上收集到的数据,称为**时间序列数据**.时间序列数据用于描述现象随时间而变化的情况.比如,2016 年至 2020 年我国的国内生产总值数据就是时间序列数据.

区分数据的类型是很重要的,因为对不同类型的数据,需要采用不同的统计方法来处理和分析.统计数据分类的框图如图 7-5 所示.

7.2.2　数据集中趋势的度量

集中趋势是指一组数据向某一中心值靠拢的程度.描述数据集中趋势的统计量主要有众数、分位数以及平均数等,它们反映了一组数据中心点的位置所在.

1. 众数

定义 7.20　一组数据中出现频数最多的数值,称为**众数**(mode),用 M_o 表示.

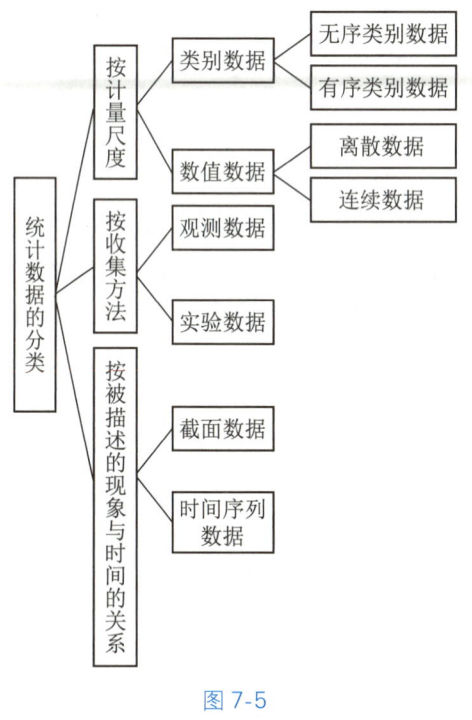

图 7-5

在实际工作中,众数是应用较广泛的.例如,众数可以说明消费者需要的服装、鞋帽等的普遍尺码,反映集市、贸易市场某种蔬菜的价格等.

例 2　某生产车间工人日产量次数分布见表 7-5,请找出众数的标志值.

表 7-5

日产量/件	工人人数/人	日产量/件	工人人数/人
10	3	14	9
11	5	15	5
12	7	合计	45
13	16		

解　从表中资料可以看出,工人人数最多的是第 4 组,达到 16 人,所以该组的标志值 13 件为众数.

众数不仅适用于数值型数据,对于非数值型数据也同样适用,如:

{灯笼,灯笼,猫,花朵,花朵,花朵,大象},众数即为花朵.

一般情况下,只有在数据量较大时众数才有意义.从分布的角度看,众数是一组数据分布的峰值点所对应的数值.如果数据的分布没有明显的峰值,众数也可能不存在;如果有两个或多个峰值,也可以有两个或多个众数.

2. 分位数

将一组数据按从小到大排序后,找出排在某个位置上的数值,并用该数值作为集中趋势的度量值.这些位置上的数值就是相应的分位数,其中有中位数、四分位数、百分位数等.

（1）中位数

定义 7.21 一组数据从小到大排序后,居于中间位置的标志值,称为**中位数**（median）,用 M_e 表示.

中位数是用一个点将全部数据等分成两个部分,每个部分包含 50% 的数据,一部分数据比中位数大,另一部分数据比中位数小.中位数是用中间位置上的值代表数据的水平,是一种位置平均数,不受极端值的影响,在某些情况下可以用来反映现象的一般水平,比如在研究收入分配时很有用.

计算中位数时,要先对 n 个数据从小到大排序,然后确定中位数的位置,最后确定中位数的具体数值.如果位置是整数值,中位数就是该位置所对应的数值;如果位置是整数加 0.5 的数值,中位数就是该位置两侧数值的平均值.

例 3 某企业生产线甲组 9 个工人的日产量（单位:件）分别为 15、17、18、19、20、21、22、23、24.请求出中位数.

解 中位数的位置:$\dfrac{n+1}{2}=\dfrac{9+1}{2}=5$.

即排在第 5 位工人的日产量 20 件为中位数.

例 4 某企业生产线甲组 10 个工人的日产量（单位:件）分别为 15、17、18、19、20、21、22、23、24、25.请求出中位数.

解 中位数的位置:$\dfrac{n+1}{2}=\dfrac{10+1}{2}=5.5$.

将排在第 5、第 6 位工人的日产量进行算术平均,中位数 $=\dfrac{20+21}{2}=20.5$（件）,即日产量 20.5 件为中位数.

结论:设一组数据 x_1,x_2,$\cdots$,x_n 按从小到大排序后为 $x_{(1)}$,$x_{(2)}$,$\cdots$,$x_{(n)}$,则中位数就是 $\dfrac{n+1}{2}$ 位置上的值.计算公式为

$$M_e=\begin{cases} x_{\left(\frac{n+1}{2}\right)}, & n \text{ 为奇数}, \\ \dfrac{1}{2}\left[x_{\left(\frac{n}{2}\right)}+x_{\left(\frac{n}{2}+1\right)}\right], & n \text{ 为偶数}. \end{cases}$$

（2）四分位数

中位数是从中间点将全部数据等分为两个部分.与中位数类似的还有四分位数、十分位数和百分位数等,它们分别是用 3 个点、9 个点和 99 个点将数据四等分、十等分和一百等分后各分位点上的数值.这边重点介绍四分位数的计算,其他分位数与之类似.

定义 7.22 一组数据从小到大排序后,处在 25% 和 75% 位置上的数值,称为**四分位数**,也称**四分位点**(quartile).

四分位数是通过 3 个点将全部数据等分为四部分,其中每部分包含 25% 的数据.很显然,中间的四分位数就是中位数,因此,通常所说的四分位数是指处在 25% 位置上的数值(下四分位数)和处在 75% 位置上的数值(上四分位数).

与中位数的计算方法类似,计算四分位数时,首先对数据从小到大进行排序,然后确定四分位数所在的位置,该位置上的数值就是四分位数.设下四分位数为 Q_L,上四分位数为 Q_U,各四分位数的位置分别如下:

$$Q_L \text{ 位置} = \frac{N+1}{4},$$

$$Q_U \text{ 位置} = \frac{3(N+1)}{4}.$$

当四分位数的位置不在某一位置上时,可根据四分位数的位置,按比例分摊四分位数两侧的差值.

例 5 在某年级中随机抽取 30 名学生,得到每名学生的统计学考试分数见表 7-6.计算 30 名学生统计学考试分数的四分位数.

表 7-6

56	70	65	85	96	74
66	92	66	68	75	60
99	74	80	87	78	86
89	77	77	88	69	99
91	86	73	65	72	80

解 首先,将 30 名学生的考试分数排序,结果见表 7-7.

表 7-7

56	60	65	65	66	66	68	69	70	72
73	74	74	75	77	77	78	80	80	85
86	86	87	88	89	91	92	96	99	99

其次,确定四分位数的位置:

$$Q_L \text{ 位置} = \frac{30+1}{4} = 7.75,$$

$$Q_U \text{ 位置} = \frac{3(30+1)}{4} = 23.25.$$

然后,计算四分位数的数值:

(1) Q_L 在第 7 个数值(68)和第 8 个数值(69)之间 0.75 的位置上,因此

$$Q_L = 68 + 0.75 \times (69 - 68) = 68.75;$$

(2) Q_U 在第 23 个数值(87)和第 24 个数值(88)之间 0.25 的位置上,因此

$$Q_L = 87 + 0.25 \times (88 - 87) = 87.25.$$

在 Q_L 和 Q_U 之间大约包含了 50% 的数据,因此,我们可以说大约有一半的学生考试分数在 $68.75 \sim 87.25$ 之间.

3. 算术平均数

定义 7.23 一组数据相加后除以数据的个数得到的结果,称为**算术平均数**,也称为**均值**(mean),用 $\bar{x}$ 表示.

算术平均数是度量数据集中趋势的常用统计量,通常用 $\bar{x}$ 表示.根据所掌握数据形式的不同,算术平均数有简单算术平均数和加权算术平均数两种.

(1) 简单算术平均数

未经分组整理的原始数据,其简单算术平均数的计算就是直接将各个数值相加然后除以数值个数.设统计数据为 $x_1, x_2, \cdots, x_n$,则其算术平均数 $\bar{x}$ 的计算公式为

$$\bar{x} = \frac{x_1 + x_2 + \cdots + x_n}{n} = \frac{\sum\limits_{i=1}^{n} x_i}{n}.$$

例 6 在某次数学考试中,A 组与 B 组的成员的成绩分别如下:

$$A：70, 85, 62, 98, 92; \qquad B：82, 87, 95, 80, 83.$$

分别求出两个组的平均分,并进行比较说明.

解 A 组:$\bar{x}_1 = \dfrac{70 + 85 + 62 + 98 + 92}{5} = 81.4$;

B 组:$\bar{x}_2 = \dfrac{82 + 87 + 95 + 80 + 83}{5} = 85.4$.

比较结果:B 组的平均分比 A 组高,B 组的总体成绩比 A 组高.

(2) 加权算术平均数

一组数据里各个数据的"重要程度"未必相同,因而,在计算这组数据的平均数时往往给每个数据加一个权,这就是**加权算术平均数**.对已经分组整理的数据计算加权算术平均数,通常以各组变量值出现的次数或频数作为**权数**.

如果样本数据被分成 k 组,各组的组中值(一个组中的中间值,是组的下限值与上限值的平均数),分别用 $m_1, m_2, \cdots, m_k$ 表示,各组的频数分别用 $f_1, f_2, \cdots, f_k$ 表示,则加权平均数 $\bar{x}$ 的计算公式为

$$\bar{x} = \frac{m_1 f_1 + m_2 f_2 + \cdots + m_k f_k}{f_1 + f_2 + \cdots + f_k} = \frac{\sum\limits_{i=1}^{k} m_i f_i}{n},$$

其中,$n = \sum\limits_{i=1}^{k} f_i$.

例 7 某车间工人加工零件数见表 7-8(组距式数列)($i = 1, 2, \cdots, 40$),请根据此表格中的资料计算工人加工零件的平均数.

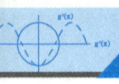
高等应用数学
GAODENG YINGYONG SHUXUE

表 7-8

按零件数分组/个	组中值(m_i)/个	人数(f_i)/人	各组总值(m_if_i)/个
50—60	55	8	440
60—70	65	20	1 300
70—80	75	12	900
合 计	—	40	2 640

解 根据加权算术平均数的计算公式

$$\bar{x}=\frac{m_1f_1+m_2f_2+\cdots+m_kf_k}{n}=\frac{2\,640}{40}=66(个).$$

算术平均数在统计学中具有重要的地位,算数平均数消除了一些随机因素的影响.例如,在研究季节变动的数量特征时,各年同季度的观测数据由于受到一些偶然性随机因素的影响,其数值表现出一定的差异性,但将各年同季度的数据加以平均,计算的算术平均数就消除了一些随机因素的影响,能够反映出季节变动必然性的数量特征.

7.2.3 数据离散程度的度量

集中趋势只是数据分布的一个特征,它所反映的是各变量值向其中心值聚集的程度.而各变量值之间的差异状况如何呢? 这就需要考察数据的离散程度.数据的离散程度是数据分布的另一个重要特征,它所反映的是各变量值远离其中心值的程度,因此也称为**离中趋势**.集中趋势的各测度值是对数据水平的一个概括性度量,它对一组数据的代表程度,取决于该组数据的离散水平.数据的离散程度越大,集中趋势的测度值对该组数据的代表性就越差;离散程度越小,其代表性就越好.而离散程度的各测度值就是对数据离散程度所做的描述.

描述样本数据离散程度的统计量主要有异众比率、极差、四分位差、方差、标准差以及测度相对离散程度的离散系数等.

1. 异众比率

定义 7.24 非众数组的频数占总频数的比率,称为**异众比率**(variation ratio),用 V_r 表示.异众比率的计算公式为

$$V_r=\frac{\sum f_i-f_m}{\sum f_i}=1-\frac{f_m}{\sum f_i},$$

其中 $\sum f_i$ 为变量值的总频数,f_m 为众数组的频数.

例 8 一家市场调查公司为研究不同饮料品牌的市场占有率,对随机抽取的一家超市进行了调查.调查员在某天对 50 名顾客购买饮料的品牌进行了记录,整理得到不同品牌饮料的频数分布资料见表 7-9,要求根据资料计算异众比率.

第7章 概率统计与数据处理初步

表 7-9

饮料名称 f_i	频 数	比 例	百分比例/%
可口可乐	15	0.3	30
旭日升冰茶	11	0.22	22
百事可乐	9	0.18	18
汇源果汁	6	0.12	12
露 露	9	0.18	18
合 计	50	1.00	100

解 $V_r = \dfrac{\sum f_i - f_m}{\sum f_i} = 1 - \dfrac{f_m}{\sum f_i} = \dfrac{50-15}{50} = 0.7 = 70\%.$

计算结果表明,在所调查的 50 人当中,购买其他品牌饮料的人数占 70%,异众比率比较大.因此,用"可口可乐"来代表消费者购买饮料品牌的状况,其代表性不是很好.

此外,利用异众比率还可以对不同总体或样本的离散程度进行比较.假定我们在另一个超市对同一个问题抽查了 100 人,购买可口可乐的人数为 40 人,则异众比率为 60%.通过比较可知,本次调查的异众比率小于上一次调查,因此,用"可口可乐"作为消费者购买饮料品牌的代表性比上一次调查要更好.

2. 极差与四分位差

(1) 极差

定义 7.25 一组数据的最大值与最小值之差,称为**极差**(range),也称**全距**,用 R 表示.极差的计算公式为

$$R = \max(x) - \min(x).$$

例 9 甲、乙两个班组各有 9 名工人,年龄分别如下:

甲组工人年龄分别为:20,24,28,32,36,42,44,48,50;

乙组工人年龄分别为:20,35,35,35,36,37,38,38,50.

分别计算两组工人年龄的极差值.

解 根据极差的定义,甲、乙两个班组工人年龄的极差分别为

$$R_甲 = x_{\max} - x_{\min} = 50 - 20 = 30;$$
$$R_乙 = x_{\max} - x_{\min} = 50 - 20 = 30.$$

计算结果表明,两组工人年龄的极差均为 30 岁,说明两组工人年龄的变动范围相同,虽然两组工人年龄的最大值和最小值均相同,但中间 7 个工人的年龄差别在甲、乙两组中明显不同.极差反映了数据的最大变动范围,它计算简便,只由最大值和最小值两个数据值决定,与其他数据值无关,因而只能粗略反映数据的离散程度,一般较少使用.

(2) 四分位差

定义 7.26 一组数据的上四分位数 Q_U 和下四分位数 Q_L 之差,称为**四分位差**(quartile deviation），也称为**内距**或**四分位距**，用 Q_d 表示.四分位差的计算公式为

$$Q_d = Q_U - Q_L$$

四分位差不受极端值的影响，反映了中间 50% 数据的离散程度，其数值越小，说明中间的数据越集中；数值越大，说明中间的数据越分散.此外，由于中位数处于数据的中间位置，因此，四分位差的大小在一定程度上也说明了中位数对一组数据的代表程度.

例如，根据例 5 计算的 30 名学生考试分数的四分位数，进而得到四分位差 $Q_d = 87.25 - 68.75 = 18.5$.

3. 方差、标准差及离散系数

（1）方差和标准差

定义 7.27　各变量值与其算数平均数离差平方的平均数，称为**方差**（variance）.方差的平方根，称为**标准差**（standard deviation）.

方差的计算公式为

$$\sigma^2 = \frac{\sum\limits_{i=1}^{n}(x_i - \bar{x})^2}{n};$$

标准差的计算公式为

$$\sigma = \sqrt{\frac{\sum\limits_{i=1}^{n}(x_i - \bar{x})^2}{n}}.$$

方差和标准差是根据全部数据计算的，反映每个数据与其算术平均数相比平均相差的数值，因此它能准确地反映出数据的差异程度.方差和标准差取离差的平方来消除正负号，是实际中应用最广泛的离散程度度量值.此外，标准差和方差不同的是，标准差与变量值的计量单位相同，其实际意义比方差清楚，所以在对实际问题进行分析时往往使用标准差.

例 10　某生产车间中，工人生产某种产品所需要时间的统计资料见表 7-10，请根据资料计算其标准差.

表 7-10

时间 x/min	人数 f/人	xf	$(x-\bar{x})^2$	$(x-\bar{x})^2 \cdot f$
10	2	20	8.41	16.82
11	4	44	3.61	14.44
12	5	60	0.81	4.05
13	8	104	0.01	0.08
14	6	84	1.21	7.26
15	5	75	4.41	22.05
合　计	30	387	——	64.70

第7章
概率统计与数据处理初步

解 平均每人所需时间 $\bar{x} = \dfrac{\sum xf}{\sum f} = \dfrac{387}{30} = 12.9(\min)$;

$$\text{标准差}\ \sigma = \sqrt{\frac{\sum\limits_{i=1}^{n}(x_i - \bar{x})^2}{n}} = \sqrt{\frac{64.7}{30}} \approx 1.47(\min).$$

（2）离散系数

标准差是反映数据离散程度的绝对值,其数值的大小受原始数据取值大小的影响,数据的观测值越大,标准差的值通常也越大.此外,标准差与原始数据的计量单位相同,采用不同计量单位计量的数据,其标准差的值也就不同.因此,对于不同组别的数据,如果原始数据的观测值相差较大或计量单位不同时,就不能用标准差直接比较其离散程度,这时需要计算离散系数.

定义 7.28 一组数据的标准差与其相应的平均数之比,称为**离散系数**（coefficient of variation）,也称为**变异系数**,用 V_σ 表示.离散系数的计算公式为

$$V_\sigma = \frac{\sigma}{\bar{X}}.$$

例 11 甲、乙两组工人的平均工资分别为 138.14 元、176 元,标准差分别为 21.32 元、24.67 元.请计算两组工人工资水平的离散系数.

解 $V_{\sigma甲} = \dfrac{21.32}{138.14} = 0.154\ 3$; $V_{\sigma乙} = \dfrac{24.67}{176} = 0.140\ 2$.

从标准差来看,乙组工人工资水平的标准差比甲组大,但不能断言乙组平均工资的代表性差.这是因为两组工人的工资水平处在不同的水平上,所以不能直接根据标准差的值下结论.而正确的方法是要用消除了数列水平的离散系数进行比较.从两组的离散系数可以看出,甲组相对的变异程度大于乙组,因而乙组平均工资的代表性要更好.

▍数学实验

实验 7-2 使用 MATLAB 作描述统计

1. 常用数据处理软件

运用量化分析工具,不仅可以快速、准确地对数据进行计算、汇总和处理,对于一些复杂的数据分析方法,往往需要运用专门的工具才能实现.因而量化分析工具是数据分析的有效助手.目前,运用最为广泛的初级量化分析工具软件是 Office 系列办公软件中的组件 Excel,此外,还有一些专门的分析工具软件如 SPSS、SAS、Eviews、MATLAB 等.

（1）Excel 与数据分析

Excel 是 Office 系列办公软件组件之一,自 Microsoft 公司 1985 年推出最初版本以

239

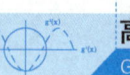

高等应用数学
GAODENG YINGYONG SHUXUE

来,经过不断升级,功能日益增强.它具有界面直观、简单易操作、数据存储和处理功能强大、数据格式兼容许多专门分析工具等特点,被广泛应用于社会经济管理的各个领域.

Excel 的主要功能包括数据存储管理、数据组织与运算、数据分析与预测、图表制作等.Excel 提供了许多函数,涉及数学与三角函数、统计、文本、日期与时间、信息、逻辑、财务、工程、查找与引用及数据库十大类共 300 多种,利用这些函数并结合编辑公式,可以方便地对数据进行各种计算、组织、处理.

(2) SPSS 与数据分析

SPSS 是一个组合式软件包,具有数据管理、统计分析、图表制作与分析、输出管理等功能,提供了从简单的统计描述到复杂的多因素统计分析方法.SPSS 众多的数据分析功能使其成为一款有广泛影响的专业数据分析工具.

2. 使用 MATLAB 作描述统计

基于上述统计概念的介绍,这个部分的数学实验将通过 MATLAB 中常用的统计数据描述命令(表 7-11)的实践,从而加深对均值、中位数、方差、标准差、协方差、数学期望等的理解.

表 7-11

命 令	名 称	命令中的参数说明
mean(x)	均 值	x 是原始数据行向量
median(x)	中位数	x 是原始数据行向量
range(x)	极 差	x 是原始数据行向量
std(x)	标准差	x 是原始数据行向量
var(x)	方 差	x 是原始数据行向量
cov(x)	协方差	x 是向量或者矩阵

例 1 设有 A,B 两个工人,在一天中加工零件所产生的废品数是两个随机变量 X,Y,其分布律分别为

X	0	1	2	3	4
P	0.3	0.1	0.2	0.2	0.2

Y	0	1	2	3	4
P	0.2	0.4	0.2	0.1	0.1

如果这两个工人加工零件的日产量相等,如何判断哪一个工人的技术好一些呢?

解 可以依据 A,B 两个工人每日产生废品的数学期望值来判断两者的技术好坏,在 MATLAB 命令行窗口中输入命令并运行,如图 7-6 所示。

从运行结果可以看出,工人 A 平均每天产生 1.9 件废品,而工人 B 平均每天产生 1.5 件废品,由此可见工人 B 的技术好一些.

240

第7章
概率统计与数据处理初步

```
命令行窗口                                              ▼

>> X = [0 1 2 3 4];
>> Y = [0 1 2 3 4];
>> PA = [0.3 0.1 0.2 0.2 0.2];
>> PB = [0.2 0.4 0.2 0.1 0.1];
>> EA = sum(X.*PA)

EA =

    1.9000

>> EB = sum(X.*PB)

EB =

    1.5000

fx >>
```

图 7-6

例2 用 7.2 节中例 5 的数据,计算均值、标准差和极差.

解 在 MATLAB 命令行窗口输入命令并运行,如图 7-7 所示.

```
命令行窗口                                              ▼

>> x1 = [56 70 65 85 96 74];
>> x2 = [66 92 66 68 75 60];
>> x3 = [99 74 80 87 78 86];
>> x4 = [89 77 77 88 69 99];
>> x5 = [91 86 73 65 72 80];
>> x = [x1 x2 x3 x4 x5];
>> [mean(x),std(x),range(x)]

ans =

   78.1000   11.5082   43.0000

fx >>
```

图 7-7

241

高等应用数学
GAODENG YINGYONG SHUXUE

习题 7.2

1. 选择题：
   (1) 已知一组数据为 20，30，40，50，50，60，70，80，其中平均数、中位数和众数的大小关系是（   ）.
      A. 平均数＞中位数＞众数　　　　　B. 平均数＜中位数＜众数
      C. 中位数＜众数＜平均数　　　　　D. 平均数＝中位数＝众数
   (2) 描述一组数据离散程度的统计量是（   ）.
      A. 平均数　　　　B. 众数　　　　C. 中位数　　　　D. 方差

2. 某班随机抽取 10 名学生，期末统计学课程的考试分数分别为：68，73，66，76，86，74，63，90，65，89，求该班考试分数第 25% 位置和第 75% 位置上的分数.

4. 四名运动员参加了射击预选赛，他们成绩的平均环数 $\bar{x}$ 及其方差 s^2 如下：

指　标	甲	乙	丙	丁
$\bar{x}$	8.3	9.2	9.2	8.5
s^2	1	1	1.1	1.7

如果选出一个成绩较好且状态稳定的人去参赛，那么应选谁？

5. 对 10 名成年人和 10 名幼儿的身高（单位：cm）进行抽样调查，结果如下：

成年组	166	169	172	177	180	170	172	174	168	173
幼儿组	68	69	68	70	71	73	72	73	74	75

(1) 要比较成年组和幼儿组的身高差异，应采用什么样的统计量？为什么？(2) 比较分析哪一组的身高差异大.

7.3 推断统计

　　想描述一批 LED 灯的寿命，尽管全面检测后能得到准确数据，但这批灯具也就报废了.生产与生活中，全面检测的代价往往很大，这就需要抽取部分样本进行测量，然后根据获得的样本数据对所研究的总体特征进行推断，称此类问题为**推断统计**.

7.3.1 几种常见的统计量分布

1. 抽样分布

7.2 节主要围绕随机变量的各种指标进行描述,事实上这是对总体的研究,总体分布是所有元素出现概率的分布. 对于无法直接研究总体的时候,就需要**抽样**,而样本的最重要特征就是对总体具有代表性.事实上,当抽取的样本容量等于总体容量时,样本分布就是总体分布.进行推断统计时,需要利用样本构造出统计量,并使其服从或近似服从已知的分布,我们将这些统计量分布总体泛称为**抽样分布**.

定义 7.29 不同的样本会得到不同的估计值,每个估计值出现的概率也会不同,样本统计量的所有可能取值和与之对应的概率就组成样本统计量的概率分布,称为**抽样分布**.

例如,某高校大一参加英语四级考试的人数为 4 000 人,为了研究这 4 000 人的平均考分,欲从中随机抽取 200 人组成样本进行观察.若逐一抽取全部可能样本,并计算出每个样本的平均考分,将会得出很多不完全相同的样本均值.全部可能的样本均值有一个相应的概率分布,即为**样本均值的抽样分布**.

抽样分布是样本统计量的所有可能取值所形成的概率分布,因此是唯一的. 容量为 N 的总体中抽取容量为 n 的样本最多可抽取 m 个样本,m 个样本统计值形成的频率分布,即为抽样分布.

常用的样本统计量有:

(1) 样本均值　　$\overline{X} = \dfrac{1}{n} \sum\limits_{i=1}^{n} X_i$;

(2) 样本方差　　$S^2 = \dfrac{1}{n-1} \sum\limits_{i=1}^{n} (X_i - \overline{X})^2$;

(3) 标准样本方差　　$S = \sqrt{\dfrac{1}{n-1} \sum\limits_{i=1}^{n} (X_i - \overline{X})^2}$;

(4) 样本 k 阶原点矩　　$A_k = \dfrac{1}{n} \sum\limits_{i=1}^{n} X_i^k$, $k = 1, 2, \cdots$;

(5) 样本 k 阶中心矩　　$B_k = \dfrac{1}{n} \sum\limits_{i=1}^{n} (X_i - \overline{X})^k$, $k = 1, 2, \cdots$.

样本统计量是随机变量,它的取值随样本不同而变化.抽样估计是以样本统计量作为估计量,或根据样本统计量构造估计量来估计总体参数. 一般来说,确定统计量分布是一个复杂的问题,对于一些特殊的分布已有相关抽样分布的理论.

2. 分位数

我们知道,从总体的 N 个样本中抽取一个容量为 n 的随机样本,在**重复抽样**条件下,共有 N^n 个可能的样本;在**不重复抽样**条件下,共有 $C_N^n = \dfrac{N!}{n!(N-n)!}$ 个可能的样本.由此可见,样本均值是一个随机变量.

样本均值的平均值精确地等于总体均值.样本均值抽样分布的散布范围比总体分布

的散布范围更小,样本均值抽样分布的形状接近于正态分布.

设 $\overline{X} \sim N(\mu, \sigma^2)$,$(X_1, X_2, \cdots, X_n)$ 是 X 的一个样本,由前面知

$$\overline{X} \sim N\left(\mu, \frac{\sigma^2}{n}\right).$$

定义 7.30　设 $\overline{X} \sim N(0, 1)$,对给定的 $\alpha(0 < \alpha < 1)$ 满足条件

$$P\{U > U_\alpha\} = \int_{U_\alpha}^{+\infty} \frac{1}{\sqrt{2\pi}} \mathrm{e}^{-\frac{t^2}{2}} \mathrm{d}t = \alpha$$

或

$$P\{U \leqslant U_\alpha\} = 1 - \alpha$$

的点 U_α 称为**标准正态分布的上 α 分位点**或**上侧临界值**,简称上 α 点. 它表示的是 U_α 右侧部分,如图 7-8 所示.

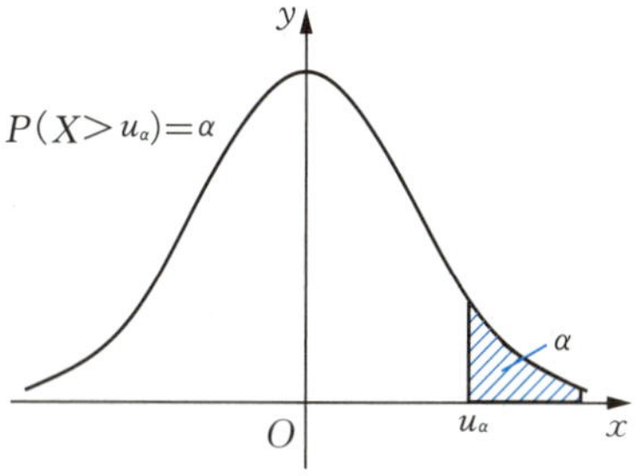

满足条件 $P\{|U| > U_{\frac{\alpha}{2}}\} = \alpha$ 的点 $U_{\frac{\alpha}{2}}$ 为**标准正态分布的双侧 α 分位点**,或**双侧临界值**,简称双 α 点.

注:$U_{\frac{\alpha}{2}}$ 由 $P\{U > U_{\frac{\alpha}{2}}\} = \dfrac{\alpha}{2}$ 从正态分布表中查得.

例 1　求 $U_{\frac{0.05}{2}}$.

解　$P\{U > 1.96\} = \dfrac{0.05}{2} = 0.025$,则 $U_{\frac{0.05}{2}} = 1.96$.

图 7-8

3. 样本方差的分布

(1) χ^2 分布

定义 7.31　设 $(X_1, X_2, \cdots, X_n)$ 为取自正态分布总体 $X \sim N(0, 1)$ 的样本,则称 $\chi^2 = X_1^2 + X_2^2 + \cdots + X_n^2$ 服从 n 个自由度的 χ^2 分布,记作 $\chi^2 \sim \chi^2(n)$. $\chi^2(n)$ 分布的概率密度函数 (图 7-9) 为

$$f(x) = \begin{cases} \dfrac{1}{2^{\frac{n}{2}} \Gamma\left(\dfrac{n}{2}\right)} x^{\frac{n}{2}-1} \mathrm{e}^{-\frac{x}{2}}, & x > 0, \\ 0, & x \leqslant 0, \end{cases}$$

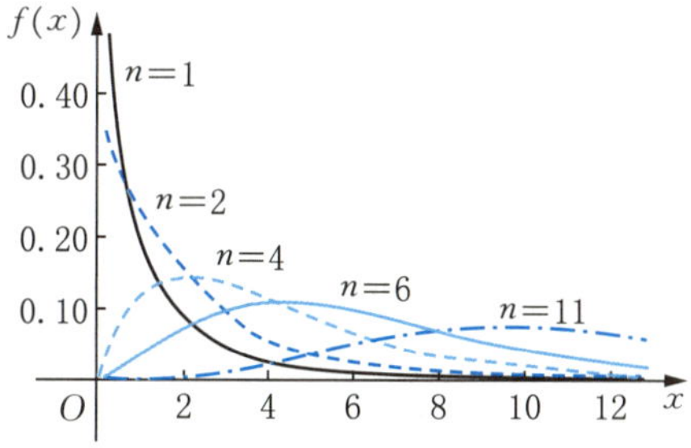

图 7-9

其中伽马函数 $\Gamma(\alpha) = \displaystyle\int_0^{+\infty} t^{\alpha-1} \mathrm{e}^{-t} \mathrm{d}t \qquad (\alpha > 0)$.

为了更方便,一般对不同的自由度 n 及不同的数 $\alpha(0 < \alpha < 1)$ 使用 χ^2 分布表. 当 $X \sim N(0, 1)$ 时,满足

$$P\{\chi^2(n) > \chi_\alpha^2(n)\} = \int_{\chi_\alpha^2(n)}^{+\infty} f(y) \mathrm{d}y = \alpha$$

的点 $\chi_\alpha^2(n)$ 称为 **χ^2 分布的上 α 分位点**,简称上 α 点.

例2 当 $n=20$，$\alpha=0.05$ 时，查表得

$$\chi^2_{0.05}(20)=31.410,$$

即

$$P\{\chi^2(20)>31.410\}=0.05.$$

$\chi^2(n)$ 分布的性质如下：

① $\chi^2_1\sim\chi^2(n_1)$，$\chi^2_2\sim\chi^2(n_2)$，并且 χ^2_1，χ^2_2 独立，则有 $\chi^2_1+\chi^2_2\sim\chi^2(n_1+n_2)$；

② 若 $\chi^2\sim\chi^2(n)$，则有 $E(\chi^2)=n$，$D(\chi^2)=2n$；

③ 设 $(X_1,X_2,\cdots,X_n)$ 来自总体 $X\sim N(\mu,\sigma^2)$ 的样本，则样本均值 $\overline{X}$ 与样本方差 S^2 相互独立，且有

$$\frac{(n-1)S^2}{\sigma^2}=\frac{\displaystyle\sum_{i=1}^{n}(X_i-\overline{X})^2}{\sigma^2}\sim\chi^2(n-1).$$

(2) t 分布

定义 7.32 设 $X\sim N(0,1)$，$Y\sim\chi^2(n)$，并且 X 与 Y 相互独立，则称 $T=\dfrac{X}{\sqrt{\dfrac{Y}{n}}}$ 服从自由度为 n 的 **t 分布**，记作：$T\sim t(n)$.

t 分布的概率密度函数为

$$f(t)=\frac{\Gamma\left(\dfrac{n+1}{2}\right)}{\sqrt{n\pi}\,\Gamma\left(\dfrac{n}{2}\right)}\left(1+\frac{t^2}{n}\right)^{-\frac{n+1}{2}}\quad(-\infty<t<+\infty).$$

由 Γ 函数的性质可知 $\lim\limits_{n\to\infty}f(t)=\dfrac{1}{\sqrt{2\pi}}\mathrm{e}^{-\frac{t^2}{2}}$，其图像类似标准正态分布的概率密度函数图像. n 足够大，t 分布就越近似 $N(0,1)$ 分布.

定义 7.33 对于给定的 $\alpha(0<\alpha<1)$，称满足

$$P\{t>t_\alpha(n)\}=\int_{t_\alpha(n)}^{+\infty}f(t)\mathrm{d}t=\alpha$$

的点 $t_\alpha(n)$ 为 **$t(n)$ 分布的上 α 分位点**.

由分布的对称性，称满足条件 $P\{|t|>t_{\frac{\alpha}{2}}(n)\}=\alpha$ 的点 $t_{\frac{\alpha}{2}}(n)$ 为 **t 分布的双侧 α 分位点**或**双侧临界值**，简称双 α 点.

例如，当 $n=25$，$\alpha=0.05$ 时，查附录 4 中的 t 分布表得

$$t_{0.05}(25)=1.710\,8,\ t_{\frac{0.05}{2}}(25)=2.059\,5,$$

当 $n>25$ 时，可用标准正态分布代替 t 分布，查 $t_\alpha(n)$ 得值 $t_\alpha(n)\approx U_\alpha$.

这一过程可以在 MATLAB 中实现，tinv(p, n) 是计算 t 分布的反函数，即自由度为 n 的 t 分布中，给定累计概率 p 对应的值. 当 $n=25$，$\alpha=0.05$ 时，可以输入 tinv(0.95, 25)，即可计算得到 $t_{0.05}(25)=1.710\,8$.

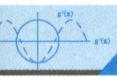

高等应用数学
GAODENG YINGYONG SHUXUE

若$(X_1, X_2, \cdots, X_n)$来自正态分布总体$X \sim N(\mu, \sigma^2)$的样本,则统计量

$$\frac{\overline{X}-\mu}{\dfrac{s}{\sqrt{n}}} \sim t(n-1).$$

若$(X_1, X_2, \cdots, X_n)$和$(Y_1, Y_2, \cdots, Y_n)$分别来自正态总体$N(\mu, \sigma^2)$的样本,且它们相互独立,则统计量

$$\frac{X-Y-(\mu_1-\mu_2)}{S_\omega \sqrt{\dfrac{1}{n_1}+\dfrac{1}{n_2}}} \sim t(n_1+n_2-2),$$

其中$S_\omega = \sqrt{\dfrac{(n_1-1)S_1^2+(n_2-1)S_2^2}{n_1+n_2-2}}$,$S_1^2$,$S_2^2$分别为两总体的样本方差.

7.3.2 参数估计

统计推断可分为参数估计和假设检验两种主要类型.下面先介绍参数估计.

1. 参数的点估计

定义7.34 由于样本能不同程度地反映总体的信息,因此希望用样本的数字特征作为总体相应的数字特征的点估计量.

常用的方法是用样本均值$\overline{X}$作为总体X的数学期望$E(X)$的估计量,以样本方差S^2作为总体的方差$D(X)$的估计量.

设总体X的分布函数$F(x; \theta)$的形式为已知,θ是待估参数,$X_1, X_2, \cdots, X_n$是X的一个样本,$x_1, x_2, \cdots, x_n$是相应的一个样本值,点估计问题就是要构造一个适当的统计量$\theta(X_1, X_2, \cdots, X_n)$,用它的观察值$\hat{\theta}(x_1, x_2, \cdots, x_n)$来估计未知参数$\theta$,称$\theta(X_1, X_2, \cdots, X_n)$为$\theta$的**估计量**,称$\hat{\theta}(x_1, x_2, \cdots, x_n)$为$\theta$的**估计值**.

2. 参数点估计的方法

参数点估计的方法包括样本数字特征法(也称矩估计法,即总体X的k阶原点矩为v_k,k阶中心矩为u_k,v_k和u_k为未知,用相应的样本k阶原点矩$\hat{v}_k = \dfrac{1}{n}\sum_{i=1}^{n} x_i^k$估计$v_k$,

用样本k阶中心矩$\hat{u}_k = \dfrac{1}{n}\sum_{i=1}^{n}(x_i-\bar{x})^k$估计$u_k$)和极大似然估计法.

例3 某工厂生产一批产品,已知这产品的长度总体$X \sim N(\mu, \sigma^2)$,但是参数μ和σ^2未知,现随机抽查12个产品进行长度检测(单位:cm),测得数据为

$$13.30 \quad 13.31 \quad 13.40 \quad 13.32 \quad 13.43 \quad 13.51$$
$$13.47 \quad 13.44 \quad 13.48 \quad 13.34 \quad 13.38 \quad 13.50$$

试估计这批产品长度的均值和方差.

解 已知产品的长度总体$X \sim N(\mu, \sigma^2)$,故其长度的均值就是μ,方差就是σ^2,由样

246

本的观察值可得

$$\hat{\mu} = \overline{X} = \frac{1}{12}(13.30 + 13.31 + \cdots + 13.50) \approx 13.44;$$

$$\hat{\sigma}^2 = S^2 = \frac{1}{12-1}\left[(13.30-13.44)^2 + \cdots + (13.35-13.44)^2\right] \approx 0.018\,5.$$

即该产品长度的均值估计值为 13.44 cm,方差估计值为 0.018 5.

3. 估计量的优良准则

估计的三个常用标准:无偏性、有效性和一致性.

(1) 无偏性

定义 7.35 若估计量 $\hat{\theta} = \hat{\theta}(X_1, X_2, \cdots, X_n)$ 的数学期望 $E(\hat{\theta})$ 存在,$\boldsymbol{\theta}$ 是 θ 的参数空间,对于 $\forall \theta \in \boldsymbol{\theta}$,有 $E(\hat{\theta}) = \theta$,则称 $\hat{\theta}$ 是 θ 的**无偏估计量**.无偏估计希望一个好的估计量的均值等于未知参数的真值.

(2) 有效性

估计量 $\hat{\theta}$ 与真值 θ 的偏差越小,无偏估计量就越好,而偏差的大小用 $E\left[(\hat{\theta}-\theta)^2\right] = D(\hat{\theta})$ 来衡量.

定义 7.36 设 $\hat{\theta}_1$, $\hat{\theta}_2$ 是 θ 的两个无偏估计量,若 $D(\hat{\theta}_1) < D(\hat{\theta}_2)$,则称 $\hat{\theta}_1$ **较 $\hat{\theta}_2$ 有效**.

(3) 一致性

定义 7.37 设 $\hat{\theta}$ 是 θ 的估计量,如果当样本的容量 $\hat{\theta}$ 依概率收敛于 θ,即对 $\forall \varepsilon > 0$,有 $\lim_{n \to \infty} P\{|\hat{\theta} - \theta| < \varepsilon\} = 1$,则称 $\hat{\theta}$ 为 θ 的**一致估计量**.

4. 参数的区间估计

在实际问题中,只依靠一个点估计的估计值,没法知道估计的近似程度和误差范围大小,而区间估计恰恰可以反映误差的范围及真值的可信程度.

定义 7.38 设 X_1, X_2, $\cdots$, X_n 是总体 X 的一个样本,θ 是总体 X 的分布函数 $F(x; \theta)$ 的一个未知参数,对于给定的 $\alpha(0 < \alpha < 1)$,样本确定的两个统计量 $\hat{\theta}_1 = \hat{\theta}_1(X_1, X_2, \cdots, X_n)$ 和 $\hat{\theta}_2 = \hat{\theta}_2(X_1, X_2, \cdots, X_n)$,使得 $P\{\hat{\theta}_1 < \theta < \hat{\theta}_2\} = 1 - \alpha$ 成立(其中 $\hat{\theta}_1 < \hat{\theta}_2$),那么称 $[\hat{\theta}_1, \hat{\theta}_2]$ 为 θ 的置信水平为 $1 - \alpha$ 的**置信区间**,α 称为**显著性水平**,$\hat{\theta}_1$ 称为**置信下限**,$\hat{\theta}_2$ 称为**置信上限**.

置信区间的意义:包含在区间 $[\hat{\theta}_1, \hat{\theta}_2]$ 中的 θ 的概率为 $1 - \alpha$.

(1) 正态总体均值的置信区间估计

总体 $X \sim N(\mu, \sigma^2)$,X_1, X_2, $\cdots$, X_n 是 X 的一个样本,X_1, X_2, $\cdots$, X_n 是相互独立的随机变量,且 $X_i \sim N(\mu, \sigma^2)(i = 1, 2, \cdots, n)$.

① σ^2 已知,μ 的 $1 - \alpha$ 置信区间 σ^2 已知,含 μ,σ 及估计量 $\overline{X}$ 的统计量 $\dfrac{\overline{X} - \mu}{\dfrac{\sigma}{\sqrt{n}}} \sim N(0, 1)$,

由标准正态分布知

$$P\left\{-U_{\frac{\alpha}{2}}<\frac{\overline{X}-\mu}{\frac{\sigma}{\sqrt{n}}}<U_{\frac{\alpha}{2}}\right\}=1-\alpha,$$

即
$$P\left\{\overline{X}-\mu_{\frac{\alpha}{2}}\frac{\sigma}{\sqrt{n}}<\mu<\overline{X}+\mu_{\frac{\alpha}{2}}\frac{\sigma}{\sqrt{n}}\right\}=1-\alpha,$$

故可得 μ 的 $1-\alpha$ 置信区间为

$$\left(\overline{X}-\frac{\mu_{\frac{\alpha}{2}}\sigma}{\sqrt{n}},\ \overline{X}+\frac{\mu_{\frac{\alpha}{2}}\sigma}{\sqrt{n}}\right).$$

② σ^2 未知,μ 的 $1-\alpha$ 置信区间 σ^2 未知,含 μ 及估计量 $\overline{X}$ 的统计量 $t=\dfrac{\overline{X}-\mu}{\frac{S}{\sqrt{n}}}\sim t(n-1)$,

对于给定的置信度 $1-\alpha$,查附录 4 中的 t 分布表,得

$$P\left\{-t_{\frac{\alpha}{2}}(n-1)<\frac{\overline{X}-\mu}{\frac{S}{\sqrt{n}}}<t_{\frac{\alpha}{2}}(n-1)\right\}=1-\alpha$$

成立,求得 μ 的 $1-\alpha$ 置信区间为

$$\left(\overline{X}-\frac{t_{\frac{\alpha}{2}}(n-1)S}{\sqrt{n}},\ \overline{X}+\frac{t_{\frac{\alpha}{2}}(n-1)S}{\sqrt{n}}\right).$$

(2) 正态总体方差 σ 的置信区间估计

统计量

$$\frac{(n-1)S^2}{\sigma^2}=\frac{\sum_{i=1}^{n}(X_i-X)^2}{\sigma^2}\sim\chi^2(n-1)$$

对给定的置信度 $1-\alpha$,由 χ^2 分布知

$$P\left\{\chi^2_{1-\frac{\alpha}{2}}(n-1)<\frac{(n-1)S^2}{\sigma^2}<\chi^2_{\frac{\alpha}{2}}(n-1)\right\}=1-\alpha,$$

即

$$P\left\{\frac{(n-1)S^2}{\chi^2_{\frac{\alpha}{2}}(n-1)}<\sigma^2<\frac{(n-1)S^2}{\chi^2_{1-\frac{\alpha}{2}}(n-1)}\right\}=1-\alpha.$$

故方差 σ 的 $1-\alpha$ 置信区间为

$$\left(S\sqrt{\frac{(n-1)}{\chi^2_{\frac{\alpha}{2}}(n-1)}},\ S\sqrt{\frac{(n-1)}{\chi^2_{1-\frac{\alpha}{2}}(n-1)}}\right).$$

例 4 设总体 $X\sim N(\mu,\ 0.09)$,从总体中抽取一个样本值:12.6,13.4,12,13.2,求

总体平均值 μ 的置信水平为 0.975 的置信区间.

解 由 $X \sim N(\mu, 0.3^2)$，$n=4$ 则 $\overline{X} \sim N\left(\mu, \dfrac{0.3^2}{4}\right)$，即 $\overline{X} \sim N(\mu, 0.15^2)$，所以 $\dfrac{\overline{X}-\mu}{0.15} \sim N(0, 1)$，则令 $\alpha=0.05$. 有

$$1-\alpha = P\left\{-U_{\frac{\alpha}{2}} < \frac{\overline{X}-\mu}{0.15} < U_{\frac{\alpha}{2}}\right\} = P\left\{\overline{X}-0.15U_{0.025} < \mu < \overline{X}+0.15U_{0.025}\right\},$$

已知 $\overline{X}=13$，$U_{0.025}=1.96$，故 μ 的置信区间为 $(12.706, 13.294)$.

由例 4 可知，置信度越大越好，置信区间长度越小越好，因此，$1-\alpha$ 不能取的过大，通常取 $\alpha=0.1$，$\alpha=0.05$ 或 $\alpha=0.01$，如果区间长度不变，就需要加大样本容量 n.

7.3.3 假设检验

实际问题中，除了要估计未知参数外，还需要检验样本未知参数是否等于这个估计参数值，这类问题就是假设检验，它是推断统计的重要内容.

1. 假设检验的基本概念与一般方法

（1）假设检验

定义 7.39 对总体 X 的分布函数的一些参数作为某种假设，并判断假设成立与否的方法称之为**假设检验**.

（2）基本思想

提出假设 H_0（原假设），判断实验总体的平均 μ 与实际总体的平均 μ 是否不同，为此提出两个对立的假设 $H_0: \mu=\mu_0$ 和 $H_1: \mu \neq \mu_0$，然后依据某些法则，利用已知样本来决定接受假设 H_0 或是拒绝假设 H_1，若接受即认为 $\mu=\mu_0$，否则 $\mu \neq \mu_0$.

（3）假设检验的一般方法

① 根据实际问题提出原假设 H_0 及备择假设 H_1；

② 选取合适的统计量，在原假设 H_0 成立的条件下确定统计量的分布；

③ 给定显著水平 α，依据统计量分布表查表确定对应 α 的临界值；

④ 由样本观察值计算出统计量的观测值，与临界值比较来判断 H_0 的接受与拒绝.

2. 正态总体的参数假设检验

（1）已知的 $\sigma=\sigma_0^2$ 情况

已知方差时，正态总体均值的显著性检验方法如下：

① 提出统计假设 $H_0: \mu=\mu_0$ 和 $H_1: \mu \neq \mu_0$；

② 选择统计量 $U=\dfrac{\overline{X}-\mu_0}{\dfrac{\sigma_0}{\sqrt{n}}} \sim N(0, 1)$；

③ 对给定的显著性水平 α，从表中查出在 H_0 成立条件下，满足 $P\left\{|U|>U_{\frac{\alpha}{2}}\right\}=\alpha$ 的临界值 $U_{\frac{\alpha}{2}}$；

④ 如果观察值的绝对值 $|U|>U_{\frac{\alpha}{2}}$，则拒绝接受 H_0；反之，可接受 H_1.

统计量 $U = \dfrac{\overline{X} - \mu_0}{\dfrac{\sigma_0}{\sqrt{\pi}}}$ 的假设检验见表 7-12.

表 7-12

原假设 H_0	备择假设 H_1	统计量	对应函数样本分布	否定域
$\mu = \mu_0$	$\mu \neq \mu_0$	$U = \dfrac{\overline{X} - \mu_0}{\dfrac{\sigma_0}{\sqrt{n}}}$	$N(0, 1)$	$|U| > U_{\frac{\alpha}{2}}$
$\mu \leqslant \mu_0$	$\mu > \mu_0$			$U > U_\alpha$
$\mu \geqslant \mu_0$	$\mu < \mu_0$			$U < -U_\alpha$

(2) σ^2 未知的情况

设总体 $X \sim N(\mu, \sigma^2)$，σ 已知，当 $\mu = \mu_0$ 时，统计量 $T = \dfrac{\overline{X} - \mu}{\dfrac{S}{\sqrt{n}}} \sim t(n-1)$ 的假设检验见表 7-13.

表 7-13

原假设 H_0	备择假设 H_1	统计量	对应函数样本分布	否定域
$\mu = \mu_0$	$\mu \neq \mu_0$	$T = \dfrac{\overline{X} - \mu}{\dfrac{S}{\sqrt{n}}}$	$t(n-1)$	$|t| > t_{\frac{\alpha}{2}}(n-1)$
$\mu \leqslant \mu_0$	$\mu > \mu_0$			$t > t_\alpha(n-1)$
$\mu \geqslant \mu_0$	$\mu < \mu_0$			$t < -t_\alpha(n-1)$

例 5 某药厂生产已知疫苗，已知在一般情况下，其每瓶中含主要成分服从均值为 23.0 的正态分布. 今日开工后，测得前 5 瓶的主要成分数据如下：21.8，21.4，22.3，21.5，22.0. 试问该生产是否正常？

解 设 X 是今日生产的疫苗每瓶的主要成分，检验步骤：

(1) H_0：$\mu = 23$，H_1：$\mu \neq 23$；

(2) 由 σ^2 未知，统计量 t，将 $n = 5$，$X = 21.8$，$S^2 = 0.315$，代入得

$$t = \frac{\overline{X} - \mu}{\dfrac{S}{\sqrt{n}}} = \frac{21.8 - 23.0}{\dfrac{\sqrt{0.135}}{\sqrt{5}}} = -7.30;$$

(3) 查表得 $t_{\frac{\alpha}{2}}(n-1) = t_{0.025}(4) = 2.776\,4$.

(4) 由于 $|-7.30| > 2.776\,4$，故拒绝 H_0，接受 H_1，即认为该生产不正常.

3. 拟合优度检验

拟合优度检验是用来检验一批分类数据所来自总体的分布是否与某种理论分布相一致.

拟合优度检验的目的是评估模型的拟合能力，即检验模型形式是否足够贴近实际数据变化情况，从而判断模型的合理性.

（1）一元线性回归方程

各变量之间的关系分为确定性关系（函数关系）和不确定性关系.在不确定性关系中,一个量的取值不能确定另一个量的取值,但数学期望却相对应.这种关系称**统计相关**或**相关**.

若具有相关关系的两个变量 x, Y,满足

$$E(Y) = a + bx \quad (b \neq 0),$$

其中,a, b 为与 x 无关的常数,称 x, Y 之间具有**线性相关关系**,上式为相关关系的表达式.

实际问题中,一元线性回归分析就是由 (x, Y) 的若干观测值推断两者之间是否具有线性相关性,并进行预测和控制随机变量 Y 的值.

（2）一元线性回归方程求法

一元线性回归分析方法:设对每一个 x 取值,相应的 Y 是一个正态变量;Y 的方差与 x 无关,即 $D(Y) = \sigma^2$（σ 为与 x 无关的未知常数）,则 Y 满足

$$Y = a + bx + \varepsilon, \quad (b \neq 0) \text{（线性模型）},$$

其中,$\varepsilon \sim N(0, \sigma^2)$, a, b, σ^2 为与 x 无关的未知常数.

例 6 工程中测得一脱氧过程 x 与时间 y 的数据,见表 7-14.

表 7-14

x	134	150	180	104	163	190	200	121	154	177
y	135	170	200	100	175	215	220	125	150	185

求 x 与 y 两者之间的回归方程.

分析:首先作出各组数据对应的散点图,利用散点图拟合出函数图形和方程（用计算机可以实现）.一般来说,散点不可能全在一条直线上,它与直线总是有偏差的,计算所有偏差之和的最小值（极值）即可得最好的回归方程.当 $a = \hat{a}$, $b = \hat{b}$ 时,$Q(a, b)$ 取得极小值,记为 Q,即 $Q = Q(\hat{a}, \hat{b}) = L_{yy} - \dfrac{L_{xy}^2}{L_{xx}}$,可得所求回归方程为 $\hat{y} = \hat{a} + \hat{b}x$,实际求回归方程时,通常列表计算下面数据:

$$L_{xx} = \sum x_i^2 - n\bar{x}^2, \qquad L_{yy} = \sum y_i^2 - n\bar{y}^2, \qquad L_{xy} = \sum x_i y_i - n\overline{xy}.$$

解 列表计算 x_i, y_i, x_i^2, y_i^2, $x_i y_i$ 的值,得

$$n = 10, \quad \bar{x} = 157.3, \quad \bar{y} = 167.5,$$

$$L_{xy} = 274\,335 - 10 \times 157.3 \times 167.5 = 10\,857.5,$$

$$L_{yy} = 294\,725 - 10 \times (167.5)^2 = 14\,162,$$

$$L_{xx} = 256\,027 - 10 \times (157.3)^2 = 8\,594.1,$$

$$\hat{b} = \frac{L_{xy}}{L_{xx}} = \frac{10\,857.5}{8\,594.1} = 1.26,$$

$$\hat{a} = \bar{y} - \hat{b}\,\bar{x} = 167.5 - 1.26 \times 157.3 = -30.70,$$

故得回归方程为 $\hat{y}=-30.70+1.26x$.

（3）回归相关性的显著性检验

在变量 x，y 的观测值所建立的回归方程中，为了体现其实用价值，必须判断两者之间的线性相关关系.

为考察 x，y 之间的关系，引入相关系数 $R=\dfrac{L_{xy}}{\sqrt{L_{xx}L_{yy}}}$，则公式 $Q=Q(\hat{a}，\hat{b})=L_{yy}-\dfrac{L_{xy}^2}{L_{xx}}$ 可变形为 $Q=(1-R^2)L_{yy}$.可知 $Q\geqslant0$，$L_{yy}\geqslant0$，所以可得 $|R|\leqslant1$.如果 $|R|$ 越接近 1，Q 就越接近 0，观测点的散点图几乎在回归直线上，表明 x，y 之间线性相关性显著；如果 $|R|$ 越接近于 0，Q 就越大，散点图就离回归直线越远，表明 x，y 之间线性相关性不显著，所以 $|R|$ 影响 x，y 之间线性相关的关系程度.

例 7 以例 6 为例，对 x，y 之间线性相关显著性进行分析.

分析：相关系数 R 的取值要多大才能表明 x，y 之间线性相关性显著，这个问题相关关系显著性检验表给出了显著性水平 $\alpha=0.01$，$\alpha=0.05$ 下的相关系数临界值 R_α.观测值 $|R|>R_{0.01}$ 时，表明 x，y 之间特别显著相关；观测值 $|R|>R_{0.05}$ 时，表明 x，y 之间线性显著相关；否则不显著相关.

解 计算相关系数 R 的观测值

$$R=\frac{L_{xy}}{\sqrt{L_{xx}L_{xy}}}=\frac{10\ 857.5}{\sqrt{8\ 594.1\times14\ 162}}=0.984,$$

当 $\alpha=0.05$，$n=10$，查表得临界值 $R_{0.05}=0.632$.

由于 $|R|=0.984>R_{0.05}=0.632$，故 x，y 之间线性显著相关，回归方程有效.

┃数学实验

实验 7-3　使用 MATLAB 作回归分析

MATLAB 中可实现多元线性回归、多元二项式回归和非线性回归等的计算，这里主要介绍多元线性回归.

多元线性回归模型一般记为

$$Y=\beta_0+\beta_1x_1+\cdots+\beta_mx_m+\varepsilon，\varepsilon\sim N(0，\sigma^2),$$

其中 Y 为随机变量，x_1，x_2，$\cdots$，x_m 为非随机的可观测变量，ε 是其他随机因素的总和.

如果有 n 组独立的观测数据 $(y_i，x_{i1}，x_{i2}，\cdots，x_{im})$，根据上式可得

$$y_i=\beta_0+\beta_1x_{i1}+\cdots+\beta_mx_{im}+\varepsilon_i，\varepsilon_i\sim N(0，\sigma^2)，i=1，2，\cdots，n.$$

记

$$X = \begin{bmatrix} 1 & x_{11} & \cdots & x_{1m} \\ 1 & x_{21} & \cdots & x_{2m} \\ \vdots & \vdots & & \vdots \\ 1 & x_{n1} & \cdots & x_{nm} \end{bmatrix}, \quad Y = \begin{bmatrix} y_1 \\ y_2 \\ \vdots \\ y_n \end{bmatrix}, \quad \beta = \begin{bmatrix} \beta_1 \\ \beta_2 \\ \vdots \\ \beta_n \end{bmatrix}, \quad \varepsilon = \begin{bmatrix} \varepsilon_1 \\ \varepsilon_2 \\ \vdots \\ \varepsilon_n \end{bmatrix},$$

则可把多元线性回归模型表示为

$$Y = X\beta + \varepsilon, \ \varepsilon \sim N(0, \sigma^2).$$

在 MATLAB 中实现多元线性回归模型计算的命令是 regress,其命令调用格式如下:

$$[\text{b,bint,r,rint,stats}] = \text{regress}(\text{Y,X,alpha}),$$

上述命令中的参数说明如下:

(1) 输入变量 Y, X 与上述模型对应,alpha 是显著性水平,缺省时为 0.05;

(2) 输出变量 b 是回归系数的点估计值,bint 是回归系数的区间估计,r 是残差,rint 是置信区间,stats 是用于检验回归模型的统计量.

例 用 MATLAB 实现 7.3 节中例 6 的计算.

解 在 MATLAB 命令行窗口输入命令并运行,如图 7-10 所示.

```
命令行窗口
>> x = [134 150 180 104 163 190 200 121 154 177];
>> Y = [135 170 200 100 175 215 220 125 150 185]';
>> X = [ones(10,1) x'];
>> [b, bint, r, rint, stats] = regress(Y, X);
>> b
b =
  -31.2276
    1.2634
>> stats
stats =
    0.9685  246.3234    0.0000   55.6870
fx >>
```

图 7-10

习题 7.3

1. 选择题.

(1) 设总体 $X \sim N(2, 2^2)$, X_1, X_2, $\cdots$, X_n 为 X 的样本,则(   ).

A. $\dfrac{\overline{X} - 2}{2} \sim N(0, 1)$ 　　　　　　　　B. $\dfrac{\overline{X} - 2}{4} \sim N(0, 1)$

C. $\dfrac{\overline{X} - 2}{\sqrt{2}} \sim N(0, 1)$ 　　　　　　　　D. $\dfrac{\overline{X} - 2}{\dfrac{2}{\sqrt{n}}} \sim N(0, 1)$

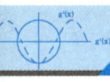高等应用数学
GAODENG YINGYONG SHUXUE

(2) 设 X_1，X_2，$\cdots$，X_n 是总体 X 的样本，$E(X)=\mu$，$D(X)=\sigma^2$，则

① 当 μ 已知时，方差 σ^2 的无偏估计量是（　　　）；

② 当 μ 未知时，方差 σ^2 的无偏估计量是（　　　）．

A. $T_1=\dfrac{1}{n}\sum\limits_{i=1}^{n}(X_i-\mu)^2$ 　　　　B. $T_2=\dfrac{1}{n-1}\sum\limits_{i=1}^{n}(X_i-\mu)^2$

C. $T_3=\dfrac{1}{n}\sum\limits_{i=1}^{n}(X_i-\bar{X})^2$ 　　　　D. $T_4=\dfrac{1}{n-1}\sum\limits_{i=1}^{n}(X_i-\bar{X})^2$

2. 某产品的合格率为 95%，技术革新后对产品样本进行检验：产品的合格率是否有所提升，取 $\alpha=0.05$，此问题的原假设 H_0：＿＿＿＿＿＿＿＿，备择假设 H_1：＿＿＿＿＿＿＿＿，犯第一类错误的概率为＿＿＿＿＿＿＿＿．

3. 对某市 800 家企业调查其生产消费情况，调查变量：企业生产消费支出额、企业有无风险意识．请分别写出总体和总体参数．

4. 在对一所学校的 100 名学生消费某种产品费用调查，每人每天平均费用需要 10 元，方差为 9．如果这产品可提供 1 万人，试对学生对该产品的平均需求进行区间估计（$\alpha=0.01$），并考虑最少要准备多少产品才能以 0.99 的概率满足需要（设居民对产品的需求量服从正态分布）．

5. 研究表面，男性的年龄 x 与死亡率 y（每一千人）符合指数 $y=ae^{bx}$ 关系，对某地区进行调查，结果见表 7-15.

表 7-15

年龄 x	10	20	30	40	50	60	70
死亡率 $\dfrac{y}{1\,000}$	2.1	3.6	4.1	6.8	11.2	24.4	60.6

对该地区的男性年龄与死亡率（每一千人）拟合回归模型．

*7.4　插值问题

7.4.1　拉格朗日插值

定义 7.40　设有函数 $y=f(x)$，且已知其在互异的 $n+1$ 个点 x_0，x_1，$\cdots$，x_n 处的函数值 y_0，y_1，$\cdots$，y_n．若存在一过这 $n+1$ 个点的次数不超过 n 的多项式函数 $y=P(x)$，使

$$P(x_i) = y_i, \quad i = 0, 1, \cdots, n \tag{7-5}$$

成立,则称 $P(x)$ 为 $f(x)$ 的 **n 次拉格朗日插值多项式**或**插值函数**,点 x_0, x_1, $\cdots$, x_n 称为**插值节点**,称式(7-5)为**插值条件**,求插值函数的方法称为**插值法**.

设 $P(x)$ 记为

$$P(x) = a_0 + a_1 x + a_2 x^2 + \cdots + a_n x^n, \tag{7-6}$$

其中,$a_i(i=0, 1, 2, \cdots, n)$ 为实数.把式(7-6)代入式(7-5)可得

$$\begin{cases} a_0 + a_1 x_0 + a_2 x_0^2 + \cdots + a_n x_0^n = y_0; \\ a_0 + a_1 x_1 + a_2 x_1^2 + \cdots + a_n x_1^n = y_1; \\ \qquad\qquad \cdots\cdots\cdots\cdots \\ a_0 + a_1 x_n + a_2 x_n^2 + \cdots + a_n x_n^n = y_n. \end{cases} \tag{7-7}$$

方程组(7-7)的系数行列式 $D = \begin{vmatrix} 1 & x_0 & x_0^2 & \cdots & x_0^n \\ 1 & x_1 & x_1^2 & \cdots & x_1^n \\ \vdots & \vdots & \vdots & & \vdots \\ 1 & x_n & x_n^2 & \cdots & x_n^n \end{vmatrix} = \sum\limits_{i=1}^{n} \sum\limits_{j=0}^{i-1} (x_i - x_j)$,因为

当 $i \neq j$ 时,$x_i \neq x_j$,于是 $D \neq 0$,故而方程组(7-7)存在唯一解.由此可得如下性质:

性质 7.10 满足插值条件(7-5)的插值多项式是存在且唯一的.

1. 线性插值

已知函数 $f(x)$ 在互异的两个点 x_0 和 x_1 处的函数值 $y_0 = f(x_0)$,$y_1 = f(x_1)$,求一个次数不超过 1 的多项式 $L_1(x)$,使它满足

$$L_1(x_0) = y_0, \quad L_1(x_1) = y_1. \tag{7-8}$$

根据性质 7.10 可知,$L_1(x)$ 是存在且唯一的.称 $L_1(x)$ 为**线性插值函数**. $L_1(x)$ 的几何意义就是过 (x_0, y_0) 和 (x_1, y_1) 的直线,如图 7-11 所示,

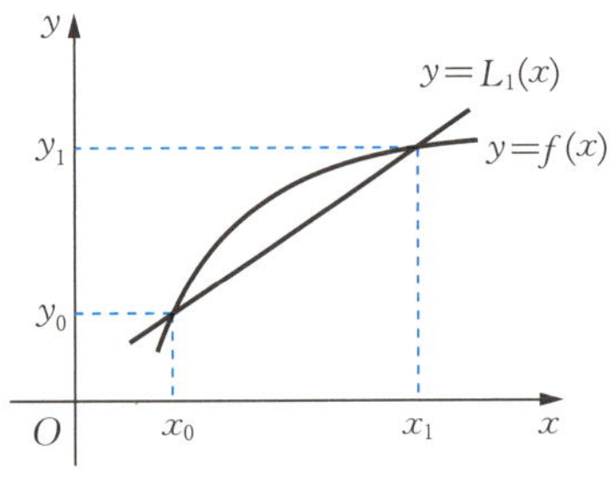

$L_1(x)$ 的表达式即可由直线方程的点斜式或两点式写出,则有

$$L_1(x) = y_0 + \frac{y_1 - y_0}{x_1 - x_0}(x - x_0),$$

图 7-11

$$L_1(x) = \frac{x_1 - x}{x_1 - x_0} y_0 + \frac{x - x_0}{x_1 - x_0} y_1, \tag{7-9}$$

称式(7-9)为**拉格朗日线性插值函数**.由式(7-9)可以看出,$L_1(x)$ 是由两个线性函数

$$l_0(x) = \frac{x - x_1}{x_0 - x_1}, \quad l_1(x) = \frac{x - x_0}{x_1 - x_0}$$

的线性组合得到,其系数分别为 y_0 及 y_1,即

$$L_1(x) = y_0 l_0(x) + y_1 l_1(x), \tag{7-10}$$

其中 $l_0(x)$，$l_1(x)$ 在节点 x_0 及 x_1 上满足

$$l_0(x_0)=1,\ l_0(x_1)=0;\ l_1(x_0)=0,\ l_1(x_1)=1.$$

称函数 $l_0(x)$，$l_1(x)$ 为**线性插值基函数**，它们的图形如图 7-12 所示。

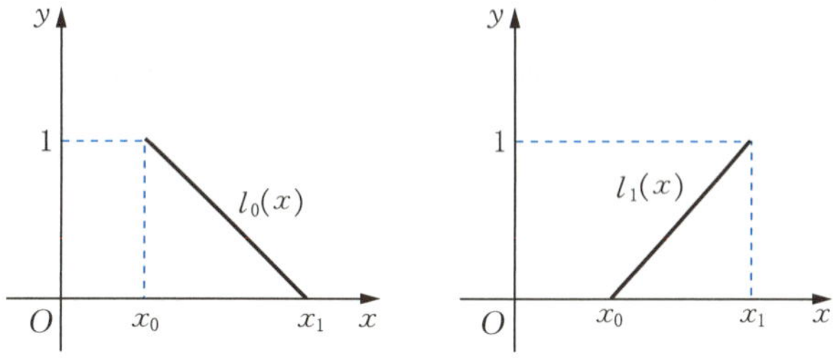

图 7-12

2. 抛物线插值

已知函数 $f(x)$ 在互异的三个点 x_0，x_1 和 x_2 处的函数值 $y_0=f(x_0)$，$y_1=f(x_1)$，$y_2=f(x_2)$，求一个次数不超过 2 的多项式 $L_2(x)$，使它满足

$$L_2(x_0)=y_0,\ L_2(x_1)=y_1,\ L_2(x_2)=y_2. \tag{7-11}$$

由此 $L_2(x)$ 就是过三点的抛物线，为求出 $L_2(x)$ 的表达式，可仿照线性插值构造函数的方法，采用基函数方法。此时有三个基函数：$l_0(x)$，$l_1(x)$，$l_2(x)$，它们都是二次函数，且在节点上满足条件：

$$\begin{cases} l_0(x_0)=1,\ l_0(x_1)=0,\ l_0(x_2)=0; \\ l_1(x_0)=0,\ l_1(x_1)=1,\ l_1(x_2)=0; \\ l_2(x_0)=0,\ l_2(x_1)=0,\ l_2(x_2)=1. \end{cases} \tag{7-12}$$

满足条件 (7-12) 的插值基函数可由待定系数法求出，例如求 $l_0(x)$，因 x_1 和 x_2 是它的零点，故 $l_0(x)$ 可表示为

$$l_0(x)=A(x-x_1)(x-x_2),$$

其中 A 为待定系数，可由条件 $l_0(x_0)=1$ 确定，则有

$$A=\frac{1}{(x_0-x_1)(x_0-x_2)},\ l_0(x)=\frac{(x-x_1)(x-x_2)}{(x_0-x_1)(x_0-x_2)}.$$

同理可得

$$l_1(x)=\frac{(x-x_0)(x-x_2)}{(x_1-x_0)(x_1-x_2)},\ l_2(x)=\frac{(x-x_0)(x-x_1)}{(x_2-x_0)(x_2-x_1)}.$$

三个基函数 $l_0(x)$，$l_1(x)$，$l_2(x)$ 的图形如图 7-13 所示。

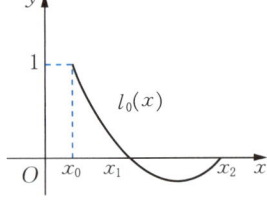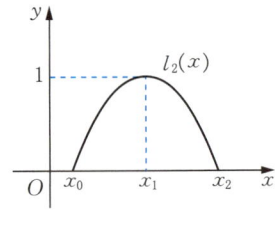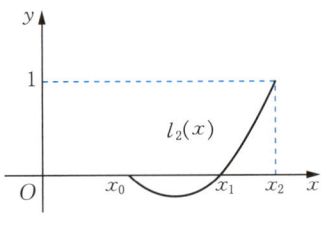

图 7-13

利用二次插值基函数,可以得到二次插值多项式

$$L_2(x)=y_0l_0(x)+y_1l_1(x)+y_2l_2(x),\tag{7-13}$$

称 $L_2(x)$ 为**抛物线插值函数**或**二次插值多项式**.

3. 一般形式

与构造线性插值和抛物插值类似,这种用插值基函数表示的方法容易推广到一般情形. n 次拉格朗日插值多项式 $L_n(x)$ 可表示为 n 次插值基函数 $l_0(x)$,$l_1(x)$,$\cdots$,$l_n(x)$ 的线性组合,有

$$L_n(x)=y_0l_0(x)+y_1l_1(x)+\cdots+y_nl_n(x)=\sum_{k=0}^{n}y_kl_k(x),\tag{7-14}$$

其中,插值基函数 $l_0(x)$,$l_1(x)$,$\cdots$,$l_n(x)$ 是 n 次多项式,且在 $n+1$ 个 $x_0<x_1<\cdots<x_n$ 节点上满足条件

$$l_k(x_i)=\begin{cases}1,&i=k,\\0,&i\neq k,\end{cases}(i,\ k=0,\ 1,\ \cdots,\ n).\tag{7-15}$$

用前面类似的推导方法,可得 n 次插值基函数 $l_k(x)(k=0,\ 1,\ \cdots,\ n)$ 的具体表达式为

$$l_k(x)=\frac{(x-x_0)\cdots(x-x_{k-1})(x-x_{k+1})\cdots(x-x_n)}{(x_k-x_0)\cdots(x_k-x_{k-1})(x_k-x_{k+1})\cdots(x_k-x_n)}(k=0,\ 1,\ \cdots,\ n).$$

$$\tag{7-16}$$

为便于表示,引入记号,则有

$$w_{n+1}(x)=(x-x_0)(x-x_1)(x-x_2)\cdots(x-x_n),\tag{7-17}$$

取 $w_{n+1}(x)$ 在 $x_k(k=0,\ 1,\ \cdots,\ n)$ 处的导数,得

$$w'_{n+1}(x_k)=(x_k-x_0)\cdots(x_k-x_{k-1})(x_k-x_{k+1})\cdots(x_k-x_n),\tag{7-18}$$

于是式(7-15)可改写为

$$L_n(x)=\sum_{k=0}^{n}y_k\frac{w_{n+1}(x)}{(x-x_k)w_{n+1}'(x_k)}.\tag{7-19}$$

例 给出 $f(x)=\sqrt{x}$ 的数值表(表 7-16),用线性插值和二次插值计算 $\sqrt{5}$ 的近似值.

表 7-16

x	1	4	9	16
$\sqrt{x}$	1	2	3	4

解 线性插值:取最接近$\sqrt{5}$的两点 $x_0=4$,$x_1=9$ 为插值节点,则

$$\sqrt{5}\approx L_1(5)=2\cdot\frac{5-x_1}{x_0-x_1}+3\cdot\frac{5-x_0}{x_1-x_0}=2.2.$$

二次插值:取最接近$\sqrt{5}$的三点 $x_0=1$,$x_1=4$,$x_2=9$ 为插值节点,则

$$\sqrt{5}\approx L_2(5)=1\cdot\frac{(5-x_1)(5-x_2)}{(x_0-x_1)(x_0-x_2)}+2\cdot\frac{(5-x_0)(5-x_2)}{(x_1-x_0)(x_1-x_2)}+3\cdot\frac{(5-x_0)(5-x_1)}{(x_2-x_0)(x_2-x_1)}\approx2.67.$$

7.4.2 分段插值

1. 分段插值法

一般情况下,拉格朗日插值采用多项式 $L_n(x)$ 逼近 $f(x)$ 时,次数 n 越高则逼近 $f(x)$ 的精度越好.但实际上并不一定,20 世纪初德国数学家卡尔·龙格(Carl Runge)就发现一个例子,当 $n\to\infty$ 时,$L_n(x)$ 不收敛于 $f(x)$.他给出的函数为 $f(x)=\dfrac{1}{1+x^2}$,在$[-5,5]$上用 $n+1$ 个等距节点构造拉格朗日插值多项式

$$L_n(x)=\sum_{k=0}^{n}\frac{1}{1+x_k^2}\frac{w_{n+1}(x)}{(x-x_k)w'_{n+1}(x_k)},$$

当 $n\to\infty$ 时,只在 $|x|\leqslant3.63$ 内收敛,而在这区间外是发散的.这种现象称为**龙格现象**(图 7-14).

由龙格现象可以看到,如果插值的范围较小,用低次插值往往就能逼近 $f(x)$.为避免出现龙格现象,可增加节点,用分段低次多项式插值的处理方法化整为零.也就是不一次性去寻求整个区间上的一个高次多项式,而是把区间划分成若干个小区间,在每一个小区间上用低次多项式进行插值,这种方法称为**分段插值法**.

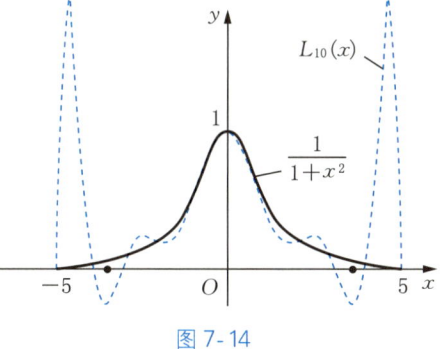

图 7-14

2. 分段插值函数

在分段插值法中,常采用分段线性插值,具体做法如下.

设已知区间$[a,b]$上有 $n+1$ 个节点 $a=x_0<x_1<\cdots<x_n=b$,且在区间上有二阶导数的函数 $f(x)$,在这 $n+1$ 个节点的函数值为 $f(x_0)=y_0$,$f(x_1)=y_1$,$\cdots$,$f(x_n)=y_n$,即已知 $n+1$ 个数据点(x_i,y_i),$i=0,1,2,\cdots,n$.所谓分段线性插值就是通过连接相邻连点所得到的折线段逼近 $f(x)$,把区间$[a,b]$上这条折线段表示的函数称为函数

$f(x)$关于这 $n+1$ 个节点的**分段插值函数**,记为 $L(x)$.它有如下性质:

(1) $L(x)$ 可以用分段函数表示,$L(x_i)=f(x_i)=y_i(i=0,1,2,\cdots,n)$,且在区间 $[a,b]$ 上连续;

(2) $L(x)$ 在每个区间 $[x_i,x_{i+1}]$ 上可表示为

$$L(x)=\frac{x-x_{i+1}}{x_i-x_{i+1}}y_i+\frac{x-x_i}{x_{i+1}-x_i}y_{i+1}(x_i\leqslant x\leqslant x_{i+1}).$$

若用插值函数表示,则在区间 $[a,b]$ 上为

$$L(x)=\sum_{j=0}^{n}y_j\cdot l_j(x),$$

其中,插值基函数为

$$l_j(x)=\begin{cases}\dfrac{x-x_{j-1}}{x_j-x_{j-1}}, & x_{j-1}\leqslant x\leqslant x_j;\\[3mm]\dfrac{x-x_{j+1}}{x_j-x_{j+1}}, & x_j\leqslant x\leqslant x_{j+1};\\[3mm]0,\ x\in[a,b],\ x\notin[x_{j-1},x_{j+1}].\end{cases}$$

7.4.3 三次样条插值

分段线性插值由于在节点的一阶导数一般不存在,导致插值曲线光滑性不高.三次样条插值实际上是由分段三次曲线拼接而成,即在节点上要求二阶导数连续,从而保证曲线光滑度.

设在区间 $[a,b]$ 上,有 $n+1$ 个节点 $a=x_0<x_1<\cdots<x_n=b$,且函数 $y=f(x)$ 在这 $n+1$ 个节点的函数值为 $f(x_0)=y_0,f(x_1)=y_1,\cdots,f(x_n)=y_n$.如果分段表示的函数 $S(x)$ 满足下列条件:

(1) 在每个分段子区间 $[x_i,x_{i+1}]$ 上,$S(x)=S_i(x)$ 都是次数不高于 3 的多项式;

(2) 满足插值条件,即 $S_i(x)=y_i(i=0,1,2,\cdots,n)$;

(3) 曲线光滑,即 $S(x)$ 在整个区间 $[a,b]$ 上有连续的二阶导数.

则称 $S(x)$ 为 $f(x)$ 在节点 $x_0,x_1,\cdots,x_n$ 的**三次样条插值函数**.

由于 $S(x)$ 在每个子区间上为三次多项式,故有 $4n$ 个待定系数.又根据 $S(x)$ 在整个区间 $[a,b]$ 上有连续的二阶导数,故有

$$\begin{cases}S(x_i-0)=S(x_i+0),\\S'(x_i-0)=S'(x_i+0),\ (i=1,2,\cdots,n-1)\\S''(x_i-0)=S''(x_i+0)\end{cases}$$

这样即有 $3n-3$ 个条件,再加上插值条件 $S_i(x)=y_i(i=0,1,2,\cdots,n)$,共有 $4n-2$ 个条件,还差两个方程即可解出所有未知量,这两个方程需要通过边界条件得到,视具体情况确定.常见的边界条件有如下三种:

(1) $S'(x_0)=y_0'$, $S'(x_n)=y_n'$;

(2) $S''(x_0)=y_0''$, $S''(x_n)=y_n''$;

(3) 假定 $y=f(x)$ 是以 $b-a$ 为周期的周期函数,这时要求 $S(x)$ 也是周期函数,即

$$\begin{cases} S(x_0+0)=S(x_n-0), \\ S'(x_0+0)=S'(x_n-0), \\ S''(x_0+0)=S''(x_n-0), \end{cases}$$

此时有 $y_0=y_n$,这样确定的样条函数 $S(x)$,称为**周期样条函数**.

由于三次样条函数在每个子区间上是三次多项式,所以它的二阶导数是一次多项式,若令 $M_i=S''(x_i)$,则在 $[x_i, x_{i+1}]$ 上,有

$$S''(x)=M_i\frac{x_{i+1}-x}{h_i}+M_{i+1}\frac{x-x_i}{h_i},$$

其中,$h_i=x_{i+1}-x_i$,对 $S''(x)$ 积分两次并利用 $S(x_i)=y_i$,$S(x_{i+1})=y_{i+1}$,可求得 $[x_i, x_{i+1}]$ 上的三次样条插值函数

$$S(x)=M_i\frac{(x_{i+1}-x)^3}{6h_i}+M_{i+1}\frac{(x-x_i)^3}{6h_i}+\left(y_i-M_i\frac{h_i^2}{6}\right)\frac{x_{i+1}-x}{h_i}$$

$$+\left(y_{i+1}-M_{i+1}\frac{h_i^2}{6}\right)\frac{x-x_i}{h_i}\quad (i=0, 1, \cdots, n-1). \tag{7-20}$$

$$S'(x)=-M_i\frac{(x_{i+1}-x)^2}{2h_i}+M_{i+1}\frac{(x-x_i)^2}{2h_i}+\frac{y_{i+1}-y_i}{h_i}-\frac{M_{i+1}-M_i}{6}h_i \tag{7-21}$$

至此,$S(x)$ 还有 $n+1$ 个未知参数 $M_i(i=0, 1, \cdots, n)$ 需要确定,利用 $S'(x_i+0)=S'(x_i-0)$ 及

$$S'(x_i+0)=S'(x_i)=-\frac{h_i}{3}M_i-\frac{h_i}{6}M_{i+1}+\frac{y_{i+1}-y_i}{h_{i-1}}, \ x\in[x_i, x_{i+1}],$$

$$S'(x_i-0)=S'(x_i)=\frac{h_{i-1}}{3}M_i+\frac{h_{i-1}}{6}M_{i-1}+\frac{y_i-y_{i-1}}{h_{i-1}}, \ x\in[x_{i-1}, x_i],$$

得

$$\mu_i M_{i-1}+2M_i+\lambda_i M_{i+1}=d_i \quad (i=1, 2, \cdots, n-1), \tag{7-22}$$

其中,

$$\mu_i=\frac{h_{i-1}}{h_{i-1}+h_i}, \ \lambda_i=\frac{h_i}{h_{i-1}+h_i},$$

$$d_i=6\frac{f[x_i, x_{i+1}]-f[x_{i-1}, x_i]}{h_{i-1}+h_i}=6f[x_{i-1}, x_i, x_{i+1}], (i=1, 2, \cdots, n-1),$$

方程(7-22)是关于 $M_i(i=0, 1, \cdots, n)$ 的线性方程组,共有 $n+1$ 个方程,还需要两个方程才能确定 $S(x)$.

对第一种边界条件 $S'(x_0)=y'_0$，$S'(x_n)=y'_n$，可导出

$$\begin{cases} 2M_0+M_1=\dfrac{6}{h_0}(f[x_0,x_1]-y'_0), \\ M_{n-1}+2M_n=\dfrac{6}{h_{n-1}}(y'_n-f[x_{n-1},x_n]). \end{cases} \tag{7-23}$$

于是式(7-22)和式(7-23)一起构成关于 $M_i(i=0,1,\cdots,n)$ 的线性方程组

$$\begin{bmatrix} 2 & 1 & & & \\ \mu_1 & 2 & \lambda_1 & & \\ & \vdots & \vdots & \vdots & \\ & & \mu_{n-1} & 2 & \lambda_{n-1} \\ & & & 1 & 2 \end{bmatrix} \begin{bmatrix} M_0 \\ M_1 \\ \vdots \\ M_{n-1} \\ M_n \end{bmatrix} = \begin{bmatrix} d_0 \\ d_1 \\ \vdots \\ d_{n-1} \\ d_n \end{bmatrix}, \tag{7-24}$$

其中，$d_0=\dfrac{6}{h_0}(f[x_0,x_1]-y'_0)$，$d_n=\dfrac{6}{h_{n-1}}(y'_n-f[x_{n-1},x_n])$.

对第二种边界条件 $S''(x_0)=y''_0$，$S''(x_n)=y''_n$，代入式(7-22)可导出

$$\begin{bmatrix} 2 & \lambda_1 & & & \\ \mu_1 & 2 & \lambda_2 & & \\ & \vdots & \vdots & \vdots & \\ & & \mu_{n-2} & 2 & \lambda_{n-2} \\ & & & \mu_{n-1} & 2 \end{bmatrix} \begin{bmatrix} M_1 \\ M_2 \\ \vdots \\ M_{n-2} \\ M_{n-1} \end{bmatrix} = \begin{bmatrix} d_1-\mu_1 y''_0 \\ d_2 \\ \vdots \\ d_{n-2} \\ d_{n-1}-\lambda_{n-1} y''_n \end{bmatrix}, \tag{7-25}$$

且 $M_0=y''_0$，$M_n=y''_n$.

对第三种边界条件，可得两个方程

$$M_0=M_n,\quad \lambda_n M_1+\mu_n M_{n-1}+2M_n=d_n,$$

其中，

$$\mu_n=\frac{h_{n-1}}{h_{n-1}+h_0},\quad \lambda_n=\frac{h_0}{h_{n-1}+h_0},\quad d_n=6\frac{f[x_0,x_1]+f[x_{n-1},x_n]}{h_0+h_{n-1}}.$$

可得方程组

$$\begin{bmatrix} 2 & \lambda_1 & & & \mu_1 \\ \mu_1 & 2 & \lambda_2 & & \\ & \vdots & \vdots & \vdots & \\ & & \mu_{n-1} & 2 & \lambda_{n-1} \\ \lambda_n & & & \mu_n & 2 \end{bmatrix} \begin{bmatrix} M_1 \\ M_2 \\ \vdots \\ M_{n-1} \\ M_n \end{bmatrix} = \begin{bmatrix} d_1 \\ d_2 \\ \vdots \\ d_{n-1} \\ d_n \end{bmatrix}, \tag{7-26}$$

且 $M_0=M_n$.

上述式(7-24)、式(7-25)、式(7-26)解出 M_0，M_1，$\cdots$，M_n 后，代入式(7-20)，即可得三次样条插值函数 $S(x)$.

数学实验

实验 7-4　使用 MATLAB 实现插值

MATLAB 中有关插值的命令主要是 interp1,其命令调用格式如下:

$$yi = interp1(x,y,xi,'method'),$$

上述命令表示根据已知数据(x,y)给出 xi 处的插值函数值 yi,其中 method 是插值方法:linear 是分段线性插值,为默认值;cubic 是分段三次 Hermite 插值;nearest 是最近邻点插值;spline 是三次样条函数插值.

例　已知某地区一条公路经过的坐标点见表 7-17:

表 7-17

x	0	30	50	70	80	90	120	140	170	180	202	212	230	248	268
y	80	64	47	42	48	66	80	120	121	138	160	182	200	208	212
x	271	280	290	300											
y	210	200	196	188											

请用三次样条函数插值方法绘出这条公路(不考虑公路的宽度),并估计公路的长度.

解　在 MATLAB 编辑器窗口中编写程序 road_spline.m,如图 7-15 所示.

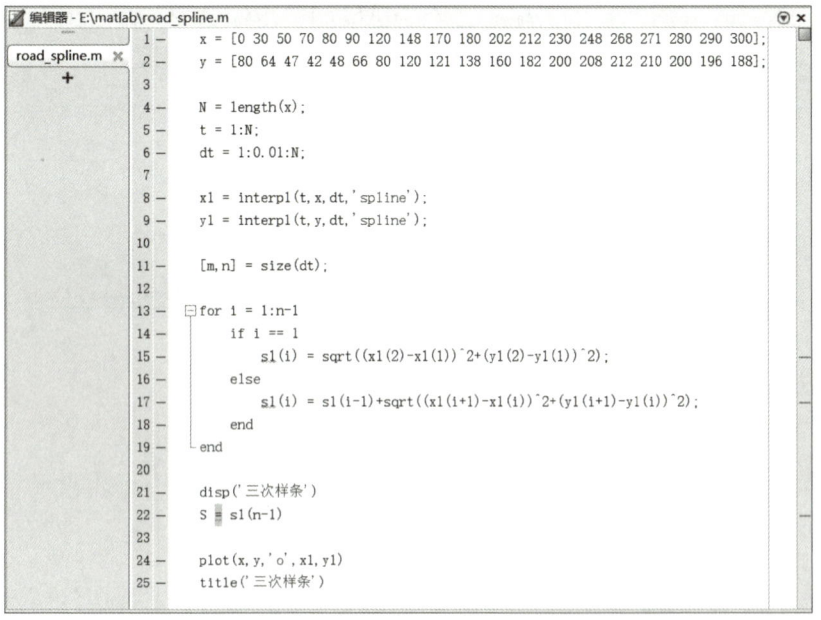

```
1    x = [0 30 50 70 80 90 120 148 170 180 202 212 230 248 268 271 280 290 300];
2    y = [80 64 47 42 48 66 80 120 121 138 160 182 200 208 212 210 200 196 188];
3
4    N = length(x);
5    t = 1:N;
6    dt = 1:0.01:N;
7
8    x1 = interp1(t, x, dt, 'spline');
9    y1 = interp1(t, y, dt, 'spline');
10
11   [m, n] = size(dt);
12
13   for i = 1:n-1
14       if i == 1
15           s1(i) = sqrt((x1(2)-x1(1))^2+(y1(2)-y1(1))^2);
16       else
17           s1(i) = s1(i-1)+sqrt((x1(i+1)-x1(i))^2+(y1(i+1)-y1(i))^2);
18       end
19   end
20
21   disp('三次样条')
22   S = s1(n-1)
23
24   plot(x, y, 'o', x1, y1)
25   title('三次样条')
```

图 7-15

在 MATLAB 命令行窗口中运行程序 road_spline.m 来计算公路的长度为 404.719 3,绘出公路示图如图 7-16 所示.

262

第 7 章
概率统计与数据处理初步

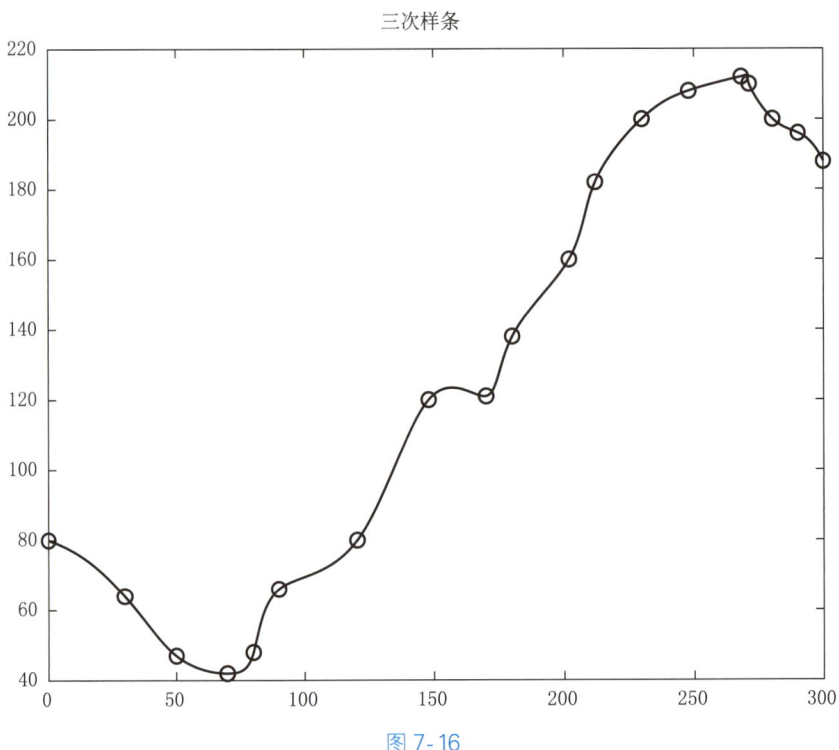

三次样条

图 7-16

习题 7.4

1. 已知 $\sin 0.32 \approx 0.314\,567$, $\sin 0.34 \approx 0.333\,487$, 求 $\sin 0.336\,7$ 的近似值.

2. 已知 $f(x) = \ln x$ 的数值表 (表 7-18), 用线性插值及二次插值计算 $\ln 0.54$ 的近似值.

表 7-18

x	0.4	0.5	0.6	0.7	0.8
$f(x) = \ln x$	$-0.916\,291$	$-0.693\,147$	$-0.510\,826$	$-0.357\,765$	$-0.223\,144$

7.5 数据拟合

7.5.1 线性拟合

1. 最小二乘法

定义 7.41 设有已知数据 $(x_i, y_i)(i = 0, 1, 2, \cdots, n)$, 寻求一个函数 $\varphi(x)$, 使偏差

263

平方和

$$\sum_{i=0}^{n}\left[\varphi(x_i)-y_i\right]^2$$

最小的方法,称之为**最小二乘法**.

如果 $\varphi(x)$ 是线性函数,假设 $\varphi(x)=ax+b$,则确定系数 a 和 b,使得偏差平方和最小的过程称之为**最小二乘法线性拟合**.具体过程如图 7-17 所示.

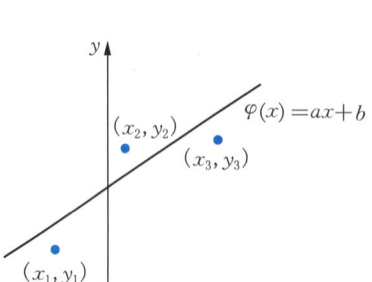

图 7-17

2. 系数的确定

记 $L(a,b)=\sum_{i=0}^{n}\left[\varphi(x_i)-y_i\right]^2$,为求 a 和 b 使 $L(a,b)$ 达到最小,只需利用极值的必要条件

$$\begin{cases}\dfrac{\partial L(a,b)}{\partial a}=0,\\[2mm]\dfrac{\partial L(a,b)}{\partial b}=0,\end{cases}$$

得到

$$\begin{cases}a\sum_{i=0}^{n}x_i^2+b\sum_{i=0}^{n}x_i=\sum_{i=0}^{n}x_iy_i,\\[2mm]a\sum_{i=0}^{n}x_i+b(n+1)=\sum_{i=0}^{n}y_i,\end{cases}$$

通过解该方程组可确定系数 a 和 b.

例 1 已知数据点 $(0,1)$,$(1,2)$,$(2,4)$,求线性拟合函数 $\varphi(x)=ax+b$.

解 由已知可得偏差平方和

$$L(a,b)=(1-b)^2+\left[2-(a+b)\right]^2+\left[4-(2a+b)\right]^2,$$

要使得偏差平方和最小,则

$$\begin{cases}5a+3b=10,\\3a+3b=7,\end{cases}$$

因此,$a=\dfrac{3}{2}$,$b=\dfrac{5}{6}$,即 $\varphi(x)=\dfrac{3}{2}x+\dfrac{5}{6}$.

7.5.2 多项式拟合

1. 多项式拟合原理

定义 7.42 设已知数据 $(x_i,y_i)(i=0,1,2,\cdots,n)$,寻求一个不超过 m 次的多项式函数 $\varphi_m(x)=\sum_{k=0}^{m}a_kx^k$,使偏差平方和

$$\sum_{i=0}^{n}\left[\varphi_m(x_i)-y_i\right]^2$$

最小的方法,称之为**多项式最小二乘拟合**.

从上式偏差平方和可以看出,多项式最小二乘拟合问题即是确定关于 $a_k(k=0，1，2，\cdots，m)$ 的超定方程组,即

$$\sum_{k=0}^{m}a_k x_i^k=y_i \quad (i=0，1，2，\cdots，n). \tag{7-27}$$

2. 计算步骤

把 a_k 当作变量,上述超定方程组(7-27)采用矩阵可表示为

$$\begin{bmatrix} 1 & x_0 & x_0^2 & \cdots & x_0^m \\ 1 & x_1 & x_1^2 & \cdots & x_1^m \\ \vdots & \vdots & \vdots & & \vdots \\ 1 & x_n & x_n^2 & \cdots & x_n^m \end{bmatrix} \begin{bmatrix} a_0 \\ a_1 \\ \vdots \\ a_m \end{bmatrix} = \begin{bmatrix} y_0 \\ y_1 \\ \vdots \\ y_m \end{bmatrix}. \tag{7-28}$$

超定方程组(7-28)对应的正规方程组为

$$\begin{bmatrix} m+1 & \sum\limits_{i=0}^{n}x_i & \sum\limits_{i=0}^{n}x_i^2 & \cdots & \sum\limits_{i=0}^{n}x_i^m \\ \sum\limits_{i=0}^{n}x_i & \sum\limits_{i=0}^{n}x_i^2 & \sum\limits_{i=0}^{n}x_i^3 & \cdots & \sum\limits_{i=0}^{n}x_i^{m+1} \\ \vdots & \vdots & \vdots & & \vdots \\ \sum\limits_{i=0}^{n}x_i^m & \sum\limits_{i=0}^{n}x_i^{m+1} & \sum\limits_{i=0}^{n}x_i^{m+2} & \cdots & \sum\limits_{i=0}^{n}x_i^{2m} \end{bmatrix} \begin{bmatrix} a_0 \\ a_1 \\ \vdots \\ a_m \end{bmatrix} = \begin{bmatrix} \sum\limits_{i=0}^{n}y_i \\ \sum\limits_{i=0}^{n}x_i y_i \\ \vdots \\ \sum\limits_{i=0}^{n}x_i^m y_i \end{bmatrix}. \tag{7-29}$$

记 $S_k=\sum\limits_{i=0}^{n}x_i^k,\ t_p=\sum\limits_{i=0}^{n}x_i^p y_i(k=0，1，2，\cdots，2m；p=0，1，2，\cdots，m)$,方程组(7-29)可改写为

$$\begin{bmatrix} S_0 & S_1 & S_2 & \cdots & S_m \\ S_1 & S_2 & S_3 & \cdots & S_{m+1} \\ \vdots & \vdots & \vdots & & \vdots \\ S_m & S_{m+1} & S_{m+2} & \cdots & S_{2m} \end{bmatrix} \begin{bmatrix} a_0 \\ a_1 \\ \vdots \\ a_m \end{bmatrix} = \begin{bmatrix} t_0 \\ t_1 \\ \vdots \\ t_m \end{bmatrix} \tag{7-30}$$

通过求解正规方程组(7-30)即可确定多项式系数 a_k,进而确定拟合多项式函数.

例2 已知数据点 $(1,10)$，$(3,5)$，$(4,4)$，$(5,2)$，$(6,1)$，$(7,1)$，$(8,2)$，$(9,3)$，$(10,4)$,试求二次多项式拟合函数.

解 由式(7-29)、式(7-30),可得正规方程组

$$\begin{bmatrix} 9 & 53 & 381 \\ 53 & 381 & 3\,017 \\ 381 & 3\,017 & 25\,317 \end{bmatrix} \begin{bmatrix} a_0 \\ a_1 \\ a_2 \end{bmatrix} = \begin{bmatrix} 32 \\ 147 \\ 1\,025 \end{bmatrix},$$

解得 $a_0 = 13.4597$，$a_1 = -3.6053$，$a_2 = 0.2676$，即二次多项式拟合函数为

$$\varphi_2(x) = 13.4597 - 3.6053x + 0.2676x^2,$$

拟合效果如图 7-18 所示.

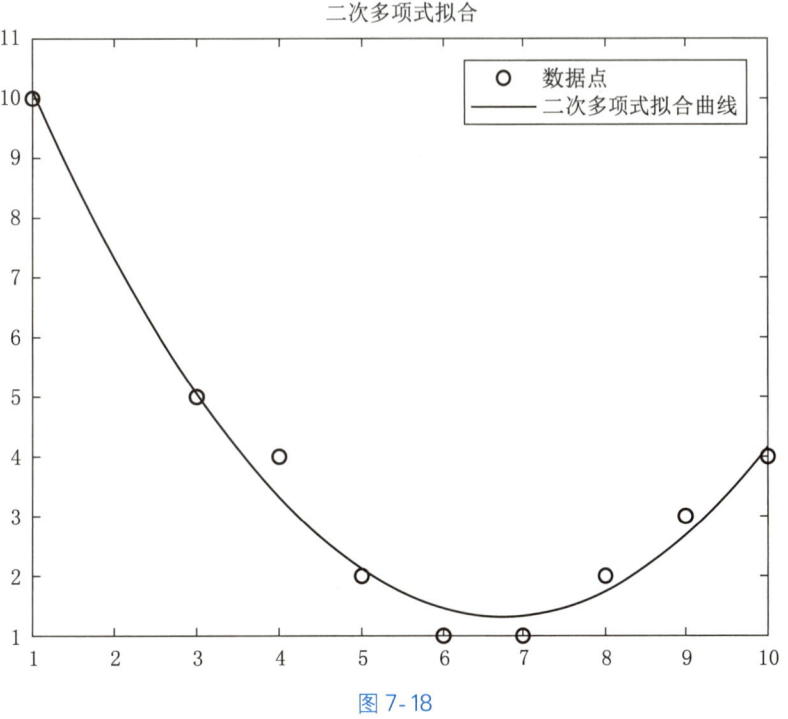

图 7-18

7.5.3　非线性拟合

1. 非线性拟合原理

定义 7.43　设有已知数据 $(x_i, y_i)(i = 0, 1, 2, \cdots, n)$，寻求一个非线性函数 $\varphi(c, x)$（c 为参数），确定参数 c 使偏差平方和

$$\sum_{i=0}^{n} \left[\varphi(c, x_i) - y_i \right]^2$$

最小的方法，称之为**非线性最小二乘拟合**.

2. 常见非线性拟合函数

常见非线性拟合函数有如下几种形式：

（1）$y = a \mathrm{e}^{bx}$，其中 a，b 为参数；

（2）$y = ax^b$，其中 a，b 为参数；

（3）$y = \dfrac{1}{a + bx}$，其中 a，b 为参数；

（4）$y = \dfrac{x}{a+bx}$，其中 a，b 为参数.

关于非线性拟合函数参数的确定，可采用 MATLAB 软件计算.

数学实验

实验 7-5　使用 MATLAB 实现拟合

MATLAB 中有关拟合的命令主要有：

（1）p = polyfit(x,y,k)，表示用 k 次多项式拟合已知数据(x，y)，返回值 p 为多项式的降幂系数向量；

（2）c = lsqcurvefit(fun,c0,x,y)，表示非线性拟合，其中 fun 为拟合函数 $\varphi(x，c)$，c0 是参数 c 的初始值.

例　福建省 2001 年至 2020 年常住人口的统计数据见表 7-19，使用 polyfit 和 lsqcurvefit 命令预测 2025 年福建省的常住人口.

表 7-19

年份	2001	2002	2003	2004	2005	2006	2007	2008	2009	2010
人口/千万	3.445	3.476	3.502	3.529	3.557	3.585	3.612	3.639	3.666	3.693
年份	2011	2012	2013	2014	2015	2016	2017	2019	2019	2020
人口/千万	3.720	3.748	3.774	3.806	3.984	4.016	4.065	4.104	4.137	4.161

解　在 MATLAB 编辑器窗口编写程序 renkou.m，如图 7-19 所示.

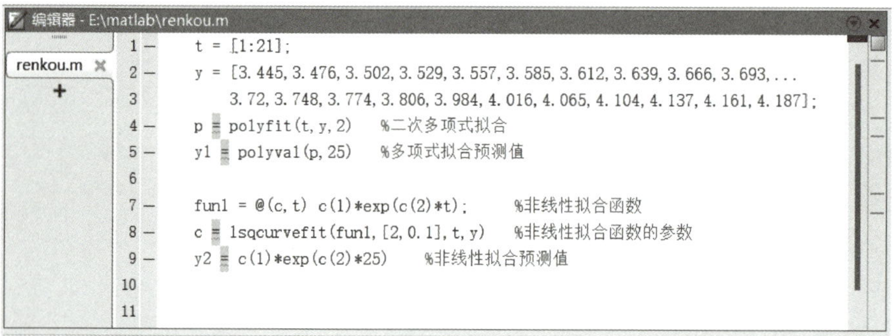

图 7-19

在 MATLAB 命令行窗口运行程序 renkou.m 可得二次多项式拟合函数和非线性拟合函数：

$$y = 0.001x^2 + 0.016\,3x + 3.438\,1，\quad y = 3.364\,6e^{0.010\,4t}，$$

进而通过拟合函数计算预测值分别为 4.495 1 千万和 4.367 0 千万.

267

高等应用数学
GAODENG YINGYONG SHUXUE

习题 7.5

知识拓展

探索应用 7

1. 用机床进行金属品加工时,需要测定刀具的磨损速度.在一定的时间测量刀具的厚度,得到的数据见表 7-20.

表 7-20

时间 t/h	0	1	2	3	4	5	6
刀具厚度 y/cm	30.0	29.1	28.4	28.1	28.0	27.7	27.5

试求刀具厚度与时间的线性拟合函数.

助学助教

第 7 章习题
参考答案

2. 给定一组数据(表 7-21),请用二次多项式函数拟合这组数据.

表 7-21

x	-3	-2	-1	0	1	2	3
y	4	2	3	0	-1	-2	-5

CHAPTER 8

第 8 章
综合评价方法

综合评价方法是多维度的评价方式,通过综合考虑多个因素或指标来评估事物的整体表现或质量.在实际应用中,综合评价方法可以帮助人们全面了解事物的整体表现和发展趋势,为决策提供科学依据;还可以帮助人们发现事物的短板和优势,为改进和提升指明方向.本章将要介绍层次分析法、模糊综合评价分析法、主成分分析法等三种评价方法.

8.1 层次分析法

人们在现实生活中会遇到一些决策问题,比如假期旅游,游客需要权衡景色、费用、居住、饮食、旅途状况等因素,进行综合评价再作决策.常见的评价问题还有教师对学生成绩的评价、学校对教师教学能力的综合评价、企业对应聘者的综合评价,企业对投资项目的评价,等等,这些评价是复杂的,其结果会直接影响到决策.不同的方案(被评价对象)可能各有所长,指标越多、方案越多时,决策问题就越复杂,人们有必要认真研究在决策中进行选择和判断的规律及方法,在这种背景下便产生了层次分析法.

8.1.1 层次分析法简介

1. 引例

某单位拟从三名干部中提拔一人担任领导工作,人事部门提出,干部的优劣拟由六个准则来衡量,包括健康状况、业务知识、写作水平、口才、政策水平、工作作风.问该单位如何根据六个准则对这三名干部进行考核,从而选择最佳领导呢?

分析:首先要对问题进行分析,把问题条理化、层次化,构造出一个有层次的结构模型,如图 8-1 所示,再利用适当的数学方法综合考虑六个准则,选择出最佳领导.该问题可用层次分析法综合评价,以便作出科学合理的决策.

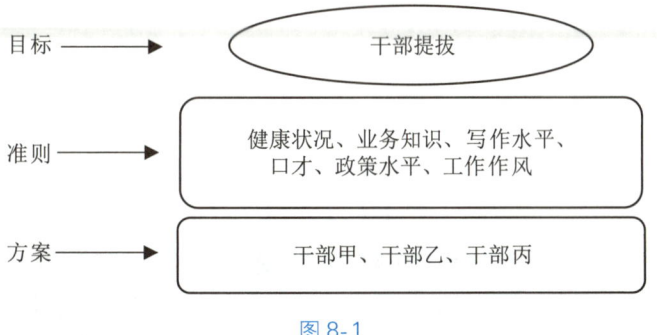

图 8-1

2. 层次分析法的由来

层次分析法(Analytic Hierarchy Process,AHP)是美国著名运筹学家 T.L.Saaty 于 20 世纪 70 年代中期正式提出的,它是一种定性与定量相结合的系统化、层次化的决策分析方法.该方法是在对复杂的决策问题的本质、影响因素及其内在关系等进行深入分析的基础上,利用较少的定量信息,使决策者对复杂系统的决策思维过程模块化、数学化的过程,从而为多目标、多准则或无结构特性的复杂决策问题提供一种简便的决策方法.它把人的思维过程层次化、数量化,并用数学为分析、决策、预报或控制提供定量的依据.

3. 层次分析法的基本原理

AHP 方法首先把问题层次化,根据问题的性质和要达到的总目标,将问题分解为不同组成因素,并按照各因素间的相互关联、影响以及隶属关系,将因素按不同层次聚集组合,构成一个多层次的分析结构模型,并最终把系统分析归结为最底层(供决策的方案、措施,等等),相对于最高层(总目标)的相对重要性权值的确定或相对优劣次序的排序问题.

4. 层次分析法的特点

AHP 方法具有如下 3 个特点:

(1) 分析思路清晰,可将决策分析人员的思维过程系统化、数学化和模型化;

(2) 分析时需要的定量数据不多,但要求对问题所包含的因素及其关系具体而明确;

(3) 适用于多准则、多目标的复杂问题的决策分析,广泛用于地区经济发展方案比较、科学技术成果评比、资源规划和分析、企业人员素质测评,等等.

8.1.2 层次分析法的基本步骤

1. 明确问题,建立层次分析结构模型

在分析社会、经济、科学管理等领域的问题时,首先要对问题有明确的认识,弄清问题的范围,了解问题所包含的因素,确定出因素之间的关联关系和隶属关系,即建立层次分析结构模型,其基本思路是根据对问题的分析和了解,将问题所包含的因素,按照是否共有某些特征进行归纳成组,并把它们之间的共同特性看成是系统中新层次中的一些因素,而这些因素本身也按照另外的特征组合起来,形成更高层次的因素,直到最终形成单一的最高层次因素.层次分析结构模型,如图 8-2 所示.

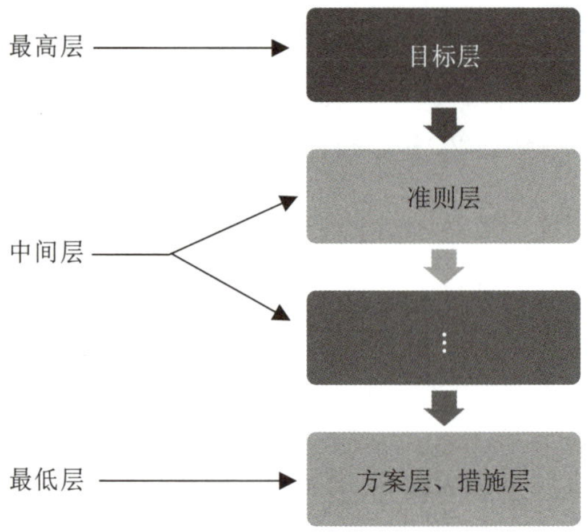

图 8-2

2. 建立两两比较的判断矩阵

判断矩阵表示针对上一层次某单元(元素),本层次各单元之间的相对重要性的数值比较.判断矩阵一般形式如下:

$$
\begin{array}{c|ccccc}
A_k & B_1 & B_2 & B_3 & \cdots & B_n \\
\hline
B_1 & b_{11} & b_{12} & b_{13} & \cdots & b_{1n} \\
B_2 & b_{21} & b_{22} & b_{23} & \cdots & b_{2n} \\
B_3 & b_{31} & b_{32} & b_{33} & \cdots & b_{3n} \\
 & \vdots & \vdots & \vdots & & \vdots \\
B_n & b_{n1} & b_{n2} & b_{n3} & \cdots & b_{nn}
\end{array}
$$

为了使判断定量化,关键在于设法使任意两个方案对于某一准则的相对优越程度得到定量描述.一般对单一准则来说,两个方案进行比较总能判断出优劣,层次分析法采用**1—9 标度法**,对两两指标的比较给出数量标度,见表 8-1.

表 8-1

标　度	定义与说明
1	两个元素对某个属性具有同样重要性
3	两个元素比较,一个元素比另一个元素稍微重要
5	两个元素比较,一个元素比另一个元素明显重要
7	两个元素比较,一个元素比另一个元素重要得多
9	两个元素比较,一个元素比另一个元素极端重要
2, 4, 6, 8	表示前后两个标准之间折中时的标度
$\dfrac{1}{b_{ij}}$	两个元素的反比较

若判断矩阵中的元素满足下面三个关系式,说明判断矩阵具有完全的一致性.

(1) $b_{ii} = 1$ $(i = 1, 2, \cdots, n)$;

(2) $b_{ij} = \dfrac{1}{b_{ji}}$ $(i, j = 1, 2, \cdots, n)$;

(3) $b_{ij} = \dfrac{b_{ik}}{b_{jk}}$ $(i, j, k = 1, 2, \cdots, n)$.

判断矩阵一致性指标用 CI(Consistency Index)表示,有

$$CI = \frac{\lambda_{\max} - n}{n - 1}. \tag{8-1}$$

判断矩阵一致性指标 CI 的值越大,表明判断矩阵偏离完全一致性的程度越大;CI 的值越小,表明判断矩阵越接近于完全一致性.一般地,判断矩阵的阶数 n 越大,人为造成的偏离完全一致性指标 CI 的值便越大;n 越小,人为造成的偏离完全一致性指标 CI 的值便越小.

对于多阶判断矩阵,引入平均随机一致性指标 RI(Random Index),表 8-2 给出了 **1—15 阶正互反矩阵**计算 1 000 次得到的平均随机一致性指标.

表 8-2

n	1	2	3	4	5	6	7	8	9	10	11	12	13	14	15
RI	0	0	0.58	0.90	1.12	1.24	1.31	1.41	1.46	1.49	1.52	1.54	1.56	1.58	1.59

当 $n < 3$ 时,判断矩阵具有完全一致性;判断矩阵一致性指标 CI 与同阶平均随机一致性指标 RI 之比称为**随机一致性比率**,用 CR(Consistency Ratio)表示,即

$$CR = \frac{CI}{RI}. \tag{8-2}$$

当 $CR < 0.10$ 时,便认为判断矩阵具有可以接受的一致性;当 $CR \geqslant 0.10$ 时,便需要调整和修正判断矩阵,使其满足 $CR < 0.10$,从而具有满意的一致性.

3. 层次单排序

层次单排序是把某一层所有元素对上一层来说排出优劣顺序,这就要计算判断矩阵的最大特征向量.最常用的计算判别矩阵的最大特征向量的方法是**和积法**和**方根法**.

(1) 和积法

和积法的具体计算步骤为:

① 将判断矩阵的每一列元素作归一化处理,其元素的一般项为

$$\widetilde{b}_{ij} = \frac{b_{ij}}{\displaystyle\sum_{i=1}^{n} b_{ij}} \quad (i, j = 1, 2, 3, \cdots, n);$$

② 将每一列经归一化处理后的判断矩阵按行相加,有

$$w_i = \sum_{j=1}^{n} \tilde{b}_{ij} \quad (i = 1, 2, 3, \cdots, n);$$

③ 对向量 $W = \{w_1, w_2, \cdots, w_n\}$ 归一化处理,有

$$\tilde{w}_i = \frac{w_i}{\sum\limits_{i=1}^{n} w_i} \quad (i = 1, 2, 3, \cdots, n),$$

$\tilde{W} = \{\tilde{w}_1, \tilde{w}_2, \cdots, \tilde{w}_n\}$ 即为所求的特征向量的近似解;

④ 计算判断矩阵最大特征根 $\lambda_{\max}$,有

$$\lambda_{\max} = \sum_{i=1}^{n} \frac{(B\tilde{W})_i}{n\tilde{w}_i}.$$

(2) 方根法

方根法的具体计算步骤为:

① 将判断矩阵的每一行元素相乘,即

$$m_i = \prod_{j=1}^{n} b_{ij} \quad (i = 1, 2, 3, \cdots, n);$$

② 计算 m_i 的 n 次方根 w_i

$$w_i = \sqrt[n]{m_i} \quad (i = 1, 2, 3, \cdots, n);$$

③ 对向量 $W = \{w_1, w_2, \cdots, w_n\}$ 归一化处理

$$\tilde{w}_i = \frac{w_i}{\sum\limits_{i=1}^{n} w_i} \quad (i = 1, 2, 3, \cdots, n),$$

$\tilde{W} = \{\tilde{w}_1, \tilde{w}_2, \cdots, \tilde{w}_n\}$ 即为所求的特征向量的近似解;

④ 计算判断矩阵最大特征根 $\lambda_{\max}$,有

$$\lambda_{\max} = \sum_{i=1}^{n} \frac{(B\tilde{W})_i}{n\tilde{w}_i}.$$

4. 层次总排序

层次总排序的目的是利用层次单排序的计算结果,进一步综合出对更上一层次的优劣顺序.

8.1.3 层次分析法应用举例

下面以 8.1.1 中提出的问题为例,详细演示层次分析法的步骤.

例 2 某单位拟从三名干部中提拔一人担任领导工作,人事部门提出,干部的优劣由六个属性来衡量:健康状况、业务知识、写作水平、口才、政策水平、工作作风.请为该单位提供建议,以选择最能胜任的领导.

高等应用数学
GAODENG YINGYONG SHUXUE

解 **步骤 1**:分析系统、提出问题、建立层次分析结构模型.本问题是对候选领导进行综合评价,以便确定最能胜任该岗位的领导.该单位的人事部门提出从六个方面对候选领导进行综合评价,用 A 表示候选领导岗位;用 B_1,B_2,B_3,B_4,B_5,B_6 分别表示健康状况、业务知识、写作水平、口才、政策水平、工作作风这六个方面;用 C_1,C_2,C_3 分别对应甲、乙、丙三名干部.于是,建立了层次分析结构模型图,如图 8-3 所示.

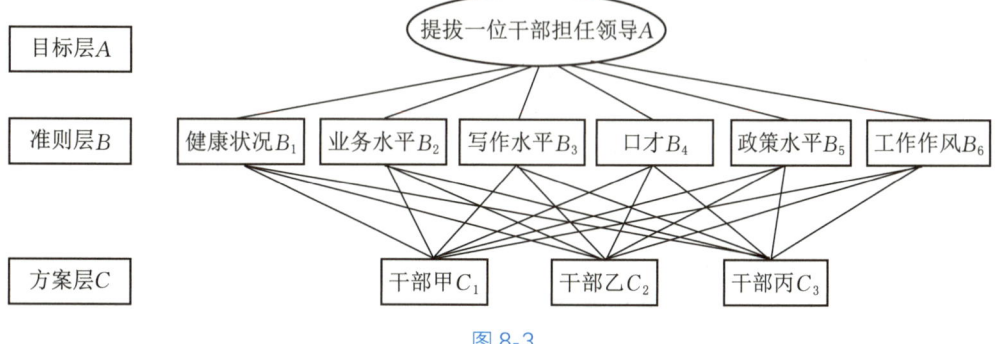

图 8-3

步骤 2:建立两两比较的判断矩阵

(1) 比较各准则对目标的判断矩阵.下面比较健康状况、业务知识、写作水平、口才、政策水平、工作作风这六个因素对干部担任领导胜任程度的影响大小(定量结果).由于这些因素往往不易定量地测量,只能靠经验和岗位需求进行判断.当因素较多时,结果往往是不够全面、不够准确,此时可以避免把所有因素都放在一起比较,而只要对因素进行如下两两互相比较,建立成对比较矩阵.比如,在分析"健康状况 B_1"与"业务水平 B_2"对干部担任领导胜任程度的影响时,如果认为它们的影响几乎相同,那么 $b_{12}=1$;假如该领导岗位对领导的"健康状况 B_1""业务水平 B_2""写作能力 B_3""政策水平 B_5""工作作风 B_6"要求比较高,相对而言对领导的"口才 B_4"要求略显不高,则 $b_{i4}>1$($i=1$,2,3,5),有如下对比结果:

A	B_1	B_2	B_3	B_4	B_5	B_6
B_1	1	1	1	4	1	$\dfrac{1}{2}$
B_2	1	1	2	4	1	$\dfrac{1}{2}$
B_3	1	$\dfrac{1}{2}$	1	5	3	$\dfrac{1}{2}$
B_4	$\dfrac{1}{4}$	$\dfrac{1}{4}$	$\dfrac{1}{5}$	1	$\dfrac{1}{3}$	$\dfrac{1}{3}$
B_5	1	1	$\dfrac{1}{3}$	3	1	1
B_6	2	2	2	3	1	1

274

由此,便得到六个因素对干部担任该领导岗位胜任程度的成对比较矩阵

$$
\boldsymbol{A}=\begin{pmatrix}
1 & 1 & 1 & 4 & 1 & \dfrac{1}{2} \\[2mm]
1 & 1 & 2 & 4 & 1 & \dfrac{1}{2} \\[2mm]
1 & \dfrac{1}{2} & 1 & 5 & 3 & \dfrac{1}{2} \\[2mm]
\dfrac{1}{4} & \dfrac{1}{4} & \dfrac{1}{5} & 1 & \dfrac{1}{3} & \dfrac{1}{3} \\[2mm]
1 & 1 & \dfrac{1}{3} & 3 & 1 & 1 \\[2mm]
2 & 2 & 2 & 3 & 1 & 1
\end{pmatrix}.
$$

(2) 确定方案层对准则层的判断矩阵

类似矩阵 $\boldsymbol{A}$ 的构造方法,假设该单位组织部门给甲、乙、丙三人对每个因素的影响进行打分,此时便可构造方案层中三个方案对准则层中每个因素的判断矩阵 $\boldsymbol{B}_i$($i=1$,2,$\cdots$,6),即

B_1	C_1	C_2	C_3
C_1	1	$\dfrac{1}{4}$	$\dfrac{1}{2}$
C_2	4	1	3
C_3	2	$\dfrac{1}{3}$	1

方案层对准则层中"健康状况"的判断矩阵

$$
\boldsymbol{B}_1=\begin{pmatrix}
1 & \dfrac{1}{4} & \dfrac{1}{2} \\[2mm]
4 & 1 & 3 \\[2mm]
2 & \dfrac{1}{3} & 1
\end{pmatrix};
$$

B_2	C_1	C_2	C_3
C_1	1	$\dfrac{1}{4}$	$\dfrac{1}{5}$
C_2	4	1	$\dfrac{1}{2}$
C_3	5	2	1

方案层对准则层中"业务水平"的判断矩阵

$$
\boldsymbol{B}_2=\begin{pmatrix}
1 & \dfrac{1}{4} & \dfrac{1}{5} \\[2mm]
4 & 1 & \dfrac{1}{2} \\[2mm]
5 & 2 & 1
\end{pmatrix};
$$

B_3	C_1	C_2	C_3
C_1	1	3	5
C_2	$\dfrac{1}{3}$	1	1
C_3	$\dfrac{1}{5}$	1	1

方案层对准则层中"写作水平"的判断矩阵

$$
\boldsymbol{B}_3=\begin{pmatrix}
1 & 3 & 5 \\[2mm]
\dfrac{1}{3} & 1 & 1 \\[2mm]
\dfrac{1}{5} & 1 & 1
\end{pmatrix};
$$

B_4	C_1	C_2	C_3
C_1	1	$\frac{1}{3}$	5
C_2	3	1	7
C_3	$\frac{1}{5}$	$\frac{1}{7}$	1

方案层对准则层中"口才"的判断矩阵

$$\boldsymbol{B}_4=\begin{bmatrix} 1 & \frac{1}{3} & 5 \\ 3 & 1 & 7 \\ \frac{1}{5} & \frac{1}{7} & 1 \end{bmatrix};$$

B_5	C_1	C_2	C_3
C_1	1	1	7
C_2	1	1	7
C_3	$\frac{1}{7}$	$\frac{1}{7}$	1

方案层对准则层中"政策水平"的判断矩阵

$$\boldsymbol{B}_5=\begin{bmatrix} 1 & 1 & 7 \\ 3 & 1 & 7 \\ \frac{1}{7} & \frac{1}{7} & 1 \end{bmatrix};$$

B_6	C_1	C_2	C_3
C_1	1	7	9
C_2	$\frac{1}{7}$	1	2
C_3	$\frac{1}{9}$	$\frac{1}{2}$	1

方案层对准则层中"工作作风"的判断矩阵

$$\boldsymbol{B}_6=\begin{bmatrix} 1 & 7 & 9 \\ \frac{1}{7} & 1 & 2 \\ \frac{1}{9} & \frac{1}{2} & 1 \end{bmatrix}.$$

步骤 3:计算最大特征值和相应的特征向量,并进行层次单排序.根据和积法得到判断矩阵 A 的最大特征值 $\lambda_{\max}$、相应的特征向量 $\widetilde{W}$ 和一致性检验指标值,见表 8-3.

表 8-3

A	B_1	B_2	B_3	B_4	B_5	B_6	$\widetilde{W}$	一致性检验指标值
B_1	1	1	1	4	1	$\frac{1}{2}$	0.158 96	
B_2	1	1	2	4	1	$\frac{1}{2}$	0.184 47	$\lambda_{\max}=6.422\ 056$
B_3	1	$\frac{1}{2}$	1	5	3	$\frac{1}{2}$	0.198 26	$CI=0.084\ 411$
B_4	$\frac{1}{4}$	$\frac{1}{4}$	$\frac{1}{5}$	1	$\frac{1}{3}$	$\frac{1}{3}$	0.049 42	$RI=1.24$
B_5	1	1	$\frac{1}{3}$	3	1	1	0.155 36	$CR=0.068\ 074$
B_6	2	2	2	3	1	1	0.253 53	

显然,对判断矩阵 A 进行一致性检验,得到的 $CR=0.068\ 074<0.1$,通过一致性检验.因此,准则层中六个因素对目标层的层次单排序的权值见表 8-4.

表 8-4

因　素	健康状况	业务水平	写作水平	口才	政策水平	工作作风
准则层权值	0.158 96	0.184 47	0.198 26	0.049 42	0.155 36	0.253 53

同理,可计算得到六个判断矩阵 $B_i(i=1,2,\cdots,6)$ 的特征向量 $\widetilde{W}$ 和一致性检验指标值,以及方案层三名干部对准则层中各因素的层次单排序的权值,相应结果详见表 8-5. 显然这六个判断矩阵 $B_i(i=1,2,\cdots,6)$ 均通过一致性检验.

表 8-5

因　素		健康状况	业务水平	写作水平	口才	政策水平	工作作风
准则层权重		0.158 96	0.184 47	0.198 26	0.049 42	0.155 36	0.253 53
方案层单排序权重	甲	0.137 29	0.098 19	0.655 49	0.282 84	0.466 67	0.790 33
	乙	0.623 22	0.333 94	0.186 75	0.643 39	0.466 67	0.132 75
	丙	0.239 49	0.567 87	0.157 76	0.073 77	0.066 67	0.076 92
CI		0.009 2	0.012 3	0.014 6	0.032 8	0	0.010 9
RI		0.58	0.58	0.58	0.58	0.58	0.58
CR		0.015 8	0.021 3	0.025 2	0.056 5	0	0.018 9

步骤 4:层次总排序.本例最终要得到的是最底层中各方案对于目标的排序权重,从而进行最优方案选择.层次总排序的权值需自上而下地将单准则下的权重进行合成.其计算方法为:设最上层总目标包含 m 个元素 $B_i(i=1,2,\cdots,m)$,其权重分别为 $a_1,a_2,\cdots,$ a_m,其下一层包含 n 个因素 $C_j(j=1,2,\cdots,n)$,其关于 $B_i(i=1,2,\cdots,m)$ 的层次单排序权重分别为 $b_{1i},b_{2i},\cdots,b_{ni}$.那么求 C 层中各因素关于总目标的权重,也就是求 C 层各因素的层次总排序权重 $b_1,b_2,\cdots,b_n$,其计算式为

$$b_j=\sum_{i=1}^{m}b_{ji}a_i(j=1,2,\cdots,n).$$

此时,需要对层次总排序进行一致性检验,利用计算式 $CR=\dfrac{\sum\limits_{i=1}^{m}a_iCI_i}{\sum\limits_{i=1}^{m}a_iRI_i}$ 求得 CR.

若 $CR<0.1$,则层次总排序通过一致性检验.

利用层次总排序相关计算式,便可得到本例的层次总排序相关数据,见表 8-6.

表 8-6

干部	权　重	一致性检验	排　名
甲	0.456 745		1
乙	0.335 648	$CR=0.018\ 983<0.1$	2
丙	0.207 608		3

步骤 5:结果分析.表 8-6 显示,干部甲、乙、丙的层次总排序权重分别为 0.456 745、0.335 648、0.207 608.显然,干部甲的权重最大,干部乙次之,干部丙最小,因此,三个候选人中干部甲的综合评价最好,是该领导岗位最合适人选.

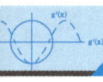

高等应用数学
GAODENG YINGYONG SHUXUE

┃数学实验

实验 8-1 使用 MATLAB 应用层次分析法

例 使用 MATLAB 解决本节例 1 中的问题.

解 在 MATLAB 编辑器窗口中创建一致性检验的函数,如图 8-4 所示.

```
编辑器 - E:\matlab\cengci.m

cengci.m  ×
+
1   function [CI, CR, W] = cengci(A)
2       %A是比较矩阵
3       [n, ~]=size(A);
4       Asum = sum(A, 1);         %求每一列的和
5       Aprogress = A. /(ones(n, 1)*Asum);   %计算每一列各个元素在这一列占的比重
6       W = sum(Aprogress, 2). /n;   %每一行元素相加取平均值
7       w = A*W;       %如果A的矩阵是理想状况, 则这里w=w
8       1am = sum(w. /W)/n;   %通过这一步最大1am
9       RI=[0, 0, 0.58, 0.9, 1.12, 1.24, 1.32, 1.41, 1.45];
10      CI=(1am-n)/(n-1);
11      CR=CI/RI(n);       %计算误差
12      if CR>=0.10
13          disp('此矩阵的一致性不可以接受!');
14      end
```

图 8-4

在 MATLAB 命令行窗口输入比较矩阵并进行一致性检验,如图 8-5 所示.

```
命令行窗口

>> A=[1 1 1 4 1 1/2;1 1 2 4 1 1/2;1 1/2 1 5 3 1/2;...
    1/4 1/4 1/5 1 1/3 1/3;1 1 1/3 3 1 1;2 2 2 3 1 1];
>> [CI, CR, W] = cengci(A)
CI =
    0.084411227463382
CR =
    0.068073570534986
W =
    0.158962114490065
    0.184472318571697
    0.198257239654755
    0.049416928826867
    0.155361108870426
    0.253530289586190
fx >>
```

图 8-5

278

第8章

综合评价方法

由此可得到表 8-3. 类似地,在 MATLAB 命令行窗口中分别输入例 1 中的六个判断矩阵 $\boldsymbol{B}_i(i=1,2,\cdots,6)$,经过图 8-4 中所示的一致性检验计算函数便可得到表 8-5.

习题 8.1

1. 【资金 A 的合理利用】某工厂有一笔企业留成利润要由厂领导决定如何使用. 可供选择的方案有: 给职工发奖金 C_1、扩建企业的福利设施(如改善企业环境、改善食堂等) C_2 和引进新技术、新设备 C_3. 假设分配资金时需要考虑调动职工积极性 B_1、提高企业技术水平 B_2 和改善职工生活条件 B_3 这三个准则,如何分配这笔资金? 设相关成对比较矩阵如下.

A	B_1	B_2	B_3
B_1	1	$\frac{1}{5}$	$\frac{1}{3}$
B_2	5	1	3
B_3	3	$\frac{1}{3}$	1

B_1	C_1	C_2
C_1	1	3
C_2	$\frac{1}{3}$	1

B_2	C_2	C_3
C_2	1	$\frac{1}{5}$
C_3	5	1

B_3	C_1	C_2
C_1	1	2
C_2	$\frac{1}{2}$	1

2. 学校对学生的评价通常从德、智、体、美、劳五个方面来考虑,请自行搜集数据,并利用层次分析法对自己所在班级的学生进行综合评价排序.

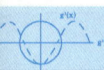

高等应用数学
GAODENG YINGYONG SHUXUE

8.2 模糊综合评价分析法

8.2.1 模糊理论简介

用数学的眼光看,我们身边的现象可以划分为确定性现象、随机现象和模糊现象等.确定性现象是指一定条件下必然发生或不发生的现象,如物质的汽化、冷凝,运动等的速率,这种现象的规律性靠经典数学去刻画;随机现象是指在一定条件下,在个别试验或观察中呈现不确定性,但在大量重复试验或观察中其结果又具有一定规律性的现象,如某种事物的分布、故障发生的概率等,这种现象的规律性靠概率统计去刻画;模糊现象是指事物本身的含义不确定的现象,如轻与重、热与冷、厚与薄、快与慢、大与小、高与低、长与短、贵与贱、年轻与年老等,这种现象的规律性靠模糊数学去刻画.

生活中存在着大量的模糊现象和模糊概念,例如"胖与瘦""美与丑"、"强与弱"、"温水与热水"等互相对立的概念,它们之间的差异需要通过中间过渡的形式来描述,而无法划出一条明确的分界.像这种没有确切界限或清晰外延的对立概念就是**模糊概念**.

随着科学技术的发展,以前许多与数学相关性较弱的学科,如心理学、语言学以及各种人文科学等,迫切要求定量化,这就涉及大量的模糊概念.基于解决现实问题的需要,出现了**模糊理论**.

模糊数学是研究和揭示模糊现象的定量处理方法,是试图利用数学工具解决模糊事物方面的问题.1965年,著名控制论专家 L. A. Zadeh 首次提出了模糊集合的概念,并发表了题为《模糊集合》的重要论文,第一次成功地运用精确的数学方法描述了模糊概念,从而宣告了模糊数学的诞生.模糊集合理论是经典集合论的直接推广,这个集合被描述为定义于某个数学系统上的隶属函数.对于经典集合,当元素属于集合时隶属函数取值为1;当元素不属于集合时隶属函数取值为0.对于模糊集,隶属函数的取值可以介于0和1之间,这表达了元素属于集合的中间程度.下面通过 Zadeh 提出的模糊集"年老"介绍隶属函数的具体使用方法.

例1(模糊隶属函数)　通常认为50岁及以上的人,在生命状态上开始迈入"年老".建立模糊隶属函数描述年龄为 x 岁的人属于"年老"这个集合的程度,有

$$f(x)=\begin{cases}0, & x\leqslant 50,\\ \left[1+\dfrac{25}{(x-50)^2}\right]^{-1}, & x>50.\end{cases}$$

基于这个模糊隶属函数,分别计算年龄为60岁、85岁的人属于"年老"这个集合的程度.

解　因为60岁大于50岁,代入 $\left[1+\dfrac{25}{(x-50)^2}\right]^{-1}$ 计算得 $f(60)=0.8$,同理可得 $f(85)\approx 0.98$.

280

需要说明的是,对于"年老",例 1 中的函数并不是唯一可能的模糊隶属函数.模糊隶属函数反映了设计者的主观偏好,没有标准答案.

8.2.2 模糊综合评价分析的基本原理和步骤

模糊综合评价是借助模糊数学的一些概念,对实际的综合评价问题提供一些评价的方法,它与概率、统计的方法不同.具体地说,模糊综合评价是以模糊数学为基础,应用模糊关系合成的原理,将一些边界不清、不易定量的因素定量化,多个因素进行考量来对被评价事物隶属等级状况进行综合性评价的一种方法.其基本原理是用属于程度代替属于或不属于,重点刻画"中间状态".

1. 模糊综合评价分析的基本原理

模糊综合评价分析作为模糊数学的一种具体应用方法,最早是由我国学者汪培庄提出的,其基本思路是:首先确定被评价对象的因素(指标)集和评价(等级)集;再分别确定各个因素的权重及其隶属度矢量,获得模糊评判矩阵;最后把模糊评判矩阵与因素的权矢量进行模糊运算并进行归一化,得到模糊综合评价结果.可见,评判过程是由着眼因素和评语构成的二要素系统.着眼因素和评语一般都具有模糊性,不宜用精确的数学语言描述.

模糊综合评价分析是在模糊环境下,考虑多种因素的影响,为了某种目的对一事物作出综合决策的方法.其特点在于:评判逐对象进行,对被评价对象有唯一的评价值,不受被评价对象所处对象集合的影响;其目的是:要从对象集中选出优胜对象,同时,可以将所有对象的评价结果进行排序.

2. 模糊综合评价分析的基本步骤

下面通过一个具体的应用案例展示模糊综合评价分析的基本步骤.

例 2(模糊综合评价分析在评价服装受欢迎程度中的应用) 某服装厂生产某种服装,欲了解顾客对该服装的欢迎程度.服装的受欢迎程度与服装的花色、样式、价格、耐用度和舒适度等因素有关.下面,采用模糊综合评价法确定该服装的受欢迎程度.

步骤 1:确定模糊综合评价因素集.

分析:因素集是以影响评价对象的各种因素为元素所组成的一个普通集合,通常用 U 表示,$U=\{u_1, u_2, \cdots, u_n\}$,其中元素 u_i 代表影响评价对象的第 i 个因素.这些因素通常都具有不同程度的模糊性.

本例中,该服装的受欢迎程度需要从多个方面进行综合评判,包括花色、样式、价格、耐用度和舒适度等.所有这些因素就构成了评价对象的因素集 U,记为

$$U=\{花色\ u_1,样式\ u_2,价格\ u_3,耐用度\ u_4,舒适度\ u_5\}.$$

步骤 2:建立综合评价的评价集.

分析:评价集是评价者对评价对象可能做出的各种结果所组成的集合,通常用 V 表示,$V=\{v_1, v_2, \cdots, v_m\}$,其中,元素 v_j 代表第 j 种评价结果,可以根据实际情况的需要,用不同的等级、评语或数字表示.

本例中,综合评价的目的是弄清楚顾客对服装各方面的欢迎程度,欢迎程度有"很欢

迎""欢迎""一般""不欢迎"等.因此,评价集 V 可以表示如下

$$V = \{很欢迎 \ v_1, 欢迎 \ v_2, 一般 \ v_3, 不欢迎 \ v_4\}.$$

步骤3:确定各因素的权重.

分析:在综合评价中,各因素的重要程度有所不同,因此,需要给各因素 u_i 一个权重 ω_i,各因素的权重集合的模糊集 W 可表示为

$$W = \{\omega_1, \omega_2, \cdots, \omega_n\}.$$

由于男、女、老、幼各有所好,观点不尽相同,不同消费层次的人的观点也不尽相同,对各因素的侧重也不一样,因此,对不同的人群,权重集是不同的.假设选定某类顾客,他们比较讲究花色和样式,不太注重舒适度和耐用度,这时对各因素的权重可确定为

$$W = \{0.30, 0.35, 0.15, 0.10, 0.10\}.$$

步骤4:建立模糊综合评价矩阵.

分析:进行单因素模糊评价,建立模糊综合评价矩阵 $\boldsymbol{R}$,有

$$\boldsymbol{R} = \begin{pmatrix} r_{11} & r_{12} & \cdots & r_{1m} \\ r_{21} & r_{22} & \cdots & r_{2m} \\ \vdots & \vdots & & \vdots \\ r_{n1} & r_{n2} & \cdots & r_{nm} \end{pmatrix},$$

其中 r_{ij} 表示因素集 U 中第 i 个因素对评价集 V 中第 j 个元素的隶属度.

本例中,从上述各个因素出发对该服装进行评价,得到模糊综合评价矩阵为

$$\boldsymbol{R} = \begin{pmatrix} R_1 \\ R_2 \\ R_3 \\ R_4 \\ R_5 \end{pmatrix} = \begin{pmatrix} 0.2 & 0.5 & 0.3 & 0 \\ 0.1 & 0.3 & 0.5 & 0.1 \\ 0.0 & 0.1 & 0.6 & 0.3 \\ 0.0 & 0.4 & 0.5 & 0.1 \\ 0.5 & 0.3 & 0.2 & 0.0 \end{pmatrix}.$$

步骤5:建立评价模型,进行模糊综合评价.

本例的评价模型为

$$\boldsymbol{H} = \boldsymbol{W} * \boldsymbol{R} = (0.30, 0.35, 0.10, 0.10, 0.15) \begin{pmatrix} 0.2 & 0.5 & 0.3 & 0 \\ 0.1 & 0.3 & 0.5 & 0.1 \\ 0.0 & 0.1 & 0.6 & 0.3 \\ 0.0 & 0.4 & 0.5 & 0.1 \\ 0.5 & 0.3 & 0.2 & 0.0 \end{pmatrix}$$

$$= (0.17, 0.35, 0.405, 0.075).$$

这一评价结果表明:该服装在此类顾客中,17%的人"很欢迎",35%的人"欢迎",40.5%的人态度"一般",7.5%的人"不欢迎".取 $\boldsymbol{H}$ 中数值最大的评语作为模糊综合评价结果,则评价结果为"一般".

步骤 6：确定系统总得分.

分析：综合评价模型确定后，便可确定系统得分 F.系统总得分 F 表示为

$$F = H * S^{\mathrm{T}},$$

其中，S 为 V 中相应因素的级分集.

本例中，假设各因素的级分为"很欢迎"（100 分）、"欢迎"（75 分）、"一般"（50 分）、"不欢迎"（25 分），那么相应因素的级分集 S 可表示为 $S = (100, 75, 50, 25)$.进一步可计算该服装受欢迎程度最终总得分为 65.375.

8.2.3　模糊综合评价分析法的应用案例

例 3（**模糊综合评价分析在物流中心选址中的应用**）　物流中心作为商品周转、分拣、保管、在库管理和流通加工的据点，能促进商品按照顾客的要求取得附加价值，克服在商品在流通过程中所发生的时间和空间障碍.在物流系统中，物流中心的选址是物流系统优化中一个具有战略意义的问题，对物流系统的正常运行非常重要.

基于物流中心位置的重要作用，目前已建立了一系列选址模型与算法.这些模型及算法相当复杂，其主要困难在于：

（1）即使简单的问题也需要大量的约束条件和变量；

（2）约束条件和变量多，使问题的难度呈指数增长.

模糊综合评价方法是一种适合于物流中心选址的建模方法，它是一种定性与定量相结合的方法，有良好的理论基础.特别是多层次模糊综合评价方法，其通过研究各因素间的关系，可以得到合理的物流中心位置.

在物流规划过程中，物流中心选址要考虑许多因素.一般来说，当考虑的因素较多时会带来两个问题：一方面，权重分配很难确定；另一方面，即使确定了权重分配，由于要满足归一性，每一因素分得的权重必然很小.无论采用哪种算子，经过模糊运算后都会"淹没"许多信息，有时甚至得不出任何结果，所以需采用分层的办法来解决问题.本例中，根据物流中心选址的影响因素特点划分层次模块，各因素又可由下一级因素构成，因素集可分为如下三个层级：

第一层 $U = \{u_1, u_2, u_3, u_4, u_5\}$；

第二层 $u_1 = \{u_{11}, u_{12}, u_{13}, u_{14}\}$，$u_4 = \{u_{41}, u_{42}, u_{43}, u_{44}\}$，$u_5 = \{u_{51}, u_{52}, u_{53}, u_{54}\}$；

第三层 $u_{51} = \{u_{511}, u_{512}, u_{513}\}$，$u_{52} = \{u_{521}, u_{522}\}$.

三级模糊评价模型见表 8-7，其模型图如图 8-4 所示.假设各级因素根据专家调查法得到的权重集为：

第一层权重 $W = \{0.1, 0.2, 0.3, 0.2, 0.2\}$；

第二层权重 $W_1 = \{0.25, 0.25, 0.25, 0.25\}$，$W_4 = \{0.1, 0.1, 0.4, 0.4\}$，$W_5 = \{0.4, 0.3, 0.2, 0.1\}$；

第三层权重 $W_{51} = \left\{ \dfrac{1}{3}, \dfrac{1}{3}, \dfrac{1}{3} \right\}$, $W_{52} = \{0.5, 0.5\}$.

表 8-7

一级指标	二级指标	三级指标
自然环境 u_1	气象条件 u_{11}	
	地质条件 u_{12}	
	水文条件 u_{13}	
	地形条件 u_{14}	
交通运输 u_2		
经营环境 u_3		
候选地 u_4	面积 u_{41}	
	形状 u_{42}	
	周边干线 u_{43}	
	地价 u_{44}	
公共设施 u_5	三供 u_{51}	供水 u_{511}
		供电 u_{512}
		供气 u_{513}
	废物处理 u_{52}	排水 u_{521}
		固体废物处理 u_{522}
	通信 u_{53}	
	道路设施 u_{54}	

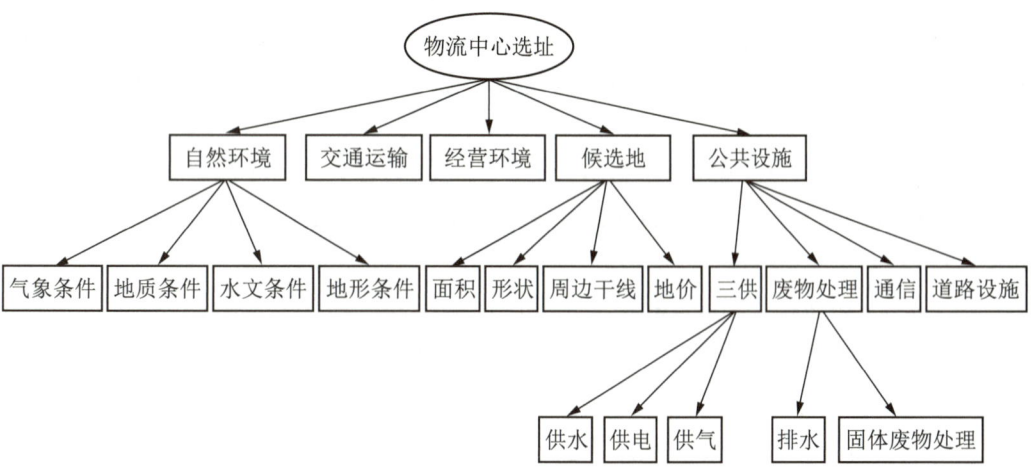

图 8-6

第8章

综合评价方法

假设某区域有 8 个候选地址,决断集 $D=\{D_1,D_2,D_3,D_4,D_5,D_6,D_7,D_8\}$ 代表 8 个不同的候选地址,数据进行处理后得到各因素的模糊综合评价矩阵数据,见表 8-8.

表 8-8

因　　素	D_1	D_2	D_3	D_4	D_5	D_6	D_7	D_8
气象条件	0.91	0.85	0.87	0.98	0.79	0.60	0.60	0.95
地质条件	0.93	0.81	0.93	0.87	0.61	0.61	0.95	0.87
水文条件	0.88	0.82	0.94	0.88	0.64	0.61	0.95	0.91
地形条件	0.90	0.83	0.94	0.89	0.63	0.71	0.95	0.91
交通运输	0.95	0.90	0.90	0.94	0.60	0.91	0.95	0.94
经营环境	0.90	0.90	0.87	0.95	0.87	0.65	0.74	0.61
候选地面积	0.60	0.95	0.60	0.95	0.95	0.95	0.95	0.95
候选地形状	0.60	0.69	0.92	0.92	0.87	0.74	0.89	0.95
候选地周边干线	0.95	0.69	0.93	0.85	0.60	0.60	0.94	0.78
候选地地价	0.75	0.60	0.80	0.93	0.84	0.84	0.60	0.80
供　　水	0.60	0.71	0.77	0.60	0.82	0.95	0.65	0.76
供　　电	0.60	0.71	0.70	0.60	0.80	0.95	0.65	0.76
供　　气	0.91	0.90	0.93	0.91	0.95	0.93	0.81	0.89
排　　水	0.92	0.90	0.93	0.91	0.95	0.93	0.81	0.89
固体废物处理	0.87	0.87	0.64	0.71	0.95	0.61	0.74	0.65
通　　信	0.81	0.94	0.89	0.60	0.65	0.95	0.95	0.89
道路设施	0.90	0.60	0.92	0.60	0.60	0.84	0.65	0.81

（1）分级综合评价

$$\boldsymbol{H}_{51}=\boldsymbol{W}_{51}*\boldsymbol{R}_{51}=\left(\frac{1}{3},\frac{1}{3},\frac{1}{3}\right)\begin{pmatrix}0.60 & 0.71 & 0.77 & 0.60 & 0.82 & 0.95 & 0.65 & 0.76\\0.60 & 0.71 & 0.70 & 0.60 & 0.80 & 0.95 & 0.65 & 0.76\\0.91 & 0.90 & 0.93 & 0.91 & 0.95 & 0.93 & 0.81 & 0.89\end{pmatrix}$$
$$=(0.703\quad 0.773\quad 0.8\quad 0.703\quad 0.857\quad 0.943\quad 0.703\quad 0.803),$$

$$\boldsymbol{H}_{52}=\boldsymbol{W}_{52}*\boldsymbol{R}_{52}=(0.5,0.5)\begin{pmatrix}0.92 & 0.90 & 0.93 & 0.91 & 0.95 & 0.93 & 0.81 & 0.89\\0.87 & 0.87 & 0.64 & 0.71 & 0.95 & 0.61 & 0.74 & 0.65\end{pmatrix}$$
$$=(0.895\quad 0.885\quad 0.785\quad 0.81\quad 0.95\quad 0.77\quad 0.775\quad 0.77),$$

$$\boldsymbol{H}_5=\boldsymbol{W}_5*\boldsymbol{R}_5$$
$$=(0.4\quad 0.3\quad 0.2\quad 0.1)\begin{pmatrix}0.703 & 0.773 & 0.800 & 0.703 & 0.857 & 0.943 & 0.703 & 0.803\\0.895 & 0.885 & 0.785 & 0.810 & 0.950 & 0.770 & 0.775 & 0.770\\0.810 & 0.940 & 0.890 & 0.600 & 0.650 & 0.950 & 0.950 & 0.890\\0.900 & 0.600 & 0.920 & 0.600 & 0.600 & 0.840 & 0.650 & 0.810\end{pmatrix}$$
$$=(0.802\quad 0.823\quad 0.826\quad 0.704\quad 0.818\quad 0.882\quad 0.769\quad 0.811),$$

285

$H_4 = W_4 * R_4$

$$= (0.1 \quad 0.1 \quad 0.4 \quad 0.4) \begin{pmatrix} 0.60 & 0.95 & 0.60 & 0.95 & 0.95 & 0.95 & 0.95 & 0.95 \\ 0.60 & 0.69 & 0.92 & 0.92 & 0.87 & 0.74 & 0.89 & 0.95 \\ 0.95 & 0.69 & 0.93 & 0.85 & 0.60 & 0.60 & 0.94 & 0.78 \\ 0.75 & 0.60 & 0.80 & 0.93 & 0.84 & 0.84 & 0.60 & 0.80 \end{pmatrix}$$

$= (0.8 \quad 0.68 \quad 0.844 \quad 0.899 \quad 0.758 \quad 0.745 \quad 0.8 \quad 0.822),$

$H_1 = W_1 * R_1$

$$= (0.25 \quad 0.25 \quad 0.25 \quad 0.25) \begin{pmatrix} 0.91 & 0.85 & 0.87 & 0.98 & 0.79 & 0.60 & 0.60 & 0.95 \\ 0.93 & 0.81 & 0.93 & 0.87 & 0.61 & 0.61 & 0.95 & 0.87 \\ 0.88 & 0.82 & 0.94 & 0.88 & 0.64 & 0.61 & 0.95 & 0.91 \\ 0.90 & 0.83 & 0.94 & 0.89 & 0.63 & 0.71 & 0.95 & 0.91 \end{pmatrix}$$

$= (0.905 \quad 0.828 \quad 0.92 \quad 0.905 \quad 0.668 \quad 0.633 \quad 0.863 \quad 0.91).$

（2）高层次的综合评判

五个一级指标的权重为 $W = \{0.1, 0.2, 0.3, 0.2, 0.2\}$，则模糊综合评价结果为

$$H = W * R = W * \begin{pmatrix} H_1 \\ H_2 \\ H_3 \\ H_4 \\ H_5 \end{pmatrix}$$

$$= (0.1, 0.2, 0.3, 0.2, 0.2) \begin{pmatrix} 0.905 & 0.828 & 0.920 & 0.905 & 0.668 & 0.633 & 0.863 & 0.910 \\ 0.950 & 0.900 & 0.900 & 0.940 & 0.600 & 0.910 & 0.950 & 0.940 \\ 0.900 & 0.900 & 0.870 & 0.950 & 0.870 & 0.650 & 0.740 & 0.610 \\ 0.800 & 0.680 & 0.844 & 0.899 & 0.758 & 0.745 & 0.800 & 0.822 \\ 0.802 & 0.823 & 0.826 & 0.704 & 0.818 & 0.882 & 0.769 & 0.811 \end{pmatrix}$$

$= (0.871 \quad 0.833 \quad 0.867 \quad 0.884 \quad 0.763 \quad 0.766 \quad 0.812 \quad 0.789).$

根据模糊综合评价分析结果可得，8 块候选地综合评价最高的是 D_4，最低的是 D_5，具体评价结果见表 8-9.

表 8-9

候选地	D_1	D_2	D_3	D_4	D_5	D_6	D_7	D_8
模糊综合评价值	0.871	0.833	0.867	0.884	0.763	0.766	0.812	0.789
排　序	2	4	3	1	8	7	5	6

应用模糊综合评价分析对物流中心进行选址，采用层次式结构把评价因素分为三层，对权重集进行归一化处理，采用加权求和算法将评价结果按照大小顺序进行排序，以便决策者从中选出综合评价最高的地点作为物流中心，该方法简便有效.

第8章
综合评价方法

习题 8.2

1. 由有关教师、学生和教学管理人员结合四门专业课程的学时数和课程内容等共同确定：

$$\boldsymbol{A}=(0.35 \quad 0.20 \quad 0.25 \quad 0.20), \boldsymbol{R}=\begin{bmatrix} 0 & 0.98 & 0.30 & 0.042 \\ 0.85 & 0.47 & 0.118 & 0.022 \\ 0.94 & 0.22 & 0.074 & 0.016 \\ 0 & 0.36 & 0.9 & 0.1 \end{bmatrix},$$

且有 $\boldsymbol{H}=\boldsymbol{A}*\boldsymbol{R}$，试求 $\boldsymbol{H}$.

2. 随着知识经济时代的到来，人才资源已成为企业最重要的战略要素之一，对员工进行考核评价是现代企业人力管理的一项重要内容.人事考核需要从多个方面对员工作出客观全面的评价，考核中存在着大量具有模糊性的概念，利用模糊综合评价分析方法，可以为企业员工升职、评优评先等提供重要依据，促进人事管理的规范化和科学化，提高人事管理的工作效率.

设某单位对某员工的年终综合评定选取如下.

(1) 因素集 $U=\{$政治表现 u_1，工作能力 u_2，工作态度 u_3，工作成绩 $u_4\}$；

(2) 评语集 $V=\{$优秀 v_1，良好 v_2，一般 v_3，较差 v_4，差 $v_5\}$；

(3) 各因素的权重 $W=\{0.25, 0.2, 0.25, 0.3\}$；

(4) 评价矩阵 $\boldsymbol{R}$：

	优秀	良好	一般	较差	差
政治表现	0.1	0.5	0.4	0	0
工作能力	0.2	0.5	0.2	0.1	0
工作态度	0.2	0.5	0.3	0	0
工作成绩	0.2	0.6	0.2	0	0

试利用模糊综合评价分析法确定该员工的综合评价结果，若设置"优秀"（100分）、"良好"（75分）、"一般"（50分）、"较差"（25分）、"差"（0分），那么该员工的最终系统总得分为多少？

8.3 主成分分析法

主成分分析（Principal Component Analysis，PCA）也称主分量分析，它通过线性变

换把一组相关变量转换成另一组不相关变量,且不相关变量按照方差依次递减的顺序排列.该方法旨在利用降维的思想把多指标转化为少数几个综合指标,以此来降低变量间信息的重叠性,达到用较少的变量反映较多信息的目的.

主成分分析首先是由卡尔.皮尔森(Karl Pearson)对非随机变量引入的,而后哈罗德·霍特林(Harold Hotelling)将此方法推广到随机向量的情形.现实环境是多要素的复杂系统,人们在进行决策时经常会遇到多变量问题,变量太多必然会增加分析问题的难度,而且变量之间也很有可能具有一定的相关关系.例如,某个公司的财务经理掌握了公司所有的财务数据,包括固定资产、流动资金、每笔借贷的数额和期限、各种税费、工资支出、原料消耗、产值、利润、折旧、职工人数、职工的分工和受教育程度,等等.当上级需要该财务经理介绍公司财务状况时,显然,该财务经理不能够将这些指标变量和数字都原封不动的拿出来汇报,因为这些指标变量有很多是相关的,这时候就需要把这些变量进行高度概况,用少数几个变量简单明了地把公司财务状况说清楚.主成分分析法恰恰适用于在各变量之间相关关系研究的基础上,用较少的新变量代替原来较多的变量,使这些较少的新变量尽可能多地保留原来较多变量所要反映的信息.

拓展阅读

**主成分
分析法**

8.3.1 主成分分析法的基本原理和步骤

1. 主成分分析法的基本原理

主成分分析法是把原来多个变量转化为少数几个综合指标的一种统计分析方法,从数学角度来看,这是一种降维处理技术.

假设有 n 个样本,每个样本共有 m 个变量描述,构成了一个 $n \times m$ 阶数据矩阵 $\boldsymbol{X}$,即

$$\boldsymbol{X} = \begin{pmatrix} x_{11} & x_{12} & \cdots & x_{1m} \\ x_{21} & x_{22} & \cdots & x_{2m} \\ \vdots & \vdots & & \vdots \\ x_{n1} & x_{n2} & \cdots & x_{nm} \end{pmatrix}$$

那么如何从这么多的变量数据中得出研究对象的内在规律性呢? 或者说,能否选取较少的几个综合指标来代表原指标的信息呢? 这些较少的综合指标需尽可能多地反映原指标信息,且它们之间又是彼此独立的.数学上,其最简单的形式就是取原来变量指标的线性组合,适当调整组合系数,使选取的少数几个综合指标之间相互独立且代表性最好.

记 $x_1, x_2, \cdots, x_m$ 为原变量指标,$PCA_1, PCA_2, \cdots, PCA_p (p \leqslant m)$ 为新变量指标,则

$$\begin{cases} PCA_1 = a_{11}x_1 + a_{12}x_2 + \cdots + a_{1m}x_m, \\ PCA_2 = a_{21}x_1 + a_{22}x_2 + \cdots + a_{2m}x_m, \\ \qquad\qquad\cdots\cdots\cdots\cdots \\ PCA_p = a_{p1}x_1 + a_{p2}x_2 + \cdots + a_{pm}x_m. \end{cases}$$

显然,新变量指标对原变量指标有多个线性组合,新变量指标对原指标反映的多少取决于线性组合系数 a_{ij},组合系数 a_{ij} 的确定原则如下:

(1) PCA_i 与 $PCA_j(i \neq j;\ i 、j = 1,\ 2,\ \cdots,\ p)$ 相互无关；

(2) PCA_1 是 $x_1,\ x_2,\ \cdots,\ x_m$ 的一切线性组合中方差最大者(最能解释它们之间的变化)；PCA_2 是与 PCA_1 不相关的 $x_1,\ x_2,\ \cdots,\ x_m$ 的所有线性组合中方差最大者；PCA_p 是与 $PCA_1,\ PCA_2,\ \cdots,\ PCA_{p-1}$ 都不相关的 $x_1,\ x_2,\ \cdots,\ x_m$ 的所有线性组合中方差最大者；显然，PCA_1 在总方差中占的比例最大，$PCA_2,\ PCA_3,\ \cdots,\ PCA_p$ 的方差依次递减.

这样确定的新变量指标 $PCA_1,\ PCA_2,\ \cdots,\ PCA_p$ 分别称为原变量指标 $x_1,\ x_2,\ \cdots,\ x_m$ 的第一、第二、……、第 p 个主成分.在实际问题的分析中,常挑选前几个大的主成分,以减少变量的数量,抓住原始变量的主要信息.

主成分分析法的实质是确定原变量 $x_j(j = 1,\ 2,\ \cdots,\ m)$ 在诸主成分 $PCA_i(i = 1,\ 2,\ \cdots,\ p)$ 上的载荷 $l_{ij}(i = 1,\ 2,\ \cdots,\ p;\ j = 1,\ 2,\ \cdots,\ m)$.可以证明,它们分别是 $x_1,\ x_2,\ \cdots,\ x_m$ 的相关矩阵的 p 个较大的特征值所对应的特征向量.

2. 主成分分析法的计算步骤

下面归纳主成分分析法的计算步骤：

(1) 将原始数据标准化处理后,计算相关系数矩阵 $\boldsymbol{R}$,有

$$\boldsymbol{R} = \begin{bmatrix} r_{11} & r_{12} & \cdots & r_{1m} \\ r_{21} & r_{22} & \cdots & r_{2m} \\ \vdots & \vdots & & \vdots \\ r_{m1} & r_{m2} & \cdots & r_{mm} \end{bmatrix},$$

式中 $r_{ij}(i,\ j = 1,\ 2,\ \cdots,\ m)$ 为原变量 x_i 与 x_j 之间的相关系数,其计算式为

$$r_{ij} = \frac{\sum\limits_{k=1}^{n}(x_{ki} - \bar{x}_i)(x_{kj} - \bar{x}_j)}{\sqrt{\sum\limits_{k=1}^{n}(x_{ki} - \bar{x}_i)^2 \sum\limits_{k=1}^{n}(x_{kj} - \bar{x}_j)^2}}.$$

(2) 计算特征值和特征向量,提取前 p 个主成分.对特征方程 $|\lambda \boldsymbol{I} - \boldsymbol{R}| = 0$ 进行计算,求出特征值 $\lambda_i(i = 1,\ \cdots,\ m)$,使得 $\lambda_1 \geqslant \lambda_2 \geqslant \cdots \geqslant \lambda_m \geqslant 0$.

(3) 分别求出对应于特征值 $\lambda_i(i = 1,\ \cdots,\ m)$ 的特征向量 $\boldsymbol{e}_i(i = 1,\ \cdots,\ m)$,满足 $\|\boldsymbol{e}_i\| = 1$, $\sum\limits_{j=1}^{m} e_{ij}^2 = 1$,其中 e_{ij} 表示向量 $\boldsymbol{e}_i$ 的第 j 个分量.

(4) 计算主成分贡献率及累计贡献率.主成分 PCA_i 贡献率为

$$\frac{\lambda_i}{\sum\limits_{k=1}^{m} \lambda_k}(i = 1,\ 2,\ \cdots,\ m),$$

累计贡献率为

$$\frac{\sum\limits_{k=1}^{p} \lambda_k}{\sum\limits_{k=1}^{m} \lambda_k}.$$

一般取累计贡献率达 $85\% \sim 95\%$ 的特征值 $\lambda_1,\ \lambda_2,\ \cdots,\ \lambda_p$ 所对应的第一、第

高等应用数学
GAODENG YINGYONG SHUXUE

二、……、第 $p(p \leqslant m)$ 个主成分.

（5）计算主成分载荷,有

$$l_{ij} = p(PCA_i, x_j) = \sqrt{\lambda_i} e_{ij} \ (i, j = 1, 2, \cdots, m).$$

（6）通过各主成分的载荷可以计算得到各主成分得分,有

$$\begin{cases} PCA_1 = l_{11}x_1 + l_{12}x_2 + \cdots + l_{1m}x_m, \\ PCA_2 = l_{21}x_1 + l_{22}x_2 + \cdots + l_{2m}x_m, \\ \qquad \cdots\cdots\cdots\cdots \\ PCA_p = l_{p1}x_1 + l_{p2}x_2 + \cdots + l_{pm}x_m. \end{cases}$$

由此可以进一步计算主成分得分,有

$$PCA = \begin{pmatrix} PCA_{11} & PCA_{12} & \cdots & PCA_{1m} \\ PCA_{21} & PCA_{22} & \cdots & PCA_{2m} \\ \vdots & \vdots & & \vdots \\ PCA_{m1} & PCA_{m2} & \cdots & PCA_{mm} \end{pmatrix}.$$

8.3.2　主成分分析法的应用案例

例1（主成分分析法在动漫产业生产要素模块竞争力评价中的应用）　动漫产业竞争力评价涉及的指标体系范围宽广,涵盖经济、社会、政治、环境等反映不同竞争力潜力的指标体系,所以动漫产业竞争力评价指标体系的构建是一项复杂的系统工程.其中,动漫产业的生产要素是其中一个评价模块,假设生产要素模块的竞争力评价指标体系包含 5 个竞争面下的 10 个具体竞争指标,见表 8-10.本例将根据该评价指标体系对全国 31 个省、自治区、直辖市某年的动漫产业生产要素模块竞争力进行评价,原始数据见表 8-11.

表 8-10

竞争力模块	竞争面	竞争指标（单位）	指标解释
生产要素	人才供给	大专及以上学历人数（人）X_1	反映动漫储备人才数量
	人力资源	动漫相关行业从业人数（人）X_2	包括动漫制作、推广等人数
	技术水平	R&D 人员全时当量（人年）X_3	反映 R&D 人员工作量
		R&D 项目数（项）X_4	R&D 工作的可能成果
		有效发明专利数（件）X_5	体现专有技术拥有量
	文化资源	世界文化和自然遗产数（个）X_6	反映自然资源储备
		人均拥有公共图书馆藏量（册）X_7	反映可提供的文化资源数量
		人文发展指数 X_8	反映区域人文经济水平
	基础设施	平均每百户电脑拥有量（台）X_9	反映产品可接触渠道
		一般基础设施（亿元）X_{10}	反映社会公共功能提供

290

第8章

综合评价方法

表 8-11

省、自治区或直辖市	X_1	X_2	X_3	X_4	X_5	X_6	X_7	X_8	X_9	X_{10}
北 京	5 597	16.511 6	49 829.1	7 048	7 342	5	0.95	0.852	103.51	339.27
天 津	2 313	1.597 1	47 827.5	10 515	5 193	0	1	0.832	95.4	485.42
河 北	3 045	5.085 9	51 498.4	6 055	2 601	3	0.24	0.792	74.74	239.37
山 西	2 347	4.607	32 475.9	2 348	1 659	3	0.37	0.778	69.45	142.33
内蒙古	2 532	3.257 7	17 644.8	1 320	467	1	0.44	0.748	60.83	301.4
辽 宁	4 500	5.239 2	47 513.2	6 799	4 207	3	0.71	0.806	71.66	442.58
吉 林	2 031	3.722 2	17 883.8	1 885	1 006	1	0.57	0.802	68.04	154.17
黑龙江	2 945	4.106 7	39 661	4 343	1 532	0	0.46	0.79	55.36	179.71
上 海	4 063	5.159	79 146.7	12 378	12 530	0	2.94	0.886	137.7	579.29
江 苏	7 651	6.023 8	287 447.1	31 933	26 720	2	0.68	0.815	96.94	812.06
浙 江	5 547	6.595 6	203 904.4	28 672	18 091	2	0.82	0.828	103.17	338.43
安 徽	3 218	3.289 1	56 274.7	8 426	5 092	2	0.23	0.781	74.04	280.76
福 建	3 583	3.798 2	75 503.3	6 441	3 847	3	0.55	0.793	103	146.24
江 西	2 536	2.861	23 969.3	2 608	975	3	0.37	0.733	73.87	125.34
山 东	6 885	6.589 1	180 831.9	25 193	11 207	2	0.4	0.815	85.88	401.7
河 南	5 612	7.092	93 833.1	8 415	4 049	3	0.23	0.776	71.41	191.3
湖 北	5 181	5.351 3	71 281.4	7 077	5 379	2	0.42	0.768	75.49	161.33
湖 南	4 114	5.217 1	57 477.6	6 928	7 432	2	0.36	0.761	66.36	276
广 东	8 852	9.199 5	346 260.1	29 243	66 453	2	0.56	0.805	104.13	518.16
广 西	3 172	3.336 2	20 155	2 890	932	0	0.43	0.772	91.72	118.73
海 南	526	1.226 5	1 587.1	299	379	0	0.59	0.799	63.82	39.57
重 庆	2 696	2.612 9	27 651.5	4 524	2 532	1	0.39	0.779	76.07	394.46
四 川	5 338	4.412 4	36 838.8	6 712	5 618	5	0.39	0.77	68.86	268.56
贵 州	2 232	1.948 9	9 564	1 345	990	1	0.34	0.683	63.89	65.52
云 南	2 558	3.436 4	10 334.7	1 514	1 208	5	0.37	0.675	63.55	122.96
西 藏	117	0.647	22	16	58	1	0.19	0.656	58.83	21.66
陕 西	3 050	4.928 8	30 828.5	4 210	2 464	1	0.33	0.751	82.43	147.13
甘 肃	1 816	2.468 4	9 306.6	1 280	493	1	0.45	0.708	56.14	65.88
青 海	405	0.722 2	1 833	131	87	0	0.65	0.684	52.65	27.98
宁 夏	452	0.726 5	3 966.8	853	221	0	0.81	0.753	59.39	81.51
新 疆	2 433	3.216 1	6 723.1	757	325	1	0.55	0.707	61.2	140.1

（1）首先将表 8-11 的原始数据作标准化处理，这里采用的标准化方法是 Z-score 法，

291

高等应用数学
GAODENG YINGYONG SHUXUE

具体标准化数据详见表 8-12,相关系数矩阵详见表 8-13.

表 8-12

省、自治区或直辖市	X_1	X_2	X_3	X_4	X_5	X_6	X_7	X_8	X_9	X_{10}
北 京	1.017	4.022	−0.154	−0.049	0.068	2.152	0.776	1.524	1.373	0.510
天 津	−0.548	−0.912	−0.178	0.338	−0.103	−1.184	0.879	1.148	0.951	1.305
河 北	−0.199	0.242	−0.134	−0.160	−0.309	0.818	−0.689	0.397	−0.122	−0.033
山 西	−0.532	0.084	−0.364	−0.574	−0.384	0.818	−0.421	0.133	−0.396	−0.561
内蒙古	−0.443	−0.363	−0.543	−0.689	−0.479	−0.516	−0.276	−0.431	−0.844	0.304
辽 宁	0.494	0.293	−0.182	−0.077	−0.181	0.818	0.281	0.660	−0.282	1.072
吉 林	−0.682	−0.209	−0.540	−0.626	−0.436	−0.516	−0.008	0.585	−0.470	−0.497
黑龙江	−0.247	−0.082	−0.277	−0.351	−0.394	−1.184	−0.235	0.359	−1.128	−0.358
上 海	0.286	0.266	0.201	0.546	0.481	−1.184	4.883	2.164	3.148	1.816
江 苏	1.995	0.552	2.719	2.730	1.610	0.151	0.219	0.829	1.031	3.082
浙 江	0.993	0.742	1.709	2.365	0.923	0.151	0.508	1.073	1.355	0.506
安 徽	−0.117	−0.352	−0.076	0.105	−0.111	0.151	−0.710	0.190	−0.158	0.192
福 建	0.057	−0.184	0.157	−0.117	−0.210	0.818	−0.049	0.415	1.346	−0.540
江 西	−0.442	−0.494	−0.467	−0.545	−0.439	0.818	−0.421	−0.712	−0.167	−0.653
山 东	1.630	0.739	1.430	1.977	0.376	0.151	−0.359	0.829	0.457	0.850
河 南	1.024	0.906	0.378	0.103	−0.194	0.818	−0.710	0.096	−0.295	−0.295
湖 北	0.819	0.330	0.106	−0.046	−0.088	0.151	−0.318	−0.055	−0.083	−0.458
湖 南	0.310	0.285	−0.061	−0.063	0.075	0.151	−0.441	−0.186	−0.557	0.166
广 东	2.567	1.603	3.431	2.429	4.772	0.151	−0.029	0.641	1.405	1.483
广 西	−0.139	−0.337	−0.513	−0.514	−0.442	−1.184	−0.297	0.021	0.760	−0.689
海 南	−1.399	−1.035	−0.737	−0.803	−0.486	−1.184	0.033	0.528	−0.689	−1.120
重 庆	−0.365	−0.576	−0.422	−0.331	−0.315	−0.516	−0.379	0.152	−0.053	0.811
四 川	0.893	0.019	−0.311	−0.087	−0.069	2.152	−0.379	−0.017	−0.427	0.126
贵 州	−0.586	−0.796	−0.641	−0.686	−0.437	−0.516	−0.483	−1.652	−0.685	−0.979
云 南	−0.431	−0.304	−0.631	−0.667	−0.420	2.152	−0.421	−1.803	−0.703	−0.666
西 藏	−1.594	−1.227	−0.756	−0.834	−0.512	−0.516	−0.792	−2.160	−0.948	−1.217
陕 西	−0.197	0.190	−0.384	−0.366	−0.320	−0.516	−0.503	−0.374	0.278	−0.535
甘 肃	−0.785	−0.624	−0.644	−0.693	−0.477	−0.516	−0.256	−1.182	−1.088	−0.977
青 海	−1.457	−1.202	−0.734	−0.822	−0.509	−1.184	0.157	−1.634	−1.269	−1.183
宁 夏	−1.434	−1.200	−0.708	−0.741	−0.499	−1.184	0.487	−0.337	−0.919	−0.892
新 疆	−0.491	−0.377	−0.675	−0.752	−0.490	−0.516	−0.049	−1.201	−0.825	−0.573

292

第 8 章
综合评价方法

表 8-13

指 标	X_1	X_2	X_3	X_4	X_5	X_6	X_7	X_8	X_9	X_{10}
X_1	1.000									
X_2	0.737	1.000								
X_3	0.853	0.495	1.000							
X_4	0.836	0.479	0.958	1.000						
X_5	0.739	0.460	0.901	0.791	1.000					
X_6	0.442	0.557	0.147	0.131	0.098	1.000				
X_7	0.091	0.149	0.115	0.205	0.162	-0.248	1.000			
X_8	0.543	0.548	0.467	0.553	0.365	0.042	0.553	1.000		
X_9	0.577	0.517	0.563	0.624	0.516	0.083	0.670	0.745	1.000	
X_{10}	0.711	0.444	0.711	0.774	0.607	0.107	0.449	0.684	0.661	1.000

（2）由相关系数矩阵计算特征值以及各个主成分的贡献率与累计贡献率见表 8-14. 由表 8-14 可知,第一、第二、第三主成分的累计贡献率已高达 86.342%,且其特征值均大于 1,说明这三个主成分提取是合理的,故只需求出第一、第二、第三个主成分 PCA_1, PCA_2, PCA_3 即可.

表 8-14

主成分	特征值	贡献率/%	累计贡献率/%
一	5.712	57.125	57.125
二	1.734	17.343	74.468
三	1.187	11.874	86.342
四	0.405	4.053	90.395
五	0.367	3.668	94.062
六	0.228	2.281	96.343
七	0.153	1.526	97.869
八	0.120	1.201	99.070
九	0.081	0.812	99.882
十	0.012	0.118	100.000

（3）对于特征值 $\lambda_1=5.712$，$\lambda_2=1.734$，$\lambda_3=1.187$ 分别求出其特征向量,并计算各变量 x_1, x_2, $\cdots$, x_{10} 在各主成分上的载荷,得到主成分载荷矩阵,详见表 8-15.第一个主成分 PCA_1 主要由变量 X_1、X_2、X_3、X_4、X_5、X_8、X_9、X_{10} 决定,它们的因子载荷分别为 0.902，0.703，0.891，0.905，0.806，0.742，0.800 和 0.853；第二个主成分 PCA_2 主要由变量 X_7 决定,它的因子载荷为 -0.801；第三个主成分主要由变量 X_6 决定,它的因子载

293

荷为 0.576. 显然,第一个主成分 PCA_1,除了 X_6 和 X_7 外,其他变量上均有较高的载荷,成分矩阵所表示的含义就较为模糊,这种情况下需要考虑因子旋转.因子旋转可以解决诸多变量承载较高负荷的情况,旋转后的结构见表 8-15.

表 8-15

原变量	主成分载荷			旋转后的主成分载荷		
	PCA_1	PCA_2	PCA_3	PCA_1	PCA_2	PCA_3
X_1	0.902	0.336	0.012	0.785	0.219	0.512
X_2	0.703	0.308	0.495	0.348	0.338	0.773
X_3	0.891	0.194	-0.386	0.968	0.155	0.136
X_4	0.905	0.088	-0.312	0.913	0.273	0.128
X_5	0.806	0.159	-0.403	0.903	0.131	0.075
X_6	0.256	0.689	0.576	0.038	-0.145	0.922
X_7	0.397	-0.801	0.243	-0.010	0.906	-0.194
X_8	0.742	-0.388	0.304	0.325	0.800	0.219
X_9	0.800	-0.394	0.217	0.419	0.799	0.172
X_{10}	0.853	-0.182	-0.059	0.666	0.553	0.124

表 8-15 中旋转后的主成分载荷显示,第一个主成分 PCA_1 主要包括大专及以上学历人数(X_1)、R&D 人员全时当量(X_3)、R&D 项目数(X_4)、有效发明专利数(X_5)、一般基础设施(X_{10})五个指标,这些指标主要反映了影响动漫产业竞争力的技术及设施因素;第二个主成分 PCA_2 主要包括人均拥有公共图书馆藏量(X_7)、人文发展指数(X_8)、平均每百户电脑拥有量(X_9)三个指标,这些指标主要反映了影响动漫产业竞争力的发展潜力因素;第三个主成分 PCA_3 主要包括动漫相关行业从业人数(X_2)、世界文化和自然遗产数(X_6)两个指标,这些指标反映了影响动漫产业竞争力的资源供给因素.

以上分析结果表明,根据主成分分析法,动漫产业生产要素模块竞争力的评价指标可以被归为三类,即技术及设施因素、发展潜力因素和资源供给因素,利用这三个主成分代表原来 10 个具体竞争指标进行动漫产业生产要素模块竞争力的评价分析,可以使问题大大简化.

（4）因子得分计算.判断出 3 个主成分后,可以计算因子得分系数矩阵,见表 8-16 所示,然后根据线性回归函数,可以进一步得到因子得分函数

$$PCA_1 = 0.165X_1 - 0.097X_2 + 0.333X_3 + 0.286X_4 + 0.325X_5$$
$$- 0.146X_6 - 0.168X_7 - 0.094X_8 - 0.046X_9 + 0.122X_{10};$$

$$PCA_2 = -0.06X_1 + 0.103X_2 - 0.138X_3 - 0.065X_4 - 0.136X_5$$
$$- 0.073X_6 + 0.467X_7 + 0.341X_8 + 0.319X_9 + 0.135X_{10};$$

$$PCA_3 = 0.179X_1 + 0.447X_2 - 0.111X_3 - 0.104X_4 - 0.139X_5$$
$$+ 0.607X_6 - 0.118X_7 + 0.086X_8 + 0.035X_9 - 0.052X_{10}.$$

根据因子得分函数可以计算出我国 31 个省市 3 个主成分得分,见表 8-17.

表 8-16 因子得分系数矩阵

原变量	成 份		
	1	2	3
X_1	0.165	−0.060	0.179
X_2	−0.097	0.103	0.447
X_3	0.333	−0.138	−0.111
X_4	0.286	−0.065	−0.104
X_5	0.325	−0.136	−0.139
X_6	−0.146	−0.073	0.607
X_7	−0.168	0.467	−0.118
X_8	−0.094	0.341	0.086
X_9	−0.046	0.319	0.035
X_{10}	0.122	0.135	−0.052

注:1. 提取方法——主成分;
2. 旋转法——具有 Kaiser 标准化的正交旋转法.

(5) 生产要素模块的综合得分.利用公式

$$Y = \frac{\lambda_1}{\lambda} * PCA_1 + \frac{\lambda_2}{\lambda} * PCA_2 + \frac{\lambda_3}{\lambda} * PCA_3 \quad (\lambda = \lambda_1 + \lambda_2 + \lambda_3),$$

可以求得各省动漫产业生产要素模块竞争力的综合得分.根据综合得分情况可以对 31 省动漫产业生产要素模块竞争力进行排序,见表 8-17.

表 8-17

省、自治区或直辖市	PCA_1 (0.66)	PCA_2 (0.20)	PCA_3 (0.14)	生产要素模块综合得分	排名
北　京	−0.85	1.6	3.36	0.23	6
天　津	0.03	1.32	−1.26	0.11	8
河　北	−0.29	−0.18	0.76	−0.12	15
山　西	−0.62	−0.23	0.67	−0.36	21
内蒙古	−0.33	−0.29	−0.41	−0.33	20
辽　宁	−0.17	0.41	0.73	0.07	9
吉　林	−0.61	0.21	−0.28	−0.4	22
黑龙江	−0.17	−0.19	−0.64	−0.24	18
上　海	−0.37	4.24	−1.07	0.454	5

高等应用数学
GAODENG YINGYONG SHUXUE

续　表

省、自治区或直辖市	PCA_1 (0.66)	PCA_2 (0.20)	PCA_3 (0.14)	生产要素模块综合得分	排名
江　苏	2.68	0.28	−0.19	1.8	2
浙　江	1.43	0.59	0.09	1.07	3
安　徽	0.09	−0.31	0.01	0	12
福　建	−0.3	0.41	0.57	−0.04	14
江　西	−0.53	−0.51	0.38	−0.4	22
山　东	1.4	−0.03	0.38	0.97	4
河　南	0.14	−0.49	1.16	0.16	7
湖　北	0.08	−0.28	0.44	0.06	10
湖　南	0.13	−0.42	0.29	0.04	11
广　东	3.7	−0.43	0	2.36	1
广　西	−0.35	0.24	−0.62	−0.27	19
海　南	−0.75	0.11	−1.12	−0.63	28
重　庆	−0.12	0.09	−0.5	−0.13	16
四　川	−0.22	−0.45	1.55	−0.02	13
贵　州	−0.35	−0.96	−0.63	−0.51	25
云　南	−0.7	−1.1	1.2	−0.51	25
西　藏	−0.49	−1.34	−0.97	−0.73	31
陕　西	−0.27	−0.16	−0.07	−0.22	17
甘　肃	−0.48	−0.78	−0.58	−0.55	27
青　海	−0.55	−0.77	−1.42	−0.72	30
宁　夏	−0.67	−0.04	−1.36	−0.64	29
新　疆	−0.48	−0.54	−0.44	−0.49	24

数学实验

实验 8-2　使用 MATLAB 应用主成分分析法

例　使用 MATLAB 解决本节例 1 中的问题.

解　表 8-11 的原始数据可通过在 MATLAB 中创建一个变量 data，然后复制粘贴到该变量中. 在 MATLAB 命令行窗口输入 data = zscore(data)，运行结果如图 8-7 所示.

296

```
命令行窗口
>> data = zscore(data)
data =
    1.0167    4.0224   -0.1538   -0.0492    0.0681    2.1518    0.7763    1.5244    1.3725    0.5103
   -0.5478   -0.9123   -0.1780    0.3379   -0.1030   -1.1835    0.8794    1.1485    0.9514    1.3053
   -0.1990    0.2420   -0.1336   -0.1601   -0.3092    0.8177   -0.6890    0.3966   -0.1216   -0.0331
   -0.5316    0.0836   -0.3637   -0.5741   -0.3842    0.8177   -0.4207    0.1334   -0.3963   -0.5609
   -0.4434   -0.3628   -0.5430   -0.6889   -0.4790   -0.5164   -0.2763   -0.4305   -0.8440    0.3043
    0.4941    0.2928   -0.1818   -0.0770   -0.1814    0.8177    0.2809    0.6597   -0.2816    1.0723
   -0.6821   -0.2092   -0.5401   -0.6258   -0.4362   -0.5164   -0.0080    0.5845   -0.4696   -0.4965
   -0.2467   -0.0819   -0.2768   -0.3513   -0.3943   -1.1835   -0.2350    0.3590   -1.1281   -0.3576
    0.2859    0.2662    0.2007    0.5459    0.4809   -1.1835    4.8832    2.1635    3.1482    1.8159
    1.9952    0.5524    2.7195    2.7295    1.6101    0.1506    0.2190    0.8289    1.0313    3.0821
    0.9929    0.7415    1.7093    2.3654    0.9235    0.1506    0.5080    1.0733    1.3549    0.5058
   -0.1166   -0.3525   -0.0759    0.1046   -0.1110    0.1506   -0.7097    0.1898   -0.1580    0.1921
    0.0573   -0.1840    0.1566   -0.1170   -0.2101    0.8177   -0.0493    0.4154    1.3461   -0.5396
   -0.4415   -0.4941   -0.4665   -0.5450   -0.4386    0.8177   -0.4207   -0.7125   -0.1668   -0.6533
    1.6303    0.7394    1.4303    1.9769    0.3756    0.1506   -0.3588    0.8289    0.4569    0.8499
    1.0239    0.9058    0.3783    0.1034   -0.1940    0.8177   -0.7097    0.0958   -0.2946   -0.2945
    0.8185    0.3298    0.1056   -0.0460   -0.0882    0.1506   -0.3176   -0.0546   -0.0827   -0.4576
    0.3102    0.2854   -0.0613   -0.0626    0.0752    0.1506   -0.4414   -0.1862   -0.5568    0.1662
    2.5674    1.6031    3.4306    2.4292    4.7720    0.1506   -0.0286    0.6409    1.4047    1.4834
   -0.1385   -0.3369   -0.5127   -0.5135   -0.4420   -1.1835   -0.2969    0.0206    0.7602   -0.6893
   -1.3991   -1.0349   -0.7372   -0.8029   -0.4860   -1.1835    0.0333    0.5281   -0.6887   -1.1199
   -0.3653   -0.5762   -0.4220   -0.3311   -0.3147   -0.5164   -0.3795    0.1522   -0.0525    0.8105
    0.8933    0.0192   -0.3109   -0.0868   -0.0691    2.1518   -0.3795   -0.0170   -0.4270    0.1257
   -0.5864   -0.7959   -0.6407   -0.6861   -0.4374   -0.5164   -0.4827   -1.6523   -0.6851   -0.9787
   -0.4310   -0.3037   -0.6314   -0.6672   -0.4201    2.1518   -0.4207   -1.8027   -0.7028   -0.6663
   -1.5939   -1.2266   -0.7561   -0.8335   -0.5116   -0.5164   -0.7922   -2.1599   -0.9479   -1.2173
```

图 8-7

在 MATLAB 命令行窗口输入 r = corrcoef(data),进行相关系数计算,运行结果如图 8-8 所示.

```
命令行窗口
>> r = corrcoef(data)
r =
    1.0000    0.7373    0.8525    0.8355    0.7390    0.4415    0.0911    0.5425    0.5769    0.7114
    0.7373    1.0000    0.4949    0.4787    0.4604    0.5569    0.1490    0.5480    0.5171    0.4437
    0.8525    0.4949    1.0000    0.9580    0.9014    0.1467    0.1149    0.4672    0.5633    0.7114
    0.8355    0.4787    0.9580    1.0000    0.7911    0.1310    0.2050    0.5532    0.6239    0.7744
    0.7390    0.4604    0.9014    0.7911    1.0000    0.0976    0.1619    0.3653    0.5162    0.6071
    0.4415    0.5569    0.1467    0.1310    0.0976    1.0000   -0.2479    0.0415    0.0831    0.1068
    0.0911    0.1490    0.1149    0.2050    0.1619   -0.2479    1.0000    0.5529    0.6699    0.4487
    0.5425    0.5480    0.4672    0.5532    0.3653    0.0415    0.5529    1.0000    0.7454    0.6837
    0.5769    0.5171    0.5633    0.6239    0.5162    0.0831    0.6699    0.7454    1.0000    0.6611
    0.7114    0.4437    0.7114    0.7744    0.6071    0.1068    0.4487    0.6837    0.6611    1.0000
fx >>
```

图 8-8

在 MATLAB 命令行窗口输入

$$[\text{vec1},\text{lamda},\text{rate}] = \text{pcacov}(r);$$

其中 vec1 的第一列为 r 的第一特征向量,lamda 为 r 的特征值,rate 为各个主成分的贡献率,运行结果整理可得表 8-14.

接下来,将标准化数据 data 代入例 1(4)中的表达式,就可以得到对应的主成分值.最后根据例 1(5)中的公式计算综合得分,排序整理可得表 8-17.

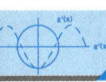

高等应用数学

GAODENG YINGYONG SHUXUE

习题 8.3

1. 简述主成分分析法的原理及基本思想.

2. 为了评价全国 31 个省、自治区、直辖市的经济发展情况,选取的评价指标是 8 个,分别是"三废"综合利用产品产值(X_1)、人均 GDP(X_2)、第三产业占 GDP 比重(X_3)、社会劳动生产率(X_4)、城镇居民人均可支配收入(X_5)、农村居民人均纯收入(X_6)、财政收入(X_7)、消费总支出(X_8).31 个省、直辖市的原始数据见表 8-18. 试利用主成分分析法评价不同地区的经济发展情况.

表 8-18

指　标	"三废"综合利用产品产值/万元	人均GDP/元	第三产业增加值占GDP比重/%	社会劳动生产率/万元/人	城镇居民人均可支配收入/元	农村居民人均纯收入/元	财政支出/万元	消费总支出/万元
北　京	34 365.8	75 943	75.1	10.71	33 360.42	13 262.3	23 539 301	7 907.1
天　津	192 650.4	72 994	46	17.71	26 942	10 074.9	10 688 093	3 529.7
河　北	1 071 801	28 668	34.9	5.38	17 334.42	5 958	13 318 547	8 326
山　西	426 371.8	26 283	37.1	5.53	16 893	4 736.3	9 696 652	4 030
内蒙古	272 375.4	47 347	36.1	9.85	19 014.24	5 529.6	10 699 776	4 605.4
辽　宁	328 090.2	42 355	37.1	8.25	20 014.57	6 907.9	20 048 352	7 473.9
吉　林	391 663.3	31 599	35.9	6.94	16 794.45	6 237.4	6 024 092	3 754.5
黑龙江	323 471.4	27 076	37.2	5.95	15 095.55	6 210.7	7 555 788	5 502.4
上　海	170 379.1	76 074	57.3	18.56	35 738.51	13 978	28 735 840	9 424.3
江　苏	2 189 748.9	52 840	41.4	8.75	25 115.4	9 118.2	40 798 595	17 238.1
浙　江	2 863 867.2	51 711	43.5	6.95	30 134.79	11 302.6	26 084 655	12 670.7
安　徽	566 921.6	20 888	33.9	3.21	17 626.71	5 285.2	11 493 952	6 213.2
福　建	375 028.8	40 025	39.7	6.76	24 149.59	7 426.9	11 514 923	6 299
江　西	593 473.1	21 253	33	4.1	16 558.01	5 788.6	7 780 922	4 489.2
山　东	1 871 897.8	41 106	36.6	6.93	21 736.94	6 990.3	27 493 842	15 331.2
河　南	743 908.8	24 446	28.6	3.82	17 141.8	5 523.7	13 813 178	10 209.8
湖　北	822 835.7	27 906	37.9	5.12	17 572.83	5 832.3	10 112 314	7 389.8
湖　南	901 206.8	24 719	39.7	4	17 657.06	5 622	10 816 901	7 603.5
广　东	624 265.3	44 736	45	7.97	26 896.86	7 890.3	45 170 445	21 500.9
广　西	510 233.4	20 219	35.4	3.25	18 742.21	4 543.4	7 719 918	4 853.5
海　南	31 623.2	23 831	46.2	4.63	16 929.63	5 275.4	2 709 915	953.2

298

续 表

指 标	"三废"综合利用产品产值/万元	人均GDP/元	第三产业增加值占GDP比重/%	社会劳动生产率/万元/人	城镇居民人均可支配收入/元	农村居民人均纯收入/元	财政支出/万元	消费总支出/万元
重 庆	291 326.6	27 596	36.4	4.14	18 990.54	5 276.7	9 520 745	3 811.9
四 川	457 846.5	21 182	35.1	3.44	17 128.89	5 086.9	15 616 727	8 609.5
贵 州	179 142.5	13 119	47.3	1.92	15 138.8	3 471.9	5 337 309	2 887.1
云 南	654 554.6	15 752	40	2.57	17 478.91	3 952	8 711 875	4 291.1
西 藏	238.7	17 319	54.2	2.9	16 538.98	4 138.7	366 473	326.5
陕 西	293 499.6	27 133	36.4	5.19	17 064.71	4 105	9 582 065	4 584.5
甘 肃	224 120.8	16 113	37.3	2.88	14 307.28	3 424.7	3 535 833	2 435.4
青 海	55 187.8	24 115	34.9	4.59	15 480.81	3 862.7	1 102 153	715.4
宁 夏	100 750.3	26 919	41.6	5.18	17 536.78	4 674.9	1 535 507	824.9
新 疆	222 187.3	25 034	32.5	6.38	15 421.59	4 642.7	5 005 759	2 865.6

知识拓展

探索应用8

助学助教

第8章习题
参考答案

第9章 CHAPTER 9

初识逻辑与图论

数理逻辑使用符号研究人们思维中的逻辑推理过程,是数学基础的重要组成部分.本章首先讲述命题逻辑和命题演算,然后进一步讨论演绎推理和归纳推理等推理逻辑最后介绍图论的初步知识.

9.1 命题

9.1.1 命题逻辑

自然语言是人们的思维活动的载体,但是自然语言容易产生二义性.如"乒乓球世界冠军签名的乒乓球拍卖完了",可以理解为"乒乓球世界冠军签名的乒乓球拍 卖完了",也可以理解为"乒乓球世界冠军签名的乒乓球拍卖完了".因此,用自然语言来表示严格的逻辑推理是不合适的,需要建立严密的形式化的符号语言体系来研究人们的思维过程.

1. 命题的概念

如果一个陈述语句,它可以取值"真"或者"假",但是必须取而且只能取其中的一个值,这样的陈述语句就称为一个命题.

定义 9.1 能判断真假的陈述句叫作**命题**.

例 1 下面的陈述句均为命题.

(1) 龙岩在中国的福建省;

(2) 3>8;

(3) 人的血液是蓝色的.

命题正确时,称该命题取值为"真(true)",记作 T.反之,命题不正确时,称该命题取值为"假(false)",记作 F.例 1 的命题中,(1)是真命题,(2)和(3)是假命题.

300

例2 考虑以下句子：

(1) 你打电话了吗？

(2) 禁止乱扔果皮纸屑！

(3) $2x - 3y = 7$.

例2中，句子(1)和(2)不是命题，因为它们不是陈述句；句子(3)也不是命题，因为它不能判断真假，既不为真，也不为假，其真值随 x, y 的值而变.

注：能判断真假与是否知道陈述句的真假没有关系.比如，句子"土星上有人."目前暂时无法知道其真假，但句子本身是能判断其真假的，我们也称它为命题.

2. 命题的逻辑形式

我们通常用大写字母 $P, Q, R, A, B, \cdots$ 或小写字母 $p, q, r, s, \cdots$ 来表示命题.当一个命题是真命题时，它的真值为真(True)，用 T 或 1 表示；当一个命题是假命题时，它的真值为假(False)，用 F 或 0 表示.

从前面关于命题的例子可以看出，命题的形式多种多样，为了探讨在推理、证明中人们所采取的论证方法，我们需要将命题符号化，即抽去命题陈述句中的具体内容，用简单的逻辑形式进行表达.命题的逻辑形式就是命题各部分之间的联系方式，许多看上去内容千差万别的命题，如果其各部分之间具有相同的联系方式，那么就具有相同的命题逻辑形式.

例3 下列命题具有相同的逻辑形式.

(1) 一切事物都是有原因的.

(2) 班上所有人都喜欢数学.

(3) 所有鱼都有鳞片.

对于命题(1)，可用逻辑形式表示为：所有的 P 都是 Q，这里将"事物"表示为 P，将"原因"表示为 Q；对于命题(2)，可用逻辑形式表示为：所有的 P 都是 Q，这里 P 表示为"班上的人"，Q 表示为"喜欢数学"；对于命题(3)也可以类似地用逻辑形式表示为：所有的 P 都是 Q.以上 3 个命题从内容上有很大的区别，但都可以用相同的逻辑形式来表示，也就是这 3 个命题各部分之间具有相同的联系方式.

9.1.2 命题演算

1. 建立复杂的命题

(1) 命题分类

了解命题的概念和逻辑形式之后，下面介绍命题的分类.根据命题是否可分解为其他命题，将命题分为简单命题和复合命题.

定义 9.2 不能再分解为其他命题的命题称为**简单命题**.

例4 以下命题结构上不能再分解出其他命题，是简单命题.

(1) 西藏位于我国西南地区；

(2) 李红和张兰是同学；

(3) 星期六晚上下雪了.

注:简单命题不包含其他命题作为命题的组成部分.对简单命题真值的确定,不能通过命题的逻辑推理,只能根据客观事实或生活经验自行判断.

定义 9.3 可以分解为更简单命题的命题称为**复合命题**.

例 5 下列命题由哪些简单命题组成:

(1) 36 可以被 12 或 18 整除;

(2) 张平边画画边听音乐;

(3) 只要明天天气晴朗,我们就去郊外春游.

解 (1) 由 A 和 B 两个简单命题组成,用"或"联结,其中

A:36 可以被 12 整除;

B:36 可以被 18 整除.

(2) 由 S 和 P 两个简单命题组成,用"且"联结,其中

S:张平画画;

P:张平听音乐.

(3) 由 M 和 N 两个简单命题组成,用"只要……就……"联结,其中

M:明天天气晴朗;

N:我们去郊外春游.

例 5 中的 3 个命题都是复合命题.复合命题是由若干简单命题通过逻辑联结词"非""或""且""如果……那么……""当且仅当"等联结而成的更复杂的命题.

(2) 复合命题的联结词

① **否定联结词**($\neg$).对于一个命题 P,如果仅将它的结论否定,则得到一个新命题,记作 $\neg P$,读作"非 P".

$\neg P$ 的真值和 P 的真值相反.也就是说,若命题 P 是真命题,则复合命题 $\neg P$ 为假命题;反之,若命题 P 是假命题,则复合命题 $\neg P$ 为真命题.否定联结词的真值表见表 9-1.

表 9-1

P	$\neg P$
T	F
F	T

例 6 设命题"P:今天是星期三",写出它的否定式复合命题.

解 P:今天是星期三.

$\neg P$:今天不是星期三.

② **析取联结词**($\vee$).若两个命题 P,Q,则复合命题"P 或者 Q"记作 $P \vee Q$,读作"P 析取 Q".

$P \vee Q$ 真值为真当且仅当 P,Q 至少一个为真.也就是说,只有当 P,Q 两个命题都为假的时候,$P \vee Q$ 才为假.析取联结词的真值表见表 9-2.

第9章
初识逻辑与图论

表 9-2

P	Q	$P \vee Q$
T	T	T
T	F	T
F	T	T
F	F	F

例 7 设有命题 P，Q 为"P：小英喜欢唱歌""Q：小英喜欢跳舞"，则 $P \vee Q$ 表示复合命题"小英喜欢唱歌或者小英喜欢跳舞."

③ **合取联结词**（$\wedge$）．若两个命题 P，Q，则复合命题"P 并且 Q"记作 $P \wedge Q$，读作"P 合取 Q".

P，Q 两个命题至少一个为假的时候，$P \wedge Q$ 都为假.也就是说，$P \wedge Q$ 真值为真当且仅当 P，Q 都为真.合取联结词的真值表见表 9-3.

表 9-3

P	Q	$P \wedge Q$
T	T	T
T	F	F
F	T	F
F	F	F

例 8 以例 7 的两个命题 P，Q 为例，则 $P \wedge Q$ 表示复合命题"小英喜欢唱歌并且小英喜欢跳舞."或"小英喜欢唱歌和跳舞."

④ **蕴涵联结词**（$\rightarrow$）．若两个命题 P，Q，则复合命题"如果 P 那么 Q"记作 $P \rightarrow Q$，读作"P 蕴涵 Q".这时，把 P 称作命题 $P \rightarrow Q$ 的**前件**，而 Q 则称为命题 $P \rightarrow Q$ 的**后件**.

只有当前件 P 为真，后件 Q 为假时，$P \rightarrow Q$ 才为假.也就是说，当前件 P 为假时，不论后件 Q 真值是真还是假，$P \rightarrow Q$ 均为真.蕴涵联结词的真值表见表 9-4.

表 9-4

P	Q	$P \rightarrow Q$
T	T	T
T	F	F
F	T	T
F	F	T

例 9 设有命题 P，Q 为"P：$3+2>9$""Q：我们明天去秋游"，则 $P \rightarrow Q$ 表示复合命题"如果 $3+2>9$，那么我们明天去秋游."

注：蕴涵联结词（$\rightarrow$）跟自然语言的"如果……，那么……"是有区别的，在自然语言"如

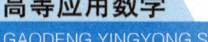

果 P 那么 Q"中,P,Q 往往是具有一定逻辑关系的语句,但是在数理逻辑 $P{\rightarrow}Q$ 中,我们对其命题真值的讨论,不依赖于 P,Q 之间的相关关系.

⑤ **等值联结词**($\leftrightarrow$).若两个命题 P,Q,则复合命题"P 当且仅当 Q"记作 $P{\leftrightarrow}Q$,读作 "P 与 Q 的等值式".类似地,称 P 为命题 $P{\leftrightarrow}Q$ 的**前件**,Q 为命题 $P{\leftrightarrow}Q$ 的**后件**.

当 P,Q 为同真或同假时,$P{\leftrightarrow}Q$ 才为真.也就是说,若 P,Q 为一真一假,则 $P{\rightarrow}Q$ 真值为假.等值联结词的真值表见表 9-5.

表 9-5

P	Q	$P{\leftrightarrow}Q$
T	T	T
T	F	F
F	T	F
F	F	T

例 10 设有命题 P,Q 为"P:太阳从东边升起""Q:正方形有四个角",则 $P{\leftrightarrow}Q$ 表示复合命题"太阳从东边升起,当且仅当正方形有四个角."

注:在自然语言中,有时等值联结词的表达比较隐含.比如,自然语句"你做完作业才可以去玩",虽然没有出现等值式的标志性词语"当且仅当",但是句子隐含"你可以去玩当且仅当你做完作业"的含义,是属于等值联接词的一种表达形式.

以上介绍的五种联结词合称为**真值联结词**或**逻辑联结词**,正确运用这些联结词可以将各种各样的复合命题符号化.具体过程可以分为下面的两个步骤:

(1)分析复合命题所包含的所有的简单命题,并对各简单命题进行符号化;

(2)通过恰当的联结词把各个简单命题逐个联结起来,组成复合命题的符号化形式.

例 11 将下列命题符号化.

(1)$y{=}x^2$ 和 $y{=}\cos x$ 都是偶函数.

(2)如果你不去游泳,那我也不去游泳了.

(3)王小乐是语文课代表,他是来自福州或南平,他是优秀学生干部.

解 各命题符号化如下:

(1)$P{\wedge}Q$.其中,P:$y{=}x^2$ 是偶函数;Q:$y{=}\cos x$ 是偶函数.

(2)$({\neg}P){\rightarrow}({\neg}Q)$.其中,$P$:你去游泳;$Q$:我去游泳.

(3)$P{\wedge}(Q{\vee}R){\wedge}S$.其中,$P$:王小乐是语文课代表;$Q$:王小乐来自福州;$R$:王小乐来自南平;$S$:王小乐是优秀学生干部.

2.命题公式的真值表

(1)命题公式

有了命题和逻辑联结词的定义,就可以通过逻辑联结词将若干简单命题组成复合命题.类似的,复合命题也是命题,同样可以通过逻辑联结词联结,组成更复杂的命题,它们被称为**命题公式**.命题公式是由命题、逻辑联结词和括号等组成的符号串,但并不是这些各种各样的符号随便排在一起就算是命题公式.我们需要给出命题公式的严格定义,首先

304

定义命题常项和命题变项.

定义 9.4　一个有确定真值的命题,其真值不是 T(1)就是 F(0),称为**命题常项**;而一个不表示确定真值的命题符号称为**命题变项**.命题常项与命题变项使用相同的命题符号表示形式.

定义 9.5　一个命题公式是由下列规则构造而成的符号串:

(1) 单个命题常项或命题变项 P、Q、R、A、B、$\cdots$,p、q、r、s、$\cdots$,0,1 是命题公式;

(2) 如果 P 是命题公式,则$(\neg P)$也是命题公式;

(3) 如果 P、Q 是命题公式,则$(P \lor Q)$、$(P \land Q)$、$(P \to Q)$、$(P \leftrightarrow Q)$也是命题公式;

(4) 只有有限次使用规则(1)～规则(3)组成的符号串才是命题公式.

比如,符号串$\neg(P \lor Q)$、$P \to (Q \to R)$、$(P \land Q) \leftrightarrow R$ 等都是命题公式,而$\land P$、$P \leftrightarrow Q \lor$、$P \to Q \to R$ 等都不是命题公式. 命题公式也简称为**公式**.

命题 A 和命题 $\neg A$ 的关系分别用文氏图来表示,如图 9-1 和图 9-2 所示(请注意阴影部分).

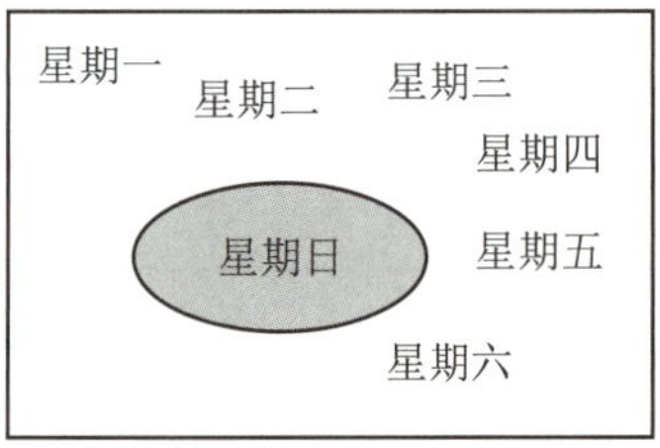

图 9-1

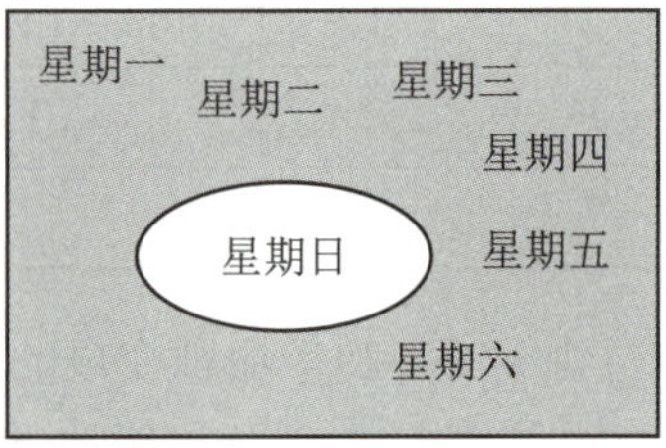

图 9-2

(2) 真值表

一个命题公式可能包含若干个命题变项,这些命题变项可以分别取不同的值,当给出一组各个命题变项的取值,整个命题公式就会有对应的真值情况.命题公式的真值情况取决于其所含的命题变项的真值.

定义 9.6　设 p_1,p_2,$\cdots$,p_n 为命题公式 A 所包含的所有命题变项,则 p_1,p_2,$\cdots$,p_n 的一组确定的真值,称为该命题公式 A 的一组**真值指派**(也称**赋值**).若指定的一组赋值使 A 的值为真,则称这组值为 A 的**成真赋值**;若指定的一组赋值使 A 的值为假,则称这组值为 A 的**成假赋值**.

定义 9.7　将命题公式 A 的所有不同的真值指派及其对应的命题公式的真值情况列成的一个表格,称为命题公式 A 的**真值表**.

例 12　写出下列命题公式的真值表.

(1) $\neg P \lor Q$;

(2) $P \land (Q \lor \neg R)$.

解　(1)、(2)的真值表分别见表 9-6、表 9-7.

高等应用数学

表 9-6

P	Q	$\neg P$	$\neg P \vee Q$
T	T	F	T
T	F	F	F
F	T	T	T
F	F	T	T

表 9-7

P	Q	R	$\neg R$	$Q \vee \neg R$	$P \wedge (Q \vee \neg R)$
T	T	T	F	T	T
T	T	F	T	T	T
T	F	T	F	F	F
T	F	F	T	T	T
F	T	T	F	T	F
F	T	F	T	T	F
F	F	T	F	F	F
F	F	F	T	T	F

注:(1)包含 $n(n \geqslant 1)$ 个命题变项的命题公式,共有 2^n 种不同的命题真值指派;(2)各逻辑运算符的优先级见表 9-8.一般地,使用括号来指明复合命题中同级逻辑运算符的顺序,括号具有最高优先级.

表 9-8

逻辑运算符	运算优先级
$\neg$	1
$\vee$ $\wedge$	2
$\rightarrow$ $\leftrightarrow$	3

例 13 写出下列命题公式的真值表

(1) $(P \wedge (P \rightarrow Q)) \rightarrow Q$;

(2) $\neg (P \rightarrow Q) \wedge Q$.

解 (1)、(2)的真值表分别见表 9-9、表 9-10.

306

第 9 章
初识逻辑与图论

表 9-9

P	Q	$P{\rightarrow}Q$	$P \wedge (P{\rightarrow}Q)$	$(P \wedge (P{\rightarrow}Q)){\rightarrow}Q$
T	T	T	T	T
T	F	F	F	T
F	T	T	F	T
F	F	T	F	T

表 9-10

P	Q	$P{\rightarrow}Q$	$\neg(P{\rightarrow}Q)$	$\neg(P{\rightarrow}Q) \wedge Q$
T	T	T	F	F
T	F	F	T	F
F	T	T	F	F
F	F	T	F	F

从表 9-6、表 9-7 可知,例 12 的两个命题公式包含的所有真值指派,有成真赋值也有成假赋值;从表 9-9 可知,例 13(1)的所有 $2^2 = 4$ 种真值指派均为成真赋值,无成假赋值;从表 9-10 可知,例 13(2)的所有 $2^2 = 4$ 种真值指派均为成假赋值,无成真赋值.根据命题公式所有真值指派下的赋值情况,可对命题公式进行分类.

定义 9.8 一个命题公式含有 n 个命题变项,如果所有 2^n 种真值指派均为成真赋值,即命题公式的取值恒为 T,则称为**重言式**或**永真式**,用 T 表示.

定义 9.9 一个命题公式含有 n 个命题变项,如果所有 2^n 种真值指派均为成假赋值,即命题公式的取值恒为 F,则称为**矛盾式**或**永假式**,用 F 表示.

定义 9.10 一个命题公式含有 n 个命题变项,如果所有 2^n 种真值指派至少存在一组成真赋值,则称为**可满足式**.

判断命题公式的类型可以通过观察真值表最后一列的取值情况进行判断.例如,$\neg P \vee P$ 是永真式也是可满足式,$\neg P \wedge P$ 是永假式,例 12 的两个命题公式是可满足式,例 13(1)是永真式也是可满足式,例 13(2)是永假式.永真式一定是可满足式,但可满足式则不一定是永真式.命题公式类型的判断除了真值表观察法还有演算法等.

3. 命题等价

定义 9.11 设 A,B 为两个命题公式,若等值式 $A{\leftrightarrow}B$ 是永真式,则称命题 A 与命题 B 是**等价**的,记作 $A{\Leftrightarrow}B$.

注:(1)$\leftrightarrow$ 与 $\Leftrightarrow$ 不能混为一谈.$\leftrightarrow$ 是命题联结词,$A{\leftrightarrow}B$ 是命题公式;而 $\Leftrightarrow$ 不是命题联结词,$A{\Leftrightarrow}B$ 表示命题 A 与命题 B 的等价关系,不是命题公式.(2)根据命题联结词 $\leftrightarrow$ 的成真判断条件,$A{\leftrightarrow}B$ 是永真式当且仅当命题 A 与命题 B 在任意真值指派条件下始终是同真同假的,所以具有等价关系的两个命题公式具有相同的真值表.

例 14 判断下列命题公式是否等价.

(1) $\neg(P \vee Q)$ 与 $\neg P \vee \neg Q$;

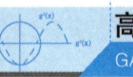
高等应用数学
GAODENG YINGYONG SHUXUE

（2）$\neg(P \vee Q)$与$\neg P \wedge \neg Q$.

解 （1）本题真值表见9-11，表中最后两列公式赋值对比，可知$\neg(P \vee Q)$与$\neg P \vee \neg Q$不等价.

表 9-11

P	Q	$\neg P$	$\neg Q$	$P \vee Q$	$\neg(P \vee Q)$	$\neg P \vee \neg Q$
T	T	F	F	T	F	F
T	F	F	T	T	F	T
F	T	T	F	T	F	T
F	F	T	T	F	T	T

（2）本题真值表见9-12，表中最后两列公式的赋值对比，可知$\neg(P \vee Q)$与$\neg P \wedge \neg Q$是等价的.

表 9-12

P	Q	$\neg P$	$\neg Q$	$P \vee Q$	$\neg(P \vee Q)$	$\neg P \wedge \neg Q$
T	T	F	F	T	F	F
T	F	F	T	T	F	F
F	T	T	F	T	F	F
F	F	T	T	F	T	T

除了用于判断命题公式是否等价，还可以通过真值表对比观察的方法推导验证很多具有等价关系的公式，其中有些是很重要的.牢记这些基本等价式，可以进行命题公式的化简，还可以很方便地推导出更多的等价式来.这种根据已知的等价式演算得出另外一些等价式的方法称为**等价式演算法**.在下面这些重要的等价式中，A、B、C代表任意的命题公式.

1	$A \Leftrightarrow \neg\neg A$.	双重否定律
2	$A \Leftrightarrow A \vee A$.	等幂律
3	$A \Leftrightarrow A \wedge A$.	
4	$A \vee B \Leftrightarrow B \vee A$.	交换律
5	$A \wedge B \Leftrightarrow B \wedge A$.	
6	$(A \vee B) \vee C \Leftrightarrow A \vee (B \vee C)$.	结合律
7	$(A \wedge B) \wedge C \Leftrightarrow A \wedge (B \wedge C)$.	
8	$A \vee (B \wedge C) \Leftrightarrow (A \vee B) \wedge (A \vee C)$.	分配律
9	$A \wedge (B \vee C) \Leftrightarrow (A \wedge B) \vee (A \wedge C)$.	
10	$\neg(A \vee B) \Leftrightarrow \neg A \wedge \neg B$.	德·摩根律
11	$\neg(A \wedge B) \Leftrightarrow \neg A \vee \neg B$.	

续 表

12	$A \vee (A \wedge B) \Leftrightarrow A.$	吸收律
13	$A \wedge (A \vee B) \Leftrightarrow A.$	
14	$A \vee T \Leftrightarrow T.$	零一律
15	$A \wedge F \Leftrightarrow F.$	
16	$A \vee F \Leftrightarrow A.$	同一律
17	$A \wedge T \Leftrightarrow A.$	
18	$A \vee \neg A \Leftrightarrow T.$	互否律
19	$A \wedge \neg A \Leftrightarrow F.$	
20	$A \to B \Leftrightarrow \neg A \vee B.$	蕴涵等价式
21	$A \leftrightarrow B \Leftrightarrow (A \to B) \wedge (B \to A).$	等值等价式
22	$A \to B \Leftrightarrow \neg B \to \neg A.$	假言易位
23	$A \leftrightarrow B \Leftrightarrow \neg A \leftrightarrow \neg B.$	等值否定等价式

例 15 化简 $Q \vee \neg((\neg P \vee Q) \wedge P).$

解 $Q \vee \neg((\neg P \vee Q) \wedge P)$

$\Leftrightarrow Q \vee \neg((\neg P \wedge P) \vee (Q \wedge P))$ （分配律）

$\Leftrightarrow Q \vee \neg(F \vee (Q \wedge P))$ （矛盾律）

$\Leftrightarrow Q \vee \neg(Q \wedge P)$ （同一律）

$\Leftrightarrow Q \vee (\neg Q \vee \neg P)$ （德·摩根律）

$\Leftrightarrow (Q \vee \neg Q) \vee \neg P$ （结合律）

$\Leftrightarrow T \vee \neg P$ （互否律）

$\Leftrightarrow T.$ （零一律）

例 16 证明等价式 $P \to (Q \to R) \Leftrightarrow (P \wedge Q) \to R.$

解 $P \to (Q \to R)$

$\Leftrightarrow \neg P \vee (Q \to R)$ （蕴涵等价式）

$\Leftrightarrow \neg P \vee (\neg Q \vee R)$ （蕴涵等价式）

$\Leftrightarrow (\neg P \vee \neg Q) \vee R$ （结合律）

$\Leftrightarrow \neg(P \wedge Q) \vee R$ （德·摩根律）

$\Leftrightarrow (P \wedge Q) \to R.$ （蕴涵等价式）

习题 9.1

1. 用形式语言写出下列命题.

(1) 如果一个数是质数,那么它只有两个正因子;

(2) 我坐公交车去上学或者走路去上学;

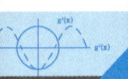
高等应用数学
GAODENG YINGYONG SHUXUE

(3) 王星不擅长体育但很擅长音乐;

(4) 函数在一点极限存在当且仅当在这一点的左、右极限存在且相等;

(5) 如果下雨,刘梅就不去游泳而是去图书馆.

2. 构造下列命题公式的真值表,并对命题公式进行分类.

(1) $Q \wedge (P \rightarrow Q) \rightarrow P$;

(2) $(P \wedge \neg Q) \vee (R \wedge Q) \rightarrow R$.

3. 推导法证明下列命题公式是等价的.

(1) $\neg (P \leftrightarrow Q) \Leftrightarrow (P \wedge \neg Q) \vee (\neg P \wedge Q)$;

(2) $(P \rightarrow Q) \wedge (R \rightarrow Q) \Leftrightarrow P \vee R \rightarrow Q$.

9.2 推理逻辑

所谓推理,是指由一个或几个已知的判断(前提),推导出一个未知结论的思维过程.推理主要有演绎推理和归纳推理.

9.2.1 演绎推理

演绎推理是从一般规律出发,运用逻辑证明或数学运算,得出特殊事实应遵循的规律,即从一般到特殊.

定义 9.12 从一般性的前提出发,通过推导即"演绎",得出具体陈述或个别结论的过程称为**演绎推理**.

演绎推理常见的形式有三段论、选言推理、假言推理等.

1. 三段论

定义 9.13 **三段论**是以两个包含一个共同项的命题为前提而推出一个新的性质命题为结论的推理.

拓展阅读

《庄子》中的三段论逻辑

例 1 参加这次社会实践活动的都是五年级学生.

陈华参加了这次社会实践活动.

————————————————

所以,陈华是五年级学生.

(1) 三段论的三个组成部分

从思维过程来看,任何一个三段论都包含着三个不同的部分:大前提、小前提和结论,缺少任何一个部分就无法构成三段论的推理,各部分含义如下.

➤ 大前提:指已知的一般原理.如例 1 中"参加这次社会实践活动的都是五年级学生"

310

第 9 章

初识逻辑与图论

是大前提.

➢ 小前提:指所研究的特殊情况.如例 1 中"陈华参加了这次社会实践活动"是小前提.

➢ 结论:根据一般原理,对特殊情况作出判断.如例 1 中"陈华是五年级学生"是结论.

(2) 三段论的词项

一个正确的三段论有且仅有 3 个词项,具体如下.

➢ 大项(用 P 来表示):出现在大前提中,又在结论中做谓项的词项.

➢ 中项(用 M 来表示):联系大前提和小前提的词项.

➢ 小项(用 S 来表示):出现在小前提中,又在结论中做主项的词项.

比如,例 1 中,大项 P 是"五年级学生";中项 M 是"这次社会实践活动";小项 S 是"陈华".可以看出,三段论的演绎过程如图 9-3 所示.

从图 9-3 可以看出,三段论推理是根据两个前提所表明的中项 M 与大项 P 以及小项 S 之间的关系,通过中项 M 的媒介作用,从而推导出确定小项 S 与大项 P 之间关系的结论.在三段论的演绎过程中,每个项(P,M,S)都出现了两次.

(3) 四概念错误

需要注意的是,三段论中的三个项(P,M,S)在其分别重复出现的两次中,所指的必须是同一个对象,具有同一个外延,否则就会犯四概念的错误.**四概念错误**也称四名词错误,是指在一个三段论中出现了四个不同的概念.这种错误多数是由于大前提和小前提中的中项表达着两个不同的概念而产生了四个不同的项.

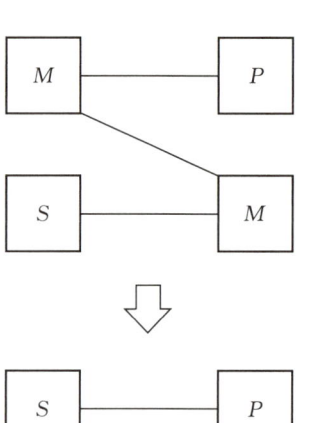

图 9-3

例 2 李白的诗词不是一天能读完的.

《静夜思》是李白的诗词.

所以,《静夜思》不是一天能读完的.

例 2 中的三段论犯了四概念错误,两个前提中出现的中项"李白的诗词",虽然文字相同,但是这两个"李白的诗词"的实际内涵是不同的.大前提中的"李白的诗词"是统称,指李白所有的诗词;而小前提中的"李白的诗词"是特指,表示某部作品是李白的诗词,它们表达着两个不同的概念,就出现了四个概念,产生了四个不同的项.这样,以"李白的诗词"这个具有不同概念的内容作为中项,也就无法将大项和小项必然地联系起来,因此推理错误.

2. 选言推理

定义 9.14 选言命题又称析取命题,是反映事物的若干种情况或性质中至少有一种情况或性质存在的命题.选言命题根据选言中的两个选言支是否具有并存关系分为相容选言命题和不相容选言命题.

例 3 下面两个命题包含两个(或多个)选择,都是属于选言命题.

(1) 他热爱旅游或者是为了放松心情,或者是为了增长见识;

(2) 同一平面内的两条直线或者相交,或者互相平行.

在例 3 中,命题(1)选言中的两个选言支是相容的,可以都选择,是相容选言命题,因为"他热爱旅游"可以是"为了放松心情",也可以是"为了增长见识",两个选言支至少有一

311

个是真的，并且可以同时选择；命题(2)选言中的两个选言支是不相容的，是不相容选言命题，因为"同一平面内的两条直线"只有两种位置关系：要么"相交"；要么"相互平行"，只能选择其中一支.

定义 9.15 **选言推理**就是前提中有一个选言命题，并且根据选言命题的逻辑关系而进行推演的推理.根据前提中所包含选言命题的不同类别，选言推理可相应地分为两类：相容选言推理和不相容选言推理.

(1) 相容选言推理

相容选言推理就是前提中有一个相容的选言命题，并且根据选言命题的逻辑关系而进行推演的推理.相容选言推理的基本原则是：大前提是一个相容的选言命题，小前提否定了其中一个(或一部分)选言支，结论就要肯定剩下的一个选言支；但是，若肯定了其中一个(或一部分)选言支，并不能否定另一部分选言支.由此，相容选言推理就有如下两条规则.

➢ 规则一：否定一部分选言支，就要肯定另一部分选言支.

➢ 规则二：肯定一部分选言支，不能否定另一部分选言支.

根据上述规则，相容选言推理只有一种正确的形式，即否定肯定式，就是在大前提中确定相容的选言支，在小前提中否定一部分选言支，得出肯定另一部分选言支的结论，如图 9-4 所示.

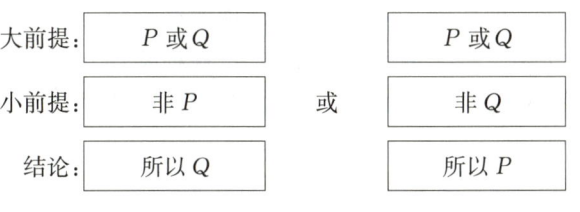

图 9-4

在日常生活中经常会进行选言推理.由于一个为真的相容选言命题至少有一个选言支为真，因而在排除一些选言支以后，剩下的选言支就是推出的结论.

例 4 王鹏取得优异的成绩，或者是因为他的勤奋努力，或者是因为他的天赋异禀.王鹏并没有勤奋努力.(非 P)
_____
所以，王鹏天赋异禀.(所以 Q)

例 5 王鹏取得优异的成绩，或者是因为他的勤奋努力，或者是因为他的天赋异禀.王鹏并没有天赋异禀.(非 Q)
_____
所以，王鹏勤奋努力.(所以 P)

例 6 王鹏取得优异的成绩，或者是因为他的勤奋努力，或者是因为他的天赋异禀.王鹏天赋异禀.(肯定 Q)
_____
王鹏没有勤奋努力.(否定 P，错误的结论)

例 4 和例 5 符合相容选言推理的规则，选言推理是正确的.但是如果肯定一部分选言支，并不能否定另一部分选言支；例 6 的推理错误，王鹏可以天赋异禀同时还勤奋努力.

第9章
初识逻辑与图论

（2）不相容选言推理

不相容选言推理,就是前提中有一个不相容的选言命题,并且根据选言命题的逻辑关系而进行推演的推理.不相容选言推理的基本原则是:大前提是一个不相容的选言命题,小前提否定了其中一个(或一部分)选言支,结论就要肯定剩下的一个选言支(这点与相容选言推理相同);但是,由于不相容选言中的选言支是不相容的,若肯定了其中一部分选言支,就要否定另一部分选言支(这点与相容选言推理不同).由此,不相容选言推理就有如下两条规则.

➤ 规则一:否定一部分选言支,就要肯定另一部分选言支.

➤ 规则二:肯定一部分选言支,就要否定另一部分选言支.

根据上述规则,不相容选言推理有两个正确的形式:一种是否定肯定式(与相容选言推理相同),参考图9-4;另一种是肯定否定式(与相容选言推理不相同),就是在大前提中确定不相容的选言支,在小前提中肯定一部分选言支,则可得出否定另一部分选言支的结论,具体演绎过程如图9-5所示.

大前提:	P 或 Q		P 或 Q
小前提:	P	或	Q
结论:	所以,非 Q		所以,非 P

图 9-5

例7 这件出土文物,要么是唐代作品,要么是宋代作品.(P 或 Q)
这件出土文物不是唐代作品.(非 P)
_____
所以,这件出土文物是宋代作品.(所以 Q)

例8 这件出土文物,要么是唐代作品,要么是宋代作品.(P 或 Q)
这件出土文物是宋代作品.(Q)
_____
所以,这件出土文物不是唐代作品.(所以,非 P)

例7采用"否定肯定式"推理,先否定"是唐代作品",从而推理出"是宋代作品"为真的结论;例8采用"肯定否定式"推理,先肯定"是宋代作品",从而推理出"是唐代作品"为假的结论.

3. 假言推理

定义9.16 **假言命题**又称条件命题,是陈述某一种事物情况的存在是另一事物情况存在的条件的复合命题.每一个假言命题都包含两个支命题,其中表示条件的支命题叫作**前件**,表示结果的支命题叫作**后件**.假言命题根据所表达的条件性质的不同分为:充分条件假言命题、必要条件假言命题和充分必要条件假言命题.

例9 比较下列三个不同形式的假言命题.

（1）如果下雨了,路上地板就会湿;

（2）只有坚持不懈勤奋努力,才能取得不断的进步;

（3）当且仅当一个数能被2整除,这个数才是偶数.

313

在例9中,命题(1)是一个充分条件假言命题,它陈述了有"下雨了"这个条件,就必然会产生"路上地板会湿"这个结果.因此,"下雨了"是"路上地板会湿"的充分条件.充分条件假言命题的逻辑形式一般表示为"如果 P,那么 Q"($P{\rightarrow}Q$),其中 P 为前件,Q 为后件.命题(2)是一个必要条件假言命题,它陈述了"坚持不懈勤奋努力"这个条件不具备,就必然不会产生"取得不断的进步"这个结果.因此,"坚持不懈勤奋努力"是"取得不断的进步"的必要条件.必要条件假言命题的一般逻辑形式为"只有 P,才 Q"($P{\leftarrow}Q$),其中 P 为前件,Q 为后件.命题(3)是一个充分必要条件假言命题,它陈述了如果"一个数能被2整除",则"这个数是偶数",并且如果"这个数是偶数",则"一个数能被2整除".因此,"一个数能被2整除"是"这个数是偶数"的充分必要条件.充分必要条件假言命题的一般逻辑形式为"P 当且仅当 Q"($P{\leftrightarrow}Q$),其中 P 为前件,Q 为后件.

假言命题的真假,是由其前件和后件的真假来确定的.真值关系判断的相关内容可参见9.1节中相关的内容.

定义 9.17 假言推理是前提中至少有一个假言命题,并且根据假言命题的逻辑关系进行推演的推理.根据前提中所包含假言命题的不同类别,假言推理可相应地分为三类:充分条件假言推理、必要条件假言推理和充分必要条件假言推理.

(1) 充分条件假言推理

充分条件假言推理是前提中至少有一个充分条件假言命题,并且根据充分条件假言命题的逻辑关系进行推演的推理.充分条件假言推理有如下两条规则.

➤ 规则一:肯定前件,就要肯定后件;否定前件,不能否定后件.

➤ 规则二:否定后件,就要否定前件;肯定后件,不能肯定前件.

在充分条件假言推理中,由前件可以推出后件,但不能由后件推出前件.根据规则,充分条件假言推理有两个正确的形式:一种是肯定前件式,如图9-6所示;另一种是否定后件式,如图9-7所示.

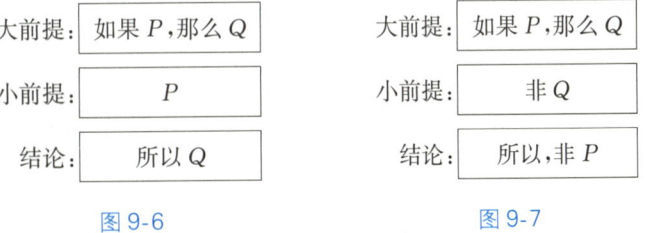

图 9-6   图 9-7

例10 如果两个三角形同底等高,则它们的面积相等.(如果 P,那么 Q)

两个三角形同底等高.(P)

所以,两个三角形面积相等.(所以 Q)

例11 如果两个三角形同底等高,则它们的面积相等.(如果 P,那么 Q)

两个三角形面积不相等.(非 Q)

所以,两个三角形不同底等高.(所以,非 P)

例10采用"肯定前件式"推理,先肯定前件"两个三角形同底等高",从而推理出后件

"两个三角形面积相等"为真的结论.但是,否定前件,并不能否定后件,即"两个三角形没有同底等高,并不一定面积就不相等".

例 11 采用"否定后件式"推理,先否定后件"两个三角形面积相等",从而推理出前件"两个三角形同底等高"为假的结论.但是,肯定后件,并不能肯定前件,即"两个三角形面积相等,并不一定就同底等高".

（2）必要条件假言推理

必要条件假言推理是前提中至少有一个必要条件假言命题,并且根据必要条件假言命题的逻辑关系进行推演的推理.必要条件假言推理有如下两条规则.

➢ 规则一:否定前件,就要否定后件;肯定前件,不能肯定后件.
➢ 规则二:肯定后件,就要肯定前件;否定后件,不能否定前件.

根据规则,必要条件假言推理有两个正确的形式:一种是否定前件式,如图 9-8 所示;另一种是肯定后件式,如图 9-9 所示.

大前提:	只有 P,才 Q
小前提:	非 P
结论:	所以,非 Q

图 9-8

大前提:	只有 P,才 Q
小前提:	Q
结论:	所以 P

图 9-9

例 12 只有正确的调查,才有发言权.（只有 P,才 Q）
　　　　没有正确的调查.（非 P）

　　　　所以,没有发言权.（所以,非 Q）

例 13 只有正确的调查,才有发言权.（只有 P,才 Q）
　　　　有发言权.（Q）

　　　　所以,有正确的调查.（所以 P）

例 12 采用"否定前件式"推理,否定前件"有正确的调查",从而推理出后件"有发言权"为假的结论.但是,肯定前件并不能肯定后件,即"有正确的调查,并不一定就有发言权",因此"有正确的调查"只是"有发言权"的一个必要条件.

例 13 采用"肯定后件式"推理,先肯定后件"有发言权",从而推理出前件"有正确的调查"为真的结论,也就是"只要有发言权,肯定有正确的调查".但是否定后件不一定能否定前件,如"没有发言权"并不一定表示"没有正确的调查",这边"有正确的调查"只是"有发言权"的一个必要条件.

（3）充分必要条件假言推理

充分必要条件假言推理是前提中至少有一个充分必要条件假言命题,并且根据充分必要条件假言命题的逻辑关系进行推演的推理.充分必要条件假言推理有如下两条规则.

➢ 规则一:肯定前件,就要肯定后件;肯定后件,就要肯定前件.
➢ 规则二:否定前件,就要否定后件;否定后件,就要否定前件.

根据上述规则,充分必要条件假言推理有四个正确的形式.根据规则一,有肯定前件式和肯定后件式两种形式,如图 9-10 所示;根据规则二,有否定前件式和否定后件式两种形式,如图 9-11 所示.

大前提:	P 当且仅当 Q	P 当且仅当 Q
小前提:	P	Q
结论:	所以 Q	所以 P

图 9-10

大前提:	P 当且仅当 Q	P 当且仅当 Q
小前提:	非 P	非 Q
结论:	所以,非 Q	所以,非 P

图 9-11

例 14 针对大前提"叶萍周末去游泳,当且仅当周末天气晴朗.(P 当且仅当 Q)"写出充分必要条件假言推理的四种演绎形式.

解 (1)肯定前件式

叶萍周末去游泳,当且仅当周末天气晴朗.(P 当且仅当 Q)

叶萍周末去游泳.(P)

所以,周末天气晴朗.(所以 Q)

(2)肯定后件式

叶萍周末去游泳,当且仅当周末天气晴朗.(P 当且仅当 Q)

周末天气晴朗.(Q)

所以,叶萍周末去游泳.(所以 P)

(3)否定前件式

叶萍周末去游泳,当且仅当周末天气晴朗.(P 当且仅当 Q)

叶萍周末没有去游泳.(非 P)

所以,周末不是天气晴朗.(所以非 Q)

(4)否定后件式

叶萍周末去游泳,当且仅当周末天气晴朗.(P 当且仅当 Q)

周末不是天气晴朗.(非 Q)

所以,叶萍周末没有去游泳.(所以非 P)

9.2.2 归纳推理

除了演绎推理外,在逻辑推理中常用的还有一种称为"归纳推理"的方法,它们互相依赖,互相补充,在人类认识活动中各自发挥着重要作用.

定义 9.18 归纳推理是以若干个个别性或特殊性知识作为前提,来推出一个一般性知识作为结论的推理,是从个别性知识推出一般性结论的推理.

归纳推理按其是否涉及一类对象的全部而论,可将其分为两类:完全归纳推理和不完全归纳推理.完全归纳推理考察了某类事物的全部对象,而不完全归纳推理则仅仅考察了某类事物的部分对象;完全归纳推理是必然性推理,而不完全归纳推理则是或然性推理.

1. 完全归纳推理

定义 9.19 **完全归纳推理**是根据某类事物中每一个对象具有(或不具有)某种属性为前提,从而推出该类事物全部对象都具有(或不具有)该属性的结论的归纳推理.

例 15 下面就是一个完全归纳推理的例子.

五年 6 班的男生都参加了这次科技活动.

五年 6 班的女生都参加了这次科技活动.

(五年 6 班的男生和女生构成五年 6 班的所有学生)
_____

所以,五年 6 班所有学生都参加了这次科技活动.

完全归纳推理的特点是在前提中逐一考察的是一类事物的全部对象,结论所断定的范围没有超出前提所断定的范围,所以完全归纳推理的前提与结论之间的联系是必然性的.

运用完全归纳推理要获得正确的结论,必须满足如下两条要求.

➢ 要求一:在前提中无一遗漏地考察了某类事物的全部对象.

➢ 要求二:在前提中对该类事物每个对象的断定都是真实的.

一般来说,在某类事物对象数目不多的情况下,运用完全归纳推理来证明论点是一个较好的方法.但是,如果某类事物所包含的个体对象数目不明确或很大时通常会使用不完全归纳推理的方法.

2. 不完全归纳推理

定义 9.20 **不完全归纳推理**是根据某类事物中的一部分对象具有(或不具有)某种属性为前提,从而推出该类事物全部对象都具有(或不具有)该属性的结论的归纳推理.

不完全归纳推理根据选择某类事物中一部分对象的不同方法分为简单枚举归纳推理、科学归纳推理、概率归纳推理和统计归纳推理等四种方式.

(1)简单枚举归纳推理

简单枚举归纳推理是根据某类事物的部分对象具有(或不具有)某种属性,并且没有遇到任何反例为前提,推出该类事物全部对象具有(或不具有)该种属性的结论.

例 16 北京下的雪是白的.

莫斯科下的雪是白的.

澳大利亚下的雪是白的.

…………

在考察中未遇到反例.
_____

所以,所有地方下的雪都是白的.

例 16 是简单枚举归纳推理,在前提中并没有把所有下雪的地方的情况都列出来,只是从少数的例子出发,推出"所有地方下的雪都是白的"的结论,这样得出的结论在没发现反例之前是成立的,一旦发现反例结论就不成立.

简单枚举归纳推理的前提与结论之间的联系不是必然的,它是一种或然性推理.这是由于简单枚举法的前提只考察了某类事物的部分对象,便根据经验性认识作出结论,所以

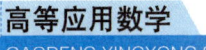
高等应用数学
GAODENG YINGYONG SHUXUE

就使其自身带有不可克服的弱点,那就是其结论超出了其前提的范围,因而其结论是不可靠的.为了提高简单枚举归纳推理的可靠性,需要注意如下两点.

➤ 第一,前提中考察的对象要尽可能多,考察的范围要足够广.

➤ 第二,考察是否有反例.

虽然简单枚举归纳推理结论的可靠程度不高,但它被普遍认为是能够提供新知识的推理,在人类的认识过程中具有重要作用.

(2)科学归纳推理

科学归纳推理是根据某类事物的部分对象与某种属性因果联系的认识,推出该类事物全部对象具有该种属性的结论.

例17 三角梅适当补充有机养分后生长旺盛.

菊花适当补充有机养分后生长旺盛.

茶花适当补充有机养分后生长旺盛.

············

植物能够直接吸收利用有机养分,使它们在体内迅速转运和转化,促进生长.

所以,所有花卉适当补充有机养分后生长旺盛.

例17是科学归纳推理,在前提中列举出部分花卉生长旺盛的原因,描述现象产生的科学分析,推出"所有花卉适当补充有机养分后生长旺盛"的结论,这样得出的结论依据科学分析,可靠性较高.

注意:在科学归纳推理中,某类事物的部分对象与某种属性的因果联系,是建立在已有的科学知识的基础上的(如例17中"有机养分的直接吸收利用"是一种客观存在的科学依据),这是科学归纳推理与简单枚举归纳推理的主要区别.

习题 9.2

1. 小王的绰号叫"常有理".有一天,大家正在议论要讲真话,反对讲假话的问题.小王突然插话说:"什么真话、假话,世界上根本没有人能说假话."大家感到他这个说法很新鲜,立即问他:"为什么呢?"小王回答说:"说假话就是说不存在或不真实的事嘛.而说不存在或不真实的事物是不可能的,那当然说假话也就是不可能的了.既然如此,还有谁能说假话呢?"大家一听,都说小王不愧是"常有理",连"说假话"这种常见的现象都否认,而且还能说出"理由"来.

请问:小王的推理对不对?为什么?

2. 一部文学作品有问题,或者是逻辑上有错误,或者是艺术上有缺点.请问:

(1)上述判断是什么选言命题?

(2)如果以之为大前提,并加上小前提"某文学作品逻辑上有错误",能否得出"某文学作品艺术上没有缺点"的结论?为什么?

(3)如果以之为大前提,并加上小前提"某文学作品逻辑上没有错误",能否得出"某文学作品艺术上有缺点"的结论?为什么?

318

第 9 章
初识逻辑与图论

3. 根据假言推理的有关知识,回答下列问题:

(1) "要是降落的球不受外力影响,它就不会改变降落的方向,既然球受到了外力的影响,因此,它改变了降落方向。"这个推理对不对? 为什么?

(2) "了解情况,才能避免主观性;此人主观,可见,他不了解情况。"这个推理对不对? 为什么?

4. 判断下列结论能否借助完全归纳推理得出.

(1) 天鹅都是白的;

(2) 所有大于 6 的合数都等于两个质数之和;

(3) 某班所有同学的逻辑学考试成绩均在 80 分以上;

(4) 所有事物都是可以变化的.

9.3 图论简介

图论以图为研究对象,是应用数学的一个重要分支,是研究离散结构模型的一种重要工具.在图论中,将对象抽象成点,对象之间的联系则用线表示,点和线组成各种不同的图,可以用来讨论多种问题.

9.3.1 图的基本概念

1. 图的定义

当考察或研究某一系统时,把研究对象的全体作为一个集合,每个研究对象是集合的元素,如果我们只关心各对象之间是否存在某种关系,那么可以用图形来表示这一现象.每个研究对象用一个点来表示,若两个对象之间存在关系,则在相应的点之间连一条线.由于我们只关心对象之间的关系,因此连线的长短曲直和点的位置都无关紧要,重要的是两点间是否有线相连.这样的图形所表示的,就是图论所要研究的图.图是由顶点和连接顶点的边构成的离散结构.下面给出图的定义.

定义 9.21 一个**图** G 由顶点(或结点)的非空集 V 和边集 E 构成,记为 $G = (V, E)$. 每条边有一个或两个顶点与它相连,这样的顶点称为边的**结点**(或**顶点**).

图 G 中的结点可以是有序的,也可以是无序的.

定义 9.22 若图 G 中的边 e 与结点 u, v 的有序结点对 $\langle u, v \rangle$ 相对应,则称 e 为**有向边**或**弧**,记为 $e = \langle u, v \rangle$,这时称 u 为**起点**(或**弧尾**),v 为**终点**(或**弧头**).反之,若图 G 中的边 e 与结点 u、v 的无序结点对 (u, v) 相对应,则称 e 为**无向边**,记为 $e = (u, v)$.这时称 e

与两个结点**互相关联**,并称 u、v 是**邻接**的,否则称为**不邻接**的.关联于同一结点的两条边称为**邻接边**.如果一条边的两端点重合,称为**自回路**或**自环**.

拓展阅读

图模型之生态学里栖息地重叠图

定义 9.23 每条边都是有向边的图称为**有向图**;每条边都是无向边的图称为**无向图**;既有有向边又有无向边的图称为**混合图**.

定义 9.24 两结点间若有几条边(对于有向图则有几条同向边),称这些边为**平行边**(或**多重边**).两结点间平行边的条数称为连接这两结点边的**重数**.含有平行边的图称为**多重图**.不含平行边和自回路的图称为**简单图**.

例 1 设图 $G=(V, E)$,如图 9-12 所示.

这里 $V=\{v_1, v_2, v_3\}$, $E=\{e_1, e_2, e_3, e_4, e_5\}$,其中 $e_1=(v_1, v_2)$、$e_2=(v_1, v_3)$、$e_3=(v_3, v_3)$、$e_4=(v_2, v_3)$、$e_5=(v_2, v_3)$.在这个图中,e_3 是两个端点相同的边,称为自回路;边 e_4 和 e_5 都与结点 v_2、v_3 关联,也就是说结点 v_2 和 v_3 之间有两条边相连,这样的边称为多重边.

例 2 在如图 9-13 所示的图中,是否有无向边或有向边? 是否有多重边? 是否有自回路? 指出它们各自是属于哪种图的类型.

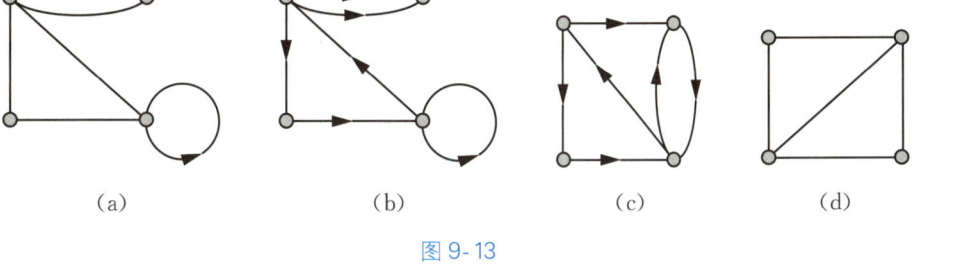

图 9-12

图 9-13

解 图 a 是带多重边和自回路的混合图,是混合多重图;图 b 是带多重边和自回路的有向图,是有向多重图;图 c 是不含多重边和自回路的有向图,是有向简单图;图 d 是不含多重边和自回路的无向图,是无向简单图.

2. 结点的度

我们常常需要关心图中有多少条边与某一结点关联,这就引出了图的一个重要概念——结点的度.

定义 9.25 在图 G 中,与结点 v 关联的边数称为点 v 的**度数**,记为 $\deg(v)$.在有向图中,以 v 为起点的有向边数称为 v 的**出度**,记为 $\deg^+(v)$;以 v 为终点的有向边数称为 v 的**入度**,记为 $\deg^-(v)$.特别地,度数为零的结点称为**孤立点**;度数为 1 的结点称为**悬挂点**,与悬挂点关联的边称为**悬挂边**.

在图 9-12 中,$\deg(v_1)=2$, $\deg(v_2)=3$, $\deg(v_3)=5$.

定理 9.1 无向图 $G=(V, E)$ 中结点度数的总和等于边数的两倍,即

$$\sum_{v \in V} \deg(v) = 2|E|.$$

证明 因为每条边都与两个结点关联,所以加上一条边就使得各结点度数的和增加2,由此结论成立.

推论 无向图有偶数个奇度数结点.

定理 9.2 有向图 $G = (V, E)$ 中所有结点的入度之和等于所有结点的出度之和,即

$$\sum_{v \in V} \deg^+(v) = \sum_{v \in V} \deg^-(v) = |E|.$$

证明 因为每一条有向边提供一个出度和入度,而所有各结点出度之和及入度之和均由有向边数 $|E|$ 所提供,所以此结论成立.

3. 几种常见的图

定义 9.26 一个有 n 个顶点、m 条边的图常记为 (n, m) **图**或 n **阶图**,特别地,$(n, 0)$图称为**零图**,$(1, 0)$称为**平凡图**.

定义 9.27 所有结点的度数都相同的图称为**正则图**,所有结点的度数都为 k 的正则图称为 k **阶正则图**.

如图 9-14 所示为 3 度正则图,称为**彼得森图**.

定义 9.28 (1) 任意两个结点间都有边的无向简单图,称为**无向完全图**,n 个结点的无向完全图记作 K_n;

(2) 任意两个不同结点 u, v,既有有向边 $\langle u, v \rangle$,同时又有有向边 $\langle v, u \rangle$ 的有向图,称为**有向完全图**.

常见的完全图如图 9-15 所示,图 9-15a ~ 图 9-15c 分别是 K_3、K_4、K_5,图 9-15d 是三阶有向完全图.

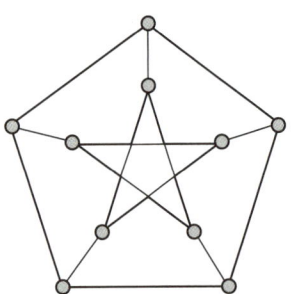

图 9-14

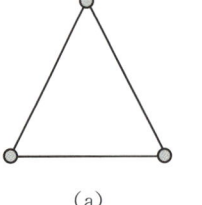

(a)

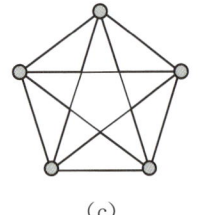

(b)

(c)

(d)

图 9-15

注:由有向完全图和无向完全图的定义易知,n 阶有向完全图的边数为 n^2;n 阶无向完全图的边数为 $\dfrac{n(n-1)}{2}$.

定义 9.29 赋权图 G 是一个三元组 (V, E, g) 或四元组 (V, E, f, g),其中 V 是顶点集,E 是边集,f 是定义在 V 上的函数,g 是定义在 E 上的函数,$f(v_i)$ 和 $g(e_i)$ 分别称为顶点 v_i 和边 e_i 上的**权**.如图 9-16

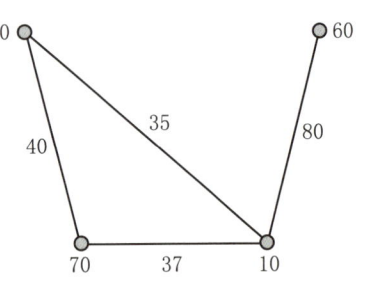

图 9-16

高等应用数学
GAODENG YINGYONG SHUXUE.

所示即为一个赋权图.

9.3.2 图的连通性

1. 通路和回路

定义 9.30 给定图 $G=(V, E)$.设 v_0，v_1，$\cdots$，$v_k \in V$，e_1，e_2，$\cdots$，$e_k \in E$，其中 e_i 是关联于结点 v_{i-1} 和 v_i 的边,称交替序列 $\mu = v_0 e_1 v_1 e_2 \cdots e_k v_k$ 为连接 v_0 到 v_k 的**通路**,路中边的数目 k 称作该**通路的长度**.如果通路中的起点与终点相同,则称为**回路**.长度大于 2 的闭合的通路 μ(即除 $v_0 = v_k$ 外,其余结点均不相同的路)称作**圈**.

下面利用通路的概念解决一个古老的著名问题——**农夫过河问题**.

例 3 一个农夫要把一匹狼、一只羊和一捆干草从河的左岸运过河去,河上只有一艘木船,每次除了农夫以外,只能带一样东西过河.另外农夫不在旁时,狼就要吃羊,羊就要吃干草.请问农夫该采取什么方案才能将所有的东西运过河?

解 用 F 表示农夫,W 表示狼,S 表示羊,H 表示干草.

若用 $FWSH$ 表示农夫和其他 3 样东西在河左岸的状态.这样在左岸全部可能出现的状态为以下 16 种:

$$FWSH \quad FWS \quad FWH \quad FSH$$
$$WSH \quad FW \quad FS \quad FH$$
$$WS \quad WH \quad SH \quad F$$
$$W \quad S \quad H \quad \varnothing$$

这里 $\varnothing$ 表示左岸是空集,即农夫、狼、羊、干草都已运到右岸去了.

根据题意检查一下就可以知道,这 16 种情况中有 6 种情况是不允许出现的.它们是:WSH，FW，FH，WS，SH，F.因此,允许出现的情况只有 10 种.

我们构造一个图(图 9-17),它的结点就是这 10 种状态.若一种状态可以转移到另一种状态,就在表示它们的两结点间连一条边.本题就转化为找 $FWSH$ 到结点 $\varnothing$ 的通路.从图中得到两条这样的通路,即有两种过河方案.

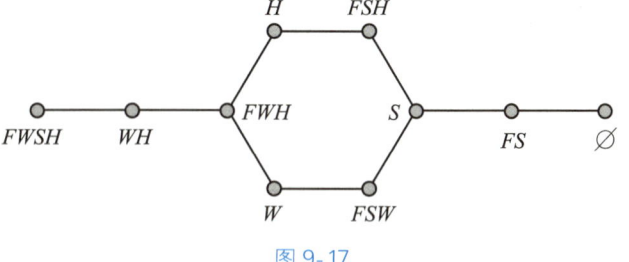

图 9-17

2. 无向图的连通性

定义 9.31 设 $G=(V, E)$ 和 $G_1=(V_1, E_1)$ 是图,有

(1) 若 $V_1 \subseteq V$，$E_1 \subseteq E$,则称 G_1 是 G 的**子图**,G 是 G_1 的**母图**,记作 $G_1 \subseteq G$;

(2) 若 $G_1 \subseteq G$ 且 $G_1 \neq G$(即 $V_1 \subset V$ 或 $E_1 \subset E$),则称 G_1 是 G 的**真子图**;

322

（3）若 $G_1 \subseteq G$ 且 $V_1 = V$，则称 G_1 是 G 的**生成子图**.

例 4 如图 9-18 所示，G 是 G_1，G_2 的母图；G_1，G_2 是 G 的子图；且 G_2 是 G 的生成子图.

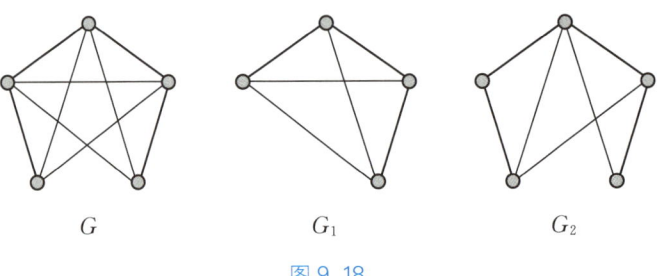

图 9-18

定义 9.32 在无向图 G 中，如果 v_1 到 v_2 存在一条通路，则称从 v_1 到 v_2 是**连通**的，否则则称为是**不连通**的.

定义 9.33 若无向图 G 的任意两个结点之间都有至少一条通路，则称这个图是**连通图**.

特别地，不连通的图是 2 个或 2 个以上连通子图的并，每一对子图都没有公共的结点，这些不相交的连通子图称为图的**连通分支**.

例 5 如图 9-19 所示，图 a 是连通图，图 b 是由 2 个连通分支构成的图；连通图的连通分支为 1.

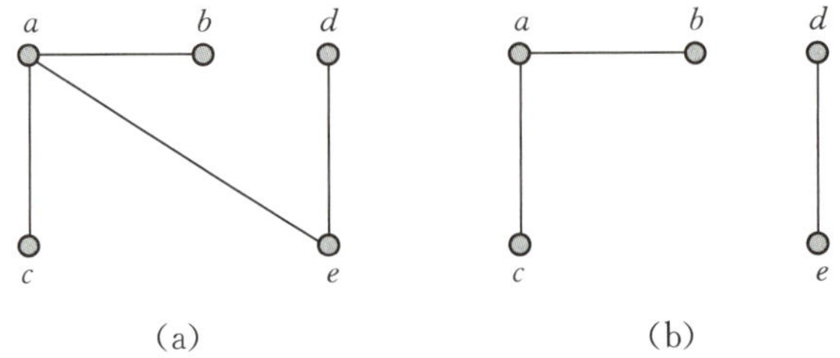

图 9-19

9.3.3 欧拉图与哈密尔顿图

1. 欧拉图

1736 年，数学家列昂哈德·欧拉（Leonhard Euler）研究了哥尼斯堡七桥问题，发表了图论的第一篇论文，确定了七桥问题是无解的.这篇论文被认为是图论的起源，欧拉开创了图论的新天地，被公认为图论的创始人.

普鲁士的哥尼斯堡城有一条贯穿全城的普雷格尔河，河中有两个岛屿，7 座桥梁巧妙地将两岸及岛屿间连接起来，如图 9-20 所示.每逢节假日，城中居民进行环城游玩.当地居民热衷于这样一个问题：游人能不能不重复地从某地出发走完每座桥一次且仅一次，最后再回到出发点.这个问题很多人都作出了尝试却都没有成功.

323

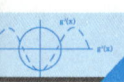

高等应用数学
GAODENG YINGYONG SHUXUE

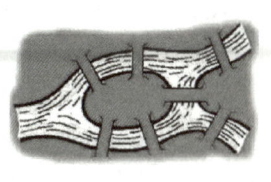

图 9-20

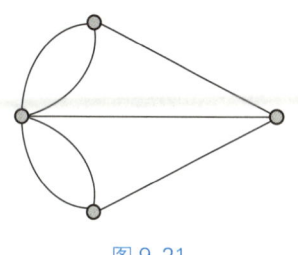

图 9-21

以上便是著名的哥尼斯堡七桥问题.欧拉经过认真的研究,把这个问题抽象简化为平面上的点与线的组合,将陆地设想为图的结点,而把桥画成相应的连接边,这样注明的哥尼斯堡七桥问题被归结为如图 9-21 所示的"一笔画"问题,即在图 9-21 中从某一结点出发找一条通路,通过它的每条边一次且仅一次,并回到原结点.欧拉证明了这是不可能的,并由此引出欧拉通路和欧拉回路等概念.

定义 9.34 如果图中存在一条通过图中各边一次且仅一次的回路,则称此回路为**欧拉回路**,具有欧拉回路的图称为**欧拉图**.

定义 9.35 如果图中存在一条通过图中各边一次且仅一次的通路,则称此通路为**欧拉通路**,具有欧拉通路的图称为**半欧拉图**.

例 6 如图 9-22 所示,图 a 具有欧拉回路,是欧拉图;图 b 具有欧拉通路,是半欧拉图;图 c 既不是欧拉图也不是半欧拉图.可进一步验证发现,图 a 和图 b 都能一笔画成,但是图 a 可以从任意一点出发一笔画成,且回到出发点,而图 b 必须从 v_1 或 v_2 出发才能一笔画成,若由 $v_1(v_2)$ 出发,则终止于 $v_2(v_1)$.

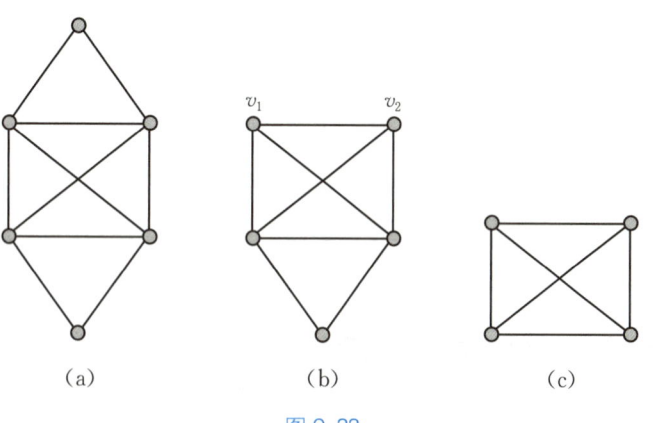

(a)　　　　　　　　　(b)　　　　　　　　　(c)

图 9-22

如何判定一个图是否具有欧拉回路或欧拉通路? 欧拉在解决哥尼斯堡七桥问题时得出了如下定理.

定理 9.3 无向连通图 G 具有欧拉回路(欧拉图),当且仅当 G 中各结点的度数均为偶数.

定理 9.4 无向连通图 G 具有欧拉通路(半欧拉图),当且仅当 G 中恰有 2 个奇度数结点.

324

由定理 3 和定理 4 可知,在七桥问题的图 9-21 中,其四个结点都是奇度数结点,所以不存在欧拉回路和欧拉通路,七桥图不可能一笔画成,说明七桥问题无解.

例 7 如图 9-23a 所示为一幢房子的平面图形,前门进入一个客厅,由客厅通向四个房间.如果要求每扇门只能进出一次,现在由前门进去,能否通过所有的门走遍所有的房间和客厅,然后从后门走出.

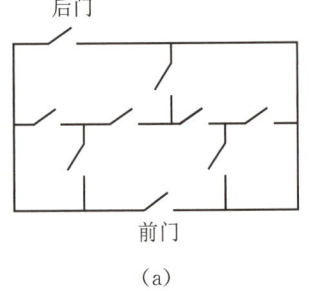
（a）

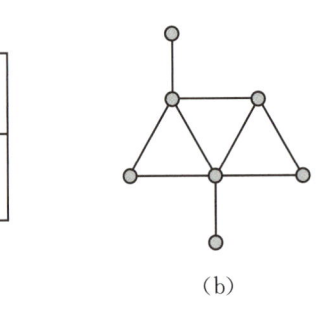
（b）

图 9-23

解 将四个房间和一个客厅及前门外和后门外作为结点,若两结点有边相连就表示这两个结点所表示的位置有一扇门相通.由此得图 9-23b 所示的抽象数学模型图.由于图中有 4 个结点是奇度数结点,故由定理 4 知本题无解.

2. 哈密尔顿图

哈密尔顿图是图论中与欧拉图类似的著名问题.爱尔兰数学家、物理学家威廉·罗万·哈密尔顿(William Rowan Hamilton)于 1856 年首先提出这一类问题,他设计了一个关于正十二面体的数学游戏:能否在如图 9-24 所示的图中找到一个回路,使它含有图中所有结点一次且仅一次? 若把每个结点看成一座城市,连接两个结点的边看成是城市间的一条交通线,那么这个问题就变成:能否找到一条旅行线路,使得沿着该旅行路线经过每座城市恰好一次,再回到原来的出发点呢? 为此,这个问题也被称作**周游世界问题**.

为了研究方便,将原图压缩到一个平面上考虑.如图 9-25 所示,粗线表示的回路,就是对周游世界问题的解,这样的回路被称为哈密尔顿回路.

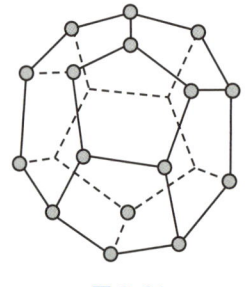

图 9-24

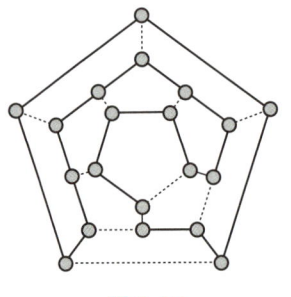

图 9-25

定义 9.36 给定图 G,有

(1) 若有一条回路,经过图 G 中每个结点恰好一次,则这样的回路称为**哈密尔顿回路**.具有哈密尔顿回路的图称为**哈密尔顿图**.

(2) 若有一条通路,经过图 G 中每个结点恰好一次,则这样的通路称为**哈密尔顿通路**.具有哈密尔顿通路的图称为**半哈密尔顿图**.

例 8 判断图 9-26 中的各图是否是(半)哈密尔顿图.

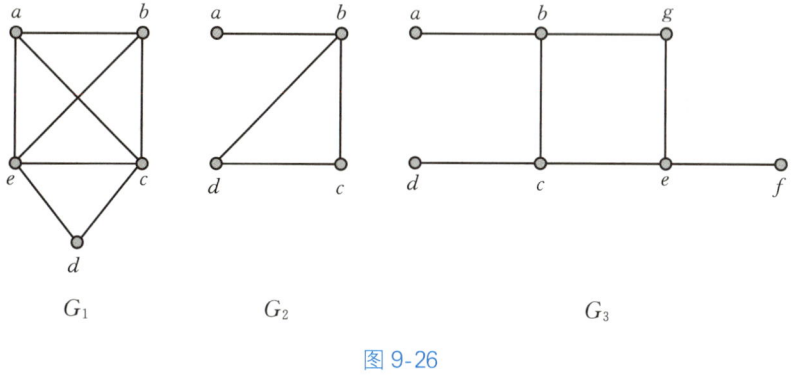

图 9-26

解 G_1 有哈密尔顿回路 $a—b—c—d—e—a$,是哈密尔顿图;G_2 没有哈密尔顿回路,但是有哈密尔顿通路 $a—b—c—d$,是半哈密尔顿图;G_3 没有哈密尔顿回路,也没有哈密尔顿通路,所以 G_3 既不是哈密尔顿图也不是半哈密尔顿图.

虽然哈密尔顿回路与欧拉回路在构造形式上极其相似,但要确定一个图为哈密尔顿图却十分困难,目前为止还没有找到判定一个图为哈密尔顿图的充要条件,成为图论中久而未解的主要问题之一.判断哈密尔顿图的充分条件有很多,下面仅介绍其中一个.

定理 9.5 设 G 是有 n 个结点的无向简单图,则有

(1) 如果 G 中的任意两个不同结点度数之和大于或等于 n,则 G 具有哈密尔顿回路,即 G 是哈密尔顿图;

(2) 如果 G 中的任意两个不同结点度数之和大于或等于 $n-1$,则 G 具有哈密尔顿通路,即 G 是半哈密尔顿图.

例 9 某处有 5 个风景点.若每个景点均有两条道路与其他景点相通,问是否可经过每个景点恰好一次而游完这 5 个风景点?

解 将景点作为结点,道路作为边,则得到一个有 5 个结点的无向图.

由题意,对每个结点 v_i 有

$$\deg(v_i) = 2 (i = 1, 2, \cdots, 5),$$

则对其中任意两点 v_i、v_j 均有

$$\deg(v_i) + \deg(v_j) = 2 + 2 = 4 = 5 - 1.$$

可知此图一定有一条哈密尔顿通路,本题有解.

第 9 章

初识逻辑与图论

数学实验

实验 9-1　使用 MATLAB 实现最短路径问题

例　在图 9-27 中,点 1 表示炼油厂所在位置,需铺设原油管道给位于点 3 的某地区供油,要求至少经过位于 2,4,5 的站点,各点间的长度如图所示,请设计出最小长度的管道铺设方案.

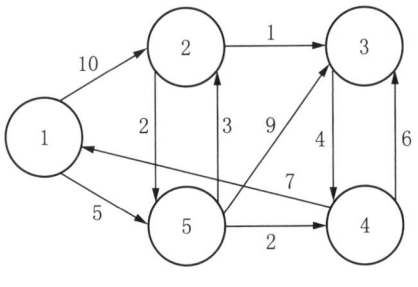

图 9-27

解　这是一个最短路径问题,需要在安装有"图论工具箱"的 MATLAB 软件中实现编程.

调用函数 $[dist, path, pred] = graphshortestpath(DG, 1, 3)$,其中 dist 表示最短路径的值,path 是最短路径的阶段顺序,pred 是到每一个结点的最短路径的终点前的一个结点,DG 表示链接矩阵.基于此,编写以下程序代码.

```
w = [10,5,2,1,4,6,7,3,9,2];
DG = sparse([1,1,2,2,3,4,4,5,5,5],[2,5,5,3,4,3,1,2,3,4],w);
[dist,path,pred] = graphshortestpath(DG,1,3)
% biograph 生成图对象,view 显示该图
point_name = ['1','2','3','4','5'];
h = view(biograph(DG,point_name,'ShowWeights','on'))
% 将最短路径的节点和边缘标记为红色并增加线宽
% getedgesbynodeid 得到图 h 的指定边的句柄
% 第一个参数是图,第二个是边的出点,第三个是边的入点
% 句柄确保能找到对应的东西
% get 查询图的属性,h.Nodes(path),'ID'得到图中最短路径
% set 函数设置图形属性
edges = getedgesbynodeid(h,get(h.Nodes(path),'ID'));
set(edges,'LineColor',1 0 0])
set(edges,'LineWidth',3)
```

运行结果如图 9-28 所示.

327

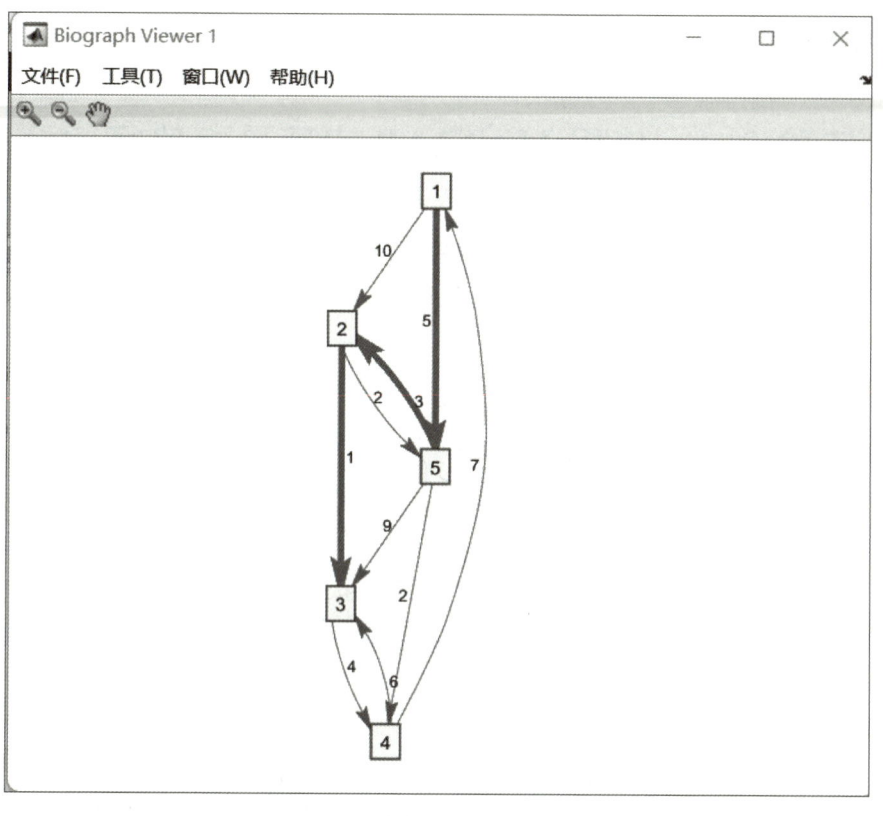

图 9-28

习题 9.3

1. 画出下面各图形.

(1) $G = (V, E)$, 其中 $V = \{a, b, c, d, e\}$, $E = \{(a, b), (a, b), (b, c), (c, b), (b, d), (d, c), (d, d), (d, e)\}$;

(2) $G = (V, E)$, 其中 $V = \{a, b, c, d, e\}$, $E = \{\langle a, b \rangle, \langle a, b \rangle, \langle b, c \rangle, \langle c, b \rangle, \langle b, d \rangle, \langle d, c \rangle, \langle d, d \rangle, \langle d, e \rangle\}$.

2. 求所给无向图的结点数、边数以及每个结点的度.

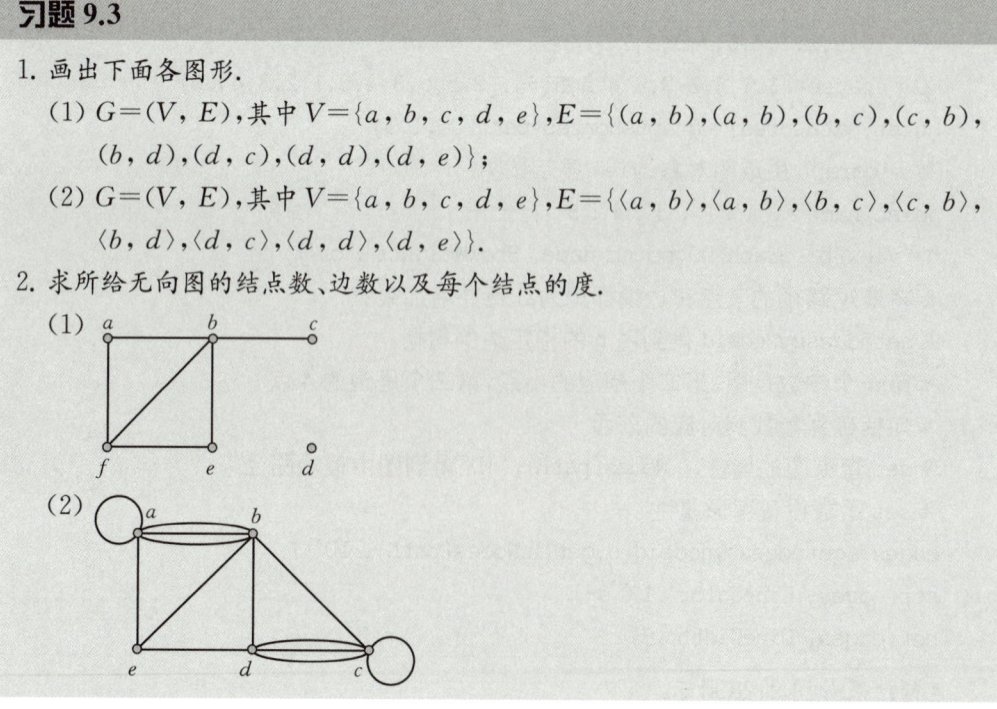

第9章
初识逻辑与图论

3. 判断下列给定的图形能否一笔画成.

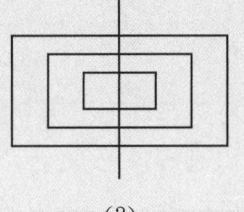

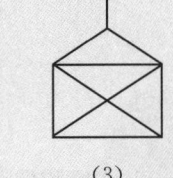

(1)　　　　　　　(2)　　　　　　　(3)

4. 画一个无向图,使它满足:

(1) 既是欧拉图,又是哈密尔顿图;

(2) 是欧拉图,不是哈密尔顿图;

(3) 不是欧拉图,是哈密尔顿图;

(4) 既不是欧拉图,也不是哈密尔顿图.

知识拓展

探索应用9

助学助教

第9章习题
参考答案

附录 1
数学建模相关规范

数学模型是对实际问题作出一些必要、合理的简化后,运用适当的数学工具得到的数学结构.这种数学结构可以是数学式子,也可以是表格、图像,还可以是程序、策略等.运用数学的语言和符号,借助数学的分析与计算,全面探讨并求出所得模型的解,再结合相关背景知识,利用所得结果解释或回答实际问题的全过程称为数学建模.本节将介绍一些常见的数学建模赛事、数学建模竞赛主题、数学建模竞赛的团队分工方案和数学建模论文的写法等.

f1.1 数学建模竞赛简介

数学建模竞赛(Mathematical Contest in Modeling,MCM)最早创办于 1985 年,是一项国际赛事.我国自 1989 年陆续有高校参加 MCM/ICM 国际大学生数学建模竞赛,自 1992 年起开始举办当代大学生数学建模竞赛(Contemporary Undergraduate Mathematical Contest in Modeling,CUMCM),CUMCM 是教育部组织的全国大学生十项学科竞赛之一.数学建模陆续得到各行业协会的关注并办赛,如中国优选法统筹法与经济数学研究会主办的 MathorCup 数学应用挑战赛、中国机电工程学会举办的"电工杯"数学建模竞赛和北京图象图形学会主办的亚太地区大学生数学建模竞赛等.

f1.1.1 CUMCM 的发展沿革

当代大学生数学建模竞赛(以下简称竞赛)是中国工业与应用数学学会主办的面向全国大学生的群众性科技活动.竞赛宗旨是:创新意识、团队意识、重在参与、公平竞争.竞赛激发学生学习数学的积极性,提高学生建立数学模型和运用计算机技术解决实际问题的综合能力,培养学生的创造精神及合作意识,推动大学数学教学体系、教学内容和教学方法的改革.该竞赛创办于 1992 年,每年一届,是首批列入"高校学科竞赛排行榜"的 19 项竞赛之一.规模从最初的几十所学校、几百个参赛队,发展到 2024 年来自全国及美国、英国、澳大利亚、新加坡、马来西亚的 1 788 所院校/校区,65 761 个参赛队,近 20 万人报名参赛.

f1.1.2 CUMCM 的竞赛内容

竞赛题目一般来源于科学与工程技术、人文与社会科学(含经济管理)等领域经过适当简化加工的实际问题,不要求参赛者预先掌握深入的专门知识,只需学过高等学校的数学基础课程.竞赛题目有较大的灵活性,供参赛者发挥其创造能力.

f1.1.3 CUMCM 的竞赛形式、规则和纪律

1. 竞赛形式

数学建模竞赛以半封闭式形式进行,每个参赛队最多由三名大学生组成.队员间可以自由地上网查询、收集资料和调查研究,可以使用计算机和任何软件,但是不得与队外任何人讨论.参赛队应根据题目要求,在 76 h 内完成一篇包括模型的假设、建立和求解,计算方法的设计和计算机实现,结果的分析和检验,模型的改进等方面的论文(即答卷).竞赛评奖以假设的合理性、建模的创造性、结果的正确性和文字表述的清晰程度为主要标准.

(1)竞赛每年举办一次,一般是每年 9 月份第二个星期四至第三个星期一(共 74 h)举行,全国统一命题.

(2)大学生以队为单位参赛,每队不超过 3 人(须属于同一所学校),专业不限.竞赛分本科、专科两组进行,本科生参加本科组竞赛,专科生参加专科组竞赛(也可参加本科组竞赛),研究生不得参加.每队最多可设一名指导教师或教师组,从事赛前辅导和参赛的组织工作,但在竞赛期间不得进行指导或参与讨论.

2. 竞赛特点

CUMCM 的竞赛主要有三个特点(附图 1-1),包括题目的开放性和灵活性、竞赛形式的开放性和结果的多样性.

3. 竞赛规则和纪律

为了保证竞赛的公平、公正性,便于竞赛活动的标准化管理,根据评阅工作的实际需要,竞赛要求参赛队分别提交纸质版和电子版论文,每次竞赛时都会制定如下统一规范.

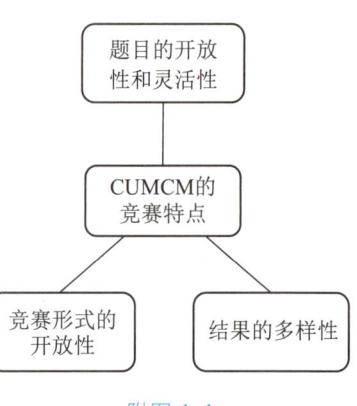

附图 1-1

(1)参赛学校可以建立本校的竞赛交流平台(含"贴吧"、QQ 群和微信群等),但这些交流平台在竞赛期间仅可用于竞赛的组织和管理工作(如发布赛题和竞赛通知等),不得交流及讨论与赛题有关的问题,且应该接受所在赛区组委会的监督.

(2)选题规范.本科组参赛队从 A、B、C 题中任选一题,专科组参赛队从 D、E 题中任选一题.

(3)竞赛期间参赛队员可以使用各种图书资料(包括互联网上的公开资料)、计算机和软件,但每个参赛队必须独立完成赛题解答.

(4)竞赛开始后,赛题将公布在指定的网址供参赛队下载,参赛队在规定时间内完成答卷,并按要求准时交卷.

(5)参赛院校应责成有关职能部门负责竞赛的组织和纪律监督工作,保证本校竞赛的规范性和公正性.

(6)纸质版论文格式规范如下:

➤ 论文用白色 A4 纸打印(单面、双面均可);上下左右各留出至少 2.5 cm 的页边距;从左侧装订.

➤ 论文第一页为承诺书,第二页为编号专用页.

➤ 论文第三页为摘要专用页.摘要内容(含标题和关键词,无需翻译成英文)不能超过一页;论文从此页开始编写页码,页码位于页脚中部,用阿拉伯数字从 1 开始连续编号.

➤ 论文从第四页开始是正文内容(不要目录,尽量控制在 20 页以内);正文之后是论文附录(页数不限),附录内容必须打印并与正文装订在一起提交.

➤ 论文附录内容应包括支撑材料的文件列表,建模所用到的全部完整、可运行的源程序代码(含 Excel、SPSS 等软件的交互命令)等.如果缺少必要的源程序、程序不能运行或运行结果与论文不符,都可能会被取消评奖资格.如果确实没有用到程序,应在论文附录中明确说明"本论文没有用到程序".

➤ 论文摘要专用页、正文和附录中任何地方都不能有显示参赛者身份和所在学校及赛区的信息.

➤ 所有引用他人或公开资料(包括网上资料)的成果必须按照科技论文的规范列出参考文献,并在正文引用处予以标注.

➤ 规范中未作规定的,如论文的字号、字体、行距、颜色等不做统一要求.

(7) 电子版论文格式规范如下:

➤ 参赛队应按照《全国大学生数学建模竞赛报名和参赛须知》的要求提交参赛论文和支撑材料两个电子文件.

➤ 参赛论文电子版内容必须与纸质版内容及格式(包括附录)完全一致;必须是一个单独的文件,文件格式为 PDF 或者 Word 格式之一(建议使用 PDF 格式);文件大小不超过 20 MB.注意参赛论文电子版文件不要压缩,承诺书和编号专用页不要放在电子版论文中,即电子版论文的第一页必须为摘要专用页.

➤ 支撑材料内容包括用于支撑模型、结果、结论的所有必要材料,至少应包含建模所用到的所有可运行源程序、自主查阅使用的数据资料(赛题中提供的原始数据除外)、较大篇幅中间结果的图表等.如果确实没有需要提供的支撑材料,可以不提供支撑材料文件.

f1.2 团队分工方案

数学建模竞赛主要考查参赛者利用数学及各科知识、计算机等技术手段解决实际问题的综合能力,充分体现大学生参与解决实际问题的全过程.竞赛题目来自实际问题,且问题涉及的领域很广泛.

f1.2.1 团队合作任务及分工

参赛队应根据题目要求,在规定时间内完成一篇包括模型的假设、建立和求解、计算方法的设计和计算机实现、结果的分析和检验、模型的改进等方面的论文.竞赛过程是一个团队的合作过程,每个人的能力是有限的,有时个人能力的不足可以通过团队的协作来弥补.竞赛期间三个人需要分工合作,例如,一个参赛者有较强的数学分析、推理和证明的能力,一个参赛者有较强的计算机软件应用能力,一个参赛者有较好的语言表达能力,三个人先是相互启发、争辩,然后在互相妥协、达成一致的基础上分工合作、奋力攻关.通过团队的密切配合,凭借优势互补,依靠团队的力量攻克难关.因此,数学建模竞赛可以培养学生的团结合作精神和团队协调的组织能力,培养学生勇于参与的竞争意识和不怕困难、奋力攻关的顽强意志.数学建模竞赛的参赛者可用"一次参赛,终身受益"来总结其亲身体会.

f1.2.2　团队成员应具备的能力

数学建模对于初次接触的人来说,普遍充满畏惧心理,对自身能力没有充分的认识,不清楚应该具备什么样的能力才能参加数学建模竞赛.下面归纳几种在数学建模竞赛中所需具备的能力.

（1）应用数学进行分析、推理和计算的能力

要有应用数学的意识、数学的眼光,要有从数学的角度观察事物、阐释现象、分析问题的能力.传统数学教育比较强调数学的逻辑性、严谨性、系统性和理论性,重复严谨的数学概念,强调的是为解题服务的技巧,学习者的应用数学意识比较淡薄,在实践中缺乏应用数学的意识.而数学建模是强调数学的应用,其主要是培养学习者应用数学的能力,帮助学习者学会用数学知识分析问题,使复杂问题简单化、抽象内容形象化、动态内容可视化.

（2）用数学语言表达实际问题及用通俗易懂的语言表达数学建模结果的能力

数学语言是伴随着数学自身的发生和发展而逐渐成长起来的,是存储、传承和加工数学思想信息的工具,具有抽象性、准确性、简约性和形式化等特点.数学中的文字语言是需要经过一定的加工、改造、限定和精确化而形成的.这些语言具有数学学科特指的确定的语义,常以数学概念、术语的形式出现.学习者具备数学语言表达能力才能把自然语言形式转化为符号语言或数学表示形式.同时,数学模型的计算结果也需要学习者"翻译"成普通人能够理解的语言,其应用才能为大多数人接受.

（3）应用计算机及相应的数学软件的能力

数学建模是一门内容很丰富的课程,它把很多相关的学科与数学联系在一起.数学模型的求解往往需要借助计算机来实现.数学软件可以使求解过程从冗繁变为简洁高效,使得学习者可以将有限的精力从运算中解放出来,拥有更多时间进行思考问题和建模,避开了枯燥的运算,使得数学学习变得生动精彩.

（4）文献检索能力

网络资源的丰富与便捷,使得很多数学知识可以从大量的网络平台精品课程中获取到.学习者也可以通过百度、谷歌等搜索引擎对需要的知识进行搜索;还可以通过中国知网、万方等网上数据库进行文献检索.合理地利用网上资源,对于学习者来说非常重要.

（5）"创、想、联、洞"能力

"创、想、联、洞"能力指的是创造力、想象力、联想力和洞察力.数学建模的过程是一个创新的过程,强调的是获取新知识的能力和解决问题的过程.其对实际问题的研究往往并不存在所谓的标准答案,随着对问题的深入理解,解决问题将是一个不断创新的过程.让学生去探讨一个非常实际的问题,学生会有浓厚的兴趣,其自主的创新能力将得到很好的培养.想象力是一种形象思维能力,是指人们在原有知识的基础上,将新感知的形象与记忆中的形象相互比较、重新组合、加工处理,创造出新的形象;联想力指的是数学建模过程中的直觉和灵感,在建模过程中也起着不可忽视的作用;洞察力是指人们在充分占有资料的基础上,经过初步分析能迅速抓住主要矛盾,舍弃次要因素,简化问题的层次,对可以用哪些方法解决面临的问题,以及不同方法的优劣作出判断的能力.

（6）其他方面能力

数学建模涉及的知识面非常广泛,参赛者掌握所有的相关知识几乎是不可能的,因

此,参赛者自我学习的能力能够帮助学习者对检索的知识进行消化和吸收,最终为己所用.另一方面,数学建模竞赛不是单靠一己之力便可完成的,团队协作能力起着至关重要的作用.良好的组织、协调和管理能力能使团队根据工作任务,对资源进行合理分配,同时控制、激励和协调群体活动,使之相互融合,更好地达成目标.

f1.2.3　人员组成和分工

组建团队时要注意队员专业的搭配,尽量选择不同专业的队员进行组队,因为数学建模竞赛涉及的知识范围非常广泛,如果是同一专业的三个人组队,即便三个人有建模、写作、编程能力,但由于都是同一专业,对待同一个问题的看法可能会受专业影响,无法做出最好的模型.数学建模竞赛参赛队的队长是团队内部起决定性作用的核心,应掌控大局,增强团队自信心和凝聚力,其主要职责是:管理进度、安排任务、协调分工.竞赛题目一发布,队长应尽快组织队员对各竞赛题目进行查阅文献,分析和理解,并最终确定选题;题目确定以后,队长应根据队员特长进行细致的分工,安排合理;竞赛进度的把控有时候直接影响到参赛者的信心和最终的结果,队长应做好竞赛进度的管理,及时提醒队员合理安排时间;当队员间有意见分歧时,队长的任务就是高效协调平衡队员意见,尽快达成队员之间意见一致,并及时推进下一步的工作,以免浪费时间.虽然数学建模比赛中队员人数要求至多三人,但是,数学建模过程中包括建模、编程和写作三个环节,这三个环节缺一不可,所以,一般认为竞赛组队时三人一队是最合适的.竞赛期间三个人各自负责一个环节(附图 1-2),任何一个队员都是不可或缺的,当然,三人只是负责的侧重点不同,并不是绝对的分工,比赛期间任何一个人都不可能闲着,应加强沟通交流.

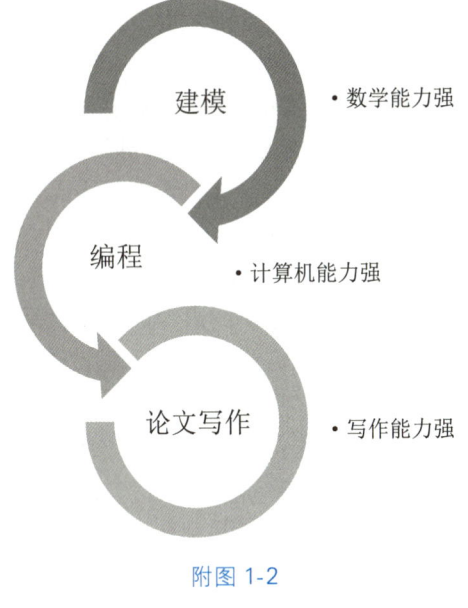

附图 1-2

f1.2.4　竞赛进程安排

竞赛时间能否合理安排,直接影响建模质量和竞赛成绩,下面以 CUMCM 竞赛为例,介绍数学建模竞赛期间时间的合理安排,由于赛题难易度不一样,问题难度和数量设置也不尽相同.

CUMCM 竞赛进程安排如附图 1-3 所示.

f1.3　数学建模竞赛论文的写作规范

f1.3.1　建模准备

数学建模问题一般来自各行各业,因此,在建模时,参赛者要去了解问题的实际背景,通过互联网、书籍等途径查阅相关资料,学习和搜集足够多的与建模问题有关的信息,以便对实际问题有进一步认识,同时,对该问题相关的各种数学工具亦需有初步准备,这个过程就是建模的准备过程.在实际建模过程中,会根据实际的研究过程及研究内容重复此过程.

f1.3.2　数学建模论文写作七准则

数学建模论文写作七准则如下.

附录 1

数学建模相关规范

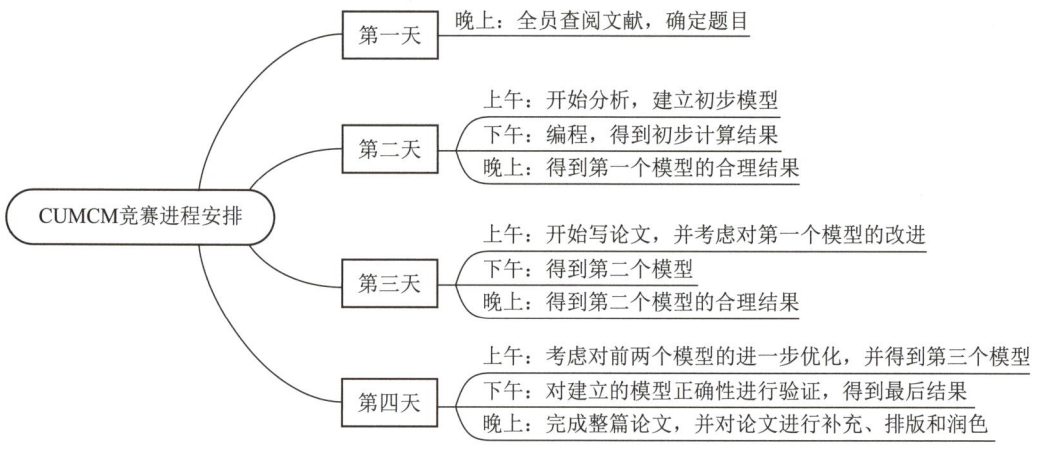

附图 1-3

➤ 准则 1:数据处理的实用性和规范性.
➤ 准则 2:建模方法的先进性和适用性.
➤ 准则 3:模型建立的创新性和正确性.
➤ 准则 4:模型表述的准确性和完整性.
➤ 准则 5:数据结果的可靠性和正确性.
➤ 准则 6:论文结构的合理性和清晰性.
➤ 准则 7:语言表述的完美性和客观性.

f1.3.3 数学建模论文结构

数学建模论文结构如附图 1-4 所示.

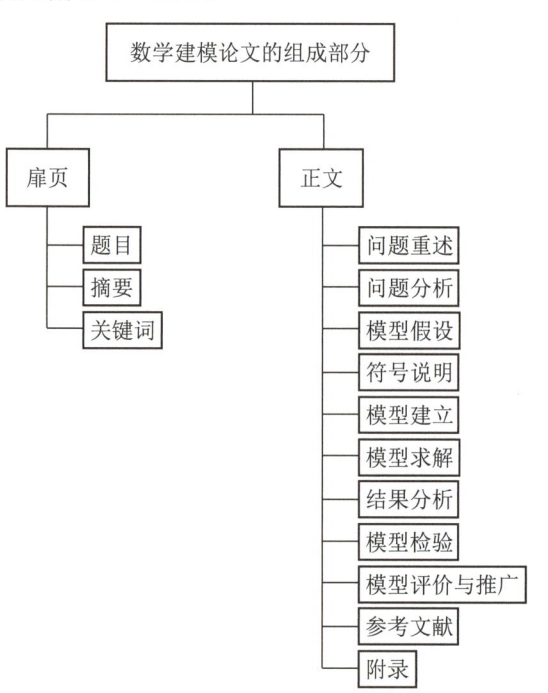

附图 1-4

335

高等应用数学
GAODENG YINGYONG SHUXUE

➤ **题目**：应概括论文所研究的问题及所采用的主要方法或者模型，能够突出论文的创新性，例如《基于×××理论(模型、算法或方案)的×××问题求解》.

➤ **摘要**：作为论文的灵魂，应包括研究对象、研究思路、创新点、模型算法、最终结果等内容.

➤ **关键词**：论文中的核心词，一般为 3～5 个词.

➤ **问题重述**：此部分反映参赛者对整个问题的理解是否透彻.

➤ **问题分析**：此部分应写明清晰的思维过程，也就是思路的形成过程.

➤ **模型假设**：现实世界的复杂性和多样性，使得参赛者不得不根据实际情况扩大思考范围，再根据实际对象的特性和建模的目的，在分析问题的基础上对问题进行必要且合理地取舍简化，抓住问题本质，忽略次要因素，这就是模型假设过程，它反映了参赛者对问题的理解和建立模型的方向.

➤ **符号说明**：此部分应包含文章中大部分模型会使用的符号，从另一个侧面反映了参赛者的建模倾向，是对参赛者严谨程度和语言锤炼能力的考验.

➤ **模型建立**：收集足够多的资料和数据，并根据所作的假设，便可以运用相关的数学知识，选择适当的数学工具，对描述对象之间的关系和规律建立多个变量之间的关系式，列出表格，画出图形，或者给出算法等数学结构.此部分是论文的核心部分，应包含主要的公式、理论、模型、图表、算法等.

➤ **模型求解**：此过程是对建立的模型进行数学上的求解，说明求解方法.如果是求解方程或者代数式，应说明方程中参数如何确定，用什么方法求解，是精确解还是大致走势；如果是求解最优化问题，则要说明使用的软件及计算机技术；对于比较复杂的程序或算法，可配上程序流程图加以说明，并详细说明关键点的准确数字、图表等.

➤ **结果分析**：对模型的求解结果进行数学上地分析，有时需根据问题的性质，分析各变量之间的关系和特定性态，有时需根据所得的结果给出数学上的预测、最优决策或控制.包括误差分析、统计分析、灵敏度分析等.

➤ **模型检验**：把模型分析的结果返回到实际所研究的对象中，把模型得到的策略与实际情况进行比较检验，如果检验的结果不符合或部分符合实际情况，则应返回建模之初，修改、补充假设后重新建立模型并求解；如果检验结果与实际情况相符，则可以利用此模型去解决其他类似的实际问题.

➤ **模型评价和改进**：对所建模型或算法进行客观评价，包括模型的优点和缺点，可从求解速度、准确度、稳定性等方面进行评价.同时，应对模型评价中的缺点部分提出相应的改进方案.

➤ **参考文献**：按照参考文献的规范格式，对建模过程中参考的书籍、论文、网站等进行汇总整理.

➤ **附录**：论文中涉及的比较详细的数据结果、重要资料的论述或者解模型的程序代码，等等，可以在附录中汇总展现.

f1.4　部分数学建模竞赛题目(专科组)

f1.4.1　2017 年专科组赛题

1. C 题　颜色与物质浓度辨识

比色法是目前常用的一种检测物质浓度的方法，即把待测物质制备成溶液后滴在特定的白色试纸表面,等其充分反应以后获得一张有颜色的试纸,再把该颜色试纸与一个标准比色卡进行对比,就可以确定待测物质的浓度档位了.由于每个人对颜色的敏感差异和观测误差,使得这一方法在精度上受到很大影响.随着照相技术和颜色分辨率的提高,希望建立颜色读数和物质浓度的数量关系,即只要输入照片中的颜色读数就能够获得待测物质的浓度.试根据附件所提供的有关颜色读数和物质浓度数据完成下列问题:

(1) 附件 Data1.xls 中分别给出了 5 种物质在不同浓度下的颜色读数,讨论从这 5 组数据中能否确定颜色读数和物质浓度之间的关系,并给出一些准则来评价这 5 组数据的优劣.

(2) 对附件 Data2.xls 中的数据,建立颜色读数和物质浓度的数学模型,并给出模型的误差分析.

(3) 探讨数据量和颜色维度对模型的影响.

2. D 题　巡检线路的排班

某化工厂有 26 个点需要进行巡检以保证正常生产,各个点的巡检周期、巡检耗时、两点之间的连通关系及行走所需时间在附件中给出.

每个点每次巡检需要一名工人,巡检工人的巡检起始地点在巡检调度中心(XJ0022),工人可以按固定时间上班,也可以错时上班,在调度中心得到巡检任务后开始巡检.现需要建立模型来安排巡检人数和巡检路线,使得所有点都能按要求完成巡检,并且耗费的人力资源尽可能少,同时还应考虑每名工人在一时间段内(如一周或一月等)的工作量尽量平衡.

问题 1. 如果采用固定上班时间,不考虑巡检人员的休息时间,采用每天三班倒,每班工作 8 h 左右,每班需要多少人,巡检线路如何安排,并给出巡检人员的巡检线路和巡检的时间表.

问题 2. 如果巡检人员每巡检 2 h 左右需要休息一次,休息时间大约是 5 到 10 min,在中午 12 时和下午 6 时左右需要进餐一次,每次进餐时间为 30 min,仍采用每天三班倒,每班需要多少人,巡检线路如何安排,并给出巡检人员的巡检线路和巡检的时间表.

问题 3. 如果采用错时上班,重新讨论问题 1 和问题 2,试分析错时上班是否更节省人力.

f1.4.2　2018 年专科组赛题

1. C 题　大型百货商场会员画像描绘

在零售行业中,会员价值体现在持续不断地为零售运营商带来稳定的销售额和利润,同时也为零售运营商策略的制定提供数据支持.零售行业会采取各种不同方法来吸引更多的人成为会员,并且尽可能提高会员的忠诚度.当前电商的发展使商场会员不断流失,给零售运营商带来了严重损失.此时,运营商需要有针对性地实施营销策略来加强与会员的良好关系.比如,商家针对会员采取一系列的促销活动,以此来维系会员的忠诚度.有人认为对老会员的维系成本太高,事实上,发展新会员的资金投入远比采取一定措施来维系现有会员要高.完善会员画像描绘,加强对现有会员的精细化管理,定期向其推送产品和服务,与会员建立稳定的关系是实体零售行业得以更好发展的有效途径.

附件中的数据给出了某大型百货商场会员的相关信息:附件 1 是会员信息数据;附件

2是近几年的销售流水表;附件3是会员消费明细表;附件4是商品信息表,一般来说,商品价格越高,盈利越高;附件5是数据字典.请建立数学模型解决以下问题:

（1）分析该商场会员的消费特征,比较会员与非会员群体的差异,并说明会员群体给商场带来的价值.

（2）针对会员的消费情况建立能够刻画每一位会员购买力的数学模型,以便能够对每个会员的价值进行识别.

（3）作为零售行业的重要资源,会员具有生命周期（会员从入会到退出的整个过程）,会员的状态（比如活跃和非活跃）也会发生变化.试在某个时间窗口,建立会员生命周期和状态划分的数学模型,使商场管理者能够更有效地对会员进行管理.

（4）建立数学模型计算会员生命周期中非活跃会员的激活率,即从非活跃会员转化为活跃会员的可能性,并从实际销售数据出发,确定激活率和商场促销活动之间的关系模型.

（5）连带消费是购物中心经营的核心,如果商家将策划某次促销活动,如何根据会员的喜好和商品的连带率来策划此次促销活动?

2. D题　汽车总装线的配置问题

（1）问题背景

某汽车公司生产多种型号的汽车,每种型号由品牌、配置、动力、驱动、颜色5种属性确定.品牌分为A1和A2两种,配置分为B1、B2、B3、B4、B5和B6六种,动力分为汽油和柴油2种,驱动分为两驱和四驱2种,颜色分为黑、白、蓝、黄、红、银、棕、灰、金9种.

公司每天可装配各种型号的汽车460辆,其中白班、晚班（每班12 h）各230辆.每天生产各种型号车辆的具体数量根据市场需求和销售情况确定.附件给出了该企业2018年9月17日至9月23日一周的生产计划.

公司的装配流程如附图1-5所示.待装配车辆按一定顺序排成一列,首先匀速通过总装线依次进行总装作业,随后按序分为C1、C2线进行喷涂作业.

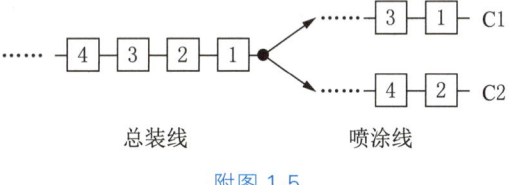

附图 1-5

（2）装配要求

由于工艺流程的制约和质量控制的需要以及降低成本的考虑,总装和喷涂作业对经过生产线车辆型号有多种要求:

① 每天白班和晚班都是按照先A1后A2的品牌顺序,装配当天两种品牌各一半数量的汽车.如9月17日需装配的A1和A2的汽车分别为364辆和96辆,则该日每班首先装配182辆A1汽车,随后装配48辆A2汽车.

② 四驱汽车连续装配数量不得超过2辆,两批四驱汽车之间间隔的两驱汽车的数量

至少是 10 辆;柴油汽车连续装配数量不得超过 2 辆,两批柴油汽车之间间隔的汽油汽车的数量至少 10 辆.若间隔数量无法满足要求,仍希望间隔数量越多越好.间隔数量在 5~9 辆仍是可以接受的,但代价很高.

③ 同一品牌下相同配置车辆尽量连续,减少不同配置车辆之间的切换次数.

④ 对于颜色有如下要求:

a. 蓝、黄、红三种颜色汽车的喷涂只能在 C1 线上进行,金色汽车的喷涂只能在 C2 线上进行,其他颜色汽车的喷涂可以在 C1 和 C2 任意一条喷涂线上进行.

b. 除黑、白两种颜色外,在同一条喷涂线上,同种颜色的汽车应尽量连续喷涂作业.

c. 喷涂线上不同颜色汽车之间的切换次数尽可能少,特别地,黑色汽车与其他颜色的汽车之间的切换代价很高.

d. 不同颜色汽车在总装线上排列时的具体要求如下:

➢ 黑色汽车连续排列的数量在 50~70 辆之间,两批黑色汽车在总装线上需间隔至少 20 辆.

➢ 白色汽车可以连续排列,也可以与颜色为蓝或棕的汽车间隔排列.

➢ 颜色为黄或红的汽车必须与颜色为银、灰、棕、金中的一种颜色的汽车间隔排列.

➢ 蓝色汽车必须与白色汽车间隔排列.

➢ 金色汽车要求与颜色为黄或红的汽车间隔排列;若无法满足要求,也可以与颜色为灰、棕、银中的一种颜色的汽车间隔排列.

➢ 颜色为灰或银的汽车可以连续排列,也可以与颜色为黄、红、金中的一种颜色的汽车间隔排列.

➢ 棕色汽车可以连续排列,也可以与颜色为黄、红、金、白中的一种颜色的汽车间隔排列.

➢ 关于其他颜色的搭配,遵循"没有允许即为禁止"的原则.

由于该公司的生产线 24 h 不间断作业,以上总装线和喷涂线的各项要求对相邻班次(包括当日晚班与次日白班)的车辆同样适用.

(3) 需要解决的问题

① 根据问题的背景、装配要求以及附件中的数据,建立数学模型或者设计算法,使其能给出符合要求、且具有较低生产成本的装配顺序.

② 根据①中的数学模型或算法,针对附件中的数据,给出你们的计算结果:

a. 将 9 月 20 日的装配顺序按照附表 1-1 格式填写在表中,并将此表放在论文的附录中.

附表 1-1

装配顺序	品牌	配置	动力	驱动	颜色	喷涂线
1						
2						
3						
...						
...						
460						

b. 按照附表 1-1 的格式给出 9 月 17 日至 9 月 23 日每天的装配顺序,文件以 "schedule.xlsx"命名,作为论文的支撑材料与论文同时提交.

f1.4.3 2019 年专科组赛题

1. D 题 空气质量数据的校准

空气污染对生态环境和人类健康危害巨大,通过对"两尘四气"(PM2.5、PM10、CO、NO₂、SO₂、O₃)浓度的实时监测可以及时掌握空气质量,对污染源采取相应措施.虽然国家监测控制站点(国控点)对"两尘四气"有监测数据,且较为准确,但因为国控点的布控较少,数据发布时间滞后较长且花费较大,无法给出实时空气质量的监测和预报.某公司自主研发的微型空气质量检测仪(附图 1-6)花费小,可对某一地区空气质量进行实时网格化监控,并同时监测温度、湿度、风速、气压、降水等气象参数.

附图 1-6

由于所使用的电化学气体传感器在长时间使用后会产生一定的零点漂移和量程漂移,非常规气态污染物(气)浓度变化对传感器存在交叉干扰,以及天气因素对传感器的影响,在国控点近邻所布控的自建点上,同一时间微型空气质量检测仪所采集的数据与该国控点的数据值存在一定的差异,因此,需要利用国控点每小时的数据对国控点近邻的自建点数据进行校准.

附件 1.CSV 和附件 2.CSV 分别提供了一段时间内某个国控点每小时的数据和该国控点近邻的一个自建点数据(相应于国控点时间且间隔在 5 min 内),各变量单位见附件 3.请建立数学模型研究下列问题:

(1) 对自建点数据与国控点数据进行探索性数据分析.

(2) 对导致自建点数据与国控点数据造成差异的因素进行分析.

(3) 利用国控点数据,建立数学模型对自建点数据进行校准.

2. E 题 "薄利多销"分析

"薄利多销"是通过降低单位商品的利润来增加销售数量,从而使商家获得更多盈利的一种扩大销售的策略.对于需求富有弹性的商品来说,当该商品的价格下降时,如果需求量增加的幅度大于价格下降的幅度,将导致总收益增加.在实际经营管理中,"薄利多销"原则被广泛应用.

附件 1 和附件 2 是某商场自 2016 年 11 月 30 日起至 2019 年 1 月 2 日的销售流水记录,附件 3 是折扣信息表,附件 4 是商品信息表,附件 5 是数据说明表.请根据这批数据,建立数学模型解决下列问题:

(1) 计算该商场从 2016 年 11 月 30 日到 2019 年 1 月 2 日每天的营业额和利润率(由于未知原因,数据中非打折商品的成本价缺失.一般情况下,零售商的利润率在 20%~40%之间).

(2) 建立适当的指标衡量商场每天的打折力度,并计算该商场从 2016 年 11 月 30 日到 2019 年 1 月 2 日每天的打折力度.

（3）分析打折力度与商品销售额以及利润率的关系.

（4）如果进一步考虑商品的大类区分，打折力度与商品销售额以及利润率的关系有何变化？

拓展阅读

专科组优秀
论文范例

附件1、附件2：销售流水记录；

附件3：折扣信息表；

附件4：商品信息表；

附件5：数据说明表.

附录 2

初等数学常用公式与有关知识选编

(一) 乘法公式

1. $(a+b)(a-b)=a^2-b^2$.

2. $(a\pm b)^2=a^2\pm 2ab+b^2$.

3. $(a\pm b)^3=a^3\pm 3a^2b+3ab^2\pm b^3$.

4. $(a\pm b)(a^2\mp ab+b^2)=a^3\pm b^3$.

(二) 一元二次方程

1. 一般形式: $ax^2+bx+c=0\ (a\neq 0)$.

2. 根的判别式: $\Delta=b^2-4ac$.

(1) 当 $\Delta>0$ 时,方程有两个不等的实根;

(2) 当 $\Delta=0$ 时,方程有两个相等的实根;

(3) 当 $\Delta<0$ 时,方程无实根(有两个共轭复根).

3. 求根公式: $x_1,x_2=\dfrac{-b\pm\sqrt{b^2-4ac}}{2a}$.

4. 根与系数的关系:

$$x_1+x_2=-\frac{b}{a},\ x_1\cdot x_2=\frac{c}{a}.$$

(三) 不等式与不等式组

1. 一元一次不等式的解集

若 $ax+b>0$,且 $a>0$,则 $x>-\dfrac{b}{a}$.

若 $ax+b>0$,且 $a<0$,则 $x<-\dfrac{b}{a}$.

2. 一元一次不等式组的解集(设 $a<b$)

(1) $\begin{cases}x>a,\\x>b\end{cases}\Rightarrow x>b$;

(2) $\begin{cases}x<a,\\x<b\end{cases}\Rightarrow x<a$;

342

（3）$\begin{cases} x > a, \\ x < b \end{cases} \Rightarrow a < x < b$；

（4）$\begin{cases} x < a, \\ x > b \end{cases} \Rightarrow$ 空集．

3. 一元二次不等式的解集

设 x_1、x_2 是一元二次方程 $ax^2 + bx + c = 0$ $(a \neq 0)$ 的根，且 $x_1 < x_2$，其根的判别式 $\Delta = b^2 - 4ac$．

类　型	$\Delta > 0$	$\Delta = 0$	$\Delta < 0$
$ax^2 + bx + c > 0$ $(a > 0)$	$x < x_1$ 或 $x > x_2$	$x \neq -\dfrac{b}{2a}$	$x \in \mathbf{R}$
$ax^2 + bx + c < 0$ $(a > 0)$	$x_1 < x < x_2$	空集	空集

4. 绝对值不等式的解集

类　型	$a > 0$	$a = 0$	$a < 0$
$|x| < a$	$-a < x < a$	空集	空集
$|x| > a$	$x < -a$ 或 $x > a$	$x \neq 0$	$x \in \mathbf{R}$

（四）指数与对数

1. 指数

（1）定义

正整数指数幂：$a^n = \underbrace{a \cdot a \cdot \cdots \cdot a}_{n\uparrow}$ $(n \in \mathbf{N}^*)$．

零指数幂：$a^0 = 1$ $(a \neq 0)$．

负整数指数幂：$a^{-n} = \dfrac{1}{a^n}$ $(a > 0, n \in \mathbf{N}^*)$．

有理指数幂：$a^{\frac{n}{m}} = \sqrt[m]{a^n}$ $(a > 0, m、n \in \mathbf{N}^*, m > 1)$．

（2）幂的运算法则

① $a^m \cdot a^n = a^{m+n}$ $(a > 0, m、n \in \mathbf{R})$．

② $(a^m)^n = a^{mn}$ $(a > 0, m、n \in \mathbf{R})$．

③ $(ab)^n = a^n \cdot b^n$ $(a > 0, b > 0, n \in \mathbf{R})$．

2. 对数

（1）定义

如果 $a^b = N$ $(a > 0$ 且 $a \neq 1)$，那么，b 称为以 a 为底 N 的**对数**，记作 $\log_a N = b$，其中，a 称为**底数**，N 称为**真数**．以 10 为底的对数，叫做**常用对数**，记作 $\lg N$．

（2）性质

① 零与负数没有对数，即 $N > 0$．

② 1 的对数等于零，即 $\log_a 1 = 0$．

③ 底的对数等于 1，即 $\log_a a = 1$.

④ $a^{\log_a N} = N$.

（3）运算法则

① $\log_a(M \cdot N) = \log_a M + \log_a N \ (M > 0,\ N > 0)$.

② $\log_a \dfrac{M}{N} = \log_a M - \log_a N \ (M > 0,\ N > 0)$.

③ $\log_a M^n = n \log_a M \ (M > 0)$.

④ $\log_a \sqrt[n]{M} = \dfrac{1}{n} \log_a M \ (M > 0)$.

⑤ $\log_a N = \dfrac{\log_b N}{\log_b a} \ (N > 0)$（换底公式）.

（五）复数

1. 复数的概念

（1）虚数单位

把数的范围从实数扩展到复数，引进虚数单位 i，它具有以下性质：

① $\mathrm{i}^2 = -1$.

② 可以与实数一起进行四则运算.

虚数单位 i 的幂运算有下面的公式：

$$\mathrm{i}^{4n} = 1,\ \mathrm{i}^{4n+1} = \mathrm{i},\ \mathrm{i}^{4n+2} = -1,\ \mathrm{i}^{4n+3} = -\mathrm{i}\ (n \in \mathbf{N}).$$

（2）复数的定义

形如 $a + b\mathrm{i}$（a、b 都是实数）的数称为**复数**，a 称为复数的**实部**，$b\mathrm{i}$ 称为复数的**虚部**，b 称为**虚部系数**.

（3）复数的相等

如果两个复数的实部相等，虚部系数也相等，则称这两个复数**相等**.

（4）共轭复数

如果两个复数的实部相等，虚部系数互为相反数，则称这两个复数为**共轭复数**.

2. 复数的几种表示式

（1）复数的几何表示

在直角坐标平面内，把 x 轴叫做实轴，y 轴叫做虚轴，这样的平面称为**复平面**. 复数 $z = a + b\mathrm{i}$ 和复平面上的点 Z 建立一一对应关系：点的横坐标为 a，纵坐标为 b，如图所示. 图中点 Z 表示复数 $z = a + b\mathrm{i}$，这时，向量 $\overrightarrow{OZ}$ 和复数 $z = a + b\mathrm{i}$ 相对应.

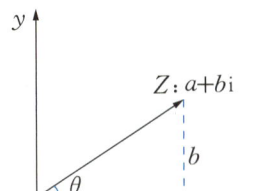

（2）复数的三角函数式

向量 $\overrightarrow{OZ}$ 的长称为复数 $a + b\mathrm{i}$ 的**模**（或**绝对值**），记作 $|\overrightarrow{OZ}|$ 或 $|a + b\mathrm{i}|$，即

$$r = |a + b\mathrm{i}| = \sqrt{a^2 + b^2}.$$

附录 2

初等数学常用公式与有关知识选编

$\overrightarrow{OZ}$ 与 x 轴正方向的夹角 θ,称为复数 $a+b\mathrm{i}$ 的**辐角**,其中,适合 $0\leqslant\theta<2\pi$ 的辐角 θ 称为辐角的**主值**.

复数 $a+b\mathrm{i}$ 的三角函数式为

$$a+b\mathrm{i}=r(\cos\theta+\mathrm{i}\sin\theta),$$

其中,$r=\sqrt{a^2+b^2}$,$\cos\theta=\dfrac{a}{r}$,$\sin\theta=\dfrac{b}{r}$.

(3)复数的指数表示式

$$a+b\mathrm{i}=r\mathrm{e}^{\mathrm{i}\theta},$$

其中,r 为复数的模,θ 为复数的辐角.

3. 复数的四则运算

(1)代数式:

$$(a+b\mathrm{i})\pm(c+d\mathrm{i})=(a\pm c)+(b\pm d)\mathrm{i};$$
$$(a+b\mathrm{i})(c+d\mathrm{i})=(ac-bd)+(bc+ad)\mathrm{i};$$
$$\frac{a+b\mathrm{i}}{c+d\mathrm{i}}=\frac{ac+bd}{c^2+d^2}+\frac{bc-ad}{c^2+d^2}\mathrm{i}.$$

(2)三角式:

设 $z_1=r_1(\cos\theta_1+\mathrm{i}\sin\theta_1)$,$z_2=r_2(\cos\theta_2+\mathrm{i}\sin\theta_2)$,

则 $z_1\cdot z_2=r_1r_2[\cos(\theta_1+\theta_2)+\mathrm{i}\sin(\theta_1+\theta_2)]$;

$$\frac{z_1}{z_2}=\frac{r_1}{r_2}[\cos(\theta_1-\theta_2)+\mathrm{i}\sin(\theta_1-\theta_2)].$$

(六) 等差数列与等比数列

	等 差 数 列	等 比 数 列
定 义	从第 2 项起,每一项与它的前一项之差都等于同一个常数	从第 2 项起,每一项与它的前一项之比都等于同一个常数
一般形式	a_1,a_1+d,a_1+2d,$\cdots$	a_1,a_1q,a_1q^2,$\cdots$
通项公式	$a_n=a_1+(n-1)d$	$a_n=a_1q^{n-1}$
前 n 项和公式	$S_n=\dfrac{n(a_1+a_n)}{2}$ 或 $S_n=na_1+\dfrac{n(n-1)}{2}d$	$S_n=\dfrac{a_1(1-q^n)}{1-q}$ 或 $S_n=\dfrac{a_1-a_nq}{1-q}$
中项公式	a 与 b 的等差中项 $A=\dfrac{a+b}{2}$	a 与 b 的等比中项 $G=\pm\sqrt{ab}$

注:表中 d 为公差,q 为公比.

(七) 排列、组合与二项式定理

1. 排列

从 n 个不同元素中,取出 m($m\leqslant n$)个元素,按照一定的顺序排成一列,称为从 n 个不同元素中取出 m 个元素的一个**排列**;当 $m=n$ 时,称为**全排列**.

345

高等应用数学

从 n 个元素中,取出 $m(m \leqslant n)$ 个元素的所有排列的个数,称为从 n 个不同元素中取出 m 个元素的**排列数**,记作 A_n^m,且有

$$A_n^m = n(n-1)(n-2) \cdot \cdots \cdot (n-m+1),$$

特别地

$$A_n^n = n(n-1)(n-2) \cdot \cdots \cdot 3 \cdot 2 \cdot 1 = n! \quad (\boldsymbol{n} \text{ 阶乘})$$

或记作

$$A_n = n!,$$

因而

$$A_n^m = \frac{n!}{(n-m)!}.$$

2. 组合

从 n 个不同元素中,任取 $m(m \leqslant n)$ 个元素,并成一组,称为从 n 个不同元素中取出 m 个元素的一个**组合**.

从 n 个不同元素中,取出 $m(m \leqslant n)$ 个元素的所有组合的个数,称为从 n 个不同元素中取出 m 个元素的**组合数**,记作 C_n^m,且有

$$C_n^m = \frac{A_n^m}{A_m} = \frac{n(n-1)(n-2) \cdot \cdots \cdot (n-m+1)}{m!} = \frac{n!}{m!(n-m)!},$$

式中,n、$m \in \mathbf{N}$,且 $m \leqslant n$.

规定 $C_n^0 = 1$.

组合有如下性质:

(1) $C_n^m = C_n^{n-m}$;

(2) $C_{n+1}^m = C_n^m + C_n^{m-1}$.

3. 二项式定理

$(a+b)^n = C_n^0 a^n + C_n^1 a^{n-1}b + \cdots + C_n^r a^{n-r}b^r + \cdots + C_n^n b^n$,其中,$n$、$r \in \mathbf{N}$,$C_n^r$ 称为**二项式展开式的系数**,$r = 0, 1, 2, \cdots, n$.其展开式的第 $r+1$ 项

$$T_{r+1} = C_n^r a^{n-r}b^r$$

称为二项式的**通项公式**.

(八) 三角函数

1. 角的度量

(1) 角度制

圆周角的 $\frac{1}{360}$ 称为 1 度的角,记作 $1°$,用度作为度量单位.

(2) 弧度制

等于半径的圆弧所对的圆心角称为 1 弧度角,用弧度作为度量单位.

346

（3）角度与弧度的换算

$$360° = 2\pi \text{ 弧度}, 180° = \pi \text{ 弧度},$$

$$1° = \frac{\pi}{180} \approx 0.017\ 453 \text{ 弧度},$$

$$1 \text{ 弧度} = \left(\frac{180}{\pi}\right)° \approx 57°17'44.8''.$$

2. 特殊角的三角函数值

α	0	$\frac{\pi}{6}$	$\frac{\pi}{4}$	$\frac{\pi}{3}$	$\frac{\pi}{2}$
$\sin\alpha$	0	$\frac{1}{2}$	$\frac{\sqrt{2}}{2}$	$\frac{\sqrt{3}}{2}$	1
$\cos\alpha$	1	$\frac{\sqrt{3}}{2}$	$\frac{\sqrt{2}}{2}$	$\frac{1}{2}$	0
$\tan\alpha$	0	$\frac{\sqrt{3}}{3}$	1	$\sqrt{3}$	不存在
$\cot\alpha$	不存在	$\sqrt{3}$	1	$\frac{\sqrt{3}}{3}$	0

3. 同角三角函数间的关系

（1）平方关系

$$\sin^2\alpha + \cos^2\alpha = 1; \quad 1 + \tan^2\alpha = \sec^2\alpha; \quad 1 + \cot^2\alpha = \csc^2\alpha.$$

（2）商的关系

$$\tan\alpha = \frac{\sin\alpha}{\cos\alpha}; \quad \cot\alpha = \frac{\cos\alpha}{\sin\alpha}.$$

（3）倒数关系

$$\cot\alpha = \frac{1}{\tan\alpha}; \quad \sec\alpha = \frac{1}{\cos\alpha}; \quad \csc\alpha = \frac{1}{\sin\alpha}.$$

4. 三角函数式的恒等变换

（1）加法定理

$$\sin(\alpha \pm \beta) = \sin\alpha\cos\beta \pm \cos\alpha\sin\beta;$$

$$\cos(\alpha \pm \beta) = \cos\alpha\cos\beta \mp \sin\alpha\sin\beta;$$

$$\tan(\alpha \pm \beta) = \frac{\tan\alpha \pm \tan\beta}{1 \mp \tan\alpha\tan\beta}.$$

（2）倍角公式

$$\sin 2\alpha = 2\sin\alpha\cos\alpha;$$

$$\cos 2\alpha = \cos^2\alpha - \sin^2\alpha$$

$$= 1 - 2\sin^2\alpha = 2\cos^2\alpha - 1;$$

微课

证明两角和
正弦公式

$$\tan 2\alpha = \frac{2\tan\alpha}{1-\tan^2\alpha}.$$

（3）半角公式

$$\sin^2\frac{\alpha}{2} = \frac{1-\cos\alpha}{2};$$

$$\cos^2\frac{\alpha}{2} = \frac{1+\cos\alpha}{2};$$

$$\tan\frac{\alpha}{2} = \pm\sqrt{\frac{1-\cos\alpha}{1+\cos\alpha}} = \frac{\sin\alpha}{1+\cos\alpha} = \frac{1-\cos\alpha}{\sin\alpha}.$$

（4）积化和差公式

$$\sin\alpha\cos\beta = \frac{1}{2}\left[\sin(\alpha+\beta)+\sin(\alpha-\beta)\right];$$

$$\cos\alpha\sin\beta = \frac{1}{2}\left[\sin(\alpha+\beta)-\sin(\alpha-\beta)\right];$$

$$\cos\alpha\cos\beta = \frac{1}{2}\left[\cos(\alpha+\beta)+\cos(\alpha-\beta)\right];$$

$$\sin\alpha\sin\beta = -\frac{1}{2}\left[\cos(\alpha+\beta)-\cos(\alpha-\beta)\right].$$

（5）和差化积公式

$$\sin\alpha+\sin\beta = 2\sin\frac{\alpha+\beta}{2}\cos\frac{\alpha-\beta}{2};$$

$$\sin\alpha-\sin\beta = 2\cos\frac{\alpha+\beta}{2}\sin\frac{\alpha-\beta}{2};$$

$$\cos\alpha+\cos\beta = 2\cos\frac{\alpha+\beta}{2}\cos\frac{\alpha-\beta}{2};$$

$$\cos\alpha-\cos\beta = -2\sin\frac{\alpha+\beta}{2}\sin\frac{\alpha-\beta}{2}.$$

（6）万能公式

$$\sin\alpha = \frac{2\tan\frac{\alpha}{2}}{1+\tan^2\frac{\alpha}{2}}; \qquad \cos\alpha = \frac{1-\tan^2\frac{\alpha}{2}}{1+\tan^2\frac{\alpha}{2}};$$

$$\tan\alpha = \frac{2\tan\frac{\alpha}{2}}{1-\tan^2\frac{\alpha}{2}}.$$

附录2
初等数学常用公式与有关知识选编

（九）三角形的边角关系

1. 直角三角形

设$\triangle ABC$中，$\angle C=90°$，$\angle A$，$\angle B$，$\angle C$所对三边分别为a、b、c，面积为S，则有

(1) $\angle A+\angle B=90°$；

(2) $a^2+b^2=c^2$（**勾股定理**）；

(3) $\sin A=\dfrac{a}{c}$，$\cos A=\dfrac{b}{c}$，$\tan A=\dfrac{a}{b}$；

(4) $S=\dfrac{1}{2}ab$.

2. 斜三角形

设$\triangle ABC$中，$\angle A$、$\angle B$、$\angle C$的对边分别为a、b、c，面积为S，外接圆半径为R，则有

(1) $\angle A+\angle B+\angle C=180°$；

(2) $\dfrac{a}{\sin A}=\dfrac{b}{\sin B}=\dfrac{c}{\sin C}=2R$（**正弦定理**）；

(3) $a^2=b^2+c^2-2bc\cos A$，

$b^2=c^2+a^2-2ca\cos B$，（**余弦定理**）

$c^2=a^2+b^2-2ab\cos C$；

(4) $S=\dfrac{1}{2}ab\sin C$.

（十）旋转体的面积与体积

1. 球

表面积：$S=4\pi r^2$；

体积：$V=\dfrac{4}{3}\pi r^3$.

2. 圆柱

侧面积：$S_{侧}=2\pi rh$（h为圆柱体的高）；

全面积：$S_{全}=2\pi r(r+h)$；

体积：$V=\pi r^2h$.

3. 圆锥

侧面积：$S_{侧}=\pi rl$（l为圆锥的母线的长）；

全面积：$S_{全}=\pi r(l+r)$；

体积：$V=\dfrac{1}{3}\pi r^2h$.

(十一) 点与直线

1. 平面上两点间的距离

设平面内两点的坐标为$P_1(x_1,y_1)$和$P_2(x_2,y_2)$，则这两点间的距离为

$$|P_1P_2|=\sqrt{(x_1-x_2)^2+(y_1-y_2)^2}.$$

349

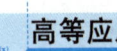

2. 直线方程

（1）直线的斜率

倾角：平面直角坐标系内一直线的向上方向与 x 轴正方向所成的最小正角，称为这条直线的**倾角**，倾角 α 的取值范围为 $0° \leqslant \alpha < 180°$. 当直线平行于 x 轴时，规定 $\alpha = 0°$.

斜率：倾角不是 $90°$ 的直线，它的倾角的正切值，称为这条直线的**斜率**，通常用 k 表示，即

$$k = \tan \alpha.$$

如果 $P_1(x_1, y_1)$、$P_2(x_2, y_2)$ 是直线上的两点，那么，这条直线的斜率为

$$k = \frac{y_2 - y_1}{x_2 - x_1} \ (x_1 \neq x_2).$$

（2）直线的几种表达形式

① **点斜式**：已知直线过点 $P_0(x_0, y_0)$，且斜率为 k，则该直线方程为

$$y - y_0 = k(x - x_0).$$

② **斜截式**：已知直线的斜率为 k，在 y 轴上的截距为 b，则该直线方程为

$$y = kx + b.$$

③ **一般式**：平面内任一直线的方程都是关于 x 和 y 的一次方程，其一般形式为

$$Ax + By + C = 0 \ (A、B \text{ 不全为零}).$$

④ **截距式**：如果一直线在 x 轴、y 轴上的截距分别为 a、b，则该直线方程为

$$\frac{x}{a} + \frac{y}{b} = 1.$$

⑤ **两点式**：如果直线经过 $P_1(x_1, y_1)$、$P_2(x_2, y_2)$，则该直线方程为

$$\frac{y - y_1}{x - x_1} = \frac{y_2 - y_1}{x_2 - x_1}.$$

（3）几种特殊的直线方程

x 轴：$y = 0$；y 轴：$x = 0$；

平行于 x 轴的直线：$y = b \ (b \neq 0)$；

平行于 y 轴的直线：$x = a \ (a \neq 0)$.

3. 点到直线的距离

平面内一点 $P_0(x_0, y_0)$ 到直线 $Ax + By + C = 0$ 的距离为

$$d = \frac{|Ax_0 + By_0 + C|}{\sqrt{A^2 + B^2}}.$$

4. 两条直线的位置关系

设两条直线 l_1 与 l_2 的方程为

$$l_1: y = k_1 x + b_1 \quad \text{或} \quad A_1 x + B_1 y + C_1 = 0,$$

$$l_2: y = k_2 x + b_2 \quad \text{或} \quad A_2 x + B_2 y + C_2 = 0,$$

(1) $l_1 /\!/ l_2$ 的充要条件是

$$k_1 = k_2 \text{ 且 } b_1 \neq b_2 \quad \text{或} \quad \frac{A_1}{A_2} = \frac{B_1}{B_2} \neq \frac{C_1}{C_2};$$

(2) $l_1 \perp l_2$ 的充要条件是

$$k_1 \cdot k_2 = -1 \quad \text{或} \quad A_1 A_2 + B_1 B_2 = 0.$$

(十二) 二次曲线

1. 圆

平面内到一定点的距离等于定长的点的轨迹是**圆**,定点是圆心,定长是半径.

(1) 圆的标准方程:

圆心在点 $P_0(x_0, y_0)$、半径为 R 的圆的方程是

$$(x - x_0)^2 + (y - y_0)^2 = R^2.$$

特别当圆心在原点、半径为 R 的圆的方程是

$$x^2 + y^2 = R^2.$$

(2) 圆的一般方程是二元二次方程

$$x^2 + y^2 + Dx + Ey + F = 0.$$

2. 椭圆

平面内到两定点的距离之和等于定长的点的轨迹是**椭圆**,定点称为**焦点**,两焦点间的距离称为**焦距**.

椭圆的标准方程是

$$\frac{x^2}{a^2} + \frac{y^2}{b^2} = 1 \quad (a > b > 0, \text{焦点在 } x \text{ 轴上})$$

或

$$\frac{x^2}{b^2} + \frac{y^2}{a^2} = 1 \quad (a > b > 0, \text{焦点在 } y \text{ 轴上})$$

3. 双曲线

平面内到两定点的距离之差等于定长的点的轨迹是**双曲线**,定点称为**焦点**,两焦点间的距离称为**焦距**.

双曲线的标准方程为

$$\frac{x^2}{a^2} - \frac{y^2}{b^2} = 1 \quad (a > 0, b > 0, \text{焦点在 } x \text{ 轴上})$$

或

$$\frac{y^2}{a^2} - \frac{x^2}{b^2} = 1 \quad (a > 0, b > 0, \text{焦点在 } y \text{ 轴上}).$$

4. 抛物线

平面内到一定点和一定直线的距离相等的点的轨迹是**抛物线**,定点称为**焦点**,定直线称为**准线**.

抛物线的标准方程是

$$y^2 = 2px \ (p > 0, 开口向右), \quad y^2 = -2px \ (p > 0, 开口向左)$$

或

$$x^2 = 2py \ (p > 0, 开口向上), \quad x^2 = -2py \ (p > 0, 开口向下).$$

(十三) 参数方程

1. 参数方程的概念

在给定的坐标系中,如果曲线上的任意一点的坐标(x, y)都是一变量 t 的函数:

$$\begin{cases} x = \varphi(t), \\ y = \psi(t) \end{cases} \quad (\alpha < t < \beta)$$

并且对于每一个 t 的值 $(\alpha < t < \beta)$,由该方程所确定的点(x, y)都在曲线上,则称该方程为曲线的**参数方程**,而称变量 t 为**参数**.

消去参数方程中的参数 t,即可将参数方程化为普通方程.

2. 几种常见曲线的参数方程

(1) 经过点 $P_0(x_0, y_0)$、倾角为 α 的**直线**的参数方程为

$$\begin{cases} x = x_0 + t\cos\alpha, \\ y = y_0 + t\sin\alpha, \end{cases}$$

其中,t 是直线上的点 $P_0(x_0, y_0)$到点 $P(x, y)$的有向线段的数量.

(2) 圆心在点(x_0, y_0)、半径为 R 的**圆**的参数方程为

$$\begin{cases} x = x_0 + R\cos t, \\ y = y_0 + R\sin t. \end{cases}$$

(3) 中心在原点、长半轴为 a、短半轴为 b 的**椭圆**的参数方程为

$$\begin{cases} x = a\cos t, \\ y = b\sin t. \end{cases}$$

(4) 中心在原点、实半轴为 a、虚半轴为 b 的**双曲线**的参数方程为

$$\begin{cases} x = a\sec t, \\ y = b\tan t. \end{cases}$$

(5) 中心在原点、对称轴为 x 轴(开口向右)的**抛物线**的参数方程为

$$\begin{cases} x = 2pt^2, \\ y = 2pt. \end{cases}$$

(十四) 极坐标

1. 极坐标系

在平面内取一定点 O,引一条射线 Ox,再规定一个长度单位和角度的正方向(通常取

附录 2
初等数学常用公式与有关知识选编

逆时针方向),这样就构成**极坐标系**(如右图).定点 O 叫作**极点**,射线 Ox 叫作**极轴**.

在建立了极坐标系的平面内,任意一点 P 都可以用线段 OP 的长度 r(称为**极径**)和以极轴 Ox 为始边、OP 为终边的角度 θ(称为**极角**)来表示.有序实数组 (r, θ) 叫作 P 点的**极坐标**,记作 $P(r, \theta)$.因此,平面内一点 P 与有序实数组 (r, θ) 建立了一一对应关系.

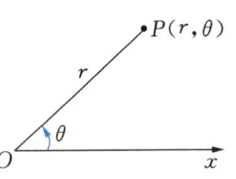

2. 极坐标与直角坐标的关系

如果把平面直角坐标系的原点作为极点,x 轴的正方向作为极轴的正方向,并且在两种坐标系中取相同的长度单位,那么,平面内任意一点的直角坐标 (x, y) 与极坐标 (r, θ) 之间有如下关系:

$$\begin{cases} x = r\cos\theta, \\ y = r\sin\theta \end{cases} \quad \text{或} \quad \begin{cases} r^2 = x^2 + y^2, \\ \tan\theta = \dfrac{y}{x}. \end{cases} \quad (x \neq 0).$$

3. 几种常见的圆的极坐标方程

直角坐标方程	$x^2 + y^2 = a^2$	$(x-a)^2 + y^2 = a^2$	$x^2 + (y-a)^2 = a^2$
极坐标方程	$r = a \ (a > 0)$	$r = 2a\cos\theta \ (a > 0)$	$r = 2a\sin\theta \ (a > 0)$
图　形			

353

附录 3

积分表

(一) 含有 $ax+b$ 的积分

1. $\displaystyle\int \frac{\mathrm{d}x}{ax+b} = \frac{1}{a}\ln|ax+b| + C$

2. $\displaystyle\int (ax+b)^{\mu}\mathrm{d}x = \frac{1}{a(\mu+1)}(ax+b)^{\mu+1} + C \ (\mu \neq -1)$

3. $\displaystyle\int \frac{x}{ax+b}\mathrm{d}x = \frac{1}{a^2}(ax+b-b\ln|ax+b|) + C$

4. $\displaystyle\int \frac{x^2\mathrm{d}x}{ax+b} = \frac{1}{a^3}\left[\frac{1}{2}(ax+b)^2 - 2b(ax+b) + b^2\ln|ax+b|\right] + C$

5. $\displaystyle\int \frac{\mathrm{d}x}{x(ax+b)} = -\frac{1}{b}\ln\left|\frac{ax+b}{x}\right| + C$

6. $\displaystyle\int \frac{\mathrm{d}x}{x^2(ax+b)} = -\frac{1}{bx} + \frac{a}{b^2}\ln\left|\frac{ax+b}{x}\right| + C$

7. $\displaystyle\int \frac{x\,\mathrm{d}x}{(ax+b)^2} = \frac{1}{a^2}\left(\ln|ax+b| + \frac{b}{ax+b}\right) + C$

8. $\displaystyle\int \frac{x^2\mathrm{d}x}{(ax+b)^2} = \frac{1}{a^3}\left(ax+b-2b\ln|ax+b| - \frac{b^2}{ax+b}\right) + C$

9. $\displaystyle\int \frac{\mathrm{d}x}{x(ax+b)^2} = \frac{1}{b(ax+b)} - \frac{1}{b^2}\ln\left|\frac{ax+b}{x}\right| + C$

(二) 含有 $\sqrt{ax+b}$ 的积分

10. $\displaystyle\int \sqrt{ax+b}\,\mathrm{d}x = \frac{2}{3a}\sqrt{(ax+b)^3} + C$

11. $\displaystyle\int x\sqrt{ax+b}\,\mathrm{d}x = \frac{2}{15a^2}(3ax-2b)\sqrt{(ax+b)^3} + C$

12. $\displaystyle\int x^2\sqrt{ax+b}\,\mathrm{d}x = \frac{2}{105a^3}(15a^2x^2 - 12abx + 8b^2)\sqrt{(ax+b)^3} + C$

13. $\displaystyle\int \frac{x}{\sqrt{ax+b}}\mathrm{d}x = \frac{2}{3a^2}(ax-2b)\sqrt{ax+b} + C$

354

附录 3
积分表

14. $\int \dfrac{x^2}{\sqrt{ax+b}}\mathrm{d}x = \dfrac{2}{15a^3}(3a^2x^2-4abx+8b^2)\sqrt{ax+b}+C$

15. $\int \dfrac{\mathrm{d}x}{x\sqrt{ax+b}} = \begin{cases} \dfrac{1}{\sqrt{b}}\ln\left|\dfrac{\sqrt{ax+b}-\sqrt{b}}{\sqrt{ax+b}+\sqrt{b}}\right|+C & (b>0) \\[4mm] \dfrac{1}{\sqrt{-b}}\arctan\sqrt{\dfrac{ax+b}{-b}}+C & (b<0) \end{cases}$

16. $\int \dfrac{\mathrm{d}x}{x^2\sqrt{ax+b}} = -\dfrac{\sqrt{ax+b}}{bx}-\dfrac{a}{2b}\int \dfrac{\mathrm{d}x}{x\sqrt{ax+b}}$

17. $\int \dfrac{\sqrt{ax+b}}{x}\mathrm{d}x = 2\sqrt{ax+b}+b\int \dfrac{\mathrm{d}x}{x\sqrt{ax+b}}$

18. $\int \dfrac{\sqrt{ax+b}}{x^2}\mathrm{d}x = -\dfrac{\sqrt{ax+b}}{x}+\dfrac{a}{2}\int \dfrac{\mathrm{d}x}{x\sqrt{ax+b}}$

(三) 含有 $x^2 \pm a^2$ 的积分

19. $\int \dfrac{\mathrm{d}x}{x^2+a^2} = \dfrac{1}{a}\arctan\dfrac{x}{a}+C$

20. $\int \dfrac{\mathrm{d}x}{(x^2+a^2)^n} = \dfrac{x}{2(n-1)a^2(x^2+a^2)^{n-1}}+\dfrac{2n-3}{2(n-1)a^2}\int \dfrac{\mathrm{d}x}{(x^2+a^2)^{n-1}}$

21. $\int \dfrac{\mathrm{d}x}{x^2-a^2} = \dfrac{1}{2a}\ln\left|\dfrac{x-a}{x+a}\right|+C$

(四) 含有 $ax^2+b\ (a>0)$ 的积分

22. $\int \dfrac{\mathrm{d}x}{ax^2+b} = \begin{cases} \dfrac{1}{\sqrt{ab}}\arctan\sqrt{\dfrac{a}{b}}x+C & (b>0) \\[4mm] \dfrac{1}{2\sqrt{-ab}}\ln\left|\dfrac{\sqrt{a}\,x-\sqrt{-b}}{\sqrt{a}\,x+\sqrt{-b}}\right|+C & (b<0) \end{cases}$

23. $\int \dfrac{x}{ax^2+b}\mathrm{d}x = \dfrac{1}{2a}\ln|ax^2+b|+C$

24. $\int \dfrac{x^2}{ax^2+b}\mathrm{d}x = \dfrac{x}{a}-\dfrac{b}{a}\int \dfrac{\mathrm{d}x}{ax^2+b}$

25. $\int \dfrac{\mathrm{d}x}{x(ax^2+b)} = \dfrac{1}{2b}\ln\dfrac{x^2}{|ax^2+b|}+C$

26. $\int \dfrac{\mathrm{d}x}{x^2(ax^2+b)} = -\dfrac{1}{bx}-\dfrac{a}{b}\int \dfrac{\mathrm{d}x}{ax^2+b}$

27. $\int \dfrac{\mathrm{d}x}{(ax^2+b)^2} = \dfrac{x}{2b(ax^2+b)}+\dfrac{1}{2b}\int \dfrac{\mathrm{d}x}{ax^2+b}$

(五) 含有 $ax^2+bx+c\ (a>0)$ 的积分

28. $\int \dfrac{\mathrm{d}x}{ax^2+bx+c} = \begin{cases} \dfrac{2}{\sqrt{4ac-b^2}}\arctan\dfrac{2ax+b}{\sqrt{4ac-b^2}}+C & (b^2<4ac) \\[4mm] \dfrac{1}{\sqrt{b^2-4ac}}\ln\left|\dfrac{2ax+b-\sqrt{b^2-4ac}}{2ax+b+\sqrt{b^2-4ac}}\right|+C & (b^2>4ac) \end{cases}$

29. $\displaystyle\int \frac{x}{ax^2+bx+c}\mathrm{d}x = \frac{1}{2a}\ln|ax^2+bx+c|-\frac{b}{2a}\int \frac{\mathrm{d}x}{ax^2+bx+c}$

（六）含有 $\sqrt{x^2+a^2}$ （$a>0$）的积分

30. $\displaystyle\int \frac{\mathrm{d}x}{\sqrt{x^2+a^2}} = \ln(x+\sqrt{x^2+a^2})+C$

31. $\displaystyle\int \frac{\mathrm{d}x}{\sqrt{(x^2+a^2)^3}} = \frac{x}{a^2\sqrt{x^2+a^2}}+C$

32. $\displaystyle\int \frac{x}{\sqrt{x^2+a^2}}\mathrm{d}x = \sqrt{x^2+a^2}+C$

33. $\displaystyle\int \frac{x}{\sqrt{(x^2+a^2)^3}}\mathrm{d}x = -\frac{1}{\sqrt{x^2+a^2}}+C$

34. $\displaystyle\int \frac{x^2}{\sqrt{x^2+a^2}}\mathrm{d}x = \frac{x}{2}\sqrt{x^2+a^2}-\frac{a^2}{2}\ln(x+\sqrt{x^2+a^2})+C$

35. $\displaystyle\int \frac{x^2}{\sqrt{(x^2+a^2)^3}}\mathrm{d}x = -\frac{x}{\sqrt{x^2+a^2}}+\ln(x+\sqrt{x^2+a^2})+C$

36. $\displaystyle\int \frac{\mathrm{d}x}{x\sqrt{x^2+a^2}} = \frac{1}{a}\ln\frac{\sqrt{x^2+a^2}-a}{|x|}+C$

37. $\displaystyle\int \frac{\mathrm{d}x}{x^2\sqrt{x^2+a^2}} = -\frac{\sqrt{x^2+a^2}}{a^2 x}+C$

38. $\displaystyle\int \sqrt{x^2+a^2}\,\mathrm{d}x = \frac{x}{2}\sqrt{x^2+a^2}+\frac{a^2}{2}\ln(x+\sqrt{x^2+a^2})+C$

39. $\displaystyle\int \sqrt{(x^2+a^2)^3}\,\mathrm{d}x = \frac{x}{8}(2x^2+5a^2)\sqrt{x^2+a^2}+\frac{3a^4}{8}\ln(x+\sqrt{x^2+a^2})+C$

40. $\displaystyle\int x\sqrt{x^2+a^2}\,\mathrm{d}x = \frac{1}{3}\sqrt{(x^2+a^2)^3}+C$

41. $\displaystyle\int x^2\sqrt{x^2+a^2}\,\mathrm{d}x = \frac{x}{8}(2x^2+a^2)\sqrt{x^2+a^2}-\frac{a^4}{8}\ln(x+\sqrt{x^2+a^2})+C$

42. $\displaystyle\int \frac{\sqrt{x^2+a^2}}{x}\mathrm{d}x = \sqrt{x^2+a^2}+a\ln\frac{\sqrt{x^2+a^2}-a}{|x|}+C$

43. $\displaystyle\int \frac{\sqrt{x^2+a^2}}{x^2}\mathrm{d}x = -\frac{\sqrt{x^2+a^2}}{x}+\ln(x+\sqrt{x^2+a^2})+C$

（七）含有 $\sqrt{x^2-a^2}$ （$a>0$）的积分

44. $\displaystyle\int \frac{\mathrm{d}x}{\sqrt{x^2-a^2}} = \ln|x+\sqrt{x^2-a^2}|+C$

45. $\displaystyle\int \frac{\mathrm{d}x}{\sqrt{(x^2-a^2)^3}} = -\frac{x}{a^2\sqrt{x^2-a^2}}+C$

46. $\displaystyle\int \frac{x}{\sqrt{x^2-a^2}}\mathrm{d}x = \sqrt{x^2-a^2}+C$

附录 3
积分表

47. $\displaystyle\int \frac{x}{\sqrt{(x^2-a^2)^3}}dx = -\frac{1}{\sqrt{x^2-a^2}}+C$

48. $\displaystyle\int \frac{x^2}{\sqrt{x^2-a^2}}dx = \frac{x}{2}\sqrt{x^2-a^2}+\frac{a^2}{2}\ln|x+\sqrt{x^2-a^2}|+C$

49. $\displaystyle\int \frac{x^2}{\sqrt{(x^2-a^2)^3}}dx = -\frac{x}{\sqrt{x^2-a^2}}+\ln|x+\sqrt{x^2-a^2}|+C$

50. $\displaystyle\int \frac{dx}{x\sqrt{x^2-a^2}} = \frac{1}{a}\arccos\frac{a}{|x|}+C$

51. $\displaystyle\int \frac{dx}{x^2\sqrt{x^2-a^2}} = \frac{\sqrt{x^2-a^2}}{a^2x}+C$

52. $\displaystyle\int \sqrt{x^2-a^2}\,dx = \frac{x}{2}\sqrt{x^2-a^2}-\frac{a^2}{2}\ln|x+\sqrt{x^2-a^2}|+C$

53. $\displaystyle\int \sqrt{(x^2-a^2)^3}\,dx = \frac{x}{8}(2x^2-5a^2)\sqrt{x^2-a^2}+\frac{3a^4}{8}\ln|x+\sqrt{x^2-a^2}|+C$

54. $\displaystyle\int x\sqrt{x^2-a^2}\,dx = \frac{1}{3}\sqrt{(x^2-a^2)^3}+C$

55. $\displaystyle\int x^2\sqrt{x^2-a^2}\,dx = \frac{x}{8}(2x^2-a^2)\sqrt{x^2-a^2}-\frac{a^4}{8}\ln|x+\sqrt{x^2-a^2}|+C$

56. $\displaystyle\int \frac{\sqrt{x^2-a^2}}{x}dx = \sqrt{x^2-a^2}-a\arccos\frac{a}{|x|}+C$

57. $\displaystyle\int \frac{\sqrt{x^2-a^2}}{x^2}dx = -\frac{\sqrt{x^2-a^2}}{x}+\ln|x+\sqrt{x^2-a^2}|+C$

(八) 含有 $\sqrt{a^2-x^2}$ $(a>0)$ 的积分

58. $\displaystyle\int \frac{dx}{\sqrt{a^2-x^2}} = \arcsin\frac{x}{a}+C$

59. $\displaystyle\int \frac{dx}{\sqrt{(a^2-x^2)^3}} = \frac{x}{a^2\sqrt{a^2-x^2}}+C$

60. $\displaystyle\int \frac{x}{\sqrt{a^2-x^2}}dx = -\sqrt{a^2-x^2}+C$

61. $\displaystyle\int \frac{x}{\sqrt{(a^2-x^2)^3}}dx = \frac{1}{\sqrt{a^2-x^2}}+C$

62. $\displaystyle\int \frac{x^2}{\sqrt{a^2-x^2}}dx = -\frac{x}{2}\sqrt{a^2-x^2}+\frac{a^2}{2}\arcsin\frac{x}{a}+C$

63. $\displaystyle\int \frac{x^2}{\sqrt{(a^2-x^2)^3}}dx = \frac{x}{\sqrt{a^2-x^2}}-\arcsin\frac{x}{a}+C$

64. $\displaystyle\int \frac{dx}{x\sqrt{a^2-x^2}} = \frac{1}{a}\ln\frac{a-\sqrt{a^2-x^2}}{|x|}+C$

65. $\displaystyle\int \frac{\mathrm{d}x}{x^2\sqrt{a^2-x^2}} = -\frac{\sqrt{a^2-x^2}}{a^2 x} + C$

66. $\displaystyle\int \sqrt{a^2-x^2}\,\mathrm{d}x = \frac{x}{2}\sqrt{a^2-x^2} + \frac{a^2}{2}\arcsin\frac{x}{a} + C$

67. $\displaystyle\int \sqrt{(a^2-x^2)^3}\,\mathrm{d}x = \frac{x}{8}(5a^2-2x^2)\sqrt{a^2-x^2} + \frac{3a^4}{8}\arcsin\frac{x}{a} + C$

68. $\displaystyle\int x\sqrt{a^2-x^2}\,\mathrm{d}x = -\frac{1}{3}\sqrt{(a^2-x^2)^3} + C$

69. $\displaystyle\int x^2\sqrt{a^2-x^2}\,\mathrm{d}x = \frac{x}{8}(2x^2-a^2)\sqrt{a^2-x^2} + \frac{a^4}{8}\arcsin\frac{x}{a} + C$

70. $\displaystyle\int \frac{\sqrt{a^2-x^2}}{x}\,\mathrm{d}x = \sqrt{a^2-x^2} + a\ln\frac{a-\sqrt{a^2-x^2}}{|x|} + C$

71. $\displaystyle\int \frac{\sqrt{a^2-x^2}}{x^2}\,\mathrm{d}x = -\frac{\sqrt{a^2-x^2}}{x} - \arcsin\frac{x}{a} + C$

(九) 含有 $\sqrt{\pm ax^2+bx+c}$ （$a>0$）的积分

72. $\displaystyle\int \frac{\mathrm{d}x}{\sqrt{ax^2+bx+c}} = \frac{1}{\sqrt{a}}\ln|2ax+b+2\sqrt{a}\,\sqrt{ax^2+bx+c}| + C$

73. $\displaystyle\int \sqrt{ax^2+bx+c}\,\mathrm{d}x = \frac{2ax+b}{4a}\sqrt{ax^2+bx+c} + \frac{4ac-b^2}{8\sqrt{a^3}}\cdot$

$\qquad\qquad \ln|2ax+b+2\sqrt{a}\,\sqrt{ax^2+bx+c}| + C$

74. $\displaystyle\int \frac{x}{\sqrt{ax^2+bx+c}}\,\mathrm{d}x = \frac{1}{a}\sqrt{ax^2+bx+c} - \frac{b}{2\sqrt{a^3}}\ln|2ax+b$

$\qquad\qquad + 2\sqrt{a}\,\sqrt{ax^2+bx+c}| + C$

75. $\displaystyle\int \frac{\mathrm{d}x}{\sqrt{c+bx-ax^2}} = \frac{1}{\sqrt{a}}\arcsin\frac{2ax-b}{\sqrt{b^2+4ac}} + C$

76. $\displaystyle\int \sqrt{c+bx-ax^2}\,\mathrm{d}x = \frac{2ax-b}{4a}\sqrt{c+bx-ax^2} + \frac{b^2+4ac}{8\sqrt{a^3}}\arcsin\frac{2ax-b}{\sqrt{b^2+4ac}} + C$

77. $\displaystyle\int \frac{x}{\sqrt{c+bx-ax^2}}\,\mathrm{d}x = -\frac{1}{a}\sqrt{c+bx-ax^2} + \frac{b}{2\sqrt{a^3}}\arcsin\frac{2ax-b}{\sqrt{b^2+4ac}} + C$

(十) 含有 $\sqrt{\dfrac{a\pm x}{b\pm x}}$ 或 $\sqrt{(x-a)(b-x)}$ 的积分

78. $\displaystyle\int \sqrt{\frac{a+x}{b+x}}\,\mathrm{d}x = \sqrt{(x+a)(x+b)} + (a-b)\ln(\sqrt{x+a}+\sqrt{x+b}) + C$

79. $\displaystyle\int \sqrt{\frac{a-x}{b-x}}\,\mathrm{d}x = -\sqrt{(a-x)(b-x)} + (b-a)\ln(\sqrt{a-x}+\sqrt{b-x}) + C$

80. $\displaystyle\int \sqrt{\frac{b-x}{x-a}}\,\mathrm{d}x = \sqrt{(x-a)(b-x)} + (b-a)\arcsin\sqrt{\frac{x-a}{b-a}} + C \ (a<b)$

附录 3
积分表

81. $\displaystyle\int \sqrt{\dfrac{x-a}{b-x}}\,dx = -\sqrt{(x-a)(b-x)} + (b-a)\arcsin\sqrt{\dfrac{x-a}{b-a}} + C\ (a<b)$

82. $\displaystyle\int \dfrac{dx}{\sqrt{(x-a)(b-x)}} = 2\arcsin\sqrt{\dfrac{x-a}{b-a}} + C\ (a<b)$

(十一) 含有三角函数的积分

83. $\displaystyle\int \sin x\,dx = -\cos x + C$

84. $\displaystyle\int \cos x\,dx = \sin x + C$

85. $\displaystyle\int \tan x\,dx = -\ln|\cos x| + C$

86. $\displaystyle\int \cot x\,dx = \ln|\sin x| + C$

87. $\displaystyle\int \sec x\,dx = \ln|\sec x + \tan x| + C = \ln\left|\tan\left(\dfrac{\pi}{4}+\dfrac{x}{2}\right)\right| + C$

88. $\displaystyle\int \csc x\,dx = \ln|\csc x - \cot x| + C = \ln\left|\tan\dfrac{x}{2}\right| + C$

89. $\displaystyle\int \sec^2 x\,dx = \tan x + C$

90. $\displaystyle\int \csc^2 x\,dx = -\cot x + C$

91. $\displaystyle\int \sec x\tan x\,dx = \sec x + C$

92. $\displaystyle\int \csc x\cot x\,dx = -\csc x + C$

93. $\displaystyle\int \sin^2 x\,dx = \dfrac{x}{2} - \dfrac{1}{4}\sin 2x + C$

94. $\displaystyle\int \cos^2 x\,dx = \dfrac{x}{2} + \dfrac{1}{4}\sin 2x + C$

95. $\displaystyle\int \sin^n x\,dx = -\dfrac{1}{n}\sin^{n-1} x\cos x + \dfrac{n-1}{n}\int \sin^{n-2} x\,dx$

96. $\displaystyle\int \cos^n x\,dx = \dfrac{1}{n}\cos^{n-1} x\sin x + \dfrac{n-1}{n}\int \cos^{n-2} x\,dx$

97. $\displaystyle\int \dfrac{dx}{\sin^n x} = -\dfrac{1}{n-1}\dfrac{\cos x}{\sin^{n-1} x} + \dfrac{n-2}{n-1}\int \dfrac{dx}{\sin^{n-2} x}$

98. $\displaystyle\int \dfrac{dx}{\cos^n x} = \dfrac{1}{n-1}\dfrac{\sin x}{\cos^{n-1} x} + \dfrac{n-2}{n-1}\int \dfrac{dx}{\cos^{n-2} x}$

99. $\displaystyle\int \cos^m x\sin^n x\,dx = \dfrac{1}{m+n}\cos^{m-1} x\sin^{n+1} x\cos x + \dfrac{m-1}{m+n}\int \cos^{m-2} x\sin^n x\,dx$

$\displaystyle\qquad\qquad = -\dfrac{1}{m+n}\cos^{m+1} x\sin^{n-1} x + \dfrac{n-1}{m+n}\int \cos^m x\sin^{n-2} x\,dx$

100. $\displaystyle\int \sin ax\cos bx\,dx = -\dfrac{1}{2(a+b)}\cos(a+b)x - \dfrac{1}{2(a-b)}\cos(a-b)x + C\ (a^2\neq b^2)$

101. $\displaystyle\int \sin ax \sin bx\, dx = -\frac{1}{2(a+b)}\sin(a+b)x + \frac{1}{2(a-b)}\sin(a-b)x + C \ (a^2 \neq b^2)$

102. $\displaystyle\int \cos ax \cos bx\, dx = \frac{1}{2(a+b)}\sin(a+b)x + \frac{1}{2(a-b)}\sin(a-b)x + C \ (a^2 \neq b^2)$

103. $\displaystyle\int \frac{dx}{a+b\sin x} = \frac{2}{\sqrt{a^2-b^2}}\arctan\frac{a\tan\dfrac{x}{2}+b}{\sqrt{a^2-b^2}} + C \ (a^2 > b^2)$

104. $\displaystyle\int \frac{dx}{a+b\sin x} = \frac{1}{\sqrt{b^2-a^2}}\ln\left|\frac{a\tan\dfrac{x}{2}+b-\sqrt{b^2-a^2}}{a\tan\dfrac{x}{2}+b+\sqrt{b^2-a^2}}\right| + C \ (a^2 < b^2)$

105. $\displaystyle\int \frac{dx}{a+b\cos x} = \frac{2}{a+b}\sqrt{\frac{a+b}{a-b}}\arctan\left(\sqrt{\frac{a-b}{a+b}}\tan\frac{x}{2}\right) + C \ (a^2 > b^2)$

106. $\displaystyle\int \frac{dx}{a+b\cos x} = \frac{1}{a+b}\sqrt{\frac{a+b}{b-a}}\ln\left|\frac{\tan\dfrac{x}{2}+\sqrt{\dfrac{a+b}{b-a}}}{\tan\dfrac{x}{2}-\sqrt{\dfrac{a+b}{b-a}}}\right| + C \ (a^2 < b^2)$

107. $\displaystyle\int \frac{dx}{a^2\cos^2 x + b^2\sin^2 x} = \frac{1}{ab}\arctan\left(\frac{b}{a}\tan x\right) + C$

108. $\displaystyle\int \frac{dx}{a^2\cos^2 x - b^2\sin^2 x} = \frac{1}{2ab}\ln\left|\frac{b\tan x + a}{b\tan x - a}\right| + C$

109. $\displaystyle\int x\sin ax\, dx = \frac{1}{a^2}\sin ax - \frac{1}{a}x\cos ax + C$

110. $\displaystyle\int x^2\sin ax\, dx = -\frac{1}{a}x^2\cos ax + \frac{2}{a^2}x\sin ax + \frac{2}{a^3}\cos ax + C$

111. $\displaystyle\int x\cos ax\, dx = \frac{1}{a^2}\cos ax + \frac{1}{a}x\sin ax + C$

112. $\displaystyle\int x^2\cos ax\, dx = \frac{1}{a}x^2\sin ax + \frac{2}{a^2}x\cos ax - \frac{2}{a^3}\sin ax + C$

（十二）含有反三角函数的积分（其中 $a > 0$）

113. $\displaystyle\int \arcsin\frac{x}{a}\, dx = x\arcsin\frac{x}{a} + \sqrt{a^2-x^2} + C$

114. $\displaystyle\int x\arcsin\frac{x}{a}\, dx = \left(\frac{x^2}{2}-\frac{a^2}{4}\right)\arcsin\frac{x}{a} + \frac{x}{4}\sqrt{a^2-x^2} + C$

115. $\displaystyle\int x^2\arcsin\frac{x}{a}\, dx = \frac{x^3}{3}\arcsin\frac{x}{a} + \frac{1}{9}(x^2+2a^2)\sqrt{a^2-x^2} + C$

116. $\displaystyle\int \arccos\frac{x}{a}\, dx = x\arccos\frac{x}{a} - \sqrt{a^2-x^2} + C$

117. $\displaystyle\int x\arccos\frac{x}{a}\, dx = \left(\frac{x^2}{2}-\frac{a^2}{4}\right)\arccos\frac{x}{a} - \frac{x}{4}\sqrt{a^2-x^2} + C$

附录 3

积分表

118. $\int x^2 \arccos \dfrac{x}{a} \, dx = \dfrac{x^3}{3} \arccos \dfrac{x}{a} - \dfrac{1}{9}(x^2 + 2a^2)\sqrt{a^2 - x^2} + C$

119. $\int \arccos \dfrac{x}{a} \, dx = x \arctan \dfrac{x}{a} - \dfrac{a}{2} \ln(a^2 + x^2) + C$

120. $\int x \arctan \dfrac{x}{a} \, dx = \dfrac{1}{2}(a^2 + x^2) \arctan \dfrac{x}{a} - \dfrac{ax}{2} + C$

121. $\int x^2 \arctan \dfrac{x}{a} \, dx = \dfrac{x^3}{3} \arctan \dfrac{x}{a} - \dfrac{a}{6} x^2 + \dfrac{a^3}{6} \ln(a^2 + x^2) + C$

(十三) 含有指数函数的积分

122. $\int a^x \, dx = \dfrac{1}{\ln a} a^x + C$

123. $\int e^{ax} \, dx = \dfrac{1}{a} e^{ax} + C$

124. $\int x e^{ax} \, dx = \dfrac{1}{a^2}(ax - 1) e^{ax} + C$

125. $\int x^n e^{ax} \, dx = \dfrac{1}{a} x^n e^{ax} - \dfrac{n}{a} \int x^{n-1} e^{ax} \, dx$

126. $\int x a^x \, dx = \dfrac{x}{\ln a} a^x - \dfrac{1}{(\ln a)^2} a^x + C$

127. $\int x^n a^x \, dx = \dfrac{1}{\ln a} x^n a^x - \dfrac{n}{\ln a} a^x \int x^{n-1} a^x \, dx$

128. $\int e^{ax} \sin bx \, dx = \dfrac{1}{a^2 + b^2} e^{ax}(a \sin bx - b \cos bx) + C$

129. $\int e^{ax} \cos bx \, dx = \dfrac{1}{a^2 + b^2} e^{ax}(b \sin bx + a \cos bx) + C$

130. $\int e^{ax} \sin^n bx \, dx = \dfrac{1}{a^2 + b^2 n^2} e^{ax} \sin^{n-1} bx (a \sin bx - nb \cos bx)$
$$+ \dfrac{n(n-1)b^2}{a^2 + b^2 n^2} \int e^{ax} \sin^{n-2} bx \, dx$$

131. $\int e^{ax} \cos^n bx \, dx = \dfrac{1}{a^2 + b^2 n^2} e^{ax} \cos^{n-1} bx (a \cos bx + nb \sin bx)$
$$+ \dfrac{n(n-1)b^2}{a^2 + b^2 n^2} \int e^{ax} \cos^{n-2} bx \, dx$$

(十四) 含有对数函数的积分

132. $\int \ln x \, dx = x \ln x - x + C$

133. $\int \dfrac{dx}{x \ln x} = \ln |\ln x| + C$

134. $\int x^n \ln x \, dx = \dfrac{x^{n+1}}{n+1}\left(\ln x - \dfrac{1}{n+1}\right) + C$

135. $\int (\ln x)^n \, dx = x(\ln x)^n - n \int (\ln x)^{n-1} \, dx$

136. $\int x^m (\ln x)^n \, dx = \dfrac{x^{m+1}}{m+1}(\ln x)^n - \dfrac{n}{m+1} \int x^m (\ln x)^{n-1} \, dx$

361

附录 4

概率与统计附表

附表 4-1　几种常用的概率分布表

分布	参数	分布律或概率密度	数学期望	方　差
(0−1)分布	$0<p<1$	$P\{X=k\}=p^k(1-p)^{1-k}$, $k=0,1$	p	$p(1-p)$
二项分布	$n\geqslant 1$ $0<p<1$	$P\{X=k\}=C_n^k p^k(1-p)^{n-k}$ $k=0,1,\cdots,n$	np	$np(1-p)$
负二项分布 (帕斯卡分布)	$r\geqslant 1$ $0<p<1$	$P\{X=k\}=C_{k-1}^{r-1}p^r(1-p)^{k-r}$ $k=r,r+1,\cdots$	$\dfrac{r}{p}$	$\dfrac{r(1-p)}{p^2}$
几何分布	$0<p<1$	$P\{X=k\}=(1-p)^{k-1}p$ $k=1,2,\cdots$	$\dfrac{1}{p}$	$\dfrac{1-p}{p^2}$
超几何分布	N,M,n $(M\leqslant N)$ $(n\leqslant N)$	$P\{X=k\}=\dfrac{C_M^k C_{N-M}^{n-k}}{C_N^n}$ k 为整数, $\max\{0,n-N+M\}\leqslant k\leqslant\min\{n,M\}$	$\dfrac{nM}{N}$	$\dfrac{nM}{N}\left(1-\dfrac{M}{N}\right)\dfrac{N-n}{N-1}$
泊松分布	$\lambda>0$	$P\{X=k\}=\dfrac{\lambda^k e^{-\lambda}}{k!}$　$k=0,1,2,\cdots$	λ	λ
均匀分布	$a<b$	$f(x)=\begin{cases}\dfrac{1}{b-a},&a<x<b,\\0,&\text{其他}\end{cases}$	$\dfrac{a+b}{2}$	$\dfrac{(b-a)^2}{12}$
正态分布	μ $\sigma>0$	$f(x)=\dfrac{1}{\sqrt{2\pi}\sigma}e^{-(x-\mu)^2/(2\sigma^2)}$	μ	σ^2
Γ 分布	$\alpha>0$ $\beta>0$	$f(x)=\begin{cases}\dfrac{1}{\beta^\alpha\Gamma(\alpha)}x^{\alpha-1}e^{-x/\beta},&x>0,\\0,&\text{其他}\end{cases}$	$\alpha\beta$	$\alpha\beta^2$

附录4
概率与统计附表

续　表

分布	参数	分布律或概率密度	数学期望	方　差
指数分布 （负指数分布）	$\lambda>0$	$f(x)=\begin{cases}\lambda \mathrm{e}^{-\lambda x},\ x>0,\\0,\qquad \text{其他}\end{cases}$	$\dfrac{1}{\lambda}$	$\dfrac{1}{\lambda^2}$
χ^2 分布	$n\geqslant1$	$f(x)=\begin{cases}\dfrac{1}{2^{\frac{n}{2}}\Gamma(n/2)}x^{\frac{n}{2}-1}\mathrm{e}^{-\frac{x}{2}},\ x>0\\0,\qquad\qquad\qquad\qquad \text{其他}\end{cases}$	n	$2n$
韦布东分布	$\eta>0$ $\beta>0$	$f(x)=\begin{cases}\dfrac{\beta}{\eta}\left(\dfrac{x}{\eta}\right)^{\beta-1}\mathrm{e}^{-\left(\frac{x}{\eta}\right)^{\beta}},\ x>0,\\0,\qquad\qquad\qquad\qquad \text{其他}\end{cases}$	$\eta\Gamma\left(\dfrac{1}{\beta}+1\right)$	$\eta^2\left\{\Gamma\left(\dfrac{2}{\beta}+1\right)-\left[\Gamma\left(\dfrac{1}{\beta}+1\right)\right]^2\right\}$
瑞利分布	$\sigma>0$	$f(x)=\begin{cases}\dfrac{x}{\sigma^2}\mathrm{e}^{-x^2/(2\sigma^2)},\ x>0,\\0,\qquad\qquad\qquad \text{其他}\end{cases}$	$\sqrt{\dfrac{\pi}{2}}\sigma$	$\dfrac{4-\pi}{2}\sigma^2$
β 分布	$\alpha>0$ $\beta>0$	$f(x)=\begin{cases}\dfrac{\Gamma(\alpha+\beta)}{\Gamma(\alpha)\Gamma(\beta)}x^{\alpha-1}(1-x)^{\beta-1},\ 0<x<1,\\0,\qquad\qquad\qquad\qquad\qquad \text{其他}\end{cases}$	$\dfrac{\alpha}{\alpha+\beta}$	$\dfrac{\alpha\beta}{(\alpha+\beta)^2(\alpha+\beta+1)}$
对数正态分布	μ $\sigma>0$	$f(x)=\begin{cases}\dfrac{1}{\sqrt{2\pi}\sigma x}\mathrm{e}^{-(\ln x-\mu)^2/(2\sigma^2)},\ x>0,\\0,\qquad\qquad\qquad\qquad\qquad \text{其他}\end{cases}$	$\mathrm{e}^{\mu+\frac{\sigma^2}{2}}$	$\mathrm{e}^{2\mu+\sigma^2}(\mathrm{e}^{\sigma^2}-1)$
柯西分布	a $\lambda>0$	$f(x)=\dfrac{1}{\pi}\dfrac{\lambda}{\lambda^2+(x-a)^2}$	不存在	不存在
t 分布	$n\geqslant1$	$f(x)=\dfrac{\Gamma\left(\dfrac{n+1}{2}\right)}{\sqrt{n\pi}\,\Gamma\left(\dfrac{n}{2}\right)}\left(1+\dfrac{x^2}{n}\right)^{-(n+1)/2}$	$0,$ $n>1$	$\dfrac{n}{n-2},\ n>2$
F 分布	n_1,n_2	$f(x)=\begin{cases}\dfrac{\Gamma[(n_1+n_2)/2]}{\Gamma(n_1/2)\Gamma(n_2/2)}\left(\dfrac{n_1}{n_2}\right)\left(\dfrac{n_1}{n_2}x\right)^{n_1/2-1}\\\times\left(1+\dfrac{n_1}{n_2}x\right)^{-(n_1+n_2)/2},\ x>0,\\0,\qquad\qquad\qquad\qquad\qquad \text{其他}\end{cases}$	$\dfrac{n_2}{n_2-2},$ $n_2>2$	$\dfrac{2n_2^2(n_1+n_2-2)}{n_1(n_2-2)^2(n_2-4)},$ $n_2>4$

附表 4-2　标准正态分布表

$$\Phi(x) = \int_{-\infty}^{x} \frac{1}{\sqrt{2\pi}} e^{-t^2/2} dt$$

x	0.00	0.01	0.02	0.03	0.04	0.05	0.06	0.07	0.08	0.09
0.0	0.500 0	0.504 0	0.508 0	0.512 0	0.516 0	0.519 9	0.523 9	0.527 9	0.531 9	0.535 9
0.1	0.539 8	0.543 8	0.547 8	0.551 7	0.555 7	0.559 6	0.563 6	0.567 5	0.571 4	0.575 3
0.2	0.579 3	0.583 2	0.587 1	0.591 0	0.594 8	0.598 7	0.602 6	0.606 4	0.610 3	0.614 1
0.3	0.617 9	0.621 7	0.625 5	0.629 3	0.633 1	0.636 8	0.640 6	0.644 3	0.648 0	0.651 7
0.4	0.655 4	0.659 1	0.662 8	0.666 4	0.670 0	0.673 6	0.677 2	0.680 8	0.684 4	0.687 9
0.5	0.691 5	0.695 0	0.698 5	0.701 9	0.705 4	0.708 8	0.712 3	0.715 7	0.719 0	0.722 4
0.6	0.725 7	0.729 1	0.732 4	0.735 7	0.738 9	0.742 2	0.745 4	0.748 6	0.751 7	0.754 9
0.7	0.758 0	0.761 1	0.764 2	0.767 3	0.770 4	0.773 4	0.776 4	0.779 4	0.782 3	0.785 2
0.8	0.788 1	0.791 0	0.793 9	0.796 7	0.799 5	0.802 3	0.805 1	0.807 8	0.810 6	0.813 3
0.9	0.815 9	0.818 6	0.821 2	0.823 8	0.826 4	0.828 9	0.831 5	0.834 0	0.836 5	0.838 9
1.0	0.841 3	0.843 8	0.846 1	0.848 5	0.850 8	0.853 1	0.855 4	0.857 7	0.859 9	0.862 1
1.1	0.864 3	0.866 5	0.868 6	0.870 8	0.872 9	0.874 9	0.877 0	0.879 0	0.881 0	0.883 0
1.2	0.884 9	0.886 9	0.888 8	0.890 7	0.892 5	0.894 4	0.896 2	0.898 0	0.899 7	0.901 5
1.3	0.903 2	0.904 9	0.906 6	0.908 2	0.909 9	0.911 5	0.913 1	0.914 7	0.916 2	0.917 7
1.4	0.919 2	0.920 7	0.922 2	0.923 6	0.925 1	0.926 5	0.927 8	0.929 2	0.930 6	0.931 9
1.5	0.933 2	0.934 5	0.935 7	0.937 0	0.938 2	0.939 4	0.940 6	0.941 8	0.942 9	0.944 1
1.6	0.945 2	0.946 3	0.947 4	0.948 4	0.949 5	0.950 5	0.951 5	0.952 5	0.953 5	0.954 5
1.7	0.955 4	0.956 4	0.957 3	0.958 2	0.959 1	0.959 9	0.960 8	0.961 6	0.962 5	0.963 3
1.8	0.964 1	0.964 9	0.965 6	0.966 4	0.967 1	0.967 8	0.968 6	0.969 3	0.969 9	0.970 6
1.9	0.971 3	0.971 9	0.972 6	0.973 2	0.973 8	0.974 4	0.975 0	0.975 6	0.976 1	0.976 7
2.0	0.977 2	0.977 8	0.978 3	0.978 8	0.979 3	0.979 8	0.980 3	0.980 8	0.981 2	0.981 7
2.1	0.982 1	0.982 6	0.983 0	0.983 4	0.983 8	0.984 2	0.984 6	0.985 0	0.985 4	0.985 7
2.2	0.986 1	0.986 4	0.986 8	0.987 1	0.987 5	0.987 8	0.988 1	0.988 4	0.988 7	0.989 0
2.3	0.989 3	0.989 6	0.989 8	0.990 1	0.990 4	0.990 6	0.990 9	0.991 1	0.991 3	0.991 6
2.4	0.991 8	0.992 0	0.992 2	0.992 5	0.992 7	0.992 9	0.993 1	0.993 2	0.993 4	0.993 6
2.5	0.993 8	0.994 0	0.994 1	0.994 3	0.994 5	0.994 6	0.994 8	0.994 9	0.995 1	0.995 2
2.6	0.995 3	0.995 5	0.995 6	0.995 7	0.995 9	0.996 0	0.996 1	0.996 2	0.996 3	0.996 4
2.7	0.996 5	0.996 6	0.996 7	0.996 8	0.996 9	0.997 0	0.997 1	0.997 2	0.997 3	0.997 4
2.8	0.997 4	0.997 5	0.997 6	0.997 7	0.997 7	0.997 8	0.997 9	0.997 9	0.998 0	0.998 1
2.9	0.998 1	0.998 2	0.998 2	0.998 3	0.998 4	0.998 4	0.998 5	0.998 5	0.998 6	0.998 6
3.0	0.998 7	0.998 7	0.998 7	0.998 8	0.998 8	0.998 9	0.998 9	0.998 9	0.999 0	0.999 0
3.1	0.999 0	0.999 1	0.999 1	0.999 1	0.999 2	0.999 2	0.999 2	0.999 2	0.999 3	0.999 3
3.2	0.999 3	0.999 3	0.999 4	0.999 4	0.999 4	0.999 4	0.999 4	0.999 5	0.999 5	0.999 5
3.3	0.999 5	0.999 5	0.999 5	0.999 6	0.999 6	0.999 6	0.999 6	0.999 6	0.999 6	0.999 7
3.4	0.999 7	0.999 7	0.999 7	0.999 7	0.999 7	0.999 7	0.999 7	0.999 7	0.999 7	0.999 8

附录4
概率与统计附表

附表 4-3　泊松分布表

$$P\{X \leqslant x\} = \sum_{k=0}^{x} \frac{\lambda^k \mathrm{e}^{-\lambda}}{k!}$$

x	λ								
	0.1	0.2	0.3	0.4	0.5	0.6	0.7	0.8	0.9
0	0.904 8	0.818 7	0.740 8	0.673 0	0.606 5	0.548 8	0.496 6	0.449 3	0.406 6
1	0.995 3	0.982 5	0.963 1	0.938 4	0.909 8	0.878 1	0.844 2	0.808 8	0.772 5
2	0.999 8	0.998 9	0.996 4	0.992 1	0.985 6	0.976 9	0.965 9	0.952 6	0.937 1
3	1.000 0	0.999 9	0.999 7	0.999 2	0.998 2	0.996 6	0.994 2	0.990 9	0.986 5
4		1.000 0	1.000 0	0.999 9	0.999 8	0.999 6	0.999 2	0.998 6	0.997 7
5				1.000 0	1.000 0	1.000 0	0.999 9	0.999 8	0.999 7
6							1.000 0	1.000 0	1.000 0

x	λ								
	1.0	1.5	2.0	2.5	3.0	3.5	4.0	4.5	5.0
0	0.367 9	0.223 1	0.135 3	0.082 1	0.049 8	0.030 2	0.018 3	0.011 1	0.006 7
1	0.735 8	0.557 8	0.406 0	0.287 3	0.199 1	0.135 9	0.091 6	0.061 1	0.040 4
2	0.919 7	0.808 8	0.676 7	0.543 8	0.423 2	0.320 8	0.238 1	0.173 6	0.124 7
3	0.981 0	0.934 4	0.857 1	0.757 6	0.647 2	0.536 6	0.433 5	0.342 3	0.265 0
4	0.996 3	0.981 4	0.947 3	0.891 2	0.815 3	0.725 4	0.628 8	0.532 1	0.440 5
5	0.999 4	0.995 5	0.983 4	0.958 0	0.916 1	0.857 6	0.785 1	0.702 9	0.616 0
6	0.999 9	0.999 1	0.995 5	0.985 8	0.966 5	0.934 7	0.889 3	0.831 1	0.762 2
7	1.000 0	0.999 8	0.998 9	0.995 8	0.988 1	0.973 3	0.948 9	0.913 4	0.866 6
8		1.000 0	0.999 8	0.998 9	0.996 2	0.990 1	0.978 6	0.959 7	0.931 9
9			1.000 0	0.999 7	0.998 9	0.996 7	0.991 9	0.982 9	0.968 2
10				0.999 9	0.999 7	0.999 0	0.997 2	0.993 3	0.986 3
11				1.000 0	0.999 9	0.999 7	0.999 1	0.997 6	0.994 5
12					1.000 0	0.999 9	0.999 7	0.999 2	0.998 0

x	λ								
	5.5	6.0	6.5	7.0	7.5	8.0	8.5	9.0	9.5
0	0.004 1	0.002 5	0.001 5	0.000 9	0.000 6	0.000 3	0.000 2	0.000 1	0.000 1
1	0.026 6	0.017 4	0.011 3	0.007 3	0.004 7	0.003 0	0.001 9	0.001 2	0.000 8
2	0.088 4	0.062 0	0.043 0	0.029 6	0.020 3	0.013 8	0.009 3	0.006 2	0.004 2
3	0.201 7	0.151 2	0.111 8	0.081 8	0.059 1	0.042 4	0.030 1	0.021 2	0.014 9
4	0.357 5	0.285 1	0.223 7	0.173 0	0.132 1	0.099 6	0.074 4	0.055 0	0.040 3
5	0.528 9	0.445 7	0.369 0	0.300 7	0.241 4	0.191 2	0.149 6	0.115 7	0.088 5
6	0.686 0	0.606 3	0.526 5	0.449 7	0.378 2	0.313 4	0.256 2	0.206 8	0.164 9
7	0.809 5	0.744 0	0.672 8	0.598 7	0.524 6	0.453 0	0.385 6	0.323 9	0.268 7
8	0.894 4	0.847 2	0.791 6	0.729 1	0.662 0	0.592 5	0.523 1	0.455 7	0.391 8
9	0.946 2	0.916 1	0.877 4	0.830 5	0.776 4	0.716 6	0.653 0	0.587 4	0.521 8
10	0.974 7	0.957 4	0.933 2	0.901 5	0.862 2	0.815 9	0.763 4	0.706 0	0.645 3
11	0.989 0	0.979 9	0.966 1	0.946 6	0.920 8	0.888 1	0.848 7	0.803 0	0.752 0
12	0.995 5	0.991 2	0.984 0	0.973 0	0.957 3	0.936 2	0.909 1	0.875 8	0.836 4
13	0.998 3	0.996 4	0.992 9	0.987 2	0.978 4	0.965 8	0.948 6	0.926 1	0.898 1
14	0.999 4	0.998 6	0.997 0	0.994 3	0.989 7	0.982 7	0.972 6	0.958 5	0.940 0
15	0.999 8	0.999 5	0.998 8	0.997 6	0.995 4	0.991 8	0.986 2	0.978 0	0.966 5
16	0.999 9	0.999 8	0.999 6	0.999 0	0.998 0	0.996 3	0.993 4	0.988 9	0.982 3
17	1.000 0	0.999 9	0.999 8	0.999 6	0.999 2	0.998 4	0.997 0	0.994 7	0.991 1
18		1.000 0	0.999 9	0.999 9	0.999 7	0.999 4	0.998 7	0.997 6	0.995 7
19			1.000 0	1.000 0	0.999 9	0.999 7	0.999 5	0.998 9	0.998 0
20					1.000 0	0.999 9	0.999 8	0.999 6	0.999 1

365

附表 4-4　t 分布表

$$P\{t(n) > t_\alpha(n)\} = \alpha$$

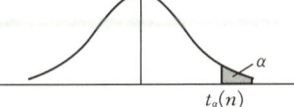

α n	0.20	0.15	0.10	0.05	0.025	0.01	0.005
1	1.376	1.963	3.077 7	6.313 8	12.706 2	31.820 7	63.657 4
2	1.061	1.386	1.885 6	2.920 0	4.302 7	6.964 6	9.924 8
3	0.978	1.250	1.637 7	2.353 4	3.182 4	4.540 7	5.840 9
4	0.941	1.190	1.533 2	2.131 8	2.776 4	3.746 9	4.604 1
5	0.920	1.156	1.475 9	2.015 0	2.570 6	3.364 9	4.032 2
6	0.906	1.134	1.439 8	1.943 2	2.446 9	3.142 7	3.707 4
7	0.896	1.119	1.414 9	1.894 6	2.364 6	2.998 0	3.499 5
8	0.889	1.108	1.396 8	1.859 5	2.306 0	2.896 5	3.355 4
9	0.883	1.100	1.383 0	1.833 1	2.262 2	2.821 4	3.249 8
10	0.879	1.093	1.372 2	1.812 5	2.228 1	2.763 8	3.169 3
11	0.876	1.088	1.363 4	1.795 9	2.201 0	2.718 1	3.105 8
12	0.873	1.083	1.356 2	1.782 3	2.178 8	2.681 0	3.054 5
13	0.870	1.079	1.350 2	1.770 9	2.160 4	2.650 3	3.012 3
14	0.868	1.076	1.345 0	1.761 3	2.144 8	2.624 5	2.976 8
15	0.866	1.074	1.340 6	1.753 1	2.131 5	2.602 5	2.946 7
16	0.865	1.071	1.336 8	1.745 9	2.119 9	2.583 5	2.920 8
17	0.863	1.069	1.333 4	1.739 6	2.109 8	2.566 9	2.898 2
18	0.862	1.067	1.330 4	1.734 1	2.100 9	2.552 4	2.878 4
19	0.861	1.066	1.327 7	1.729 1	2.093 0	2.539 5	2.860 9
20	0.860	1.064	1.325 3	1.724 7	2.086 0	2.528 0	2.845 3
21	0.859	1.063	1.323 2	1.720 7	2.079 6	2.517 7	2.831 4
22	0.858	1.061	1.321 2	1.717 1	2.073 9	2.508 3	2.818 8
23	0.858	1.060	1.319 5	1.713 9	2.068 7	2.499 9	2.807 3
24	0.857	1.059	1.317 8	1.710 9	2.063 9	2.492 2	2.796 9
25	0.856	1.058	1.316 3	1.708 1	2.059 5	2.485 1	2.787 4
26	0.856	1.058	1.315 0	1.705 6	2.055 5	2.478 6	2.778 7
27	0.855	1.057	1.313 7	1.703 3	2.051 8	2.472 7	2.770 7
28	0.855	1.056	1.312 5	1.701 1	2.048 4	2.467 1	2.763 3
29	0.854	1.055	1.311 4	1.699 1	2.045 2	2.462 0	2.756 4
30	0.854	1.055	1.310 4	1.697 3	2.042 3	2.457 3	2.750 0
31	0.853 5	1.054 1	1.309 5	1.695 5	2.039 5	2.452 8	2.744 0
32	0.853 1	1.053 6	1.308 6	1.693 9	2.036 9	2.448 7	2.738 5
33	0.852 7	1.053 1	1.307 7	1.692 4	2.034 5	2.444 8	2.733 3
34	0.852 4	1.052 6	1.307 0	1.690 9	2.032 2	2.441 1	2.728 4
35	0.852 1	1.052 1	1.306 2	1.689 6	2.030 1	2.437 7	2.723 8
36	0.851 8	1.051 6	1.305 5	1.688 3	2.028 1	2.434 5	2.719 5
37	0.851 5	1.051 2	1.304 9	1.687 1	2.026 2	2.431 4	2.715 4
38	0.851 2	1.050 8	1.304 2	1.686 0	2.024 4	2.428 6	2.711 6
39	0.851 0	1.050 4	1.303 6	1.684 9	2.022 7	2.425 8	2.707 9
40	0.850 7	1.050 1	1.303 1	1.683 9	2.021 1	2.423 3	2.704 5
41	0.850 5	1.049 8	1.302 5	1.682 9	2.019 5	2.420 8	2.701 2
42	0.850 3	1.049 4	1.302 0	1.682 0	2.018 1	2.418 5	2.698 1
43	0.850 1	1.049 1	1.301 6	1.681 1	2.016 7	2.416 3	2.695 1
44	0.849 9	1.048 8	1.301 1	1.680 2	2.015 4	2.414 1	2.692 3
45	0.849 7	1.048 5	1.300 6	1.679 4	2.014 1	2.412 1	2.689 6

附录4
概率与统计附表

附表 4-5 χ^2 分布表

$$P\{\chi^2(n) > \chi_\alpha^2(n)\} = \alpha$$

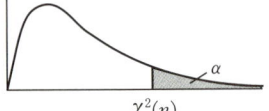

n \ α	0.995	0.99	0.975	0.95	0.90	0.10	0.05	0.025	0.01	0.005
1	0.000	0.000	0.001	0.004	0.016	2.706	3.841	5.025	6.637	7.879
2	0.010	0.020	0.051	0.103	0.211	4.605	5.992	7.378	9.210	10.597
3	0.072	0.115	0.216	0.352	0.584	6.251	7.815	9.348	11.344	12.837
4	0.207	0.297	0.484	0.711	1.064	7.779	9.488	11.143	13.277	14.860
5	0.412	0.554	0.831	1.145	1.610	9.236	11.070	12.832	15.085	16.748
6	0.676	0.872	1.237	1.635	2.204	10.645	12.592	14.440	16.812	18.548
7	0.989	1.239	1.690	2.167	2.833	12.017	14.067	16.012	18.474	20.276
8	1.344	1.646	2.180	2.733	3.490	13.362	15.507	17.534	20.090	21.954
9	1.735	2.088	2.700	3.325	4.168	14.684	16.919	19.023	21.665	23.587
10	2.156	2.558	3.247	3.940	4.865	15.987	18.307	20.483	23.209	25.188
11	2.603	3.053	3.816	4.575	5.578	17.275	19.675	21.920	24.724	26.755
12	3.074	3.571	4.404	5.226	6.304	18.549	21.026	23.337	26.217	28.300
13	3.565	4.107	5.009	5.892	7.041	19.812	22.362	24.735	27.687	29.817
14	4.075	4.660	5.629	6.571	7.790	21.064	23.685	26.119	29.141	31.319
15	4.600	5.229	6.262	7.261	8.547	22.307	24.996	27.488	30.577	32.799
16	5.142	5.812	6.908	7.962	9.312	23.542	26.296	28.845	32.000	34.267
17	5.697	6.407	7.564	8.682	10.085	24.769	27.587	30.190	33.408	35.716
18	6.265	7.015	8.231	9.390	10.865	25.989	28.869	31.526	34.805	37.156
19	6.843	7.632	8.907	10.117	11.651	27.203	30.143	32.852	36.190	38.580
20	7.434	8.260	9.591	10.851	12.443	28.412	31.410	34.170	37.566	39.997
21	8.033	8.897	10.283	11.591	13.240	29.615	32.670	35.478	38.930	41.399
22	8.643	9.542	10.982	12.338	14.042	30.813	33.924	36.781	40.289	42.796
23	9.260	10.195	11.688	13.090	14.848	32.007	35.172	38.075	41.637	44.179
24	9.886	10.856	12.401	13.848	15.659	33.196	36.415	39.364	42.980	45.558
25	10.519	11.524	13.120	14.611	16.473	34.382	37.652	40.646	44.314	46.925
26	11.160	12.198	13.844	15.379	17.292	35.563	38.885	41.923	45.642	48.290
27	11.807	12.878	14.573	16.151	18.114	36.741	40.113	43.194	46.962	49.642
28	12.461	13.565	15.308	16.928	18.939	37.916	41.337	44.461	48.278	50.993
29	13.120	14.256	16.147	17.708	19.768	39.087	42.557	45.722	49.586	52.333
30	13.787	14.954	16.791	18.493	20.599	40.256	43.773	46.979	50.892	53.672
31	14.457	15.655	17.538	19.280	21.433	41.422	44.985	48.231	52.190	55.000
32	15.134	16.362	18.291	20.072	22.271	42.585	46.194	49.480	53.486	56.328
33	15.814	17.073	19.046	20.866	23.110	43.745	47.400	50.724	54.774	57.646
34	16.501	17.789	19.806	21.664	23.952	44.903	48.602	51.966	56.061	58.964
35	17.191	18.508	20.569	22.465	24.796	46.059	49.802	53.203	57.342	60.272
36	17.887	19.233	21.336	23.269	25.643	47.212	50.998	54.437	58.619	61.581
37	18.584	19.960	22.105	24.075	26.492	48.363	52.192	55.667	59.891	62.880
38	19.289	20.691	22.878	24.884	27.343	49.513	53.384	56.896	61.162	64.181
39	19.994	21.425	23.654	25.695	28.196	50.660	54.572	58.119	62.426	65.473
40	20.706	22.164	24.433	26.509	29.050	51.805	55.758	59.342	63.691	66.766

注：当 $n > 40$ 时，$\chi_\alpha^2(n) \approx \dfrac{1}{2}(u_\alpha + \sqrt{2n-1})^2$.

附表 4-6 F 分布表

$$P\{F(n_1, n_2) > F_\alpha(n_1, n_2)\} = \alpha \quad (\alpha = 0.10)$$

n_2\\n_1	1	2	3	4	5	6	7	8	9	10	12	15	20	24	30	40	60	120	∞
1	39.86	49.50	53.59	55.83	57.24	58.20	58.91	59.44	59.86	60.19	60.71	61.22	61.74	62.00	62.26	62.53	62.79	63.06	63.33
2	8.53	9.00	9.16	9.24	9.29	9.33	9.35	9.37	9.38	9.39	9.41	9.42	9.44	9.45	9.46	9.47	9.47	9.48	9.49
3	5.54	5.46	5.39	5.34	5.31	5.28	5.27	5.25	5.24	5.23	5.22	5.20	5.18	5.18	5.17	5.16	5.15	5.14	5.13
4	4.54	4.32	4.19	4.11	4.05	4.01	3.98	3.95	3.94	3.92	3.90	3.87	3.84	3.83	3.82	3.80	3.79	3.78	3.76
5	4.06	3.78	3.62	3.52	3.45	3.40	3.37	3.34	3.32	3.30	3.27	3.24	3.21	3.19	3.17	3.16	3.14	3.12	3.10
6	3.78	3.46	3.29	3.18	3.11	3.05	3.01	2.98	2.96	2.94	2.90	2.87	2.84	2.82	2.80	2.78	2.76	2.74	2.72
7	3.59	3.26	3.07	2.96	2.88	2.83	2.78	2.75	2.72	2.70	2.67	2.63	2.59	2.58	2.56	2.54	2.51	2.49	2.47
8	3.46	3.11	2.92	2.81	2.73	2.67	2.62	2.59	2.56	2.54	2.50	2.46	2.42	2.40	2.38	2.36	2.34	2.32	2.29
9	3.36	3.01	2.81	2.69	2.61	2.55	2.51	2.47	2.44	2.42	2.38	2.34	2.30	2.28	2.25	2.23	2.21	2.18	2.16
10	3.29	2.92	2.73	2.61	2.52	2.46	2.41	2.38	2.35	2.32	2.28	2.24	2.20	2.18	2.16	2.13	2.11	2.08	2.06
11	3.23	2.86	2.66	2.54	2.45	2.39	2.34	2.30	2.27	2.25	2.21	2.17	2.12	2.10	2.08	2.05	2.03	2.00	1.97
12	3.18	2.81	2.61	2.48	2.39	2.33	2.28	2.24	2.21	2.19	2.15	2.10	2.06	2.04	2.01	1.99	1.96	1.93	1.90
13	3.14	2.76	2.56	2.43	2.35	2.28	2.23	2.20	2.16	2.14	2.10	2.05	2.01	1.98	1.96	1.93	1.90	1.88	1.85
14	3.10	2.73	2.52	2.39	2.31	2.24	2.19	2.15	2.12	2.10	2.05	2.01	1.96	1.94	1.91	1.89	1.86	1.83	1.80
15	3.07	2.70	2.49	2.36	2.27	2.21	2.16	2.12	2.09	2.06	2.02	1.97	1.92	1.90	1.87	1.85	1.82	1.79	1.76
16	3.05	2.67	2.46	2.33	2.24	2.18	2.13	2.09	2.06	2.03	1.99	1.94	1.89	1.87	1.84	1.81	1.78	1.75	1.72
17	3.03	2.64	2.44	2.31	2.22	2.15	2.10	2.06	2.03	2.00	1.96	1.91	1.86	1.84	1.81	1.78	1.75	1.72	1.69
18	3.01	2.62	2.42	2.29	2.20	2.13	2.08	2.04	2.00	1.98	1.93	1.89	1.84	1.81	1.78	1.75	1.72	1.69	1.66
19	2.99	2.61	2.40	2.27	2.18	2.11	2.06	2.02	1.98	1.96	1.91	1.86	1.81	1.79	1.76	1.73	1.70	1.67	1.63

续表

($\alpha=0.05$)

n_1 \ n_2	1	2	3	4	5	6	7	8	9	10	12	15	20	24	30	40	60	120	∞
1	161	200	216	225	230	234	237	239	241	242	244	246	248	249	250	251	252	253	254
2	18.5	19.0	19.2	19.2	19.3	19.3	19.4	19.4	19.4	19.4	19.4	19.4	19.4	19.5	19.5	19.5	19.5	19.5	19.5
3	10.1	9.55	9.28	9.12	9.01	8.94	8.89	8.85	8.81	8.79	8.74	8.70	8.66	8.64	8.62	8.59	8.57	8.55	8.53
4	7.71	6.94	6.59	6.39	6.26	6.16	6.09	6.04	6.00	5.96	5.91	5.86	5.80	5.77	5.75	5.72	5.69	5.66	5.63
5	6.61	5.79	5.41	5.19	5.05	4.95	4.88	4.82	4.77	4.74	4.68	4.62	4.56	4.53	4.50	4.46	4.43	4.40	4.36
20	2.97	2.59	2.38	2.25	2.16	2.09	2.04	2.00	1.96	1.94	1.89	1.84	1.79	1.77	1.74	1.71	1.68	1.64	1.61
21	2.96	2.57	2.36	2.23	2.14	2.08	2.02	1.98	1.95	1.92	1.87	1.83	1.78	1.75	1.72	1.69	1.66	1.62	1.59
22	2.95	2.56	2.35	2.22	2.13	2.06	2.01	1.97	1.93	1.90	1.86	1.81	1.76	1.73	1.70	1.67	1.64	1.60	1.57
23	2.94	2.55	2.34	2.21	2.11	2.05	1.99	1.95	1.92	1.89	1.84	1.80	1.74	1.72	1.69	1.66	1.62	1.59	1.55
24	2.93	2.54	2.33	2.19	2.10	2.04	1.98	1.94	1.91	1.88	1.83	1.78	1.73	1.70	1.67	1.64	1.61	1.57	1.53
25	2.92	2.53	2.32	2.18	2.09	2.02	1.97	1.93	1.89	1.87	1.82	1.77	1.72	1.69	1.66	1.63	1.59	1.56	1.52
26	2.91	2.52	2.31	2.17	2.08	2.01	1.96	1.92	1.88	1.86	1.81	1.76	1.71	1.68	1.65	1.61	1.58	1.54	1.50
27	2.90	2.51	2.30	2.17	2.07	2.00	1.95	1.91	1.87	1.85	1.80	1.75	1.70	1.67	1.64	1.60	1.57	1.53	1.49
28	2.89	2.50	2.29	2.16	2.06	2.00	1.94	1.90	1.87	1.84	1.79	1.74	1.69	1.66	1.63	1.59	1.56	1.52	1.48
29	2.89	2.50	2.28	2.15	2.06	1.99	1.93	1.89	1.86	1.83	1.78	1.73	1.68	1.65	1.62	1.58	1.55	1.51	1.47
30	2.88	2.49	2.28	2.14	2.05	1.98	1.93	1.88	1.85	1.82	1.77	1.72	1.67	1.64	1.61	1.57	1.54	1.50	1.46
40	2.84	2.44	2.23	2.09	2.00	1.93	1.87	1.83	1.79	1.76	1.71	1.66	1.61	1.57	1.54	1.51	1.47	1.42	1.38
60	2.79	2.39	2.18	2.04	1.95	1.87	1.82	1.77	1.74	1.71	1.66	1.60	1.54	1.51	1.48	1.44	1.40	1.35	1.29
120	2.75	2.35	2.13	1.99	1.90	1.82	1.77	1.72	1.68	1.65	1.60	1.55	1.48	1.45	1.41	1.37	1.32	1.26	1.19
∞	2.71	2.30	2.08	1.94	1.85	1.77	1.72	1.67	1.63	1.60	1.55	1.49	1.42	1.38	1.34	1.30	1.24	1.17	1.00

续表

n_2 \ n_1	1	2	3	4	5	6	7	8	9	10	12	15	20	24	30	40	60	120	∞
6	5.99	5.14	4.76	4.53	4.39	4.28	4.21	4.15	4.10	4.06	4.00	3.94	3.87	3.84	3.81	3.77	3.74	3.70	3.67
7	5.59	4.74	4.35	4.12	3.97	3.87	3.79	3.73	3.68	3.64	3.57	3.51	3.44	3.41	3.38	3.34	3.30	3.27	3.23
8	5.32	4.46	4.07	3.84	3.69	3.58	3.50	3.44	3.39	3.35	3.28	3.22	3.15	3.12	3.08	3.04	3.01	2.97	2.93
9	5.12	4.26	3.86	3.63	3.48	3.37	3.29	3.23	3.18	3.14	3.07	3.01	2.94	2.90	2.86	2.83	2.79	2.75	2.71
10	4.96	4.10	3.71	3.48	3.33	3.22	3.14	3.07	3.02	2.98	2.91	2.85	2.77	2.74	2.70	2.66	2.62	2.58	2.54
11	4.84	3.98	3.59	3.36	3.20	3.09	3.01	2.95	2.90	2.85	2.79	2.72	2.65	2.61	2.57	2.53	2.49	2.45	2.40
12	4.75	3.89	3.49	3.26	3.11	3.00	2.91	2.85	2.80	2.75	2.69	2.62	2.54	2.51	2.47	2.43	2.38	2.34	2.30
13	4.67	3.81	3.41	3.18	3.03	2.92	2.83	2.77	2.71	2.67	2.60	2.53	2.46	2.42	2.38	2.34	2.30	2.25	2.21
14	4.60	3.74	3.34	3.11	2.96	2.85	2.76	2.70	2.65	2.60	2.53	2.46	2.39	2.35	2.31	2.27	2.22	2.18	2.13
15	4.54	3.68	3.29	3.06	2.90	2.79	2.71	2.64	2.59	2.54	2.48	2.40	2.33	2.29	2.25	2.20	2.16	2.11	2.07
16	4.49	3.63	3.24	3.01	2.85	2.74	2.66	2.59	2.54	2.49	2.42	2.35	2.28	2.24	2.19	2.15	2.11	2.06	2.01
17	4.45	3.59	3.20	2.96	2.81	2.70	2.61	2.55	2.49	2.45	2.38	2.31	2.23	2.19	2.15	2.10	2.06	2.01	1.96
18	4.41	3.55	3.16	2.93	2.77	2.66	2.58	2.51	2.46	2.41	2.34	2.27	2.19	2.15	2.11	2.06	2.02	1.97	1.92
19	4.38	3.52	3.13	2.90	2.74	2.63	2.54	2.48	2.42	2.38	2.31	2.23	2.16	2.11	2.07	2.03	1.98	1.93	1.88
20	4.35	3.49	3.10	2.87	2.71	2.60	2.51	2.45	2.39	2.35	2.28	2.20	2.12	2.08	2.04	1.99	1.95	1.90	1.84
21	4.32	3.47	3.07	2.84	2.68	2.57	2.49	2.42	2.37	2.32	2.25	2.18	2.10	2.05	2.01	1.96	1.92	1.87	1.81
22	4.30	3.44	3.05	2.82	2.66	2.55	2.46	2.40	2.34	2.30	2.23	2.15	2.07	2.03	1.98	1.94	1.89	1.84	1.78
23	4.28	3.42	3.03	2.80	2.64	2.53	2.44	2.37	2.32	2.27	2.20	2.13	2.05	2.01	1.96	1.91	1.86	1.81	1.76
24	4.26	3.40	3.01	2.78	2.62	2.51	2.42	2.36	2.30	2.25	2.18	2.11	2.03	1.98	1.94	1.89	1.84	1.79	1.73
25	4.24	3.39	2.99	2.76	2.60	2.49	2.40	2.34	2.28	2.24	2.16	2.09	2.01	1.96	1.92	1.87	1.82	1.77	1.71
26	4.23	3.37	2.98	2.74	2.59	2.47	2.39	2.32	2.27	2.22	2.15	2.07	1.99	1.95	1.90	1.85	1.80	1.75	1.69
27	4.21	3.35	2.96	2.73	2.57	2.46	2.37	2.31	2.25	2.20	2.13	2.06	1.97	1.93	1.88	1.84	1.79	1.73	1.67
28	4.20	3.34	2.95	2.71	2.56	2.45	2.36	2.29	2.24	2.19	2.12	2.04	1.96	1.91	1.87	1.82	1.77	1.71	1.65
29	4.18	3.33	2.93	2.70	2.55	2.43	2.35	2.28	2.22	2.18	2.10	2.03	1.94	1.90	1.85	1.81	1.75	1.70	1.64
30	4.17	3.32	2.92	2.69	2.53	2.42	2.33	2.27	2.21	2.16	2.09	2.01	1.93	1.89	1.84	1.79	1.74	1.68	1.62

续 表

($\alpha = 0.025$)

n_1 \ n_2	1	2	3	4	5	6	7	8	9	10	12	15	20	24	30	40	60	120	∞
1	648	800	864	900	922	937	948	957	963	969	977	985	993	997	1 000	1 010	1 010	1 010	1 020
2	38.5	39.0	39.2	39.2	39.3	39.3	39.4	39.4	39.4	39.4	39.4	39.4	39.4	39.5	39.5	39.5	39.5	39.5	39.5
3	17.4	16.0	15.4	15.1	14.9	14.7	14.6	14.5	14.5	14.4	14.3	14.3	14.2	14.1	14.1	14.0	14.0	13.9	13.9
4	12.2	10.6	9.98	9.60	9.36	9.20	9.07	8.98	8.90	8.84	8.75	8.66	8.56	8.51	8.46	8.41	8.36	8.31	8.26
5	10.0	8.43	7.76	7.39	7.15	6.98	6.85	6.76	6.68	6.62	6.52	6.43	6.33	6.28	6.23	6.18	6.12	6.07	6.02
6	8.81	7.26	6.60	6.23	5.99	5.82	5.70	5.60	5.52	5.46	5.37	5.27	5.17	5.12	5.07	5.01	4.96	4.90	4.85
7	8.07	6.54	5.89	5.52	5.29	5.12	4.99	4.90	4.82	4.76	4.67	4.57	4.47	4.42	4.36	4.31	4.25	4.20	4.14
8	7.57	6.06	5.42	5.05	4.82	4.65	4.53	4.43	4.36	4.30	4.20	4.10	4.00	3.95	3.89	3.84	3.78	3.73	3.67
9	7.21	5.71	5.08	4.72	4.48	4.32	4.20	4.10	4.03	3.96	3.87	3.77	3.67	3.61	3.56	3.51	3.45	3.39	3.33
10	6.94	5.46	4.83	4.47	4.24	4.07	3.95	3.85	3.78	3.72	3.62	3.52	3.42	3.37	3.31	3.26	3.20	3.14	3.08
11	6.72	5.26	4.63	4.28	4.04	3.88	3.76	3.66	3.59	3.53	3.43	3.33	3.23	3.17	3.12	3.06	3.00	2.94	2.88
12	6.55	5.10	4.47	4.12	3.89	3.73	3.61	3.51	3.44	3.37	3.28	3.18	3.07	3.02	2.96	2.91	2.85	2.79	2.72
13	6.41	4.97	4.35	4.00	3.77	3.60	3.48	3.39	3.31	3.25	3.15	3.05	2.95	2.89	2.84	2.78	2.72	2.66	2.60
14	6.30	4.86	4.24	3.89	3.66	3.50	3.38	3.29	3.21	3.15	3.05	2.95	2.84	2.79	2.73	2.67	2.61	2.55	2.49
15	6.20	4.77	4.15	3.80	3.58	3.41	3.29	3.20	3.12	3.06	2.96	2.86	2.76	2.70	2.64	2.59	2.52	2.46	2.40
40	4.08	3.23	2.84	2.61	2.45	2.34	2.25	2.18	2.12	2.08	2.00	1.92	1.84	1.79	1.74	1.69	1.64	1.58	1.51
60	4.00	3.15	2.76	2.53	2.37	2.25	2.17	2.10	2.04	1.99	1.92	1.84	1.75	1.70	1.65	1.59	1.53	1.47	1.39
120	3.92	3.07	2.68	2.45	2.29	2.17	2.09	2.02	1.96	1.91	1.83	1.75	1.66	1.61	1.55	1.50	1.43	1.35	1.25
∞	3.84	3.00	2.60	2.37	2.21	2.10	2.01	1.94	1.88	1.83	1.75	1.67	1.57	1.52	1.46	1.39	1.32	1.22	1.00

续表

n_1 \ n_2	1	2	3	4	5	6	7	8	9	10	12	15	20	24	30	40	60	120	∞
16	6.12	4.69	4.08	3.73	3.50	3.34	3.22	3.12	3.05	2.99	2.89	2.79	2.68	2.63	2.57	2.51	2.45	2.38	2.32
17	6.04	4.62	4.01	3.66	3.44	3.28	3.16	3.06	2.98	2.92	2.82	2.72	2.62	2.56	2.50	2.44	2.38	2.32	2.25
18	5.98	4.56	3.95	3.61	3.38	3.22	3.10	3.01	2.93	2.87	2.77	2.67	2.56	2.50	2.44	2.38	2.32	2.26	2.19
19	5.92	4.51	3.90	3.56	3.33	3.17	3.05	2.96	2.88	2.82	2.72	2.62	2.51	2.45	2.39	2.33	2.27	2.20	2.13
20	5.87	4.46	3.86	3.51	3.29	3.13	3.01	2.91	2.84	2.77	2.68	2.57	2.46	2.41	2.35	2.29	2.22	2.16	2.09
21	5.83	4.42	3.82	3.48	3.25	3.09	2.97	2.87	2.80	2.73	2.64	2.53	2.42	2.37	2.31	2.25	2.18	2.11	2.04
22	5.79	4.38	3.78	3.44	3.22	3.05	2.93	2.84	2.76	2.70	2.60	2.50	2.39	2.33	2.27	2.21	2.14	2.08	2.00
23	5.75	4.35	3.75	3.41	3.18	3.02	2.90	2.81	2.73	2.67	2.57	2.47	2.36	2.30	2.24	2.18	2.11	2.04	1.97
24	5.72	4.32	3.72	3.38	3.15	2.99	2.87	2.78	2.70	2.64	2.54	2.44	2.33	2.27	2.21	2.15	2.08	2.01	1.94
25	5.69	4.29	3.69	3.35	3.13	2.97	2.85	2.75	2.68	2.61	2.51	2.41	2.30	2.24	2.18	2.12	2.05	1.98	1.91
26	5.66	4.27	3.67	3.33	3.10	2.94	2.82	2.73	2.65	2.59	2.49	2.39	2.28	2.22	2.16	2.09	2.03	1.95	1.88
27	5.63	4.24	3.65	3.31	3.08	2.92	2.80	2.71	2.63	2.57	2.47	2.36	2.25	2.19	2.13	2.07	2.00	1.93	1.85
28	5.61	4.22	3.63	3.29	3.06	2.90	2.78	2.69	2.61	2.55	2.45	2.34	2.23	2.17	2.11	2.05	1.98	1.91	1.83
29	5.59	4.20	3.61	3.27	3.04	2.88	2.76	2.67	2.59	2.53	2.43	2.32	2.21	2.15	2.09	2.03	1.96	1.89	1.81
30	5.57	4.18	3.59	3.25	3.03	2.87	2.75	2.65	2.57	2.51	2.41	2.31	2.20	2.14	2.07	2.01	1.94	1.87	1.79
40	5.42	4.05	3.46	3.13	2.90	2.74	2.62	2.53	2.45	2.39	2.29	2.18	2.07	2.01	1.94	1.88	1.80	1.72	1.64
60	5.29	3.93	3.34	3.01	2.79	2.63	2.51	2.41	2.33	2.27	2.17	2.06	1.94	1.88	1.82	1.74	1.67	1.58	1.48
120	5.15	3.80	3.23	2.89	2.67	2.52	2.39	2.30	2.22	2.16	2.05	1.94	1.82	1.76	1.69	1.61	1.53	1.43	1.31
∞	5.02	3.69	3.12	2.79	2.57	2.41	2.29	2.19	2.11	2.05	1.94	1.83	1.71	1.64	1.57	1.48	1.39	1.27	1.00

($\alpha=0.01$)

n_1\n_2	1	2	3	4	5	6	7	8	9	10	12	15	20	24	30	40	60	120	∞
1	4 052	4 999	5 403	5 625	5 764	5 859	5 928	5 981	6 022	6 056	6 106	6 157	6 209	6 235	6 261	6 287	6 313	6 339	6 366
2	98.5	99.0	99.2	99.2	99.3	99.3	99.4	99.4	99.4	99.4	99.4	99.4	99.4	99.5	99.5	99.5	99.5	99.5	99.5
3	34.1	30.8	29.5	28.7	28.2	27.9	27.7	27.5	27.3	27.2	27.1	26.9	26.7	26.6	26.5	26.4	26.3	26.2	26.1
4	21.2	18.0	16.7	16.0	15.5	15.2	15.0	14.8	14.7	14.5	14.4	14.2	14.0	13.9	13.8	13.7	13.7	13.6	13.5
5	16.3	13.3	12.1	11.4	11.0	10.7	10.5	10.3	10.2	10.1	9.89	9.72	9.55	9.47	9.38	9.29	9.20	9.11	9.02
6	13.7	10.9	9.78	9.15	8.75	8.47	8.26	8.10	7.98	7.87	7.72	7.56	7.40	7.31	7.23	7.14	7.06	6.97	6.88
7	12.2	9.55	8.45	7.85	7.46	7.19	6.99	6.84	6.72	6.62	6.47	6.31	6.16	6.07	5.99	5.91	5.82	5.74	5.65
8	11.3	8.65	7.59	7.01	6.63	6.37	6.18	6.03	5.91	5.81	5.67	5.52	5.36	5.28	5.20	5.12	5.03	4.95	4.86
9	10.6	8.02	6.99	6.42	6.06	5.80	5.61	5.47	5.35	5.26	5.11	4.96	4.81	4.73	4.65	4.57	4.48	4.40	4.31
10	10.0	7.56	6.55	5.99	5.64	5.39	5.20	5.06	4.94	4.85	4.71	4.56	4.41	4.33	4.25	4.17	4.08	4.00	3.91
11	9.65	7.21	6.22	5.67	5.32	5.07	4.89	4.74	4.63	4.54	4.40	4.25	4.10	4.02	3.94	3.86	3.78	3.69	3.60
12	9.33	6.93	5.95	5.41	5.06	4.82	4.64	4.50	4.39	4.30	4.16	4.01	3.86	3.78	3.70	3.62	3.54	3.45	3.36
13	9.07	6.70	5.74	5.21	4.86	4.62	4.44	4.30	4.19	4.10	3.96	3.82	3.66	3.59	3.51	3.43	3.34	3.25	3.17
14	8.86	6.51	5.56	5.04	4.69	4.46	4.28	4.14	4.03	3.94	3.80	3.66	3.51	3.43	3.35	3.27	3.18	3.09	3.00
15	8.68	6.36	5.42	4.89	4.56	4.32	4.14	4.00	3.89	3.80	3.67	3.52	3.37	3.29	3.21	3.13	3.05	2.96	2.87
16	8.53	6.23	5.29	4.77	4.44	4.20	4.03	3.89	3.78	3.69	3.55	3.41	3.26	3.18	3.10	3.02	2.93	2.84	2.75
17	8.40	6.11	5.18	4.67	4.34	4.10	3.93	3.79	3.68	3.59	3.46	3.31	3.16	3.08	3.00	2.92	2.83	2.75	2.65
18	8.29	6.01	5.09	4.58	4.25	4.01	3.84	3.71	3.60	3.51	3.37	3.23	3.08	3.00	2.92	2.84	2.75	2.66	2.57
19	8.18	5.93	5.01	4.50	4.17	3.94	3.77	3.63	3.52	3.43	3.30	3.15	3.00	2.92	2.84	2.76	2.67	2.58	2.49
20	8.10	5.85	4.94	4.43	4.10	3.87	3.70	3.56	3.46	3.37	3.23	3.09	2.94	2.86	2.78	2.69	2.61	2.52	2.42

续 表

n_1 \ n_2	1	2	3	4	5	6	7	8	9	10	12	15	20	24	30	40	60	120	∞
21	8.02	5.78	4.87	4.37	4.04	3.81	3.64	3.51	3.40	3.31	3.17	3.03	2.88	2.80	2.72	2.64	2.55	2.46	2.36
22	7.95	5.72	4.82	4.31	3.99	3.76	3.59	3.45	3.35	3.26	3.12	2.98	2.83	2.75	2.67	2.58	2.50	2.40	2.31
23	7.88	5.66	4.76	4.26	3.94	3.71	3.54	3.41	3.30	3.21	3.07	2.93	2.78	2.70	2.62	2.54	2.45	2.35	2.26
24	7.82	5.61	4.72	4.22	3.90	3.67	3.50	3.36	3.26	3.17	3.03	2.89	2.74	2.66	2.58	2.49	2.40	2.31	2.21
25	7.77	5.57	4.68	4.18	3.85	3.63	3.46	3.32	3.22	3.13	2.99	2.85	2.70	2.62	2.54	2.45	2.36	2.27	2.17
26	7.72	5.53	4.64	4.14	3.82	3.59	3.42	3.29	3.18	3.09	2.96	2.81	2.66	2.58	2.50	2.42	2.33	2.23	2.13
27	7.68	5.49	4.60	4.11	3.78	3.56	3.39	3.26	3.15	3.06	2.93	2.78	2.63	2.55	2.47	2.38	2.29	2.20	2.10
28	7.64	5.45	4.57	4.07	3.75	3.53	3.36	3.23	3.12	3.03	2.90	2.75	2.60	2.52	2.44	2.35	2.26	2.17	2.06
29	7.60	5.42	4.54	4.04	3.73	3.50	3.33	3.20	3.09	3.00	2.87	2.73	2.57	2.49	2.41	2.33	2.23	2.14	2.03
30	7.56	5.39	4.51	4.02	3.70	3.47	3.30	3.17	3.07	2.98	2.84	2.70	2.55	2.47	2.39	2.30	2.21	2.11	2.01
40	7.31	5.18	4.31	3.83	3.51	3.29	3.12	2.99	2.89	2.80	2.66	2.52	2.37	2.29	2.20	2.11	2.02	1.92	1.80
60	7.08	4.98	4.13	3.65	3.34	3.12	2.95	2.82	2.72	2.63	2.50	2.35	2.20	2.12	2.03	1.94	1.84	1.73	1.60
120	6.85	4.79	3.95	3.48	3.17	2.96	2.79	2.66	2.56	2.47	2.34	2.19	2.03	1.95	1.86	1.76	1.66	1.53	1.38
∞	6.63	4.61	3.78	3.32	3.02	2.80	2.64	2.51	2.41	2.32	2.18	2.04	1.88	1.79	1.70	1.59	1.47	1.32	1.00

参考文献

[1] 侯风波. 高等数学[M].6 版. 北京:高等教育出版社,2022.

[2] 曾文斗. 高等数学(通用)[M]. 北京:高等教育出版社,2018.

[3] 冯翠莲. 经济应用数学[M].4 版. 北京:高等教育出版社,2023.

[4] 黄焕宗. 高职应用数学[M]. 北京:高等教育出版社,2016.

[5] 胡良剑,孙晓召.MATLAB 数学实验[M].3 版. 北京:高等教育出版社,2020.

[6] 杜栋,庞庆华. 现代综合评价方法与案例精选[M]. 4 版. 北京:清华大学出版社,2021.

郑重声明

高等教育出版社依法对本书享有专有出版权。任何未经许可的复制、销售行为均违反《中华人民共和国著作权法》，其行为人将承担相应的民事责任和行政责任；构成犯罪的，将被依法追究刑事责任。为了维护市场秩序，保护读者的合法权益，避免读者误用盗版书造成不良后果，我社将配合行政执法部门和司法机关对违法犯罪的单位和个人进行严厉打击。社会各界人士如发现上述侵权行为，希望及时举报，我社将奖励举报有功人员。

反盗版举报电话　(010)58581999　58582371
反盗版举报邮箱　dd@hep.com.cn
通信地址　北京市西城区德外大街 4 号　高等教育出版社知识产权与法律事务部
邮政编码　100120